ANWENDUNG

DER

DIFFERENTIAL- UND INTEGRAL RECHNUNG

AUF

GEOMETRIE

VON

DR. GEORG SCHEFFERS,
O. PROFESSOR AN DER TECHNISCHEN HOCHSCHULE ZU DARMSTADT.

ERSTER BAND.

EINFÜHRUNG IN DIE THEORIE DER CURVEN
IN DER EBENE UND IM RAUME.

LEIPZIG,
VERLAG VON VEIT & COMP.
1901

EINFÜHRUNG

IN DIE

THEORIE DER CURVEN

IN DER EBENE UND IM RAUME

VON

DR. GEORG SCHEFFERS,

O. PROFESSOR AN DER TECHNISCHEN HOCHSCHULE ZU DARMSTADT.

MIT VIELEN FIGUREN IM TEXT.

LEIPZIG,

VERLAG VON VEIT & COMP.

1901

Druck von Metzger & Wittig in Leipzig.

Vorwort.

Gern bin ich der Aufforderung der Verlagshandlung nachgekommen, ein zur ersten Einführung der Studierenden dienendes Werk über die Anwendung der Infinitesimalrechnung auf die Geometrie zu schreiben. Giebt es doch in deutscher Sprache nur wenige Bücher mit gleichem Ziele; wohl nur die von HOPPE[1] und JOACHIMSTHAL[2] kommen in Betracht. Das erstere ist seiner — wenn auch nur äusserlichen — Absonderlichkeiten halber für Anfänger unbequem, das letztere infolge der vielen Einschaltungen in der neuesten Auflage ziemlich unübersichtlich, während seine älteren Auflagen entschieden veraltet sind. Von den sonstigen Werken aus demselben Gebiete seien hier KNOBLAUCH[3] und STAHL-KOMMERELL[4] erwähnt. Auch SALMON-FIEDLER's[5] analytische Geometrie ist daneben zu nennen; aber alle drei eignen sich aus verschiedenen Gründen kaum für Anfänger. Das Hauptwerk in deutscher Sprache, BIANCHI's Differentialgeometrie,[6] ist den Studierenden erst nach dem Lesen eines elementaren Buches über denselben Gegenstand zu empfehlen. Der Vollständigkeit halber mag hier noch das umfangreiche classi-

---

[1] HOPPE, „Lehrbuch der analytischen Geometrie in zwei Teilen", Leipzig 1880 und 1890.

[2] JOACHIMSTHAL, „Anwendung der Differential- und Integralrechnung auf die allgemeine Theorie der Flächen und der Linien doppelter Krümmung", 3. Aufl. bearbeitet von NATANI, Leipzig 1890.

[3] KNOBLAUCH, „Einleitung in die allgemeine Theorie der krummen Flächen", Leipzig 1888.

[4] STAHL und KOMMERELL, „Die Grundformeln der allgemeinen Flächentheorie", Leipzig 1893.

[5] SALMON, „Analytische Geometrie der höheren ebenen Curven", 2. Aufl. Leipzig 1882, und „Analytische Geometrie des Raumes", 4. bez. 3. Aufl. Leipzig 1879, 80, beide bearbeitet von FIEDLER.

[6] BIANCHI, „Vorlesungen über Differentialgeometrie", deutsch von LUKAT, Leipzig 1896/99.

sche Werk von DARBOUX[1] für Solche genannt sein, die ihre Kenntnisse auf diesem Gebiete später zu vertiefen wünschen.

Bei der Ausarbeitung des Werkes, dessen erster Band hier vorliegt, suchte ich stets dessen eingedenk zu sein, dass es Denen dienen soll, die soeben zum ersten Male einen guten Cursus in der Differential- und Integralrechnung durchgemacht haben. Deshalb habe ich fast alle überhaupt besprochenen Probleme in grösster Ausführlichkeit bis zu ihrem Abschluss behandelt, was vielleicht gewandten Lesern lästig sein wird. Aus gleichem Grunde sind die Ergebnisse in besonders hervortretenden Sätzen formuliert, sehr zahlreiche Rückverweisungen angebracht, ferner viele Beispiele in kleinerem Druck eingeschaltet und viele Figuren beigegeben worden. Ausserdem ist zum Schluss eine Reihe von Formeltafeln und ein ausführliches alphabetisches Sachregister angehängt worden. Durch die Formeltafeln wie auch durch die Art der Behandlung der Probleme, wobei Kunstgriffe möglichst vermieden wurden, suchte ich zu erreichen, dass der Leser bald eine gewisse Fähigkeit zu selbstständigen Forschungen in ähnlichen Problemen erlange; und ich möchte sogleich anfügen, dass es bei einem elementaren Lehrbuche meiner Ansicht nach nicht sowohl auf eine möglichst grosse Bereicherung des Studierenden mit neuen Sätzen als vielmehr auf eine möglichst weitgehende Unterweisung des Studierenden zu eigener Arbeit ankommt.

Andererseits habe ich aber doch versucht, dem Leser den Zugang zu gewissen neueren Problemstellungen zu ermöglichen, und so dürfte wohl Einiges dem Anfänger schwer fallen. So z. B. die Betrachtungen zur Bestimmung aller Differentialinvarianten einer Curve gegenüber den Bewegungen des Raumes, Betrachtungen, die ich deshalb an einer Stelle durch eine geometrische Beweisführung zu erleichtern genötigt war. Auch die Integration der natürlichen Gleichungen einer Raumcurve und manches aus dem dritten Abschnitt wird wohl Schwierigkeiten bereiten; aber der Leser wird auch dies, wenn er nur will, überwinden können, da keine höheren Vorkenntnisse verlangt werden.

Der wesentlich elementare Charakter des Buches wird zur Genüge darthun, dass es mir selbstverständlich ganz fern liegt, mit unseren oben genannten anerkannten Specialwerken auf gleichem Gebiete in Wettbewerb zu treten.

---

[1] DARBOUX, „Leçons sur la théorie générale des surfaces et les applications géométriques du calcul infinitésimal“, vier Teile, Paris 1887—1896.

Einige Punkte, auf die ich besonderes Gewicht lege, seien erwähnt:

Zunächst die gesonderte und ziemlich ausführliche Behandlung der ebenen Curven vorweg, was vielleicht die Theoretiker tadeln werden. Dabei habe ich schon hier die krummlinigen Coordinaten, die dem Anfänger erfahrungsgemäss in der Flächentheorie die meisten Schwierigkeiten bereiten, wenigstens für die Ebene einführen können. Auch einem anderen flächentheoretischen Problem wird, in § 15 des ersten Abschnittes, erheblich vorgearbeitet.

Ferner erwähne ich die grundsätzliche Mitberücksichtigung des Imaginären von vornherein. Wenn man späterhin — was kaum zu vermeiden ist — Anwendungen auf imaginärem Gebiete machen will, so ist zu fordern, dass auch vorher die Beweise auf das imaginäre Gebiet erstreckt worden sind, was häufig nicht beachtet wird.

Weiterhin versuchte ich die Theorie der Berührung höherer Ordnung analytisch möglichst exact darzustellen, was in unseren deutschen Lehrbüchern meist unterlassen wird.

Die Versuchung, geometrische Beweise zu bringen, war gross; aber der Zweck des Buches, Anwendungen der Infinitesimalrechnung zu geben, wäre durch solche Beweisführungen nicht gefördert worden. Deshalb fügte ich — und ich darf sagen: gegen meine eigene persönliche Neigung — rein geometrische Betrachtungen nur da hinzu, wo sie zur Erleichterung des Verstehens der analytischen Folgerungen Nutzen zu haben schienen oder besonders interessant waren.

Natürlich stehen die Forderungen der Exactheit und der leichten Verständlichkeit in Widerspruch mit einander. Es war daher nicht zu vermeiden, hier und da Ausgleichungen zwischen beiden Extremen vorzunehmen. Hoffentlich ist in dieser Hinsicht der richtige Mittelweg einigermassen eingehalten worden. Functionentheoretische und algebraische Betrachtungen gehören wohl kaum in ein solches Elementarwerk.

Die Figuren habe ich, soweit Räumliches darzustellen war, stets in axonometrischer Orthogonalprojection entworfen. Dass in unseren Lehrbüchern so oft falsch construierte Figuren vorkommen, hat seinen Grund nicht immer nur in der Bequemlichkeit der Autoren.

In Bezug auf die in den Anmerkungen gegebenen geschichtlichen Hinweise muss ich um Nachsicht bitten. Zeit und Gelegenheit zu gründlichen Forschungen an der Quelle standen mir nicht genügend zur Verfügung; ich habe mich daher zum Teil auf anerkannte Forscher im Gebiete der Geschichte der Mathematik gestützt, so auf Moritz Cantor und Stäckel; ferner benutzte ich litterarische Bemerkungen von Chasles, Darboux, Loria, De Saint-Venant, Salmon-Fiedler, Schell, Stahl-Kommerell u. A. Wenn nun die Anmerkungen hier und da doch nicht die wirklichen Quellen nennen sollten und wenn an manchen Stellen die Citate überhaupt fehlen, so steht diesen Mängeln doch der erhebliche Gewinn gegenüber, dass der Anfänger — der gerade am meisten dessen bedarf — wenigstens einiges aus der Geschichte seiner Wissenschaft erfährt.

Dass ich die oben genannten Werke über das gleiche Gebiet vielfach benutzt habe, braucht bei einem Lehrbuche wie dem vorliegenden wohl nicht entschuldigt, ja eigentlich kaum erwähnt zu werden. Dass ich hier und da neue Einzelheiten bringen konnte, wird der Kenner hoffentlich bestätigen. Meinem verehrten Collegen Dingeldey, der die Freundlichkeit hatte, das Manuscript zu diesem Bande durchzulesen, danke ich eine ganze Reihe einzelner kleiner Verbesserungen.

Der zweite, abschliessende Band, der im wesentlichen die Theorie der Flächen enthält, soll im Laufe des nächsten Jahres erscheinen.

Darmstadt, im October 1900.

Georg Scheffers.

Inhalt.

Erster Abschnitt.

Curven in der Ebene.

Zweiter Abschnitt.

Curven im Raume.

Dritter Abschnitt.

Curven und abwickelbare Flächen.

Anhang.

Erster Abschnitt.

Curven in der Ebene.

§ 1. Analytische Darstellung ebener Curven.

Für gewöhnlich legen wir unseren Betrachtungen ein rechtwinkliges Cartesisches Coordinatensystem zu Grunde, in der Ebene also zwei rechtwinklige Punktcoordinaten x und y.

Ein Punkt (x, y) beschreibt eine Linie oder Curve[1], wenn sich seine Abscisse x ändert und dabei zugleich seine Ordinate y als eine Function von x veränderlich ist, wenn also beständig:

(1) $$y = f(x)$$

ist. Dies ist die Gleichung einer Curve. Diese nächstliegende Darstellungsform hat den Nachteil, dass die beiden Coordinaten x und y eine ungleiche Behandlung erfahren. Auch sind die Curven $x =$ Const., nämlich die zur y-Axe parallelen Geraden, nicht in dieser Art darstellbar. Wir schreiben daher die Gleichung der Curve besser in noch nicht nach y aufgelöster Form:

(2) $$F(x, y) = 0.$$

Nun bleibt es dahingestellt, ob man x oder y als unabhängige Veränderliche benutzen will. Die Form (2) ist jedoch manchmal unbequemer als die Form (1).[2]

Will man weder x noch y bevorzugen und doch eine für die Rechnung bequeme Darstellung der Curve haben, so stelle man sich vor, dass sich x und y mit der Zeit — etwa gemessen durch die Zahl t der seit einem bestimmten Augenblick vergangenen Secunden — gesetzmässig ändern, d. h. also, dass x und y Functionen einer dritten Veränderlichen t seien:

(3) $$x = \varphi(t), \quad y = \psi(t).$$

---

[1] Das Wort Linie wird vielfach (z. B. in der sogen. Liniengeometrie) nur für gerade Linien gebraucht. Wir ziehen daher den Namen Curve vor.

[2] Der Erste, der systematisch die analytische Betrachtungsweise bei ebenen Curven einführte, war bekanntlich DESCARTES in seiner „Géométrie“ (1637).

Ob man diese dritte Veränderliche t als die Zeit auffasst oder nicht, ist für die Gestalt der Curve ganz gleichgültig. Wir verstehen also in (3) unter t eine unabhängig veränderliche Grösse. Sie heisst eine Hülfsveränderliche oder ein Parameter.[1] Eliminiert man t aus (3), so geht eine Gleichung zwischen x und y, also wieder eine Gleichung von der Form (2) hervor.

Den Parameter t kann man durch einen anderen Parameter τ ersetzen, indem man weiterhin t als irgend eine Function von τ definiert:

$$t = \omega(\tau). \tag{4}$$

Aendert sich τ, so ändert sich nach (4) auch t, mithin nach (3) auch x und y und also auch der Punkt (x, y). Setzt man den Wert (4) von t in (3) ein, so stellen sich x und y als Functionen von τ dar:

$$x = \Phi(\tau), \quad y = \Psi(\tau).$$

Hierdurch haben wir eine neue Darstellung der Curve (3) erhalten. Da die Function $\omega(\tau)$ beliebig gewählt werden kann, so haben die beiden Functionen Φ und Ψ noch einen gewissen Grad der Willkürlichkeit. Man sieht, dass sich ein und dieselbe Curve auf unendlich viele Arten mittels einer Hülfsveränderlichen darstellen lässt.

Diesen Umstand kann man verwerten, um eine innig mit der Curve zusammenhängende, aber längs der Curve veränderliche Grösse, wie z. B. die von einer bestimmten Stelle aus gemessene Bogenlänge, als Hülfsveränderliche einzuführen, wodurch Formeln, die mit der Curve zusammenhängen, häufig vereinfacht werden können. Dies werden wir später oft thun.

1. Beispiel: Die Gleichungen:

$$x = a + \alpha t, \quad y = b + \beta t$$

stellen bei gegebenen Werten von a, b, α, β und veränderlichem t eine Curve in der Form (3) dar. Um hier die Darstellungsform (2) zu gewinnen, eliminieren wir t und erhalten:

$$\begin{vmatrix} x - a & \alpha \\ y - b & \beta \end{vmatrix} = 0$$

oder

$$\beta x - \alpha y - a\beta + b\alpha = 0,$$

also die Gleichung einer Geraden. Jede Gerade

$$Ax + By + C = 0$$

[1] Solche Parameter wurden gelegentlich schon von Euler 1748 und Cramer 1750 benutzt.

lässt sich in obiger Form darstellen. Man hat nämlich a, b, α, β so zu bestimmen, dass die Gleichung

$$A(a + \alpha t) + B(b + \beta t) + C = 0,$$

die nur die eine Veränderliche t enthält, für alle Werte von t gilt, mithin so, dass

$$A a + B b + C = 0, \quad A \alpha + B \beta = 0$$

ist. Als die Constanten a, b darf man also die Coordinaten irgend eines bestimmten Punktes der Geraden wählen, während man α, β so festzusetzen hat, dass $\beta : \alpha$ die Richtung der Geraden (die Tangente ihres Winkels mit der x-Axe) angiebt.

2. Beispiel: Der durch Drehung um den Punkt (a, b) mit dem Radius r erzeugte Kreis kann leicht in der Form (3) dargestellt werden. Bildet nämlich der Radius r mit der x-Axe den Winkel t, so sind die Coordinaten seines Endpunktes (siehe Fig. 1):

$$x = a + r \cos t, \quad y = b + r \sin t.$$

Elimination von t giebt die gewöhnliche Darstellung:

$$(x - a)^2 + (y - b)^2 = r^2.$$

Die erste Form ist häufig deshalb bequemer, weil bei ihrer Anwendung die Benutzung einer quadratischen Gleichung umgangen wird. Verstehen wir unter s den Bogen des Kreises vom Punkte $(a + r, b)$ aus im Sinne der positiven Drehung bis zu irgend einem Punkte (x, y) des Kreises hin gemessen, so ist $s = r t$ oder

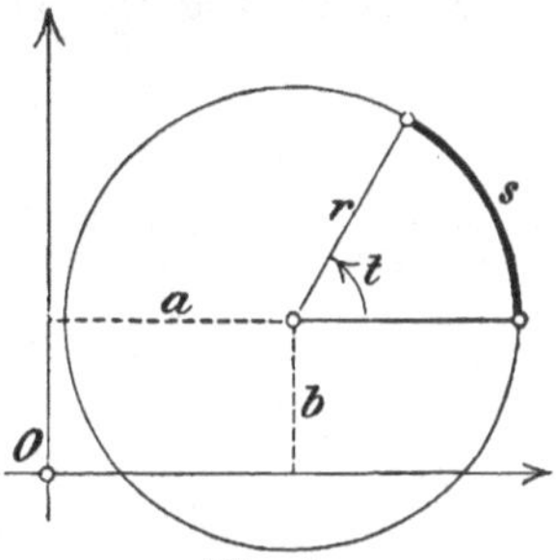

Fig. 1.

$$t = \frac{s}{r}.$$

Einführung dieses Wertes in die erste Darstellung des Kreises giebt:

$$x = a + r \cos \frac{s}{r}, \quad y = b + r \sin \frac{s}{r}.$$

Jetzt ist s der Parameter. Hier haben wir ein Beispiel zur Einführung einer neuen Hülfsveränderlichen vor uns.

3. Beispiel: Um die Ellipse

$$\frac{x^2}{a^2} + \frac{y^2}{b^2} = 1$$

mit Hülfe eines Parameters t bequem darzustellen, beachten wir, dass wir $\frac{x}{a}$ und $\frac{y}{b}$ als Cosinus und Sinus eines Winkels auffassen können, da die Summe ihrer Quadrate gleich Eins ist. Dieser Winkel ist längs der Ellipse veränderlich. Bezeichnen wir ihn also mit t, so kommt:

$$x = a \cos t, \quad y = b \sin t.$$

Die geometrische Bedeutung von t ist aus der analytischen Geometrie bekannt.[1]

[1] In der Theorie der Planetenbewegungen heisst dieser Parameter t die excentrische Anomalie.

Liegt die Gleichung einer Curve in der Form

$$y = f(x)$$

vor, so lehrt die Integralrechnung, wie sich die Länge s des Curvenbogens von einem Punkte bis zu einem anderen Punkte hin durch ein bestimmtes Integral ausdrückt. Man beweist nämlich, dass die Summen der Seitenlängen der Polygone, die sich dem Curvenbogen einbeschreiben lassen, für den Fall unendlich vieler Polygonecken einen Grenzwert haben und bezeichnet ihn als die Bogenlänge. Hierauf wollen wir nicht näher eingehen. Wir erinnern aber daran, wie man diese Länge, nachdem ihre Existenz bewiesen ist, berechnet.

Auf der Curve sei der Punkt mit der Abscisse x_0 bestimmt gewählt (siehe Fig. 2). Die Abscisse wachse nun von x_0 bis x. Die zugehörige Bogenlänge s wird eine Function von x sein. Wenn x um das unendlich kleine Increment dx zunimmt, wächst y um

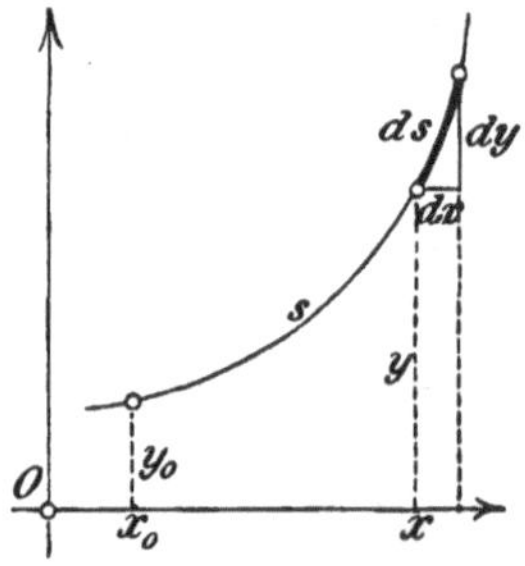

Fig. 2.

$$dy = f'(x)\,dx$$

und die Bogenlänge s um

$$ds = \sqrt{dx^2 + dy^2} = \sqrt{1 + f'(x)^2}\,dx,$$

sodass, da s für $x = x_0$ gleich Null ist, folgt:

$$s = \int_{x_0}^{x} \sqrt{1 + f'(x)^2}\,dx. \tag{5}$$

Liegt die Curve in der Form vor:

$$x = \varphi(t), \quad y = \psi(t),$$

so nehmen x und y, wenn t um dt wächst, zu um:

$$dx = \varphi'(t)\,dt, \quad dy = \psi'(t)\,dt,$$

also der Bogen s, der vom Punkte (x_0, y_0) mit dem Parameterwerte t_0 bis zum Punkte (x, y) mit dem Parameterwerte t gemessen wird, um die unendlich kleine Strecke

$$ds = \sqrt{\varphi'(t)^2 + \psi'(t)^2}\,dt,$$

die man das Bogenelement nennt, sodass

$$s = \int_{t_0}^{t} \sqrt{\varphi'(t)^2 + \psi'(t)^2}\,dt \tag{6}$$

ist.

Die Bogenlänge s ist hiernach eine Function von t und kann daher — wie oben τ vermöge (4) — als neuer Parameter vermöge (6) eingeführt werden. Man denke sich nämlich die Integration in (6) ausgeführt und aus der hervorgehenden Gleichung t als Function von s berechnet und diese in $x = \varphi(t)$ und $y = \psi(t)$ eingesetzt. Dadurch gehen zwei Gleichungen hervor von der Form:

$$x = \Phi(s), \quad y = \Psi(s).$$

Hiernach liegt die Frage nahe, wie man den Gleichungen einer Curve

$$x = \varphi(t), \quad y = \psi(t)$$

ansieht, ob in ihnen der Parameter t nicht etwa selbst schon die Bogenlänge, gerechnet von irgend einer Stelle an, darstellt. Die Anfangsstelle müsste die sein, für die $t = 0$ ist, d. h. der Punkt

$$x_0 = \varphi(0), \quad y_0 = \psi(0);$$

also müsste (6) für $t_0 = 0$ rechts direct t ergeben, d. h. es müsste

$$\varphi'(t)^2 + \psi'(t)^2 = 1$$

sein.

Satz 1: In den Gleichungen einer ebenen Curve:

$$x = \varphi(t), \quad y = \psi(t)$$

bedeutet der Parameter t dann und nur dann die vom Punkte ($t = 0$) an gemessene Bogenlänge der Curve, wenn für jeden Wert von t:

$$\varphi'(t)^2 + \psi'(t)^2 = 1$$

ist.

Alsdann können wir t mit s bezeichnen und $\varphi'(t)$ und $\psi'(t)$ als Cosinus und Sinus eines längs der Curve veränderlichen Winkels τ auffassen:

$$\varphi'(t) = \varphi'(s) = \cos\tau, \quad \psi'(t) = \psi'(s) = \sin\tau.$$

Der Winkel τ ist eine Function von s. Nun können wir schreiben:

$$x = \varphi(t) = \int \cos\tau(s)\,ds, \quad y = \psi(t) = \int \sin\tau(s)\,ds.$$

Satz 2: Die Gleichungen einer ebenen Curve, ausgedrückt durch die Bogenlänge s als Parameter, haben die Form:

$$x = \int \cos\tau(s)\,ds, \quad y = \int \sin\tau(s)\,ds.$$

Diese Gleichungen stellen, wie man auch die Function τ von s wählen mag, immer eine Curve dar, deren Parameter s die von einer gewissen Stelle an gemessene Bogenlänge ist.

Aber diese Sätze sind nicht auf jede Curve anwendbar. Denn man kann eine Grösse nur dann als Parameter benutzen, wenn sie thatsächlich längs der Curve veränderlich ist. Die Bogenlänge s hat nun nach (6) den Differentialquotienten

$$\frac{ds}{dt} = \sqrt{\varphi'(t)^2 + \psi'(t)^2}$$

und ist constant, wenn der Differentialquotient beständig gleich Null ist, wenn also für jedes t:

$$\varphi'(t)^2 + \psi'(t)^2 = 0$$

ist. Bei reellen Curven tritt dies zwar nicht ein, weil sonst einzeln φ' und ψ' gleich Null sein, mithin x und y fest sein müssten, wohl aber bei gewissen imaginären Curven. In der That folgt ja aus der letzten Gleichung:

$$\varphi'(t) + i\psi'(t) = 0,$$

wenn i eine der beiden imaginären Quadratwurzeln aus der negativen Einheit bedeutet, und hieraus weiter durch Integration:

$$\varphi(t) + i\psi(t) = \text{Const.}$$

oder also:

(7) $$x + iy = \text{Const.}$$

Hätten wir die andere Quadratwurzel aus der negativen Einheit gewählt, so hätten wir erhalten:

(8) $$x - iy = \text{Const.}$$

Die Gleichungen (7) und (8) stellen für jeden Wert der Constanten imaginäre Geraden dar, längs deren die Bogenlänge nach (6) gleich Null ist.

Satz 3: Die einzigen Curven in der Ebene, deren Bogenlänge constant und daher gleich Null ist, sind die imaginären Geraden:

$$x \pm iy = \text{Const.}$$

Diese Geraden heissen die Minimalgeraden der Ebene.[1]

[1] Diese Geraden wurden zuerst von Poncelet in seinem „Traité des propriétés projectives des figures“ (1822) betrachtet. Ihr Name ist neueren Ursprungs.

Zwei solche Geraden können zusammen durch eine reelle Gleichung dargestellt werden, denn die Gleichung

$$(x-a)^2+(y-b)^2=0, \tag{9}$$

die den Kreis um den Punkt (a, b) mit dem Radius Null darstellt, wird nicht nur von dem Punkte $(x = a, y = b)$ erfüllt, sondern auch von allen Punkten der beiden Minimalgeraden

$$(x-a) \pm i(y-b)=0$$

oder:

$$x \pm iy = a \pm ib.$$

Die imaginären Kreise (9) heissen gelegentlich Nullkreise oder auch circuläre Geradenpaare.

§ 2. **Die Bewegungen in der Ebene.**

Unsere Aufgabe ist, die Eigenschaften der Curven aus ihren Gleichungen zu erkennen. Je einfacher die Gleichungen sind, um so leichter wird dies sein. Zwei Mittel zur Vereinfachung der Gleichungen haben wir: Einerseits können wir durch passende Wahl der Hülfsveränderlichen die Gleichungen vereinfachen. Hiervon sprachen wir kurz in § 1. Andererseits können wir aber auch ein neues Axenkreuz für die Coordinaten einführen. Hiervon soll jetzt gesprochen werden.

Jede Lagenänderung ist relativ: Ob wir die Curve festhalten und das Axenkreuz ändern, oder ob wir die starr gedachte Curve in eine andere Lage bringen, während wir das Axenkreuz an seinem Ort belassen, ist in betreff der gegenseitigen Lage von Curve und Axenkreuz gleichgültig. Wohl aber ist es für die Ableitung von Formeln, auch für den sprachlichen Ausdruck, häufig bequemer, gerade eine der beiden Methoden der Aenderung zu benutzen.

Wir beginnen mit der Aenderung des Coordinatensystems bei festgehaltener Curve. Das Axenkreuz werde, ohne die Ebene zu verlassen, in irgend eine neue Lage gebracht, sodass also der Sinn der positiven Drehung ungeändert bleibt. In diesem Sinn — von der positiven x-Axe zur positiven y-Axe — sollen alle Winkel gemessen werden. Bei dieser Festsetzung gilt bekanntlich der Satz, dass die Summe der Projectionen der Seiten eines geschlossenen Vielecks auf irgend eine Gerade gleich Null ist. Dabei hat man sich das Vieleck in einem bestimmten, übrigens gleichgültigen Sinn des Umlaufens orientiert zu denken.

Nun habe der Anfangspunkt $\bar{O}$ des neuen Axenkreuzes im alten System die Coordinaten a, b. Die Richtung der neuen positiven $\bar{x}$-Axe gehe aus der der alten positiven x-Axe durch Drehung um den Winkel α hervor (siehe Fig. 3). Ein beliebiger Punkt P habe im alten System die Coordinaten x, y, im neuen die Coordinaten $\bar{x}$, $\bar{y}$.

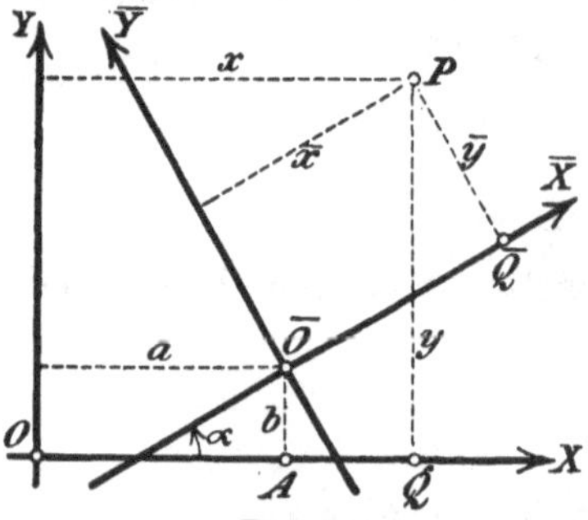

Fig. 3.

Wir projicieren das in Fig. 3 angegebene, sofort verständliche geschlossene Polygon $O A \bar{O} \bar{Q} P Q O$ nacheinander auf alle vier Axen. Jedesmal muss sich nach dem Früheren Null ergeben.

Wir erhalten dadurch die vier Gleichungen:

$$a + \bar{x}\cos\alpha - \bar{y}\sin\alpha - x = 0,$$

$$b + \bar{x}\sin\alpha + \bar{y}\cos\alpha - y = 0;$$

$$a\cos\alpha + b\sin\alpha + \bar{x} - y\sin\alpha - x\cos\alpha = 0,$$

$$-a\sin\alpha + b\cos\alpha + \bar{y} - y\cos\alpha + x\sin\alpha = 0,$$

aus denen wir entnehmen:

$$(1)\qquad \begin{cases} x = \bar{x}\cos\alpha - \bar{y}\sin\alpha + a, \\ y = \bar{x}\sin\alpha + \bar{y}\cos\alpha + b, \end{cases}$$

und

$$(2)\qquad \begin{cases} \bar{x} = \quad (x-a)\cos\alpha + (y-b)\sin\alpha, \\ \bar{y} = -(x-a)\sin\alpha + (y-b)\cos\alpha. \end{cases}$$

Die Gleichungen (1) drücken die alten Coordinaten durch die neuen, die Gleichungen (2) umgekehrt die neuen durch die alten aus. Der alte Anfangspunkt habe im neuen System die Coordinaten $\bar{a}$, $\bar{b}$. Die Gleichungen (2) geben, da für ihn $x = y = 0$ ist, sofort:

$$(3)\qquad \begin{cases} \bar{a} = -a\cos\alpha - b\sin\alpha, \\ \bar{b} = \quad a\sin\alpha - b\cos\alpha. \end{cases}$$

Nunmehr betrachten wir die Aenderung der Lage einer starr gedachten Curve oder beliebigen Figur bei festgehaltenem Axenkreuz. Dabei soll die Figur immer in der Ebene bleiben. Man nennt eine solche Lagenänderung eine **Bewegung in der Ebene**.

Nach den Vorbemerkungen über die Gegenseitigkeit von Lagenänderung der Figur oder des Systems erhellt, dass die Gleichungen (1) und (2) auch jetzt gültig bleiben, sobald wir die der jetzigen

Auffassung entsprechende geometrische Deutung vornehmen: Da das Axenkreuz in Ruhe bleiben soll, so bedeuten jetzt x, y und $\bar{x}, \bar{y}$ Coordinaten in ein und demselben System, nämlich die Coordinaten eines Punktes der Figur vor und nach der Bewegung oder umgekehrt. Will man die jetzige Auffassung mit der vorigen, insbesondere mit Fig. 3 in Verbindung setzen, so denke man sich auf der Figur in ihrer ursprünglichen Lage die x- und y-Axe aufgezeichnet. Wird nun die Figur in die neue Lage gebracht, so sollen diese beiden mit der Figur fest verknüpften Geraden in diejenigen Geraden übergehen, die vorhin die $\bar{x}$- und $\bar{y}$-Axe waren. Man erkennt dann, dass $\bar{x}, \bar{y}$ die ursprünglichen Coordinaten eines Punktes der Figur und x, y die Coordinaten desselben Punktes der Figur nach der Bewegung sind. Auch sieht man, dass der Winkel, um den alle Richtungen der starren Figur geändert worden sind, gleich α ist, wenn man ihn in dem Sinne misst, in dem in der starren Figur die $\bar{x}$- und $\bar{y}$-Axe aufeinander folgen.

Vermöge einer Bewegung geht also jeder Punkt $(\bar{x}, \bar{y})$ der Figur in einen Punkt (x, y) über; beide sind auf dasselbe Axenkreuz bezogen, und der Zusammenhang zwischen ihnen wird durch die Formeln (1) und (2) gegeben. Der Punkt der Figur, der ursprünglich an der Stelle des Anfangspunktes ($\bar{x} = 0$, $\bar{y} = 0$) liegt, geht nach (1) in den Punkt (a, b) über. Jede Gerade, die keine Minimalgerade ist, wird um den Winkel α gedreht. Die Minimalgerade $\bar{x} \pm i\bar{y} = c$ geht nach (2) in die Minimalgerade

$$x \pm iy = c(\cos\alpha \pm i\sin\alpha) + a \pm ib$$

über und wird demnach parallel verschoben.

Die Frage, ob bei der Bewegung ein Punkt (x_0, y_0) in sich selbst übergeht, kommt auf die Frage hinaus, ob es ein Wertepaar x_0, y_0 giebt, das in (1) oder (2) für x, y und für $\bar{x}, \bar{y}$ eingesetzt, die Gleichungen befriedigt. Benutzen wir (1), so liegen die Forderungen vor:

$$(4) \qquad \begin{cases} x_0 = x_0\cos\alpha - y_0\sin\alpha + a, \\ y_0 = x_0\sin\alpha + y_0\cos\alpha + b. \end{cases}$$

Dies sind zwei lineare Gleichungen für x_0, y_0. Durch bestimmte endliche Werte von x_0, y_0 werden sie nur dann befriedigt, wenn ihre Determinante

$$\begin{vmatrix} 1 - \cos\alpha & \sin\alpha \\ -\sin\alpha & 1 - \cos\alpha \end{vmatrix} = 2(1 - \cos\alpha)$$

verschieden von Null ist. Setzen wir daher zunächst $\cos\alpha \neq 1$, d. h. $\alpha \neq 0$ voraus, so ergiebt sich aus (4):

$$x_0 = \frac{1}{2}\left(a - b \operatorname{ctg}\frac{\alpha}{2}\right), \quad y_0 = \frac{1}{2}\left(a \operatorname{ctg}\frac{\alpha}{2} + b\right). \tag{5}$$

Dieser Punkt geht demnach bei der Bewegung in sich über. Wir können deshalb die starr gedachte Figur aus ihrer Anfangslage durch eine Drehung um diesen Punkt (x_0, y_0), und zwar mit dem Drehwinkel α, in die neue Lage überführen.

Ist der Winkel α gleich Null, ohne dass a und b beide gleich Null sind, so lassen sich die Gleichungen (4) nicht durch endliche Werte von x_0, y_0 befriedigen. Dann aber giebt (1):

$$x = \bar{x} + a, \qquad y = \bar{y} + b.$$

Die Bewegung besteht darin, dass die ganze Figur parallel mit sich verschoben wird, ist also eine Schiebung. Ist mit $\alpha = 0$ auch $a = b = 0$, so lehrt (1), dass $x = \bar{x}$, $y = \bar{y}$ ist, d. h. dass jeder Punkt in sich übergeführt wird, also eigentlich gar keine Bewegung zu stande gekommen ist. Wir haben daher den

Satz 4: Jede Bewegung einer starren Figur in der Ebene kann in ihrem Ergebnis ersetzt werden durch eine Drehung um einen festen Punkt oder durch eine Schiebung.[1]

Die Formeln (5) zeigen, dass

$$a x_0 + b y_0 = \tfrac{1}{2}(a^2 + b^2) \tag{6}$$

ist. Ist $\alpha = 0$, sodass eine Schiebung $x = \bar{x} + a$, $y = \bar{y} + b$ vorliegt, so wird die Gerade

$$a \bar{x} + b \bar{y} = \tfrac{1}{2}(a^2 + b^2) \tag{7}$$

parallel verschoben. Die Formeln (5), aus denen wir (6) ableiteten, geben in diesem Fall für x_0 und y_0 unendlich grosse Werte, also nach (6) einen unendlich fern auf der Geraden (7) gelegenen Punkt. Dies veranlasst uns, die Schiebung $x = \bar{x} + a$, $y = \bar{y} + b$ eine Drehung um einen unendlich fernen Punkt der Geraden (7) zu nennen. Dann können wir einfacher sagen:

Satz 5: Jede Bewegung in der Ebene kann in ihrem Ergebnis durch eine Drehung ersetzt werden.

Beispiel: Sind ABC und $\bar{A}\bar{B}\bar{C}$ zwei congruente Dreiecke von gleichem Sinn, so giebt es einen Punkt D derart, dass eine Drehung von ABC um D

[1] Dieser Satz ist ein Specialfall eines allgemeinen Satzes, der sich auf die Bewegung im Raume bezieht. Litterarische Nachweise sollen daher an späterer Stelle gegeben werden.

dieses Dreieck in $\bar{A}\bar{B}\bar{C}$ überführt. Der Drehpunkt D muss natürlich auf den Mittelloten von $A\bar{A}$, $B\bar{B}$, $C\bar{C}$ liegen. Diese drei Lote haben folglich einen gemeinsamen Punkt, den man gelegentlich den Situationspunkt genannt hat.

§ 3. Tangente einer ebenen Curve.

Bevor wir an die Untersuchung ebener Curven herantreten, ist hier ein für allemal die Bemerkung zu machen: Wir setzen, um überhaupt die Infinitesimalrechnung auf die Geometrie anwenden zu können, stets voraus, dass die auftretenden Functionen wenigstens in einem gewissen Bereich — in dem wir alsdann verbleiben — endlich, stetig und differenzierbar seien. Wenn eine Function mehrdeutig ist, so lässt sie sich, wie in der Functionentheorie ausführlich bewiesen wird, im Allgemeinen in eine Anzahl einzelner unendlicher Reihen nach ganzen positiven Potenzen der Veränderlichen entwickeln, und zwar in Reihen, die innerhalb eines Bereiches convergieren und je einen der Werte der mehrdeutigen Function innerhalb des Bereiches darstellen. Beschränken wir uns dann auf eine dieser Reihen, so liegt eine eindeutige Function vor. Allerdings sind solche Reihenentwickelungen an gewissen Ausnahmestellen, den sogenannten singulären Stellen der Function, unmöglich. Von derartigen Stellen sehen wir aber ganz ab, sobald nicht ausdrücklich anderes festgesetzt wird.

Noch eine zweite Anmerkung: Einen richtigen Einblick in den inneren Zusammenhang mancher Theorien gewinnt man erst dann, wenn man auch das Imaginäre berücksichtigt. Wir richten unsere Betrachtungen deshalb von vornherein so ein, dass sie auch für imaginäre Gebilde gültig bleiben. Wenn wir gelegentlich Betrachtungen anstellen, die nur im Reellen richtig sind, so werden wir dies jedesmal ausdrücklich sagen. —

Es sei nun eine Curve vorgelegt mittels der Gleichung:

$$y = f(x). \tag{1}$$

Wir betrachten einen bestimmten Punkt der Curve, indem wir $x = x_0$ setzen. Das zugehörige $y = y_0$ bestimmt sich aus (1), und in der Umgebung des Wertes x_0 ist die Function $f(x)$ in eine convergente unendliche Reihe entwickelbar:

$$y = f(x_0) + \frac{1}{1} f'(x_0) \cdot (x - x_0) + \frac{1}{1 \cdot 2} f''(x_0) \cdot (x - x_0)^2 + \dots$$

Wenn wir die Differentialquotienten von y mit $y', y'' \dots$ bezeichnen, so können wir auch schreiben:

(2) $$y = y_0 + \frac{1}{1} y_0'(x - x_0) + \frac{1}{1.2} y_0''(x - x_0)^2 + \ldots$$

Mit der Curve setzen wir nun eine Gerade in Beziehung, die durch den Punkt (x_0, y_0) geht, deren Gleichung also die Form hat:

$$\mathfrak{y} - y_0 = \varkappa(\mathfrak{x} - x_0),$$

wenn $\mathfrak{x}$, $\mathfrak{y}$ ihre laufenden Coordinaten bedeuten. Ihre Gleichung enthält noch eine Constante $\varkappa$, den Richtungscoefficienten der Geraden, den wir beliebig wählen können. Insbesondere wollen wir $\varkappa$ so wählen, dass die Gerade auch durch einen zweiten Curvenpunkt (x_1, y_1) geht (siehe Fig. 4); wir setzen nämlich:

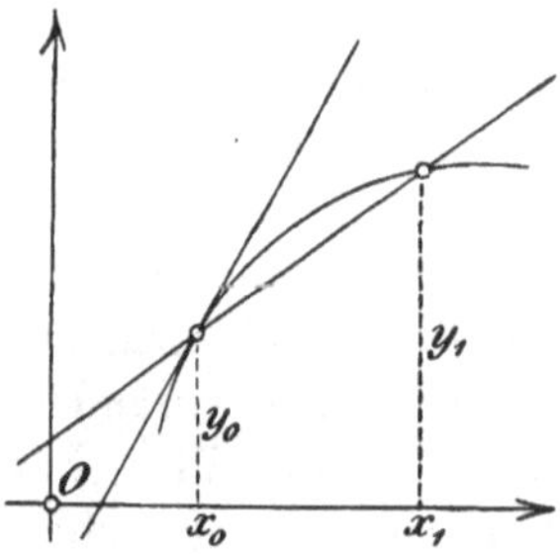

Fig. 4.

$$\varkappa = \frac{y_1 - y_0}{x_1 - x_0}.$$

Die Gerade ist dann eine **Secante** der Curve. Rückt der Curvenpunkt (x_1, y_1) dem Curvenpunkt (x_0, y_0) auf der Curve immer näher, nähert sich also x_1 ohne Ende dem x_0 und deshalb $y_1 = f(x_1)$ ohne Ende dem $y_0 = f(x_0)$, so wird der obige Wert von $\varkappa$ im Grenzfall zum Differentialquotienten y_0', und die Gerade nimmt dann die Gleichung an:

(3) $$\mathfrak{y} - y_0 = y_0'(\mathfrak{x} - x_0).$$

Sie heisst die **Tangente der Curve** im Punkte (x_0, y_0).[1]

Sie ist von allen Geraden durch den Punkt (x_0, y_0) diejenige, die sich dort der Curve am meisten anschmiegt. Um diese Behauptung als richtig zu erkennen, gehen wir zunächst zu irgend einer Secante

$$\mathfrak{y} - y_0 = \varkappa(\mathfrak{x} - x_0)$$

der Curve zurück und betrachten diejenigen Punkte auf der Curve und auf der Secante, die zur selben Abscisse x gehören. Bei der Curve ist die zugehörige Ordinate y durch (2), bei der Geraden ist die zugehörige Ordinate $\mathfrak{y}$ durch:

$$\mathfrak{y} = y_0 + \varkappa(\mathfrak{x} - x_0)$$

[1] Der allgemeine Tangentenbegriff wurde, während das Altertum nur die Tangenten des Kreises, der Kegelschnitte und der archimedischen Spirale kannte, im 17. Jahrhundert zugleich mit den Grundbegriffen der Differentialrechnung gewonnen. Zu nennen sind Fermat, „De tangentibus linearum curvarum“, in seinen „Varia Opera“, Toulouse 1679, ferner Descartes, Huygens und dann Newton und Leibniz.

gegeben. Die Differenz beider Ordinaten ist folglich:

$$\eta = y - \mathfrak{y} = (y_0' - \varkappa)(x - x_0) + \frac{1}{1 \,.\, 2} y_0'' (x - x_0)^2 + \frac{1}{1 \,.\, 2 \,.\, 3} y_0''' (x - x_0)^3 + \ldots$$

Ist nun die Differenz $x - x_0$ unendlich klein, so wird hiernach auch η unendlich klein und zwar im Allgemeinen, nämlich wenn $\varkappa \neq y_0'$ ist, von derselben Ordnung wie $x - x_0$, da die Reihe für η mit der ersten Potenz von $x - x_0$ beginnt. Wenn aber $\varkappa = y_0'$ ist, die Secante also zur Tangente wird, so verbleibt von der Reihe für η:

$$\eta = \frac{1}{1 \,.\, 2} y_0'' (x - x_0)^2 + \frac{1}{1 \,.\, 2 \,.\, 3} y_0''' (x - x_0)^3 + \ldots$$

Dann ist η unendlich klein von mindestens zweiter Ordnung. Deshalb eben sagt man, dass die Tangente die Curve im Punkte (x_0, y_0) berührt; daher heisst sie auch: berührende Gerade.

Wir können sofort weiter schliessen: Wenn an der betrachteten Stelle (x_0, y_0) insbesondere y_0'' gleich Null ist, so ist η unendlich klein von der dritten Ordnung u. s. w. Allgemein: Wenn an der Stelle (x_0, y_0) alle Differentialquotienten vom zweiten bis zum n^{ten} gleich Null sind, so ist η unendlich klein von gerade $(n + 1)^{\text{ter}}$ Ordnung, sobald $y_0^{(n+1)} \neq 0$ ist. Es kommt nämlich:

$$\eta = \frac{1}{1 \,.\, 2 \,.\, 3 \,.\,.\, (n + 1)} y_0^{(n+1)} (x - x_0)^{n+1} + \ldots .$$

Noch mehr: Wenn η reell ist, so hat diese unendliche Reihe bei hinreichend kleinem $x - x_0$ bekanntlich dasselbe Vorzeichen wie ihr erstes Glied. Wenn $x - x_0$ sein Vorzeichen wechselt, d. h. wenn einmal $x < x_0$, das andere Mal $x > x_0$ gewählt wird, so wechselt $(x - x_0)^{n+1}$ das Vorzeichen nur dann, wenn n gerade ist. Wenn also n gerade ist und eine reelle Curve vorliegt, so muss die Curve im Punkte (x_0, y_0) ihre Tangente durchsetzen, wie in Fig. 5. Wenn aber n ungerade ist, so hat η einerlei Vorzeichen, ob nun $x > x_0$ oder $< x_0$ ist, d. h. dann bleibt die Curve in der Umgebung der Stelle (x_0, y_0) auf der einen Seite der Tangente.

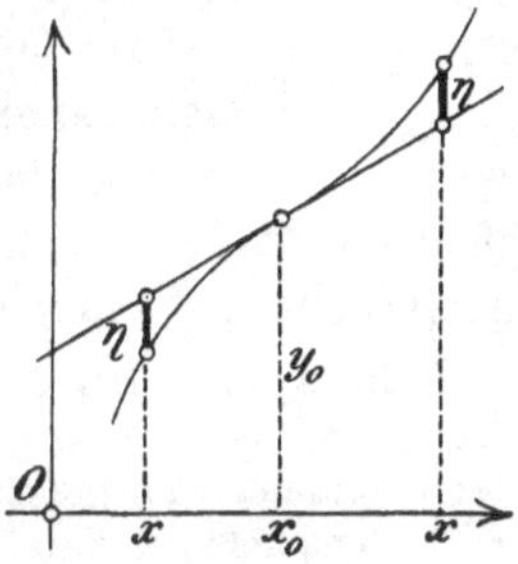

Fig. 5.

Satz 6: Die Tangente der Curve

$$y = f(x)$$

im Curvenpunkte (x_0, y_0) hat in den laufenden Coordinaten $\mathfrak{x}, \mathfrak{y}$ die Gleichung:

$$\mathfrak{y} - f(x_0) = f'(x_0)(\mathfrak{x} - x_0).$$

Ist die Curve reell und ist der erste nicht verschwindende Differentialquotient aus der Reihe

$$f''(x_0), \qquad f'''(x_0) \ldots$$

von gerader Ordnung, so verläuft die Curve in der Umgebung der Berührungsstelle (x_0, y_0) auf einer Seite der Tangente; andernfalls dagegen durchsetzt sie dort die Tangente.

Da die Differenz η der Ordinaten in um so höherer Ordnung unendlich klein ist, je mehr Differentialquotienten von y_0'' an gleich Null sind, so schmiegt sich die Curve der Tangente um so mehr an, je mehr Differentialquotienten von y_0'' an gleich Null sind, und zwar gilt dies auch dann, wenn die Curve ihre Tangente durchsetzt.

Im Allgemeinen wird in einem Curvenpunkte $y'' \neq 0$ sein, d. h. die Curve die Tangente nicht durchsetzen.

Curvenpunkte, in denen der zweite Differentialquotient y'' gleich Null ist, heissen Wendepunkte oder Inflexionspunkte,[1] da in solchen Punkten, sobald dort nicht auch $y''' = 0$ ist, also im Allgemeinen, die Curve ihre Tangente durchsetzt und deshalb zuerst nach der einen, dann nach der anderen Seite gekrümmt ist. Die Tangente selbst heisst dann eine Wendetangente oder Inflexionstangente. Es muss aber bemerkt werden, dass diese Bezeichnungen deshalb einen Mangel haben, weil im Falle $y'' = 0$ auch $y''' = 0$ sein kann und dann die Tangente nicht mehr die Curve zu durchsetzen braucht, die Curve also vor und nach der betreffenden Stelle in einerlei Art gekrümmt sein kann, daher keinen eigentlichen Wendepunkt hat.

1. Beispiel: Bei der Curve $y = x^n$, die im Anfangspunkt die x-Axe berührt, sind im Anfangspunkt alle Differentialquotienten bis zum $(n-1)^{\text{ten}}$, dieser eingeschlossen, gleich Null, während der n^{te} von Null verschieden ist. Der Anfangspunkt ist also, wenn $n > 2$ ist, ein Wendepunkt. Doch nur, wenn n ungerade ist, liegt hier ein eigentlicher Wendepunkt vor.

2. Beispiel: Wenn eine Curve durch Spiegelung an einem ihrer Punkte O in sich übergeht, d. h. also wenn zu jedem Punkt P der Curve ein zweiter, Q, vorhanden ist derart, dass O die Strecke PQ halbiert, so wird der Punkt O im Allgemeinen ein Wendepunkt sein. Denn nehmen wir ihn zum Anfangspunkt, so muss die Gleichung der Curve $y = f(x)$ ungeändert bleiben, wenn man x durch $-x$ und y durch $-y$ ersetzt. Also:

$$y = f(x) = -f(-x).$$

[1] Diese Bezeichnung tritt zuerst bei Fermat 1679 auf.

Hieraus folgt:

$$y' = f'(x) = +f'(-x)$$
$$y'' = f''(x) = -f''(-x).$$

Für $x = 0$ aber ergiebt dies $y'' = f''(0) = -f''(0)$, daher $y'' = 0$.

Die Betrachtungen dieses Paragraphen sind in gewisser Hinsicht unvollständig. Da wir aber im nächsten Paragraphen eine allgemeinere Theorie entwickeln, die diese umfasst, so sehen wir hier von weiteren Auseinandersetzungen ab.

Zum Schluss wollen wir noch die verschiedenen Darstellungsformen der Tangente angeben: Zunächst fanden wir die Tangente der Curve $y = f(x)$ im Curvenpunkte (x_0, y_0) in der Form:

$$\mathfrak{y} - f(x_0) = f'(x_0)(\mathfrak{x} - x_0)$$

oder kürzer:

(3)
$$\mathfrak{y} - y_0 = y_0'(\mathfrak{x} - x_0).$$

Liegt die Curve in der Form vor:

$$F(x, y) = 0,$$

so finden wir, indem wir y als die hierdurch definierte Function von x auffassen, durch totale Differentiation:

$$F_x + F_y y' = 0,$$

daher:

$$y' = -\frac{F_x}{F_y},$$

sodass die Tangentengleichung jetzt so lautet:

(4)
$$F_{x_0}(\mathfrak{x} - x_0) + F_{y_0}(\mathfrak{y} - y_0) = 0.$$

Natürlich haben F_{x_0} und F_{y_0} diese Bedeutung:

$$F_{x_0} = \left(\frac{\partial F}{\partial x}\right)_{\substack{x=x_0\\y=y_0}}, \quad F_{y_0} = \left(\frac{\partial F}{\partial y}\right)_{\substack{x=x_0\\y=y_0}}.$$

Liegt die Curve in der Form vor:

$$x = \varphi(t), \quad y = \psi(t),$$

so definiert die erste Gleichung implicite t als Function von x, sodass nach der zweiten auch y eine Function von x ist. Dabei ist:

$$y' = \frac{dy}{dx} = \frac{dy}{dt} : \frac{dx}{dt} = \frac{\psi'(t)}{\varphi'(t)}.$$

Setzen wir dies in (3) für die Stelle $(t = t_0)$ der Curve ein, so finden wir als Gleichung der Tangente in diesem Punkte:

(5) $$\frac{\mathfrak{x} - x_0}{\varphi'(t_0)} = \frac{\mathfrak{y} - y_0}{\psi'(t_0)}$$

oder auch:

(6) $$\frac{\mathfrak{x} - \varphi(t_0)}{\varphi'(t_0)} = \frac{\mathfrak{y} - \psi(t_0)}{\psi'(t_0)}.$$

Bezeichnen wir diese beiden längs der Tangente gleichen Brüche mit $\mathfrak{t}$, so wird $\mathfrak{t}$ längs der Tangente so veränderlich sein, dass dabei immer:

(7) $$\mathfrak{x} = \varphi(t_0) + \mathfrak{t}\varphi'(t_0), \qquad \mathfrak{y} = \psi(t_0) + \mathfrak{t}\psi'(t_0)$$

ist. Hier ist die Tangente mit Hülfe eines Parameters $\mathfrak{t}$ dargestellt.

Der Winkel τ_0, den die Curventangente mit der x-Axe bildet, hat nach (3) die trigonometrische Tangente

$$\operatorname{tg}\tau_0 = y_0'.$$

Lassen wir den Berührpunkt die Curve durchlaufen, so wird statt x_0, y_0 allgemein x, y zu schreiben und mit x und y auch der Tangentenwinkel τ veränderlich sein. Denn es ist dabei:

$$\operatorname{tg}\tau = y' = f'(x) = -\frac{F_x}{F_y} = \frac{\psi'(t)}{\varphi'(t)}$$

für die verschiedenen Arten der Darstellung der Curve. Daher ist τ gerade der in Satz 2, S. 5, auftretende Winkel und:

$$\frac{dx}{ds} = \cos\tau, \quad \frac{dy}{ds} = \sin\tau,$$

wenn s die Bogenlänge bedeutet. Dies erhellt auch leicht aus der Fig. 2 auf S. 4.

Liegt die Curve $y = f(x)$ vor, so ist τ die Function $\operatorname{arc\,tg} f'(x)$ von x. Umgekehrt ist dann x eine Function von τ, folglich auch y. Da nun $dy : dx = \operatorname{tg}\tau$ ist, so haben die Differentialquotienten von x und y nach τ die Form:

$$\frac{dx}{d\tau} = F(\tau)\cos\tau, \quad \frac{dy}{d\tau} = F(\tau)\sin\tau,$$

woraus folgt:

$$x = \int F(\tau)\cos\tau\,d\tau, \qquad y = \int F(\tau)\sin\tau\,d\tau.$$

Da hieraus umgekehrt $dy : dx = \operatorname{tg}\tau$ folgt, wie auch die Function $F(\tau)$ gewählt sein mag, so ergiebt sich

Satz 7: Längs einer ebenen Curve sind die Punktcoordinaten x und y Functionen des Tangentenwinkels und zwar von der Form:

$$x = \int F(\tau)\cos\tau\,d\tau, \qquad y = \int F(\tau)\sin\tau\,d\tau.$$

Fragen wir uns, unter welchen Bedingungen der Parameter t bei der allgemeinen Parameterdarstellung einer Curve:

$$x = \varphi(t), \quad y = \psi(t) \tag{8}$$

den Tangentenwinkel τ bedeutet. Es müsste

$$\frac{dy}{dx} = \frac{\psi'(t)}{\varphi'(t)} = \operatorname{tg} t$$

sein. Durch Differentiation folgt hieraus:

$$\frac{\varphi'\psi'' - \psi'\varphi''}{\varphi'^2} = \frac{1}{\cos^2 t}$$

und aus beiden Formeln:

$$\varphi'\psi'' - \psi'\varphi'' = \varphi'^2(1 + \operatorname{tg}^2\tau) = \varphi'^2 + \psi'^2.$$

Wenn umgekehrt eine solche Parameterdarstellung (8) einer Curve vorliegt, bei der

$$\frac{\varphi'\psi'' - \psi'\varphi''}{\varphi'^2 + \psi'^2} = 1$$

ist, so kann man hierfür schreiben:

$$\frac{d}{dt}\operatorname{arc\,tg}\frac{\psi'}{\varphi'} = 1$$

oder:

$$\operatorname{arc\,tg}\frac{\psi'}{\varphi'} = t + a \quad (a = \text{Const.}),$$

d. h.

$$\operatorname{tg}\tau = \frac{dy}{dx} = \frac{\psi'}{\varphi'} = \operatorname{tg}(t + a).$$

Hieraus folgt $\tau = t + a \pm n\pi$ oder $t = \tau - a \mp n\pi$, wo n eine ganze Zahl bedeutet. Also:

Satz 8: Bei der Parameterdarstellung einer ebenen Curve:

$$x = \varphi(t), \quad y = \psi(t)$$

bedeutet t dann und nur dann den Winkel, den die Tangente der Curve mit einer festen Richtung bildet, wenn für jeden Wert von t:

$$\frac{\varphi'(t)\psi''(t) - \psi'(t)\varphi''(t)}{\varphi'^2(t) + \psi'^2(t)} = 1$$

ist.

Kurz sei noch der Vollständigkeit halber der Begriff Asymptote erwähnt. Lassen wir einmal die Voraussetzung fallen, dass die auftretenden Functionen endlich sein sollen, so können wir annehmen, für einen gewissen Wert t_0 von t sei wenigstens eine der beiden Functionen

$$x = \varphi(t), \quad y = \psi(t)$$

unendlich gross, sodass die durch diese Gleichungen gegebene Curve einen unendlich fernen Punkt (t_0) hat. Wenn dann die Gleichung (6) oder:

$$\psi' \mathfrak{x} - \varphi' \mathfrak{y} = \varphi \psi' - \psi \varphi' \tag{9}$$

für $t = t_0$ endlich bleibt, d. h. wenn die Verhältnisse:

$$\psi' : -\varphi' : (\varphi \psi' - \psi \varphi')$$

für $t = t_0$ endlich bleiben, so stellt die Gleichung (9) die im Endlichen verlaufende Tangente des unendlich fernen Punktes dar, und diese heisst eine Asymptote der Curve. Bekannt ist das Beispiel der Hyperbel. Ein anderes Beispiel liefert die hyperbolische Spirale, die dadurch definiert ist, dass bei ihr der Radiusvector $\mathfrak{r} = \sqrt{x^2 + y^2}$ gleich ist einer Constanten a dividiert durch den Winkel, den $\mathfrak{r}$ mit der x-Axe bildet. Wird dieser Winkel mit t bezeichnet, so ist bei der hyperbolischen Spirale:

$$x = \frac{a}{t} \cos t, \quad y = \frac{a}{t} \sin t.$$

Für $t = 0$ ist $x = \infty$ und $y = a$. Hier ist allgemein:

$$\psi' : -\varphi' : (\varphi \psi' - \psi \varphi') = (t \cos t - \sin t) : (t \sin t + \cos t) : a,$$

und für $t = 0$ reducieren sich diese Verhältnisse auf: $0 : 1 : a$, sodass nach (9):

$$\mathfrak{y} = a$$

die Gleichung der Asymptote ist.

Noch sei bemerkt: Je grösser t wird, desto kleiner wird hier $\mathfrak{r} = \frac{a}{t}$. Die hyperbolische Spirale windet sich daher unendlich oft um den Anfangspunkt und die Windungen werden für ein gewisses t, nämlich hier für $t = \infty$, unendlich eng. Einen solchen Punkt wie hier den Anfangspunkt nennt man einen asymptotischen Punkt der Curve.

§ 4. Berührung zwischen Curven in der Ebene.

Wenn zwei Curven c und $\mathfrak{c}$ in der Ebene einen Punkt P gemein haben, so sagen wir, dass sie einander in P in n^{ter} Ordnung berühren, wenn Folgendes eintritt: Wir wählen auf c irgend einen

Punkt A, der von P um eine unendlich kleine Strecke entfernt ist, die wir als unendlich klein von erster Ordnung bezeichnen (siehe Fig. 6). Es soll alsdann möglich sein, auf $\mathfrak{c}$ einen Punkt $\mathfrak{A}$ so zu wählen, dass sein Abstand von P ebenfalls unendlich klein von erster Ordnung, dagegen der Abstand $A\mathfrak{A}$ unendlich klein von $(n+1)^{\text{ter}}$ Ordnung ist.

Unsere Aufgabe ist es, zunächst die analytischen Merkmale hierfür abzuleiten und dann noch zu zeigen, dass die Berührung von Curve und Gerade, die wir im vorigen Paragraphen definierten, mit unter den jetzigen allgemeinen Begriff der Berührung fällt. Dies Letztere wird zum Teil erst in § 5 geschehen.

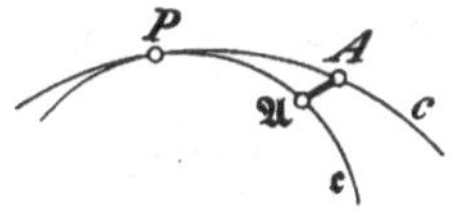

Fig. 6.

Da wir auch imaginäre Curven berücksichtigen, müssen wir zunächst an einen im Reellen allerdings selbstverständlichen Satz erinnern: Wenn ds eine unendlich kleine Strecke in der Ebene ist und dx und dy ihre Projectionen auf die Axen sind, so ist ds von derselben Ordnung unendlich klein wie wenigstens eine der Projectionen, während dann die andere Projection von derselben oder von höherer Ordnung unendlich klein ist.[1]

Die Curve c sei dargestellt in der Form

$$x = \varphi(t), \quad y = \psi(t),$$

die Curve $\mathfrak{c}$ in der Form:

$$\mathfrak{x} = f(\mathfrak{t}), \quad \mathfrak{y} = g(\mathfrak{t}),$$

sodass also t und $\mathfrak{t}$ ihre Parameter sind. Der beiden Curven gemeinsame Punkt P sei mit den Coordinaten x_0, y_0 versehen. Ihm

[1] Ist nämlich $dx = da(\cos\alpha + i\sin\alpha)$, $dy = db(\cos\beta + i\sin\beta)$, wobei da, db, α, β reell sind, so ist

$$ds^2 = dx^2 + dy^2 = da^2\cos 2\alpha + db^2\cos 2\beta + i(da^2\sin 2\alpha + db^2\sin 2\beta),$$

also das Quadrat des absoluten Betrages von ds^2:

$$|ds^2|^2 = da^4 + db^4 + 2da^2db^2\cos 2(\alpha-\beta).$$

Hieraus aber folgt:

$$(da^2 - db^2)^2 < |ds|^4 < (da^2 + db^2)^2.$$

Hierin liegt der Beweis. Nur wenn $da = db$ und $\cos 2(\alpha-\beta) = -1$ ist, kann ds von höherer Ordnung als dx und dy unendlich klein sein. Dann aber ist entweder $dx + i\,dy$ oder $dx - i\,dy$ gleich Null, d. h. ds liegt auf einer Minimalgeraden (siehe S. 6), was natürlich auszuschliessen ist.

möge bei der ersten Curve der Parameterwert t_0, bei der zweiten der Parameterwert $\mathfrak{t}_0$ entsprechen:

$$(1) \qquad x_0 = \varphi(t_0) = f(\mathfrak{t}_0), \quad y_0 = \psi(t_0) = g(\mathfrak{t}_0).$$

Der auf der Curve c beliebig, aber in unendlicher Nähe von P zu wählende Punkt A habe den Parameter $t_0 + dt$ und die Coordinaten x, y. Dann ist:

$$(2) \qquad \begin{cases} x - x_0 = \varphi(t_0 + dt) - \varphi(t_0) = \frac{1}{1} x_0' dt + \frac{1}{1.2} x_0'' dt^2 + \dots, \\ y - y_0 = \psi(t_0 + dt) - \psi(t_0) = \frac{1}{1} y_0' dt + \frac{1}{1.2} y_0'' dt^2 + \dots. \end{cases}$$

Natürlich bedeutet hier z. B. x_0' den ersten Differentialquotienten von $\varphi(t)$ für $t = t_0$ u. s. w. Wir haben zu verlangen, dass ein Punkt $\mathfrak{A}$ auf der zweiten Curve $\mathfrak{c}$ vorhanden sei, der zunächst P unendlich benachbart sein soll, der also zu dem Parameterwert $\mathfrak{t}_0 + d\mathfrak{t}$ gehöre und die Coordinaten $\mathfrak{x}, \mathfrak{y}$ habe, sodass:

$$(3) \qquad \begin{cases} \mathfrak{x} - x_0 = \frac{1}{1} \mathfrak{x}_0' d\mathfrak{t} + \frac{1}{1.2} \mathfrak{x}_0'' d\mathfrak{t}^2 + \dots, \\ \mathfrak{y} - y_0 = \frac{1}{1} \mathfrak{y}_0' d\mathfrak{t} + \frac{1}{1.2} \mathfrak{y}_0'' d\mathfrak{t}^2 + \dots \end{cases}$$

ist. Zweitens aber soll $A\mathfrak{A}$ unendlich klein von $(n+1)^{\text{ter}}$ Ordnung sein. Die Strecke $A\mathfrak{A}$ hat die Projectionen $x - \mathfrak{x}$ und $y - \mathfrak{y}$ auf die Axen. Nach (2) und (3) ist:

$$(4) \qquad \begin{cases} x - \mathfrak{x} = \frac{1}{1}(x_0' dt - \mathfrak{x}_0' d\mathfrak{t}) + \frac{1}{1.2}(x_0'' dt^2 - \mathfrak{x}_0'' d\mathfrak{t}^2) + \dots, \\ y - \mathfrak{y} = \frac{1}{1}(y_0' dt - \mathfrak{y}_0' d\mathfrak{t}) + \frac{1}{1.2}(y_0'' dt^2 - \mathfrak{y}_0'' d\mathfrak{t}^2) + \dots. \end{cases}$$

Wir haben also zu fordern, dass diese beiden Differenzen dadurch, dass man $\mathfrak{A}$, also $d\mathfrak{t}$, passend wählt, unendlich klein von $(n+1)^{\text{ter}}$ Ordnung werden.

Allerdings ist noch eine Voraussetzung zu machen: Wir setzen voraus, dass der gemeinsame Punkt P sowohl bei der ersten als auch bei der zweiten Curve eine Tangente habe, die vollständig bestimmt ist. Die Gleichung (5) der Tangente auf S. 16 lehrt aber, dass sie bei der Curve c nur dann vollkommen bestimmt ist, wenn $\varphi'(t_0)$ und $\psi'(t_0)$ nicht beide gleich Null sind. Wir setzen also voraus, dass x_0' und y_0' nicht beide gleich Null seien und ebenso nicht $\mathfrak{x}_0'$ und $\mathfrak{y}_0'$. Man nennt Stellen, an denen dies doch der Fall ist, singulär. Hier, wie überhaupt in der Folge, wenn von beliebigen Punkten von Curven die Rede ist, sollen die singulären Punkte, die ja nur vereinzelt auftreten können, vermieden werden. Später (in § 12) werden wir die singulären Stellen besonders betrachten.

Die Strecke PA hat die in (2) angegebenen Projectionen. Da PA unendlich klein von gerade erster Ordnung sein soll, so muss mindestens eine der beiden Projectionen von gerade erster Ordnung sein (während die andere von höherer Ordnung sein darf). Weil x_0' und y_0' nicht beide gleich Null sind, so folgt also, dass dt als unendlich kleine Grösse von gerade erster Ordnung betrachtet werden muss. Dasselbe folgt für $d\mathfrak{t}$ aus (3).

Der Punkt A war auf der Curve unendlich nahe bei P, aber beliebig gewählt. dt ist demnach als eine beliebig angenommene unendlich kleine Grösse erster Ordnung aufzufassen. Zu A sollte nun $\mathfrak{A}$ so zugeordnet werden, dass die Bedingungen für Berührung n^{ter} Ordnung erfüllt sind. Also ist $d\mathfrak{t}$ als eine Function von dt aufzufassen, die uns freilich noch unbekannt ist, die aber, nach Potenzen von dt entwickelt, die Form hat:

$$d\mathfrak{t} = \lambda_1\, dt + \frac{1}{1\,.\,2}\lambda_2\, dt^2 + \dots \tag{5}$$

Dabei ist $\lambda_1 \neq 0$, weil $d\mathfrak{t}$ auch von gerade erster Ordnung sein soll.

Setzen wir nun diese Entwickelung (5) in (4) für $d\mathfrak{t}$ ein, so stellen sich die Projectionen $x - \mathfrak{x}$ und $y - \mathfrak{y}$ von $A\mathfrak{A}$ als Reihen nach Potenzen von dt dar. Für die Berührung n^{ter} Ordnung ist zu fordern, dass die Reihen erst mit dt^{n+1} beginnen.

Satz 9: Haben die beiden Curven:

$$x = \varphi(t),\ y = \psi(t) \quad \text{und} \quad \mathfrak{x} = f(\mathfrak{t}),\ \mathfrak{y} = g(\mathfrak{t})$$

den Punkt (x_0, y_0) gemein, so berühren sie einander daselbst in n^{ter} Ordnung, wenn man endliche Zahlen $\lambda_1, \lambda_2 \dots$ so bestimmen kann, dass die Reihen nach Potenzen von dt, die aus:

$$x - \mathfrak{x} = \frac{1}{1}(x_0'\, dt - \mathfrak{x}_0'\, d\mathfrak{t}) + \frac{1}{1\,.\,2}(x_0''\, dt^2 - \mathfrak{x}_0''\, d\mathfrak{t}^2) + \dots,$$

$$y - \mathfrak{y} = \frac{1}{1}(y_0'\, dt - \mathfrak{y}_0'\, d\mathfrak{t}) + \frac{1}{1\,.\,2}(y_0''\, dt^2 - \mathfrak{y}_0''\, d\mathfrak{t}^2) + \dots.$$

durch die Substitution

$$d\mathfrak{t} = \lambda_1\, dt + \frac{1}{1\,.\,2}\lambda_2\, dt^2 + \dots$$

hervorgehen, erst mit den $(n+1)^{\text{ten}}$ Potenzen von dt beginnen. Dabei bedeuten x_0', y_0' u. s. w. die Differentialquotienten von x, y nach t für den gemeinsamen Punkt und $\mathfrak{x}_0'$, $\mathfrak{y}_0'$ u. s. w. die Differentialquotienten von $\mathfrak{x}$, $\mathfrak{y}$ nach t für den gemeinsamen Punkt.

Z. B. tritt Berührung erster Ordnung ein, wenn man über die Zahl λ_1 so verfügen kann, dass

(6) $$x_0' - \lambda_1 \mathfrak{x}_0' = 0, \quad y_0' - \lambda_1 \mathfrak{y}_0' = 0$$

ist, d. h. wenn:

$$\frac{y_0'}{x_0'} = \frac{\mathfrak{y}_0'}{\mathfrak{x}_0'}$$

ist, anders ausgedrückt: wenn die beiden Curven im Punkte P dieselbe Tangente haben. Soll die Berührung von zweiter Ordnung sein, so muss es ausserdem möglich sein, eine Zahl λ_2 so anzugeben, dass

$$-\lambda_2 \mathfrak{x}_0' + x_0'' - \lambda_1^2 \mathfrak{x}_0'' = 0, \quad -\lambda_2 \mathfrak{y}_0' + y_0'' - \lambda_1^2 \mathfrak{y}_0'' = 0$$

oder:

(7) $$x_0'' = \lambda_1^2 \mathfrak{x}_0'' + \lambda_2 \mathfrak{x}_0', \quad y_0'' = \lambda_1^2 \mathfrak{y}_0'' + \lambda_2 \mathfrak{y}_0'$$

wird. Noch umständlicher werden die Bedingungen für die Berührung in dritter oder höherer Ordnung.

Die völlige Allgemeinheit dieser Ueberlegungen gestattet uns, Betrachtungen, die sich auf specielle Darstellungsformen von Curven beziehen und deshalb unter Umständen unvollständig sind, zu ergänzen. Ein Beispiel wird dies deutlich machen:

Ist die zweite Curve die Tangente der ersten Curve im Punkte (x_0, y_0), so sind ihre Gleichungen nach (7) auf S. 16:

$$\mathfrak{x} = x_0 + x_0' t, \quad \mathfrak{y} = y_0 + y_0' t.$$

Die Bedingungen (6) für Berührung erster Ordnung sind erfüllt. Insbesondere ist $\lambda_1 = 1$. Es liegt nun ein Wendepunkt vor (siehe S. 14), wenn die Berührung von zweiter Ordnung ist. Es ist aber hier $\mathfrak{x}'' = 0$, $\mathfrak{y}'' = 0$, sodass (7) für den Wendepunkt die Bedingung giebt: Es muss eine Zahl λ_2 vorhanden sein derart, dass:

$$x_0'' = \lambda_2 x_0', \quad y_0'' = \lambda_2 y_0'$$

ist. D. h., wenn λ_2 eliminiert wird:

Satz 10: Die Curve $x = \varphi(t)$, $y = \psi(t)$ wird an denjenigen Stellen von der Tangente in mindestens zweiter Ordnung berührt, anders ausgedrückt: sie hat an denjenigen Stellen Wendepunkte, an denen:

$$x' y'' - y' x'' = 0.$$

ist.

Bei der in § 3 angewandten Darstellungsform $y = f(x)$ versagt das Merkmal $\frac{d^2y}{dx^2} = 0$ des Wendepunktes für diejenigen Stellen der Curve, deren Tangenten parallel der y-Axe sind, weil dort schon $\frac{dy}{dx}$ unendlich gross wird, also die Voraussetzung der Stetigkeit nicht erfüllt ist. Eine Curve kann aber sehr wohl Wendepunkte haben, deren Tangenten der y-Axe parallel sind. Bei allgemeiner Parameterdarstellung haben solche Punkte nichts besonderes an sich gegenüber sonstigen Wendepunkten.

Beispiel: Die Curve $y = \sqrt[3]{x}$ geht durch den Anfangspunkt und hat dort einen Wendepunkt, dessen Tangente die y-Axe ist, wie man sofort aus $x = y^3$ und dem ersten Beispiel auf S. 14 sieht. In Parameterdarstellung können wir schreiben: $x = t^3$, $y = t$ und haben nach Satz 10 anzusetzen:

$$3t^2 . 0 - 1 . 6t = 0,$$

eine Bedingung, die für $t = 0$ erfüllt ist.

§ 5. Merkmale für die Berührung bei besonderen Darstellungsformen der Curven.

Liegen die Gleichungen der Curven c und $\mathfrak{c}$ in der Form vor:

$$y = f(x) \quad \text{und} \quad \mathfrak{y} = g(\mathfrak{x})$$

und haben die Curven den Punkt mit der Abscisse x_0 gemein, d. h. ist $f(x_0) = g(x_0) = y_0$, so vereinfachen sich die Bedingungen für die Berührung n^{ter} Ordnung bedeutend. Wir können nämlich den jetzigen Fall so auffassen: Benutzen wir direct x und $\mathfrak{x}$ als Parameter t und $\mathfrak{t}$, so schreiben wir die Curven in Parameterdarstellung so:

$$x = t, \quad y = f(t) \quad \text{und} \quad \mathfrak{x} = \mathfrak{t}, \quad \mathfrak{y} = g(\mathfrak{t}).$$

Es liegt also ein Specialfall zu § 4 vor. Die Reihen des Satzes 9, S. 21, lauten jetzt:

$$(1) \qquad \begin{cases} x - \mathfrak{x} = dt - d\mathfrak{t} \\ y - \mathfrak{y} = \frac{1}{1}(y_0' \, dt - \mathfrak{y}_0' \, d\mathfrak{t}) + \frac{1}{1.2}(y_0'' \, dt^2 - \mathfrak{y}_0'' \, d\mathfrak{t}^2) + \dots . \end{cases}$$

Hierin muss

$$d\mathfrak{t} = \lambda_1 \, dt + \frac{1}{1.2} \lambda_2 \, dt^2 + \dots$$

eingesetzt werden. $x - \mathfrak{x}$ beginnt dann erst mit einem Gliede $(n+1)^{\text{ter}}$ Ordnung, wenn

$$\lambda_1 = 1, \quad \lambda_2 = \lambda_3 = \dots = \lambda_n = 0$$

ist, sodass also

$$(2)\qquad dt = dt + \frac{1}{1.2..(n+1)}\lambda_{n+1}\,dt^{n+1} + \dots$$

wird. Nun hat $y - \mathfrak{y}$ nach Substitution dieser Reihe die Form:

$$y - \mathfrak{y} = \frac{1}{1}(y_0' - \mathfrak{y}_0')\,dt + \frac{1}{1.2}(y_0'' - \mathfrak{y}_0'')\,dt^2 + \dots$$
$$+ \frac{1}{1.2..n}(y_0^{(n)} - \mathfrak{y}_0^{(n)})\,dt^n + \dots,$$

wobei aber die Glieder höherer als n^{ter} Ordnung nicht so einfach gestaltet sind. Wir brauchen sie gar nicht anzugeben, denn wir haben nur noch zu verlangen, dass die Glieder erster, zweiter ... n^{ter} Ordnung gleich Null seien, woraus folgt:

$$y_0' = \mathfrak{y}_0', \quad y_0'' = \mathfrak{y}_0'', \quad \dots \quad y_0^{(n)} = \mathfrak{y}_0^{(n)}.$$

Beachten wir, dass $t = x$, $t = \mathfrak{x}$ ist, so können wir demnach sagen:

Satz 11: Haben die beiden ebenen Curven:

$$y = f(x) \quad \text{und} \quad \mathfrak{y} = g(\mathfrak{x})$$

den Punkt mit der Abscisse x_0 gemein, so berühren sie einander in diesem Punkte in n^{ter} Ordnung, wenn die Differentialquotienten von y nach x mit den entsprechenden Differentialquotienten von $\mathfrak{y}$ nach $\mathfrak{x}$ bis zu denen n^{ter} Ordnung einschliesslich für $x = \mathfrak{x} = x_0$ übereinstimmen.

Der Punkt mit der Abscisse $x_0 + dx$ hat nun bei der ersten Curve die Ordinate

$$y = y_0 + y_0'\,dx + \frac{1}{1.2}y_0''\,dx^2 + \dots,$$

bei der zweiten die Ordinate:

$$\mathfrak{y} = y_0 + \mathfrak{y}_0'\,dx + \frac{1}{1.2}\mathfrak{y}_0''\,dx^2 + \dots.$$

Hierin aber stimmen jetzt die Glieder bis zur n^{ten} Ordnung in dx überein, sodass

$$y - \mathfrak{y} = \frac{1}{1.2..(n+1)}(y_0^{(n+1)} - \mathfrak{y}_0^{(n+1)})\,dx^{n+1} + \dots$$

ist. Wie wir auf S. 13 zur Ableitung des Satzes 6 schlossen, können wir also auch hier folgern: Liegen reelle Curven vor und wechselt dx sein Zeichen, so gilt dasselbe von der Ordinatendifferenz $y - \mathfrak{y}$ wenn n gerade ist, sonst nicht. Daher:

Satz 12: Wenn zwei reelle ebene Curven einander in n^{ter} Ordnung berühren, so durchsetzen sie einander an der Berührungsstelle, wenn n gerade ist, sonst nicht.

Wir sehen, dass wir in Satz 6 des § 3 thatsächlich die Berührung n^{ter} Ordnung zwischen einer Curve und einer Geraden vor uns haben.

Wenn wir von der Annahme ausgehen, dass die Punktcoordinaten der beiden Curven c und $\mathfrak{c}$ durch Bogenlängen s und $\mathfrak{s}$ als Parameter ausgedrückt sind:

$$x = \varphi(s),\ y = \psi(s) \quad \text{und} \quad \mathfrak{x} = f(\mathfrak{s}),\ \mathfrak{y} = g(\mathfrak{s}),$$

so vereinfachen sich ebenfalls die Bedingungen für die Berührung höherer Ordnung bedeutend.

Wenn nämlich die Curven einander in P berühren, also dort dieselbe Tangentenrichtung haben, so können wir annehmen, dass s und $\mathfrak{s}$ bei beiden nach derselben Richtung hin zunehmen. Ist dies nicht der Fall, so erreicht man diese Annahme sofort, wenn man statt $\mathfrak{s}$ die Grösse $-\mathfrak{s}$ einführt, die ja auch die Bogenlänge der Curve $\mathfrak{c}$, aber in entgegengesetztem Sinne gemessen, darstellt. Alsdann sind

$$x' = \frac{dx}{ds}, \quad y' = \frac{dy}{ds}$$

der Cosinus und der Sinus des Winkels der Tangente von c mit der x-Axe und

$$\mathfrak{x}' = \frac{d\mathfrak{x}}{d\mathfrak{s}}, \quad \mathfrak{y}' = \frac{d\mathfrak{y}}{d\mathfrak{s}}$$

die entsprechenden Grössen bei der zweiten Curve.

Die Bedingungen (6), S. 22, für die Berührung erster Ordnung geben also dann $\lambda_1 = 1$ und:

$$x_0' = \mathfrak{x}_0', \quad y_0' = \mathfrak{y}_0'.$$

Da nun nach Satz 1, S. 5, für alle Werte von s bez. $\mathfrak{s}$

(3) $$x'^2 + y'^2 = 1, \quad \mathfrak{x}'^2 + \mathfrak{y}'^2 = 1$$

ist, so folgt hieraus durch Differentiation nach s bez. $\mathfrak{s}$

(4) $$x'x'' + y'y'' = 0, \quad \mathfrak{x}'\mathfrak{x}'' + \mathfrak{y}'\mathfrak{y}'' = 0.$$

Die Bedingungen (7) auf S. 22, die für die Berührung zweiter Ordnung noch hinzutreten, nehmen wegen $\lambda_1 = 1$ die Form an:

$$x_0'' = \mathfrak{x}_0'' + \lambda_2 \mathfrak{x}_0', \quad y_0'' = \mathfrak{y}_0'' + \lambda_2 \mathfrak{y}_0'.$$

Beachten wir aber die Relationen (3) und (4), so folgt $\lambda_2 = 0$ und:

$$x_0'' = \mathfrak{x}_0'', \quad y_0'' = \mathfrak{y}_0''.$$

Wenn also auf beiden Curven die Bogenlänge, in gleichem Sinn gemessen, als Parameter benutzt wird, so berühren die Curven einander in erster Ordnung, wenn die ersten Ableitungen, in zweiter Ordnung, wenn überdies die zweiten Ableitungen der Coordinaten für den gemeinsamen Punkt entsprechend die gleichen Werte haben.

Dass dasselbe einfache Ergebnis auch für Berührung beliebig hoher Ordnung gilt, können wir durch den Schluss von $n-1$ auf n darthun: Wir nehmen an, wir hätten bewiesen, dass die beiden Curven einander in der $(n-1)^{\text{ten}}$ Ordnung berühren, wenn:

$$(5) \quad \begin{cases} x_0' = \mathfrak{x}_0', & x_0'' = \mathfrak{x}_0'', \ldots \quad x_0^{(n-1)} = \mathfrak{x}_0^{(n-1)}, \\ y_0' = \mathfrak{y}_0', & y_0'' = \mathfrak{y}_0'', \ldots \quad y_0^{(n-1)} = \mathfrak{y}_0^{(n-1)} \end{cases}$$

ist, und dass sich ausserdem ergeben habe:

$$\lambda_1 = 1, \quad \lambda_2 = 0, \quad \lambda_3 = 0, \quad \ldots \quad \lambda_{n-1} = 0.$$

Soll nun Berührung n^{ter} Ordnung eintreten, so gelten zunächst diese Formeln nach Voraussetzung. Danach ist:

$$x - \mathfrak{x} = \frac{1}{1}\mathfrak{x}_0'(ds - d\mathfrak{s}) + \ldots + \frac{1}{1.2\ldots(n-1)}\mathfrak{x}_0^{(n-1)}(ds^{n-1} - d\mathfrak{s}^{n-1})$$
$$+ \frac{1}{1.2\ldots n}(x_0^{(n)}ds^n - \mathfrak{x}_0^{(n)}d\mathfrak{s}^n) + \ldots,$$

$$y - \mathfrak{y} = \frac{1}{1}\mathfrak{y}_0'(ds - d\mathfrak{s}) + \ldots + \frac{1}{1.2\ldots(n-1)}\mathfrak{y}_0^{(n-1)}(ds^{n-1} - d\mathfrak{s}^{n-1})$$
$$+ \frac{1}{1.2\ldots n}(y_0^{(n)}ds^n - \mathfrak{y}_0^{(n)}d\mathfrak{s}^n) + \ldots,$$

während

$$d\mathfrak{s} = ds + \frac{\lambda_n}{1.2\ldots n}ds^n + \ldots$$

zu setzen ist. Thun wir dies in $x - \mathfrak{x}$ und $y - \mathfrak{y}$, so finden wir, dass die Entwickelungen mit Gliedern n^{ter} Ordnung beginnen. Wir haben zu fordern, dass diese Glieder verschwinden. Dadurch ergiebt sich:

$$-\lambda_n\mathfrak{x}_0' + x_0^{(n)} - \mathfrak{x}_0^{(n)} = 0, \qquad -\lambda_n\mathfrak{y}_0' + y_0^{(n)} - \mathfrak{y}_0^{(n)} = 0,$$

also:

$$(6) \qquad x_0^{(n)} = \mathfrak{x}_0^{(n)} + \lambda_n\mathfrak{x}_0', \quad y_0^{(n)} = \mathfrak{y}_0^{(n)} + \lambda_n\mathfrak{y}_0'.$$

Hieraus folgt weiter wegen (5):

$$x_0'x_0^{(n)} + y_0'y_0^{(n)} = \mathfrak{x}_0'\mathfrak{x}_0^{(n)} + \mathfrak{y}_0'\mathfrak{y}_0^{(n)} + \lambda_n(\mathfrak{x}_0'^2 + \mathfrak{y}_0'^2)$$

oder also nach (3):

$$(7) \qquad x_0'x_0^{(n)} + y_0'y_0^{(n)} = \mathfrak{x}_0'\mathfrak{x}_0^{(n)} + \mathfrak{y}_0'\mathfrak{y}_0^{(n)} + \lambda_n$$

Man erkennt jedoch durch fortgesetzte Differentiation der Formeln (4) nach s bez. $\mathfrak{s}$, dass sich

$$x' x^{(n)} + y' y^{(n)} \quad \text{und} \quad \mathfrak{x}' \mathfrak{x}^{(n)} + \mathfrak{y}' \mathfrak{y}^{(n)}$$

durch die Differentialquotienten niederer als n^{ter} Ordnung ausdrücken lassen. Da diese aber nach (5) für den gemeinsamen Punkt bei beiden Curven die gleichen Zahlenwerte haben, so sind auch die beiden vorstehenden Summen für den gemeinsamen Punkt einander gleich. Aus (7) schliessen wir deshalb $\lambda_n = 0$ und aus (6):

$$x_0^{(n)} = \mathfrak{x}_0^{(n)}, \quad y_0^{(n)} = \mathfrak{y}_0^{(n)}.$$

Hiermit ist der Schluss von $n - 1$ auf n beendet.

Wir hatten vorausgesetzt, dass die Bogenlängen s und $\mathfrak{s}$ auf beiden Curven von P aus nach derselben Seite hin zunehmen. Um uns von dieser Voraussetzung zu befreien, beachten wir, dass die Differentialquotienten:

$$\mathfrak{x}', \ \mathfrak{x}'', \ \mathfrak{x}''' \ldots \quad \text{und} \quad \mathfrak{y}', \ \mathfrak{y}'', \ \mathfrak{y}''' \ldots$$

in

$$-\mathfrak{x}', \ +\mathfrak{x}'', \ -\mathfrak{x}''' \ldots \quad \text{und} \quad -\mathfrak{y}', \ +\mathfrak{y}'', \ -\mathfrak{y}''' \ldots$$

übergehen, sobald $\mathfrak{s}$ durch $-\mathfrak{s}$ ersetzt wird.

Hiernach hat sich ergeben:

Satz 13: Haben die beiden Curven

$$x = \varphi(s), \quad y = \psi(s) \quad \text{und} \quad \mathfrak{x} = f(\mathfrak{s}), \quad \mathfrak{y} = g(\mathfrak{s}),$$

bei denen s und $\mathfrak{s}$ Bogenlängen bedeuten, einen Punkt ($s = s_0$, $\mathfrak{s} = \mathfrak{s}_0$) gemein, so berühren sie einander in diesem Punkte in n^{ter} Ordnung, wenn die Bedingungen erfüllt sind:

$$x_0' = \pm \mathfrak{x}_0', \quad x_0'' = \mathfrak{x}_0'', \quad x_0''' = \pm \mathfrak{x}_0''', \ldots \quad x_0^{(n)} = (\pm 1)^n \mathfrak{x}_0^{(n)},$$
$$y_0' = \pm \mathfrak{y}_0', \quad y_0'' = \mathfrak{y}_0'', \quad y_0''' = \pm \mathfrak{y}_0''', \ldots \quad y_0^{(n)} = (\pm 1)^n \mathfrak{y}_0^{(n)},$$

und zwar gilt dabei entweder überall das obere oder überall das untere Vorzeichen.

Da dann $\lambda_1 = 1$, $\lambda_2 = 0$, $\lambda_3 = 0, \ldots \lambda_n = 0$ ist, so ist ds von $d\mathfrak{s}$ nur um Unendlichkleines von höherer als n^{ter} Ordnung verschieden, d. h. wir dürfen den Punkt $\mathfrak{A}$, nachdem A angenommen worden ist, so wählen, dass der Bogen der Curve $\mathfrak{c}$ von P nach $\mathfrak{A}$ gleich dem Bogen der Curve c von P nach A ist. Die Strecke $A\mathfrak{A}$ ist dann von $(n + 1)^{\text{ter}}$ Ordnung, vorausgesetzt, dass man beide Bogen nach derselben Seite der Tangente hin aufträgt. Es hat sich also noch ergeben:

Satz 14: Berühren zwei Curven c und $\mathfrak{c}$ einander in einem gemeinsamen Punkt P in der n^{ten} Ordnung, so haben sie in P zunächst dieselbe Tangente. Trägt man dann auf den Curven c und $\mathfrak{c}$ von P aus nach derselben Richtung der Tangente hin gleich lange Bogen auf bis zu den Punkten A und $\mathfrak{A}$, so wird die Strecke $A\mathfrak{A}$ unendlich klein von $(n+1)^{\text{ter}}$ Ordnung, sobald der aufgetragene Bogen unendlich klein von erster Ordnung wird.

Noch sei ein Satz angegeben, der sofort aus Satz 11 folgt:

Satz 15: Berührt eine Curve $\mathfrak{c}$ zwei andere Curven c_1 und c_2 in dem gemeinsamen Punkt P in n^{ter} Ordnung, so berühren auch c_1 und c_2 einander dort in mindestens n^{ter} Ordnung.

Ueberhaupt gilt augenscheinlich der

Satz 16: Wenn drei Curven ein und denselben Punkt gemein haben und einander dort berühren, so sind von den Ordnungszahlen der drei Berührungen zwei einander gleich, während die dritte entweder auch jenen beiden gleich oder aber grösser ist.

Haben zwei Curven z. B. in P dieselbe Wendetangente, so berühren sie auch einander in mindestens zweiter Ordnung.

Aus der Definition der Berührung n^{ter} Ordnung oder auch aus Satz 14 folgt noch, dass, wenn eine Curve a zwei andere Curven b und c in demselben Punkte P in n^{ter} bez. $(n+m)^{\text{ter}}$ Ordnung berührt, sie alsdann in der Umgebung von P der Curve c am nächsten ist.

Von zwei Curven, die einander in höherer als erster Ordnung berühren, sagt man wohl auch, dass sie einander osculieren. Doch steht dieser Sprachgebrauch nicht fest (siehe S. 35).

§ 6. Berührung von Curve und Kreis.

Wir wenden die allgemeine Theorie des § 4 auf eine beliebige Curve:

$$(1)\qquad x = \varphi(t), \quad y = \psi(t)$$

und einen Kreis an. Der Kreis habe die laufenden Coordinaten $\mathfrak{x}$, $\mathfrak{y}$, und es seien a, b seine Mittelpunktscoordinaten, r der Radius. Mit Hülfe des Centriwinkels $\mathfrak{t}$ lauten die Gleichungen des Kreises (vgl. 2. Beispiel, S. 3):

$$(2)\qquad \mathfrak{x} = a + r\cos\mathfrak{t}, \quad \mathfrak{y} = b + r\sin\mathfrak{t}.$$

Hier ist

$$\frac{d\mathfrak{x}}{d\mathrm{t}} = -r\sin\mathrm{t}, \qquad \frac{d\mathfrak{y}}{d\mathrm{t}} = r\cos\mathrm{t},$$

$$\frac{d^2\mathfrak{x}}{d\mathrm{t}^2} = -r\cos\mathrm{t}, \qquad \frac{d^2\mathfrak{y}}{d\mathrm{t}^2} = -r\sin\mathrm{t}.$$

Verlangen wir, dass der Kreis (2) die Curve (1) in zweiter Ordnung berühre, so haben wir nach § 4 zu fordern, dass es ein Wertepaar t, t gebe, für das die Werte (1) mit den Werten (2) übereinstimmen, und für das die Gleichungen (6) und (7) auf S. 22 bestehen. Wir haben also die sechs Bedingungen:

$$\varphi = a + r\cos\mathrm{t}, \qquad \psi = b + r\sin\mathrm{t};$$

$$\varphi' = -\lambda_1 r\sin\mathrm{t}, \qquad \psi' = \lambda_1 r\cos\mathrm{t};$$

$$\varphi'' = -\lambda_1^2 r\cos\mathrm{t} - \lambda_2 r\sin\mathrm{t}, \qquad \psi'' = -\lambda_1^2 r\sin\mathrm{t} + \lambda_2 r\cos\mathrm{t}.$$

Ist t irgendwie gewählt, so sind dies sechs Gleichungen zur Bestimmung von t, a, b, r, λ_1 und λ_2. Die beiden letzten Gleichungen können wir wegen den beiden vorhergehenden so schreiben:

$$\varphi'' = -\lambda_1\psi' + \frac{\lambda_2}{\lambda_1}\varphi', \qquad \psi'' = \lambda_1\varphi' + \frac{\lambda_2}{\lambda_1}\psi',$$

und hieraus folgt:

$$\lambda_1 = \frac{\varphi'\psi'' - \psi'\varphi''}{\varphi'^2 + \psi'^2}.$$

Also geben die in der zweiten Reihe stehenden Gleichungen:

$$r^2 = \frac{\varphi'^2 + \psi'^2}{\lambda_1^2} = \frac{(\varphi'^2 + \psi'^2)^3}{(\varphi'\psi'' - \psi'\varphi'')^2}.$$

Die beiden ersten Gleichungen endlich geben mit Rücksicht auf die in der zweiten Reihe:

$$a = \varphi - \frac{\psi'}{\lambda_1} = \varphi - \frac{\varphi'^2 + \psi'^2}{\varphi'\psi'' - \psi'\varphi''}\psi',$$

$$b = \psi + \frac{\varphi'}{\lambda_1} = \psi + \frac{\varphi'^2 + \psi'^2}{\varphi'\psi'' - \psi'\varphi''}\varphi'.$$

Auch kann man noch λ_2 und t berechnen. Doch brauchen wir diese Werte nicht.

Satz 17: Der Kreis, der die Curve

$$x = \varphi(t), \qquad y = \psi(t)$$

in ihrem Punkte (t) in zweiter Ordnung berührt, hat den Mittelpunkt mit den Coordinaten:

$$a = \varphi - \frac{\varphi'^2 + \psi'^2}{\varphi'\psi'' - \psi'\varphi''}\psi', \qquad b = \psi + \frac{\varphi'^2 + \psi'^2}{\varphi'\psi'' - \psi'\varphi''}\varphi',$$

und das Quadrat seines Radius ist:

$$r^2 = \frac{(\varphi'^2 + \psi'^2)^3}{(\varphi'\psi'' - \psi'\varphi'')^2}.$$

Dieser Kreis wird nach Satz 12, S. 25, die Curve im Berührungspunkt (x, y) zwar durchsetzen, ist aber trotzdem von allen Kreisen derjenige, der sich an dieser Stelle der Curve am besten anschmiegt. Er heisst der Krümmungkreis, Schmiegungskreis oder Osculationskreis[1] der Curve an der Stelle (t).

Ist t die Bogenlänge s der Curve, so ist nach Satz 1, S. 5:

$$\varphi'^2 + \psi'^2 = 1$$

und daher:

$$\varphi'\varphi'' + \psi'\psi'' = 0,$$

sodass wir erhalten:

Satz 18: Der Krümmungskreis der Curve

$$x = \varphi(s), \quad y = \psi(s)$$

mit der Bogenlänge s an der Stelle (s) hat den Mittelpunkt mit den Coordinaten:

$$a = \varphi + \frac{\psi'^2}{\varphi''}, \quad b = \psi + \frac{\varphi'^2}{\psi''},$$

während

$$r^2 = \frac{\psi'^2}{\varphi''^2} = \frac{\varphi'^2}{\psi''^2}$$

das Quadrat seines Radius ist.

Ist der Parameter t der Tangentenwinkel τ der Curve, d. h. ist

$$\operatorname{tg}\tau = \frac{dy}{dx} = \frac{\psi'}{\varphi'},$$

so ist nach Satz 8, S. 17:

$$\frac{\varphi'\psi'' - \psi'\varphi''}{\varphi'^2 + \psi'^2} = 1,$$

sodass der allgemeine Satz 17 ergiebt:

Satz 19: Die Curve

$$x = \varphi(\tau), \quad y = \psi(\tau)$$

mit dem Tangentenwinkel τ hat an der Stelle (τ) den Krümmungskreis mit der Mitte

$$a = \varphi - \psi', \quad b = \psi + \varphi'$$

und dem Radius

$$r = \sqrt{\varphi'^2 + \psi'^2}.$$

---

[1] Der Name Osculationskreis kommt bei Leibniz 1686 vor.

Liegt die Curve in der Form $y = f(x)$ vor, so können wir x als den Parameter t auffassen, also $x = t$, $y = f(t)$ schreiben, sodass der allgemeine Satz 17 ergiebt:[1]

$$(3) \qquad a = x - \frac{1 + y'^2}{y''} y', \quad b = y + \frac{1 + y'^2}{y''}, \quad r^2 = \frac{(1 + y'^2)^3}{y''^2}.$$

Da sich der Krümmungskreis in seinem Berührungspunkt an die Curve besonders eng anschmiegt und da ein Element eines Kreises in der Richtung von der positiven zur negativen y-Axe hin betrachtet — sagen wir kurz: von oben gesehen — convex oder concav erscheint, je nachdem es eine grössere oder kleinere Ordinate als die Kreismitte hat, so ist die Curve im Punkte (x, y) convex oder concav, je nachdem $y - b \gtreqless 0$ ist, d. h. nach (3), je nachdem $y'' \gtreqless 0$ ist. Natürlich hat dies nur für reelle Curven einen Sinn.

Satz 20: Eine reelle Curve $y = f(x)$ ist an einer Stelle (x, y) nach oben hin convex oder concav, je nachdem y'' daselbst kleiner oder grösser als Null ist.

Die dritte Formel (3) giebt noch, wenn $\operatorname{tg} \tau = y'$ benutzt wird, die für Anwendungen nützliche Formel

$$\frac{1}{r^2} = \left(\frac{d^2 y}{d x^2} \cos^3 \tau\right)^2.$$

Liegt die Curve in der Form $F(x, y) = 0$ vor, so lassen sich y' und y'' aus den Gleichungen, die durch totale Differentiation hervorgehen, berechnen, nämlich aus:

$$F_x + F_y y' = 0, \qquad F_{xx} + 2 F_{xy} y' + F_{yy} y'^2 + F_y y'' = 0,$$

sodass die Formeln (3) liefern:

$$(4) \qquad \begin{cases} a = x - \dfrac{(F_x^2 + F_y^2) F_x}{F_{xx} F_y^2 - 2 F_{xy} F_x F_y + F_{yy} F_x^2}, \\ b = y - \dfrac{(F_x^2 + F_y^2) F_y}{F_{xx} F_y^2 - 2 F_{xy} F_x F_y + F_{yy} F_x^2}, \\ r^2 = \dfrac{(F_x^2 + F_y^2)^3}{(F_{xx} F_y^2 - 2 F_{xy} F_x F_y + F_{yy} F_x^2)^2}. \end{cases}$$

Die Normale der Curve $y = f(x)$ im Punkte (x), d. h. die Gerade, die auf der Tangente

$$\mathfrak{y} - y = y'(\mathfrak{x} - x)$$

im Berührungspunkt (x) senkrecht steht, hat die Gleichung

$$\mathfrak{y} - y = -\frac{1}{y'}(\mathfrak{x} - x).$$

[1] Der in (3) angegebene Wert von r^2 findet sich zuerst bei Newton, „Methodus fluxionum", 1736.

Setzt man hierin die Werte von a und b aus (3) für $\mathfrak{x}$ und $\mathfrak{y}$ ein, so wird die Gleichung erfüllt, sodass also der Mittelpunkt des Krümmungskreises auf der Normalen liegt.

Natürlich hätten wir die Formel (3) auch mittels des Satzes 11, S. 24, ableiten können, indem wir die Gleichung des Krümmungskreises so schrieben:

$$(5) \qquad (\mathfrak{x} - a)^2 + (\mathfrak{y} - b)^2 = r^2.$$

Wir schliessen hieraus, dass im Punkte ($\mathfrak{x} = x$, $\mathfrak{y} = y$) die Werte von y', y'' mit $\mathfrak{y}'$, $\mathfrak{y}''$ übereinstimmen, was leicht direct zu verificieren ist. Wir benutzen den citierten Satz, um zu untersuchen, ob der Krümmungskreis die Curve in höherer als zweiter Ordnung berühren kann. Für Berührung dritter Ordnung ist zu verlangen, dass y''' mit $\frac{d^3\mathfrak{y}}{d\mathfrak{x}^3}$ an der Stelle ($x = \mathfrak{x}$) übereinstimmt. Nun ergiebt sich $\frac{d^3\mathfrak{y}}{d\mathfrak{x}^3}$ aus (5) durch dreimalige totale Differentiation nach $\mathfrak{x}$. Es kommt:

$$3\frac{d\mathfrak{y}}{d\mathfrak{x}}\frac{d^2\mathfrak{y}}{d\mathfrak{x}^2} + (\mathfrak{y} - b)\frac{d^3\mathfrak{y}}{d\mathfrak{x}^3} = 0.$$

Es sollen die drei Differentialquotienten mit y', y', y''' übereinstimmen, also soll für die betrachtete Stelle (x):

$$3y'y'' + (y - b)y''' = 0$$

sein, woraus wegen des Wertes (3) von b hervorgeht:

$$(6) \qquad 3y'y''^2 - (1 + y'^2)y''' = 0.$$

Satz 21: Die Curve $y = f(x)$ wird nur an solchen Stellen (x) von ihrem Krümmungskreis in höherer als zweiter Ordnung berührt, an denen:

$$3y'y''^2 - (1 + y'^2)y''' = 0$$

ist.

Dies ist, da y', y'', y''' Funktionen von x sind, eine Bedingung für x und wird deshalb bei einer beliebigen Curve, wenn überhaupt, jedenfalls nur für einzelne Stellen (x) erfüllt sein. An solchen Stellen — sie heissen Scheitel — wird die Berührung im Allgemeinen von nicht höherer als dritter Ordnung sein. Nach Satz 12, S. 25 wird dort also der Krümmungskreis die Curve im Allgemeinen nicht durchsetzen.

Beispiel: Ist eine Curve hinsichtlich einer Geraden symmetrisch, so werden ihre Schnittpunkte mit der Geraden, sobald sie nicht singulär sind,

Scheitel sein. Denn wenn jene Gerade zur y-Axe gewählt wird, so muss die Function $y = f(x)$ die Eigenschaft haben, dass für jedes x:

$$y = f(x) = f(-x)$$

ist, woraus durch Differentiation folgt:

$$\begin{aligned} y' &= f'(x) = -f'(-x) \\ y'' &= f''(x) = +f''(-x) \\ y''' &= f'''(x) = -f'''(-x). \end{aligned}$$

Für $x = 0$ folgt hieraus $y' = y''' = 0$, sodass (6) erfüllt ist.

Fragen wir, ob es vorkommen kann, dass alle Punkte einer Curve Scheitel sind. Es müsste für jede Stelle (x) der Curve die Bedingung (6) erfüllt sein. Nun aber sind die Bestimmungsstücke a, b, r des Krümmungskreises nach (3) Functionen von x, für die

$$\begin{aligned} \frac{da}{dx} &= -\frac{y'}{y''^2}[3y'y''^2 - (1 + y'^2)y'''], \\ \frac{db}{dx} &= \frac{1}{y''^2}[3y'y''^2 - (1 + y'^2)y'''], \\ \frac{dr^2}{dx} &= \frac{2(1 + y'^2)^2}{y''^3}[3y'y''^2 - (1 + y'^2)y'''] \end{aligned}$$

ist, sodass aus (6) folgen würde, dass a, b, r^2 für alle Punkte (x) der Curve constante Werte hätten, d. h. die Curve hätte überall denselben Krümmungskreis, wäre also mit dem Kreis identisch.

Satz 22: Ausser den Kreisen giebt es keine Curve, die überall von ihren Krümmungskreisen in höherer als zweiter Ordnung berührt wird.

Nach Satz 17 wird der Radius des Krümmungskreises unendlich gross, wenn

$$\varphi'\psi'' - \psi'\varphi'' = 0$$

ist, also der Berührungspunkt nach Satz 10, S. 22, ein Wendepunkt ist. Der Kreis geht dann in die Wendetangente über.[1] Der Radius kann andererseits nur dann Null werden, wenn $\varphi'^2 + \psi'^2 = 0$ ist. Bei reellen Curven kommt dies nur da vor, wo $\varphi' = \psi' = 0$ ist, also an den bis auf weiteres ausgeschlossenen singulären Stellen (siehe S. 20). Bei imaginären Curven kann dies auch da vorkommen, wo

$$\varphi' \pm i\psi' = 0$$

[1] Es mag hier daran erinnert werden, dass in diesem Falle nur im Allgemeinen eine eigentliche Wendetangente vorliegt, siehe S. 14.

ist, d. h. wo die Tangente der Curve eine Minimalgerade ist (siehe S. 6). Aber für solche Stellen ist der Begriff Krümmungskreis überhaupt nicht vorhanden, denn an einer solchen Stelle hat ein unendlich benachbarter Curvenpunkt von der betrachteten Stelle den Abstand Null und keinen unendlich kleinen Abstand. Die Definition der Berührung, die wir in § 4 aufstellten, ist demnach hier haltlos.

Beispiel: Der Krümmungskreis dient wie die Tangente zum angenäherten Zeichen einer Curve mittels Kreisbogen, z. B. der Sinuslinie:

$$y = \sin x,$$

bei der sich nach (3) ergiebt:

$$a = x + \operatorname{ctg} x\,(1 + \cos^2 x), \quad b = -\frac{2\cos^2 x}{\sin x}, \quad r^2 = \frac{(1 + \cos^2 x)^3}{\sin^2 x}.$$

Die Stellen $x = 0, \ \pm\pi, \ \pm 2\pi \ldots$ auf der x-Axe sind Wendepunkte ($y'' = 0$), deren Tangenten die Winkel $\pm \frac{\pi}{4}$ mit der x-Axe bilden. Die Punkte $x = \pm\frac{\pi}{2}$, $\pm\frac{3\pi}{2} \ldots$ mit den Ordinaten $y = \pm 1$ sind Scheitel mit dem Krümmungsradius 1,

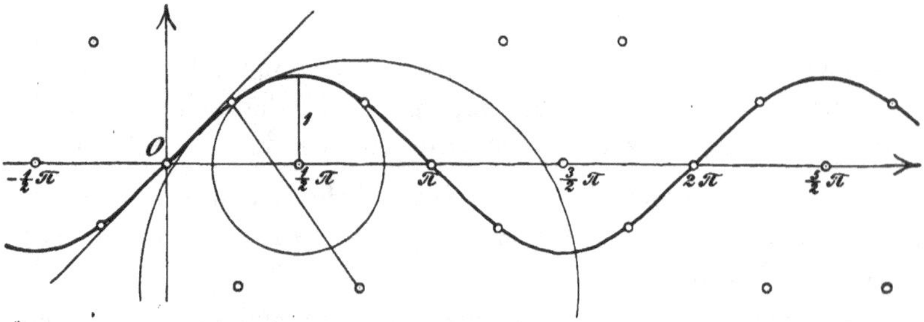

Fig. 7.

für die der Mittelpunkt des Krümmungskreises auf der x-Axe liegt (siehe Fig. 7). Auch für die Stelle $x = \pm\frac{\pi}{4}$ und die periodisch wiederkehrenden analogen Stellen ist der Krümmungskreis leicht zu constuieren. Denn für $x = \frac{\pi}{4}$ ist

$$a = x + \frac{3}{2}, \quad b = -\sqrt{2}, \quad r^2 = \frac{27}{4}.$$

Die Bestimmung des Krümmungskreises ordnet sich einem allgemeinen Problem unter:

Es sei eine Curve $y = f(x)$ gegeben. Eine zweite Curve sei insofern gegeben, als zwar ihre Gleichung vorliege:

$$\mathfrak{y} = g(\mathfrak{x}, c_1, c_2 \ldots c_n).$$

Sie soll aber noch n Constanten $c_1, c_2 .. c_n$ enthalten, über deren Werte wir verfügen können, sodass also eigentlich eine Schar von unendlich vielen Curven vorliegt. Z. B. die Gleichung eines Kreises enthält drei solche Constanten a, b, r, und wir haben oben das Problem gelöst, unter allen Kreisen denjenigen zu bestimmen, der die gegebene Curve $y = f(x)$ an einer gegebenen Stelle in möglichst hoher (zweiter) Ordnung berührt. So stellen wir uns hier das Problem, die Constanten $c_1, c_2 .. c_n$ so zu wählen, dass die Curve $\mathfrak{y} = g$ die Curve $y = f(x)$ an der Stelle (x) in möglichst hoher Ordnung berühre. Nach Satz 11, S. 24, muss man $c_1, c_2 .. c_n$ so bestimmen, dass möglichst viele der Gleichungen:

$$f(x) = g(x), \quad f'(x) = g'(x), \quad f''(x) = g''(x) \ldots$$

erfüllt werden. Da wir über n Constanten verfügen können, so werden wir n derartige Bedingungen erfüllen können, als letzte diese:

$$f^{(n-1)}(x) = g^{(n-1)}(x).$$

Wir werden also erreichen können, dass eine Berührung $(n-1)^{\text{ter}}$ Ordnung eintritt. Doch zur exacten Begründung dieser Behauptung wäre noch zu untersuchen, ob die n Bedingungen auch thatsächlich gerade $c_1, c_2 .. c_n$ bestimmen. Hierauf gehen wir nicht weiter ein; bei jeder besonderen Anwendung dieser allgemeinen Idee müssen wir die Bedingungen in dieser Hinsicht genau untersuchen.

Beispiel: Die allgemeine Gleichung eines Kegelschnittes enthält fünf Constanten. In einem allgemeinen Punkt einer Curve wird man also einen Kegelschnitt construieren können, der die Curve in vierter Ordnung berührt.

Wir erwähnten oben, S. 28, dass der Sprachgebrauch bezüglich des Wortes „Osculation" schwankend ist. Thatsächlich nennen einige Autoren diejenige Curve $\mathfrak{y} = g(\mathfrak{x})$ der obigen Schar die osculierende, die in der höchsten Ordnung berührt.

§ 7. Krümmung ebener Curven.

Durchläuft ein Punkt eine Curve c von einer Stelle P nach einer Stelle P_1 hin, so ändert er beständig seine Richtung, die in jedem Augenblick durch seine Tangente angegeben wird. Je stärker diese Aenderung der Richtung für ein und dieselbe Weglänge PP_1 auf der Curve ist, um so stärker krümmt sich die Curve (siehe Fig. 8). Diese Erwägung legt es nahe, als Mass der Krümmung der Curve von P bis P_1 das Verhältnis aus dem Drehwinkel der Tangente und der Länge des auf der Curve zurückgelegten Bogens zu definieren. Nach dieser Definition ist wohlbemerkt das Mass der Krümmung für einen Teil des Weges nicht notwendig dasselbe wie für den ganzen Weg. Es ist daher besser, den erwähnten Quotienten als die mittlere Krümmung des Curvenbogens PP_1 zu bezeichnen. Ist τ der Winkel der Tangente in P, τ_1 der Winkel der Tangente in P_1 mit der x-Axe und ist der Bogen $s = PP_1$ nicht etwa so lang, dass die Tangente auf dem Wege von P bis P_1 schon eine ganze Umdrehung ausgeführt hat, so ist die mittlere Krümmung:

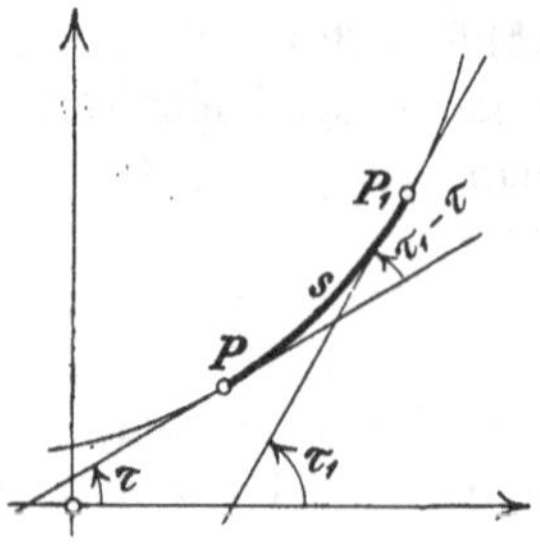

Fig. 8.

$$K_{PP_1} = \frac{\tau_1 - \tau}{s}.$$

Rückt der Punkt P_1 auf der Curve unendlich nahe an P heran, wird also der Bogen PP_1 unendlich klein, gleich ds, so wird man die mittlere Krümmung dieses Bogens kurzweg als die Krümmung der Curve an der Stelle P bezeichnen dürfen, wenn man bewiesen hat, dass auch dann der Quotient einen bestimmten Wert hat. Dies ist aber wirklich der Fall: Längs der Curve ist ja sowohl die Bogenlänge s als auch der Tangentenwinkel τ eine Function der Abscisse x (siehe § 1 und § 3), sodass also τ als Function von s aufgefasst werden kann. Wenn nun der Bogen s unendlich klein, gleich ds, wird, so wird τ_1 nur um eine unendlich kleine Grösse $d\tau$ von τ verschieden sein und die Krümmung der Curve an der Stelle (x, y) ist daher der Differentialquotient

$$(1) \qquad k = \frac{d\tau}{ds}$$

des Tangentenwinkels τ nach der Bogenlänge s. Nebenbei sei bemerkt, dass der Winkel $d\tau$ der beiden unendlich benachbarten Tangenten in den Endpunkten des Bogenelementes ds Contingenzwinkel heisst. Seine Grösse hängt wesentlich von der Länge des Elementes ds ab. Nur das Verhältnis aus Contingenzwinkel und Bogenelement hat einen bestimmten endlichen Wert, es ist eben die Krümmung k der betreffenden Curvenstelle.

Liegt eine reelle Curve vor, so soll das Krümmungsmass auch seinem Vorzeichen nach eindeutig definiert werden. Nun ist zu beachten, dass das Bogenelement ds durch die Formel (S. 4):

$$ds = \sqrt{dx^2 + dy^2}$$

seinem Vorzeichen nach nicht bestimmt wird. Vielmehr liegt es in unserem Belieben, einen solchen Fortschreitungssinn auf der Curve zu wählen, dass ds in diesem Sinne positiv ist. Haben wir einmal für eine Curvenstelle den Sinn bestimmt gewählt, so ist damit auch das Vorzeichen der Quadratwurzel für alle Stellen der Curve bestimmt, denn die Quadratwurzel ist ja nirgends gleich Null, muss also beständig mit dem einmal gewählten Vorzeichen behaftet werden. Da wir nun den Winkel τ in bestimmter Weise messen, nämlich im Sinn der Drehung der positiven x-Axe nach der positiven y-Axe hin, so hat auch $d\tau$ überall ein bestimmtes Vorzeichen, daher auch das Krümmungsmass k nach (1). So z. B. in Fig. 9, in der wir an der Stelle P — und damit für die ganze Curve — den Fortschreitungssinn der Bogenlänge beliebig gewählt haben. Man erkennt hier, dass das Krümmungsmass k an den stark gezeichneten Bogenstücken überall positiv, an den anderen überall negativ ist. Hätten wir den Sinn in P entgegengesetzt gewählt, so wäre es gerade umgekehrt. —

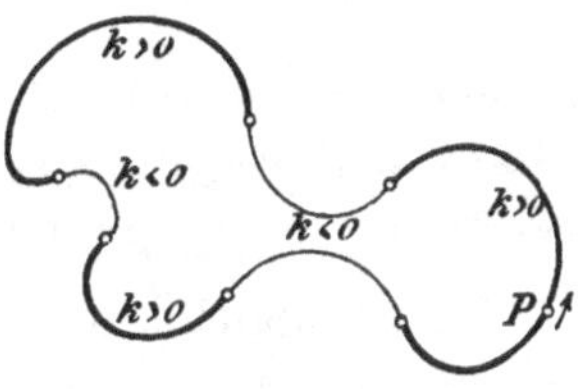

Fig. 9.

Um nun das Krümmungsmass k bei einer beliebigen Curve zu berechnen, denken wir uns die Curve in der allgemeinen Form gegeben:

$$x = \varphi(t), \quad y = \psi(t). \tag{2}$$

Es ist:

$$ds^2 = dx^2 + dy^2,$$

daher:

$$\frac{ds}{dt} = \sqrt{\varphi'^2 + \psi'^2}.$$

Der Quadratwurzel schreiben wir ein bestimmtes, sagen wir das positive Vorzeichen vor, sobald die Curve reell ist. Mit wachsendem t wächst dann s. Ferner ist

$$\operatorname{tg} \tau = \frac{dy}{dx} = \frac{\psi'}{\varphi'},$$

daher:

$$\tau = \operatorname{arc\,tg} \frac{\psi'}{\varphi'}$$

und also:

$$\frac{d\tau}{dt} = \frac{\varphi'\psi'' - \psi'\varphi''}{\varphi'^2 + \psi'^2}.$$

Nach (1) kommt mithin:

(3) $$k = \frac{d\tau}{dt} : \frac{ds}{dt} = \frac{\varphi'\psi'' - \psi'\varphi''}{\sqrt{\varphi'^2 + \psi'^2}^3}.$$

Satz 23: Die Curve $x = \varphi(t)$, $y = \psi(t)$ hat im Punkte t das Krümmungsmass:

$$k = \frac{\varphi'\psi'' - \psi'\varphi''}{\sqrt{\varphi'^2 + \psi'^2}^3}.$$

Bei reellen Curven ist die Quadratwurzel positiv zu nehmen, sobald die Bogenlänge s im Sinne des wachsenden Parameters t positiv gerechnet wird.

Das Krümmungsmass kann dann längs der Curve sein Vorzeichen nur dadurch wechseln, dass es durch den Wert Null oder Unendlich hindurchgeht. Der Wert Null tritt nach Satz 10, S. 22, im Wendepunkt ein. Der Wert Unendlich dagegen kommt für $\varphi'^2 + \psi'^2 = 0$ vor, also, da es sich augenblicklich nur um reelle Curven handelt, für $\varphi' = \psi' = 0$, d. h. für singuläre Stellen.

Aus dem Satze 17, S. 29, folgt noch, dass das Krümmungsmass eines Curvenpunktes, absolut genommen, gleich dem reciproken Wert des Radius desjenigen Kreises ist, der die Curve an der betreffenden Stelle in zweiter Ordnung berührt. Deshalb eben heisst jener Kreis der Krümmungskreis. Da das Krümmungsmass k bei reellen Curven ein bestimmtes Vorzeichen hat, sobald der Fortschreitungssinn auf der Curve angenommen worden ist, so wollen wir alsdann auch dem Radius r des Krümmungskreises dasselbe Vorzeichen wie dem Krümmungsmass beilegen, sodass also stets:

$$k = \frac{1}{r}$$

ist und wir sagen können:

Satz 24: Das Krümmungsmass eines Curvenpunktes ist gleich dem reciproken Werte des Radius desjenigen Kreises, der die Curve an der betreffenden Stelle in zweiter Ordnung berührt.

Den Radius r des Krümmungskreises nennt man den Krümmungsradius des Curvenpunktes P, den Mittelpunkt des Krümmungskreises den Krümmungsmittelpunkt des Curvenpunktes P.

Zu dem Krümmungsmittelpunkt gelangen wir auch so: Wir sahen schon auf S. 32, dass er auf der Normalen von P oder (x, y) liegt, deren Gleichung in den laufenden Coordinaten $\mathfrak{x}$, $\mathfrak{y}$ ist:

(4) $$\mathfrak{x} + y'\mathfrak{y} = x + y'y.$$

Die Coefficienten dieser in $\mathfrak{x}$, $\mathfrak{y}$ linearen Gleichung sind Functionen von x allein, da $y = f(x)$ und $y' = f'(x)$ ist. Die Normale des Curvenpunktes $(x + dx,\ y + dy)$, der dem Punkte (x, y) unendlich benachbart ist, hat daher die Gleichung, die hieraus hervorgeht, wenn x durch $x + dx$ ersetzt wird, wobei die Coefficienten als Functionen von x um ihre zugehörigen Incremente wachsen, also die Gleichung:

$$\mathfrak{x} + (y' + y''\,dx)\,\mathfrak{y} = x + y'y + \frac{d(x + y'y)}{dx}\,dx.$$

Der Schnittpunkt (a, b) beider Normalen muss beide Gleichungen erfüllen, d. h. es muss sein:

$$a + y'b = x + y'y,$$

$$a + (y' + y''\,dx)\,b = x + y'y + \frac{d(x + y'y)}{dx}\,dx.$$

Die zweite reduciert sich wegen der ersten auf:

$$y''b = \frac{d(x + y'y)}{dx} = 1 + y'^2 + yy'',$$

woraus sich b berechnen lässt, die erste giebt alsdann a. So kommt:

$$a = x - \frac{1 + y'^2}{y''}\,y', \quad b = y + \frac{1 + y'^2}{y''}.$$

Dies aber sind nach (3), S. 31, die Coordinaten des Mittelpunktes M des Krümmungskreises. Also:

Satz 25: Der Krümmungsmittelpunkt eines Punktes auf einer Curve in der Ebene kann als der Schnittpunkt der Normalen des Curvenpunktes mit einer unendlich benachbarten Normalen der Curve definiert werden.

Lassen wir eine starre Gerade g sich so bewegen, dass einer ihrer Punkte G die Curve beschreibt, während die Gerade g selbst beständig die zugehörige Curventangente ist, so lässt sich der Uebergang der Geraden aus der Tangente t des Curvenpunktes P in die Tangente des unendlich benachbarten Curvenpunktes nach Satz 5, S. 10, durch eine Drehung um einen mit der Geraden in starre Verbindung gebrachten Punkt ersetzen. Der Drehwinkel ist der Contingenzwinkel $d\tau$. Die Gleichungen der Drehung haben also, da $\cos d\tau = 1$, $\sin d\tau = d\tau$ gesetzt werden darf, nach (1), S. 8, die Form:

$$(5) \qquad \left\{ \begin{aligned} \mathfrak{x} &= \bar{\mathfrak{x}} - \bar{\mathfrak{y}}\,d\tau + m, \\ \mathfrak{y} &= \bar{\mathfrak{x}}\,d\tau + \bar{\mathfrak{y}} + n. \end{aligned} \right.$$

Dabei sind m, n zwei Constanten, $\bar{\mathfrak{x}}$, $\bar{\mathfrak{y}}$ die Coordinaten eines Punktes vor der Drehung, $\mathfrak{x}$, $\mathfrak{y}$ die desselben Punktes nach der Drehung. Nun soll der Punkt P oder (x, y) in den Punkt $(x + dx, y + dy)$ übergehen. Also kommt:

$$x + dx = x - y\,d\tau + m,$$
$$y + dy = x\,d\tau + y + n$$

oder:

$$(6) \qquad m = dx + y\,d\tau, \qquad n = dy - x\,d\tau.$$

Der bei der Drehung feste Punkt (a, b) muss nach (5), worin $\mathfrak{x} = \bar{\mathfrak{x}} = a$, $\mathfrak{y} = \bar{\mathfrak{y}} = b$ zu setzen ist, die Gleichungen erfüllen:

$$b\,d\tau = m, \qquad a\,d\tau = -n$$

oder wegen (6):

$$(7) \qquad a = x - \frac{dy}{d\tau}, \qquad b = y + \frac{dx}{d\tau}.$$

Nach Satz 19, S. 30, ist der Drehpunkt daher der Krümmungsmittelpunkt:

Satz 26: Die unendlich kleine Drehung, die einen Punkt P einer ebenen Curve und seine Tangente in einen unendlich benachbarten Punkt der Curve und dessen Tangente überführt, findet um den Krümmungsmittelpunkt von P statt.

Ist die Fortschreitungsrichtung auf einer reellen Curve gegeben, so wird man der Tangente entsprechend eine positive Richtung beilegen, sodass unter τ der Winkel verstanden wird, den die positive x-Axe bei positiver Drehung bis zur positiven Tangentenrichtung beschreibt. Bei der Normale rechnen wir alsdann diejenige Seite positiv, die durch positive Drehung um $\frac{\pi}{2}$ aus der positiven Tangente hervorgeht. Ist nun $d\tau$, d. h. k, positiv, so sieht man, dass die unendlich benachbarten Normalen auf ihren positiven Richtungen convergieren, sodass dann der Krümmungsmittelpunkt auf der positiven Richtung der Normalen liegt. Die Formel (7) bestätigen dies.

Satz 27: Der Krümmungsmittelpunkt einer reellen ebenen Curve liegt auf der positiven oder negativen Richtung der Normalen, je nachdem das Krümmungsmass positiv oder negativ ist.

Wir können das Krümmungsmass einer Curve noch in folgender Weise in Beziehung zu einem Kreise setzen: Wir nehmen einen Kreis vom Radius Eins an und ziehen zu jeder Normalen n der

Curve den parallelen Radius und zwar — bei reellen Curven — im positiven Sinn der Normalen vom Kreispunkt zum Kreismittelpunkt (siehe Fig. 10). Dadurch wird jedem Punkt P der Curve ein Punkt P' des Kreises zugeordnet, so auch dem Punkt P_1 ein Punkt P_1'. Nun stehen die Normalen n und n_1 von P und P_1 auf den Tangenten t und t_1 senkrecht. Ihr Winkel und demnach auch der Winkel der Radien von P' und P_1' ist daher gleich $\tau_1 - \tau$. Dieser Winkel ist gleich dem Bogen $P' P_1'$ des Kreises und zwar ist er positiv oder negativ, je nachdem der Bogen $P' P_1'$ den positiven oder negativen Drehsinn in der Ebene hat. Wenn wir also die Bogen auf dem Kreis im positiven Sinn positiv rechnen, so stimmt der Bogen $P' P_1'$ auch dem Vorzeichen nach mit $\tau_1 - \tau$ überein. Somit ist die mittlere Krümmung des Curvenbogens $P P_1$ gleich dem Verhältnis aus dem zugehörigen Kreisbogen $P' P_1'$ zum Curvenbogen $P P_1$. Ist P_1 unendlich nahe bei P, so findet man:

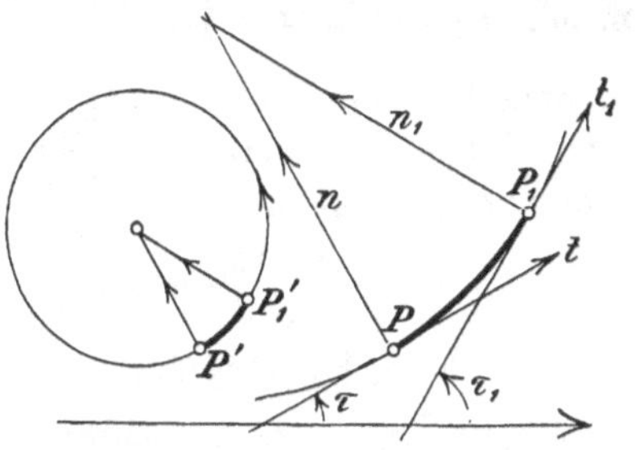

Fig. 10.

Satz 28: Ordnet man jedem Punkte P einer ebenen (reellen) Curve c einen Punkt P' auf einem Kreise vom Radius Eins in der Weise zu, dass die (positive) Normale von P dem von P' nach der Kreismitte gezogenen Radius parallel ist, so ist das Krümmungsmass von P gleich dem Verhältnis aus dem Bogenelement des Kreises in P' zum zugehörigen Bogenelement der Curve in P. Den Kreisbogen hat man im Fall einer reellen Curve im Sinne der Drehung von der positiven x-Axe zur positiven y-Axe zu messen.

Wir knüpfen hier noch einige Bemerkungen an: Giebt es ausser den Kreisen Curven constanter Krümmung? Längs der Curve müsste $\frac{d r^2}{d x} = 0$ sein. Wie Satz 22, S. 33, folgt hieraus:

Satz 29: Ausser den Kreisen giebt es keine Curven constanter Krümmung in der Ebene.

In Satz 7, S. 16, stellten wir eine Curve vermöge ihres Tangentenwinkels τ so dar:

$$x = \int F(\tau) \cos \tau \, d\tau, \qquad y = \int F(\tau) \sin \tau \, d\tau.$$

Hier ist:

$$ds^2 = dx^2 + dy^2 = F^2 d\tau^2.$$

Da aber:

$$ds = \frac{1}{k} d\tau$$

ist, so ist $F = \pm \frac{1}{k}$ zu setzen. Wir können über das Vorzeichen von ds so verfügen, dass $F = \frac{1}{k}$ wird.

Satz 30: Ist τ der Tangentenwinkel einer ebenen Curve und ist das Krümmungsmass k der Curve als Funktion von τ gegeben, so sind:

$$x = \int \frac{1}{k} \cos \tau \, d\tau, \quad y = \int \frac{1}{k} \sin \tau \, d\tau$$

die Gleichungen der Curve.

Aus diesem Satz werden wir später, in § 9, einen wichtigen Schluss ziehen.

Da nach (1)

$$\tau = \int k \, ds$$

ist, so können wir auch sagen:

Satz 31: Ist s die Bogenlänge einer ebenen Curve und ist das Krümmungsmass k der Curve als Function von s gegeben, so sind die Gleichungen der Curve von der Form:

$$x = \int \cos \int k \, ds . ds, \quad y = \int \sin \int k \, ds . ds .$$

§ 8. Differentialinvarianten einer ebenen Curve.

Die Curven haben zweierlei Eigenschaften, solche, die sich nicht ändern, wenn man die Coordinatenaxen anders legt, und solche, die sich in diesem Falle ändern, d. h. solche, die der starr gedachten Curve bei jeder zufälligen Lage in der Ebene zukommen, und solche, die ihr nur dann zukommen, wenn sie besondere Lagen hat. Wesentlich für die Gestalt und Grösse einer Curve sind nur die ersteren Eigenschaften. Z. B. die Strecke, die auf der Tangente von den Coordinatenaxen abgeschnitten wird, ändert sich augenscheinlich, wenn man die Curve einer Bewegung unterwirft, nicht aber die Krümmung der Curve. Denn wir sahen, dass der Krümmungsmittelpunkt als Mittelpunkt zweier unendlich benachbarten Normalen aufgefasst werden kann, und bei Bewegungen gehen die Normalen wieder in Normalen über.

Die Krümmung der Curve ist also unveränderlich gegenüber allen Bewegungen in der Ebene. Sie ist, wenn die Curve in der Form

$$y = f(x)$$

vorliegt, eine Function von y' und y'', nämlich:

$$(1) \qquad k = \frac{y''}{\sqrt{1+y'^2}^3},$$

wie aus Satz 23, S. 38, hervorgeht, wenn man dort $x = t$, $y = f(t)$ setzt. Dass nun diese Function bei allen Bewegungen in der Ebene ungeändert bleibt, kann man auch analytisch bestätigen. Wenn nämlich eine Bewegung ausgeübt wird, bei der der Punkt (x, y) in den Punkt $(\bar{x}, \bar{y})$ übergeht, so ist nach (2) auf S. 8:[1]

$$(2) \qquad \left\{ \begin{aligned} x &= (\bar{x}-a)\cos\alpha + (\bar{y}-b)\sin\alpha, \\ y &= -(\bar{x}-a)\sin\alpha + (\bar{y}-b)\cos\alpha \end{aligned} \right.$$

oder auch:

$$\bar{x} = x\cos\alpha - y\sin\alpha + a,$$
$$\bar{y} = x\sin\alpha + y\cos\alpha + b.$$

Die Curve $y = f(x)$ geht dabei in die Curve über, deren Gleichung in den laufenden Coordinaten $\bar{x}$, $\bar{y}$ aus $y = f(x)$ gefunden wird, wenn man für x und y ihre Werte (2) einsetzt. Denkt man sich die so entstehende Gleichung nach $\bar{y}$ aufgelöst, so hat man die Gleichung der in die neue Lage gebrachten Curve vor sich:

$$\bar{y} = g(\bar{x}).$$

Auch hier kann man die Differentialquotienten $\frac{d\bar{y}}{d\bar{x}}, \frac{d^2\bar{y}}{d\bar{x}^2} \dots$ bilden, die wir kurz mit $\bar{y}', \bar{y}'' \dots$ bezeichnen. Da aber zwischen x, y und $\bar{x}$, $\bar{y}$ die Beziehungen (2) bestehen, so lassen sich $\bar{y}', \bar{y}'' \dots$ durch $x, y, y', y'' \dots$ ausdrücken und umgekehrt $y', y'' \dots$ durch $\bar{x}, \bar{y}, \bar{y}', \bar{y}'' \dots$.

In der That giebt ja (2):

$$(3) \qquad y' = \frac{dy}{dx} = \frac{-\sin\alpha\, d\bar{x} + \cos\alpha\, d\bar{y}}{\cos\alpha\, d\bar{x} + \sin\alpha\, d\bar{y}} = \frac{\bar{y}' - \operatorname{tg}\alpha}{\bar{y}'\operatorname{tg}\alpha + 1}.$$

Und da:

$$y'' = \frac{dy'}{dx} = \frac{dy'}{d\bar{x}} : \frac{dx}{d\bar{x}}$$

[1] Wir haben jetzt mit (x, y) den ursprünglichen Punkt bezeichnet, der damals der Punkt $(\bar{x}, \bar{y})$ war.

ist, so folgt hieraus und aus der ersten Gleichung (2), die

$$\frac{dx}{d\bar{x}} = \cos\alpha + \bar{y}'\sin\alpha$$

liefert, weiter:

(4) $$y'' = \frac{\bar{y}''}{(\bar{y}'\sin\alpha + \cos\alpha)^3}$$

u. s. w. Setzen wir die Werte (3) und (4) von y' und y'' in die Formel (1) für k ein, so finden wir, dass k genau die ursprüngliche Form, aber in $\bar{y}'$ und $\bar{y}''$, bekommt:

$$k = \frac{\bar{y}''}{\sqrt{1+\bar{y}'^2}^3},$$

womit auch analytisch dargethan ist, dass das Krümmungsmass gegenüber allen Bewegungen unveränderlich ist.

Diese Erwägungen führen uns nun zu der wichtigen Frage:

Welche Functionen von x, y, y', y'' ... bleiben ungeändert, wenn man die Curve

$$y = f(x)$$

beliebigen Bewegungen in der Ebene unterwirft?

Jede derartige Function heisst eine Differentialinvariante[1] der Curve gegenüber allen Bewegungen in der Ebene und zwar eine Differentialinvariante n^{ter} Ordnung, wenn sie die Differentialquotienten bis zur n^{ten} Ordnung enthält.

Es sei $J(x, y, y', y'' \ldots)$ eine solche Function. Zunächst muss sie ungeändert bleiben, wenn man irgend eine Schiebung

$$\bar{x} = x + a, \qquad \bar{y} = y + b$$

ausübt. Hier aber ist

$$\bar{y}' = \frac{d\bar{y}}{d\bar{x}} = \frac{dy}{dx} = y'$$

und weiter

$$\bar{y}'' = \frac{d\bar{y}'}{dx} : \frac{d\bar{x}}{dx} = y'' : 1 = y''$$

u. s. w. Wir haben also:

$$\bar{y}' = y', \quad \bar{y}'' = y'', \quad \bar{y}''' = y''' \ldots .$$

---

[1] Der Begriff der Differentialinvarianten hat sich im Laufe des 19. Jahrhunderts gebildet, wenn er auch schon implicit in älteren Arbeiten vorkommt. Oben ist nur von einer speciellen Art von Differentialinvarianten die Rede, nämlich von denen, die bei allen Bewegungen der Ebene ungeändert bleiben. Statt der Bewegungen kann man andere Transformationen der Ebene betrachten und die bei ihnen invarianten Functionen von x, y, y', y'' ... untersuchen.

Es soll nun

$$J(\bar{x}, \bar{y}, \bar{y}', \bar{y}'' \dots) = J(x, y, y' y'' \dots)$$

sein, d. h.:

$$J(x + a, y + b, y', y'' \dots) = J(x, y, y', y'' \dots)$$

und zwar für jedes Constantenpaar a, b. Dies ist aber nur dann denkbar, wenn die Function $J(x, y, y', y'' \dots)$ von x und y frei ist.

Die Differentialinvarianten sind also Functionen $J(y', y'', \dots)$ von den Differentialquotienten allein.

Da jede Bewegung durch eine Schiebung und eine darauf folgende Drehung um den Anfangspunkt hergestellt werden kann, so haben wir weiterhin nur noch zu verlangen, dass die Function $J(y', y'' \dots)$ bei allen Drehungen um den Anfangspunkt:

$$\bar{x} = x \cos \alpha - y \sin \alpha, \quad \bar{y} = x \sin \alpha + y \cos \alpha$$

ungeändert bleibe. Die directe Erfüllung dieser Forderung ist nicht einfach, weil sich $\bar{y}', \bar{y}'' \dots$ ziemlich umständlich durch $y', y'' \dots$ ausdrücken. Siehe die Formeln (3) und (4). Wir schlagen deshalb einen anderen Weg ein:

Wenn u und v zwei Functionen von $y', y'' \dots$ sind, die sich bei beliebigen Drehungen nur um additive Constanten ändern, so bleibt die Function

$$\frac{du}{dx} : \frac{dv}{dx}$$

offenbar überhaupt ungeändert. Nun wissen wir, dass das Krümmungsmass:

$$k = \frac{y''}{\sqrt{1 + y'^2}^3}$$

invariant ist. Ferner werden bei einer Drehung alle Tangenten der Curve um ein und denselben Winkel α gedreht. Der Tangentenwinkel τ ändert sich daher nur um eine additive Constante α. In der That, es ist:

$$\tau = \operatorname{arc} \operatorname{tg} y'. \tag{5}$$

Bei der Drehung ist aber nach (3):

$$\bar{y}' = \frac{y' + \operatorname{tg} \alpha}{1 - y' \operatorname{tg} \alpha},$$

daher:

$$\operatorname{arc} \operatorname{tg} \bar{y}' = \operatorname{arc} \operatorname{tg} y' + \alpha$$

oder:

$$\bar{\tau} = \tau + a.$$

Hieraus folgern wir, dass wir k und τ als die vorhin erwähnten Funktionen u und v benutzen können. Daher ist

$$\frac{dk}{d\tau} = \frac{dk}{dx} : \frac{d\tau}{dx}$$

eine Differentialinvariante. Um diese Differentialinvariante zu berechnen, beachten wir, dass nach (5):

$$(6) \qquad \frac{d\tau}{dx} = \frac{y''}{1 + y'^2}$$

ist, sodass nach (1) kommt:

$$(7) \qquad \frac{dk}{d\tau} = \frac{(1 + y'^2) y''' - 3 y' y''^2}{y'' \sqrt{1 + y'^2}^3}.$$

Diese Function ändert sich also nicht bei beliebigen Bewegungen der Curve in der Ebene.

Wir schliessen ähnlich weiter: Da $\frac{dk}{d\tau}$ invariant ist und sich τ nur um additive Constanten ändern kann, so können wir diese beiden Grössen als die obigen Funktionen u und v benutzen, woraus sich ergiebt, dass auch

$$\frac{d^2 k}{d\tau^2}$$

eine Differentialinvariante ist. Sie wäre in der Form:

$$\frac{d\frac{dk}{d\tau}}{dx} : \frac{d\tau}{dx}$$

leicht zu berechnen, und man übersieht, dass sie auch den vierten Differentialquotienten y^{IV} enthält. Ebenso sind

$$\frac{d^3 k}{d\tau^3}, \quad \frac{d^4 k}{d\tau^4} \dots$$

Differentialinvarianten.

Also sehen wir:

Die Functionen

$$k, \quad \frac{dk}{d\tau}, \quad \frac{d^2 k}{d\tau^2} \dots$$

sind Differentialinvarianten. Die erste enthält y' und y'', die zweite auch y''', die dritte auch y^{IV} u. s. w.

Umgekehrt lassen sich y'', y''' ... durch k, $\frac{dk}{d\tau}$ ... und y' ausdrücken, denn zunächst ist nach (1):

$$y'' = k\sqrt{1 + y'^2}^3. \tag{8}$$

Nun ist für jede Function f' wegen (6):

$$f' = \frac{df}{dx} = \frac{df}{d\tau} \cdot \frac{d\tau}{dx} = \frac{df}{d\tau} k\sqrt{1 + y'^2}. \tag{9}$$

Also folgt aus (8) durch Differentiation nach x, wenn man diese Regel auf $f = k$ anwendet:

$$y''' = k\frac{dk}{d\tau}\sqrt{1 + y'^2}^4 + 3ky'y''\sqrt{1 + y'^2}$$

oder wegen (8):

$$y''' = k(1 + y'^2)^2\left(\frac{dk}{d\tau} + 3y'k\right).$$

Wir hätten dies Ergebnis auch aus (1) und (7) ableiten können. Wenn wir die letzte Formel wiederum nach x differenzieren und beachten, dass sich die Differentialquotienten von k und $\frac{dk}{d\tau}$ nach x wegen (9) durch y' und die Differentialquotienten nach τ ausdrücken lassen, so erhalten wir y^{IV} als Function von k, $\frac{dk}{d\tau}$, $\frac{d^2k}{d\tau^2}$, y', y'' oder wegen (8) als Function von k, $\frac{dk}{d\tau}$, $\frac{d^2k}{d\tau^2}$ und y'. So können wir fortfahren. Es ergiebt sich folglich, dass y'', y''', y^{IV} ... Functionen der Differentialinvarianten k, $\frac{dk}{d\tau}$, $\frac{d^2k}{d\tau^2}$ ... und von y' sind.

Nun sahen wir oben, dass jede Differentialinvariante J eine Function von y', y'', y''' ... allein ist. Wenn wir in ihr die soeben berechneten Werte einführen, so finden wir:

Jede Differentialinvariante ist als Function von den Differentialinvarianten

$$k, \quad \frac{dk}{d\tau}, \quad \frac{d^2k}{d\tau^2}, \ldots$$

und von y' darstellbar.

Es sei $J\left(y', k, \frac{dk}{d\tau}, \frac{d^2k}{d\tau^2}, \ldots\right)$ eine Differentialinvariante. Führen wir irgend eine Drehung aus, so ändert sich hierin nur y' in der Form (3), während k, $\frac{dk}{d\tau}$, $\frac{d^2k}{d\tau^2}$ ... als Differentialinvarianten unverändert bleiben. Es soll also für jeden Winkel α

$$J\left(\bar{y}', k, \frac{dk}{d\tau}, \frac{d^2k}{d\tau^2}, \ldots\right) = J\left(\frac{\bar{y}' - \operatorname{tg}\alpha}{1 + \bar{y}'\operatorname{tg}\alpha}, k, \frac{dk}{d\tau}, \frac{d^2k}{d\tau^2}\ldots\right)$$

sein, was aber nur dann möglich ist, wenn die Function J nur die Differentialinvarianten $k, \frac{dk}{d\tau}, \frac{d^2k}{d\tau^2}\ldots$ enthält.

Umgekehrt ist klar, dass mit $k, \frac{dk}{d\tau}, \frac{d^2k}{d\tau^2}\ldots$ auch jede Function von diesen Grössen allein invariant ist. Also haben wir gefunden:

Satz 32: Unterwirft man die Curve

$$y = f(x)$$

allen Bewegungen in der Ebene, so ändern sich x, y, y', y'' u. s. w. Eine Function dieser Grössen bleibt bei allen Bewegungen dann und nur dann ungeändert, wenn sie eine Function des Krümmungsmasses k und der Ableitungen von k nach dem Tangentenwinkel τ ist.

Vorausgesetzt ist dabei natürlich, dass der Tangentenwinkel τ, nach dem wir differenziert haben, keine Constante ist, d. h. dass die Curve keine Gerade ist.

Wir sehen noch mehr: Ist J irgend eine Differentialvariante

$$J = J\left(k, \frac{dk}{d\tau}, \frac{d^2k}{d\tau^2}\ldots\right),$$

so ist $\frac{dJ}{d\tau}$ ebenfalls eine Function von k und den Ableitungen von k nach τ, mithin nach Satz 32 wiederum eine Differentialinvariante. Die Operation

$$\frac{dJ}{d\tau},$$

ausgeführt auf irgend eine Differentialinvariante J, liefert folglich stets wieder eine Differentialinvariante. Man nennt eine solche Function einen Differentialparameter. Noch mehr: Wenden wir die Operation auf die Invariante k an, so kommt $\frac{dk}{d\tau}$. Nochmalige Anwendung giebt $\frac{d^2k}{d\tau^2}$ u. s. w. Die Operation $\frac{dJ}{d\tau}$ erzeugt also, wiederholt ausgeführt, aus der einen Differentialinvariante k alle wesentlichen Differentialinvarianten. Daher sagen wir, dass $\frac{dJ}{d\tau}$ der einzige wesentliche Differentialparameter ist.

Satz 33: Eine Curve $y = f(x)$, die keine Gerade ist, hat hinsichtlich aller Bewegungen in der Ebene nur einen wesentlichen Differentialparameter: $\frac{dJ}{d\tau}$, wo τ den Tangentenwinkel $\operatorname{arc}\operatorname{tg} y'$ bedeutet. Mit Hülfe dieses Differentialparameters geht aus der Differentialinvariante niedrigster Ordnung:

$$k = \frac{y''}{\sqrt{1 + y'^2}^3}$$

jede wesentliche Differentialinvariante hervor.

Die Reihe der wesentlichen Differentialinvarianten

$$k, \quad \frac{dk}{d\tau}, \quad \frac{d^2 k}{d\tau^2} \ \dots \tag{10}$$

kann man durch eine andere ersetzen: Da der Krümmungsradius r der reciproke Wert von k ist, so lassen sich die angegebenen Differentialinvarianten auch sämtlich durch

$$r, \quad \frac{dr}{d\tau}, \quad \frac{d^2 r}{d\tau^2} \ \dots \tag{11}$$

ausdrücken, und umgekehrt.

Ferner ist, wenn s die Bogenlänge bedeutet, nach (1), S. 36:

$$\frac{ds}{d\tau} = \frac{1}{k},$$

mithin für jede Function f:

$$\frac{df}{d\tau} = \frac{1}{k}\frac{df}{ds} \quad \text{oder} \quad \frac{df}{ds} = k\frac{df}{d\tau}. \tag{12}$$

Hiernach lassen sich $k, \frac{dk}{d\tau}, \frac{d^2 k}{d\tau^2} \dots$ sämtlich auch durch

$$k, \quad \frac{dk}{ds}, \quad \frac{d^2 k}{ds^2} \ \dots$$

und umgekehrt diese Grössen durch die Grössen (10) ausdrücken.

Schliesslich leuchtet ein, dass wir die Reihe auch durch folgende ersetzen können:

$$r, \quad \frac{dr}{ds}, \quad \frac{d^2 r}{ds^2} \ \dots \tag{13}$$

Satz 34: Ist τ der Tangentenwinkel, s die Bogenlänge, k das Krümmungsmass einer ebenen Curve, die keine Gerade ist, so sind die wesentlichen Differentialinvarianten der Curve hinsichtlich aller Bewegungen in der Ebene durch irgend eine der vier Reihen von Functionen gegeben:

$$k, \quad \frac{dk}{d\tau}, \quad \frac{d^2k}{d\tau^2} \ldots;$$

$$r, \quad \frac{dr}{d\tau}, \quad \frac{d^2r}{d\tau^2} \ldots;$$

$$k, \quad \frac{dk}{ds}, \quad \frac{d^2k}{ds^2} \ldots;$$

$$r, \quad \frac{dr}{ds}, \quad \frac{d^2r}{ds^2} \ldots.$$

§ 9. Die natürliche Gleichung einer ebenen Curve.

Mit Hülfe der Ergebnisse des vorigen Paragraphen ist es leicht, eine wichtige Frage zu entscheiden:

Vorgelegt seien zwei Curven

$$y = f(x) \quad \text{und} \quad \mathfrak{y} = g(\mathfrak{x}).$$

Wie erkennt man, ob sie vermöge einer Bewegung in der Ebene ineinander überführbar sind? Anders ausgesprochen: Welches sind die Merkmale ihrer Congruenz?

Sehen wir vorerst von den Geraden ab. Alsdann wird längs der ersten Curve das Krümmungsmass k und ebenso die Ableitung von k nach dem Tangentenwinkel τ eine Function von x sein:

$$k = u(x), \quad \frac{dk}{d\tau} = v(x).$$

Elimination von x wird eine Gleichung liefern:

$$(1) \qquad \frac{dk}{d\tau} = \omega(k),$$

sobald k nicht constant ist, d. h. nach Satz 29, S. 41, kein Kreis vorliegt. Entsprechendes gilt bei der zweiten Curve. Sollen nun die beiden Curven miteinander congruent sein, so muss zu jedem Punkt der einen ein homologer Punkt auf der anderen vorhanden sein. Das Krümmungsmass k und die Ableitung $\frac{dk}{d\tau}$ müssen in beiden Punkten dieselben Werte haben, da sie bei der Bewegung, die die eine Curve in die andere verwandelt, ungeändert bleiben. Also muss bei der zweiten Curve genau dieselbe Gleichung (1) wie bei der ersten Curve bestehen.

Wir behaupten nun **umgekehrt**: Wenn bei zwei Curven zwischen k und $\frac{dk}{d\tau}$ dieselbe Beziehung (1) besteht, so sind sie miteinander congruent. Zum Beweise bestimmen wir alle Curven, die der Beziehung (1) Genüge leisten und zeigen nachher, dass sie thatsächlich miteinander congruent sind.

Nach Satz 30, S. 42, sind

$$(2) \qquad x = \int \frac{1}{k} \cos \tau \, d\tau, \qquad y = \int \frac{1}{k} \sin \tau \, d\tau$$

die Gleichungen der Curven, deren Krümmung k eine gegebene Function des Tangentenwinkels τ ist. Aus (1) aber können wir diese Function bestimmen, indem wir die Quadratur

$$(3) \qquad \int \frac{dk}{\omega(k)} = \tau - \alpha \quad (\alpha = \text{Const.})$$

ausführen und darauf k als Function von $\tau - \alpha$ ausdrücken. α ist eine willkürliche Integrationsconstante. Statt τ wollen wir $t = \tau - \alpha$ als Parameter benutzen. Dann ist $d\tau = dt$ und k nach (3) eine **bestimmte** Function von t, sodass (2) alle Curven, die der Bedingung (1) genügen, in der Form liefert:

$$x = \int_{t_0}^{t} \frac{1}{k(t)} \cos(t+\alpha)\, dt + \text{Const.}, \quad y = \int_{t_0}^{t} \frac{1}{k(t)} \sin(t+\alpha)\, dt + \text{Const.},$$

wo wir nun t_0 **bestimmt** wählen dürfen. Oder auch so:

$$(4) \qquad \begin{cases} x = \int\limits_{t_0}^{t} \frac{\cos t}{k} dt \,.\, \cos\alpha - \int\limits_{t_0}^{t} \frac{\sin t}{k} dt \,.\, \sin\alpha + a, \\ y = \int\limits_{t_0}^{t} \frac{\sin t}{k} dt \,.\, \cos\alpha + \int\limits_{t_0}^{t} \frac{\cos t}{k} dt \,.\, \sin\alpha + b \quad (a, b = \text{Const.}). \end{cases}$$

Aber man sieht, dass diese Curve vermöge der **Bewegung**:

$$x = \bar{x}\cos\alpha - \bar{y}\sin\alpha + a,$$
$$y = \bar{x}\sin\alpha + \bar{y}\cos\alpha + b$$

aus der Curve:

$$(5) \qquad \bar{x} = \int_{t_0}^{t} \frac{\cos t}{k} dt, \qquad \bar{y} = \int_{t_0}^{t} \frac{\sin t}{k} dt$$

hervorgeht. Hierin ist k eine ganz bestimmte Function von t und t_0 eine ganz bestimmt zu wählende Constante. Die Gleichungen (4) enthalten noch drei willkürliche Constanten a, b, α. Sie stellen alle Curven dar, die der vorgeschriebenen Bedingung (1) genügen, und sind mit der einen Curve (5) congruent. Da aus (5) folgt:

$$\frac{d\bar{y}}{d\bar{x}} = \operatorname{tg} t,$$

so ist t der Tangentenwinkel dieser Curve (5). Also haben wir gefunden:

Satz 35: Zwei ebene Curven, die weder Gerade noch Kreise sind, sind dann und nur dann miteinander congruent, wenn längs beider zwischen dem Krümmungsmass k und seiner Ableitung nach dem Tangentenwinkel τ dieselbe Relation

$$\frac{dk}{d\tau} = \omega(k)$$

besteht. Ist k eine bestimmte Function von τ, die dieser Relation genügt, die also durch Ausführung der Quadratur

$$\int \frac{dk}{\omega(k)} = \tau$$

gewonnen wird, so sind alle Curven mit derselben Relation congruent mit der Curve:

$$x = \int_{\tau_0}^{\tau} \frac{\cos\tau}{k}\, d\tau, \quad y = \int_{\tau_0}^{\tau} \frac{\sin\tau}{k}\, d\tau,$$

in deren Gleichungen τ_0 ganz bestimmt gewählt werden darf.

Diejenigen Eigenschaften einer Curve also, die von der Lage zum Coordinatensystem unabhängig sind, finden ihren vollständigen Ausdruck in der Gleichung

$$(6) \qquad \frac{dk}{d\tau} = \omega(k).$$

Zu jeder Function $\omega(k)$ gehört eine Schar von Curven, die miteinander congruent sind, zu verschiedenen Functionen $\omega(k)$ gehören Curven, die einander nicht congruent sind. Diese Relation heisst deshalb die natürliche Gleichung der ebenen Curve.[1] Sie ist eine gewöhnliche Differentialgleichung dritter Ordnung in x und y, da $\frac{dk}{d\tau}$ den dritten Differentialquotienten von y nach x enthält. Oben

[1] Die Theorie der Curven auf natürliche Bestimmungsstücke zu beziehen, versuchte schon Peters in seiner „Neuen Curvenlehre“, Dresden 1835.

haben wir gesehen, dass die Bestimmung der zugehörigen Functionen y von x, also die Integration dieser Differentialgleichung, nur die Ausführung der drei Quadraturen

$$\int \frac{dk}{\omega(k)}, \quad \int \frac{\cos\tau}{k} d\tau, \quad \int \frac{\sin\tau}{k} d\tau$$

verlangt.

Die natürliche Gleichung kann man noch in manch anderer Weise schreiben. So kann man statt k auch den Krümmungsradius r einführen. Ferner kann man anstelle von τ auch die Bogenlänge s benutzen, denn es ist ja nach (12), S. 49:

$$\frac{dk}{d\tau} = \frac{1}{k}\frac{dk}{ds},$$

sodass wir statt (6) auch

(7) $$\frac{dk}{ds} = k\,\omega(k)$$

schreiben können. Nur ist zu bemerken, dass der Parameter s im Allgemeinen bei einer Curve schwieriger zu bestimmen ist als der Parameter τ. Bei der Curve $y = f(x)$ nämlich ist

$$\tau = \operatorname{arc\,tg} f'(x), \quad s = \int \sqrt{1 + f'(x)^2}\, dx.$$

Um alle verschiedenen Darstellungsformen der natürlichen Gleichung einer Curve zu umfassen, kann man so sagen: **Die natürliche Gleichung einer Curve ist die bei ihr zwischen der Differentialinvariante zweiter Ordnung und der Differentialinvariante dritter Ordnung bestehende Relation.** Eine Differentialinvariante erster Ordnung ist ja nicht vorhanden.

Beispiel: Um die natürliche Gleichung der Ellipse (siehe 2. Beispiel, S. 3):

$$x = a\cos t, \quad y = b\sin t$$

zu finden, berechnen wir hier k und τ. Es ist zunächst:

(8) $$\operatorname{tg}\tau = \frac{dy}{dx} = -\frac{b}{a}\operatorname{ctg} t.$$

Ferner ist nach Satz 23, S. 38:

(9) $$k = \frac{ab}{\sqrt{a^2\sin^2 t + b^2\cos^2 t}^3},$$

daher:

(10) $$\frac{dk}{dt} = -\frac{3}{2}ab(a^2 - b^2)\frac{\sin 2t}{\sqrt{a^2\sin^2 t + b^2\cos^2 t}^5}.$$

Nach (8) ist ferner:

$$\frac{1}{\cos^2\tau}\frac{d\tau}{dt} = \frac{b}{a}\frac{1}{\sin^2 t},$$

daher:

$$\frac{d\tau}{dt} = \frac{ab}{a^2 \sin^2 t + b^2 \cos^2 t},$$

sodass hieraus und aus (10) folgt:

$$(11) \qquad \frac{dk}{d\tau} = \frac{dk}{dt} : \frac{d\tau}{dt} = -\frac{3}{2}(a^2 - b^2)\frac{\sin 2t}{\sqrt{a^2 \sin^2 t + b^2 \cos^2 t}^3}.$$

Die natürliche Gleichung der Ellipse geht durch Elimination des Parameters t aus (9) und (11) hervor. Es ergiebt sich:

$$(12) \qquad \frac{1}{9k^2}\left(\frac{dk}{d\tau}\right)^2 + 1 - \frac{a^2 + b^2}{a^2 b^2}\sqrt[3]{\frac{a^2 b^2}{k^2}} + \frac{1}{abk}\sqrt[3]{\frac{ab}{k}} = 0.$$

Diese Gleichung gilt also für alle Ellipsen mit den Halbaxen a und b. Wollen wir statt a und b die Excentricität ε und den sogenannten Parameter p der Ellipse, d. h. die Länge der Sehne, die im Brennpunkt auf der Hauptaxe senkrecht steht, einführen, so haben wir zu setzen:

$$a = \frac{p}{2(1 - \varepsilon^2)}, \qquad b = \frac{p}{2\sqrt{1 - \varepsilon^2}}$$

und erhalten:

$$(13) \qquad \frac{1}{9k^2}\left(\frac{dk}{d\tau}\right)^2 + 1 + (\varepsilon^2 - 2)\sqrt[3]{\frac{4}{p^2 k^2}} + (1 - \varepsilon^2)\left(\sqrt[3]{\frac{4}{p^2 k^2}}\right)^2 = 0.$$

Dies aber ist auch die natürliche Gleichung einer Parabel oder einer Hyperbel, nämlich wenn $\varepsilon \gtreqless 1$ ist. **Hier liegt also die natürliche Gleichung eines Kegelschnittes mit der Excentricität ε und dem Parameter p vor.**

Wir deuten eine Anwendung dieses Ergebnisses an:

Liegt eine beliebige Curve $y = f(x)$ vor, deren natürliche Gleichung sei:

$$(14) \qquad \varphi\left(k, \frac{dk}{d\tau}\right) = 0,$$

so können wir nach dem Kegelschnitt fragen, der mit ihr an irgend einer Stelle eine Berührung möglichst hoher, nämlich im allgemeinen vierter Ordnung eingeht (siehe Beispiel S. 35). Bei beiden Curven werden dort k, $\frac{dk}{d\tau}$ und $\frac{d^2 k}{d\tau^2}$ übereinstimmen nach Satz 32, S. 48. Wenn wir nun (13) und (14) nochmals nach τ differenzieren, so liegen alsdann vier Gleichungen vor. Nun hat k bei der Curve einen bestimmten Wert an der betrachteten Stelle. Aus (14) folgt der Wert von $\frac{dk}{d\tau}$ und aus der durch Differentiation von (14) hervorgegangenen Gleichung der von $\frac{d^2 k}{d\tau^2}$. Setzen wir sie in (13) und in die aus (13) durch Differentiation abgeleitete Gleichung ein, so erhalten wir zwei Gleichungen, die nur noch die unbekannten ε und p enthalten. Sie bestimmen also die Form und die Dimensionen des gesuchten Kegelschnittes.

Wir haben oben Kreise und Geraden ausgeschlossen. Zwei Kreise sind miteinander congruent, wenn ihre Mittelpunkte und ihre Radien übereinstimmen. Nicht so einfach verhält sich die Sache bei den Geraden. Wenn zwei Geraden vorliegen, die keine Minimalgeraden sind, so geht die eine durch eine Drehung, eventuell nur Schiebung, in die andere über. Aber Minimalgeraden behalten bei allen Drehungen dieselbe Richtung (siehe S. 9). Eine Minimalgerade ist also nur mit allen parallelen Minimalgeraden congruent. Man darf also nicht sagen, dass zwei Geraden stets miteinander congruent seien.

§ 10. Einhüllende Curven in der Ebene.

Es liege eine Schar von Curven vor vermöge einer Gleichung

(1) $$F(x, y, t) = 0,$$

die ausser den Coordinaten x, y noch eine willkürliche Constante t enthält. Wählt man t bestimmt, so stellt die Gleichung eine bestimmte Curve dar. Giebt man der Grösse t nach und nach alle möglichen constanten Werte, so erhält man unendlich viele Curven. Da diese Curven einzeln durch Festsetzung des Wertes einer Constanten t festgelegt werden, so sagen wir, dass sie eine Schar von ∞^1 Curven bilden. Man nennt sie auch eine einfach unendliche Curvenschar.

Beschränkt man sich auf die Betrachtung reeller Curven, so werden die Curven vielleicht nur einen Teil der Ebene überdecken, wie z. B. alle Kreise, die zwei Kreise berühren. Der von den Curven der Schar überdeckte Teil, der übrigens in mehrere einzelne Felder zerfallen kann, wird alsdann durch Grenzlinien von demjenigen Teil der Ebene geschieden sein, der gar keine reellen Curven der Schar (1) enthält. Es ist dann ein Problem, diese Grenzlinien zu bestimmen. Da die Curven (1) bis an die Grenzlinien herangehen werden, sie aber nicht überschreiten, so werden sie die Grenzlinien im allgemeinen berühren. Die Grenzlinien werden also eine reelle Curve bilden, die die reellen Curven der Schar (1) berührt.

Diese Ueberlegung führt uns auch in dem Fall, wo wir uns nicht auf reelle Curven beschränken, zu der Frage, ob es eine Curve C giebt, die alle Curven der Schar (1) berührt.

Zur Vereinfachung des Ausdrucks wollen wir unter den Curven (t_1), (t_2) . . . diejenigen Curven der Schar (1) verstehen, die den Annahmen $t = t_1$, $t = t_2$, ... entsprechen. Die fragliche Curve C wird nun die Curve (t_1) in einem Punkte $(\mathfrak{x}_1, \mathfrak{y}_1)$, die Curve (t_2) in einem Punkte $(\mathfrak{x}_2, \mathfrak{y}_2)$ u. s. w. berühren (siehe Fig. 11). Umgekehrt: In irgend einem Punkte $(\mathfrak{x}, \mathfrak{y})$ der fraglichen Curve C wird eine bestimmte Curve (t) der Schar (1) die Curve C berühren. Jedem Punkte $(\mathfrak{x}, \mathfrak{y})$ der Curve C muss deshalb ein bestimmter Wert t zugeordnet sein. Mit anderen Worten: wir dürfen die Coordinaten $\mathfrak{x}$, $\mathfrak{y}$ der Punkte von C als Functionen einer Grösse t auffassen, die längs der Curve C alle bestimmten Werte t_1, t_2 ... durchläuft. Wie aber müssen nun diese Functionen $\mathfrak{x}$ und $\mathfrak{y}$ von t beschaffen sein?

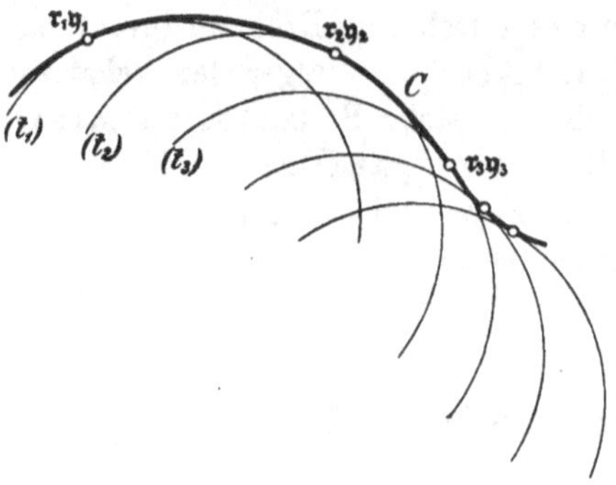

Fig. 11.

Erstens muss der Punkt $(\mathfrak{x}, \mathfrak{y})$ auf der Curve (t) der Schar (1) liegen:

(2) $$F(\mathfrak{x}, \mathfrak{y}, t) = 0.$$

Zweitens muss die Tangentenrichtung $\frac{d\mathfrak{y}}{d\mathfrak{x}}$ von C mit der Richtung der Tangente im Punkte $(\mathfrak{x}, \mathfrak{y})$ der Curve (t) übereinstimmen. Es muss mithin für die gesuchten Functionen $\mathfrak{x}$ und $\mathfrak{y}$ von t auch:

$$F_{\mathfrak{x}}\, d\mathfrak{x} + F_{\mathfrak{y}}\, d\mathfrak{y} = 0$$

oder:

(3) $$F_{\mathfrak{x}} \frac{d\mathfrak{x}}{dt} + F_{\mathfrak{y}} \frac{d\mathfrak{y}}{dt} = 0$$

sein. Es fragt sich also, welche Functionen $\mathfrak{x}$ und $\mathfrak{y}$ von t die beiden Gleichungen (2) und (3) erfüllen.

Sollen die Functionen die Gleichung (2) erfüllen, so muss auch die aus (2) durch totale Differentiation nach t hervorgehende Gleichung bestehen:

(4) $$F_{\mathfrak{x}} \frac{d\mathfrak{x}}{dt} + F_{\mathfrak{y}} \frac{d\mathfrak{y}}{dt} + F_t = 0,$$

die sich aber wegen (3) einfach auf

(5) $$F_t = 0$$

reduciert. Wenn umgekehrt $\mathfrak{x}$, $\mathfrak{y}$ solche Functionen von t sind, die den beiden Gleichungen (2) und (5) genügen, so erfüllen sie auch (4) und daher auch (3).

Satz 36: Liegt eine Schar von ∞^1 Curven in der Ebene vor:

$$F(x, y, t) = 0 \qquad (t = \text{Const.})$$

und giebt es Functionen $\mathfrak{x}$ und $\mathfrak{y}$ von t:

$$\mathfrak{x} = \varphi(t), \qquad \mathfrak{y} = \psi(t),$$

die den Bedingungen

$$F(\mathfrak{x}, \mathfrak{y}, t) = 0, \qquad \frac{\partial F(\mathfrak{x}, \mathfrak{y}, t)}{\partial t} = 0$$

für jeden Wert von t genügen, so geben sie in Parameterdarstellung diejenige Curve an, die alle Curven der Schar berührt.

Es erhellt hieraus zugleich, dass eine Curve C, die alle Curven der Schar (1) berührt, vorhanden ist, sobald die Gleichungen:

$$(6) \qquad F(\mathfrak{x}, \mathfrak{y}, t) = 0, \qquad \frac{\partial F(\mathfrak{x}, \mathfrak{y}, t)}{\partial t} = 0$$

keine Widersprüche enthalten und durch Auflösen nach $\mathfrak{x}$, $\mathfrak{y}$ solche Werte für diese Grösse ergeben, von denen wenigstens einer nicht frei von t ist. Sind dagegen $\mathfrak{x}$ und $\mathfrak{y}$ frei von t, so geben sie nur einen oder mehrere Punkte an.

Untersuchen wir diesen Ausnahmefall genauer. Es sei

$$\mathfrak{x} = a, \qquad \mathfrak{y} = b$$

ein constantes Wertepaar, das die Bedingungen (6) erfüllt. Es gebe also zwei bestimmte Zahlen a und b so, dass für jeden Wert von t:

$$F(a, b, t) = 0, \qquad \frac{\partial F(a, b, t)}{\partial t} = 0$$

ist. Alsdann wird jede Curve (t) der Schar (1) durch den Punkt (a, b) gehen — wegen der ersten dieser beiden Gleichungen. Wenn also die Auflösung der Gleichungen (6) nach $\mathfrak{x}$ und $\mathfrak{y}$ nur ein oder mehrere von t unabhängige Wertepaare liefert, so heisst dies, dass die Curven der Schar (1) einen oder mehrere Punkte gemein haben und dass es keine Curve giebt, die alle Curven der Schar berührt. Alsdann nennt man die Curvenschar ein Curvenbüschel, jene Punkte ($\mathfrak{x}$, $\mathfrak{y}$) die Scheitel des Büschels.

Beispiel: Bei der Schar der ∞^1 Kegelschnitte

$$x^2 + ty^2 - 1 - t = 0$$

lauten die Gleichungen (6):

$$\mathfrak{x}^2 + t\mathfrak{y}^2 - 1 - t = 0, \qquad \mathfrak{y}^2 - 1 = 0$$

und liefern nur vier constante Wertepaare für $\mathfrak{x}$, $\mathfrak{y}$, nämlich $(+1, +1)$, $(+1, -1)$, $(-1, +1)$, $(-1, -1)$. Es liegen hier alle ∞^1 Kegelschnitte durch diese vier Punkte vor. Es giebt keine Curve, die alle diese Kegelschnitte berührt.

Wenn — wie in diesem Beispiel — die Grösse t in (1) links nur linear auftritt, so liegt stets ein Büschel vor, denn wenn $F = 0$ die Form hat:

$$\varphi(x, y)\,t + \psi(x, y) = 0,$$

so giebt (6):

$$\varphi(\mathfrak{x}, \mathfrak{y})\,t + \psi(\mathfrak{x}, \mathfrak{y}) = 0, \qquad \varphi(\mathfrak{x}, \mathfrak{y}) = 0,$$

d. h. die Werte $\mathfrak{x}$, $\mathfrak{y}$ erfüllen die Gleichungen

$$\varphi(\mathfrak{x}, \mathfrak{y}) = 0, \qquad \psi(\mathfrak{x}, \mathfrak{y}) = 0$$

zweier Curven, die nicht zusammenfallen, weil sonst die ursprüngliche Gleichung der Schar nur scheinbar t enthielte. Die Schnittpunkte dieser beiden Curven sind die Scheitel des vorliegenden Büschels.

Beispiel: Gegeben seien zwei Kreise mit den Radien r_1 und r_2 und den Mittelpunktscoordinaten a_1, b_1 bez. a_2, b_2. Wir wollen alle Kreise

$$(x - u)^2 + (y - v)^2 = R^2$$

betrachten, die diese beiden Kreise senkrecht schneiden. Zwei Kreise schneiden einander senkrecht, wenn das Quadrat ihrer Centralen gleich der Summe der Quadrate der Radien ist. Also ist zu verlangen:

$$(u - a_1)^2 + (v - b_1)^2 = R^2 + r_1^2,$$
$$(u - a_2)^2 + (v - b_2)^2 = R^2 + r_2^2$$

oder:

$$-2a_1u - 2b_1v + (u^2 + v^2 - R^2) = r_1^2 - a_1^2 - b_1^2,$$
$$-2a_2u - 2b_2v + (u^2 + v^2 - R^2) = r_2^2 - a_2^2 - b_2^2.$$

Hiernach lassen sich u und v linear durch $u^2 + v^2 - R^2$ ausdrücken. Da nun die Gleichung der gesuchten Kreise so geschrieben werden kann:

$$x^2 + y^2 - 2ux - 2vy + (u^2 + v^2 - R^2) = 0,$$

also linear in u, v und $u^2 + v^2 - R^2$, so folgt, dass sie, wenn wir $u^2 + v^2 - R^2 = t$ setzen, linear in t wird:

$$x^2 + y^2 - 2(\alpha t + \beta)x - 2(\gamma t + \delta)y + t = 0.$$

Hieraus schliessen wir: Alle Kreise, die zwei gegebene Kreise senkrecht schneiden, bilden ein Büschel, d. h. sie haben zwei Punkte gemein. Diese beiden Punkte können imaginär sein.

Wir wollen nun im Folgenden voraussetzen, dass die vorgelegte Curvenschar (1) kein Büschel sei, dass also die Gleichungen (6) nicht nur durch constante (von t freie) Wertepaare $\mathfrak{x}$, $\mathfrak{y}$ erfüllt werden.[1] Alsdann giebt es eine Curve C, die alle Curven der Schar (1) berührt. Sie heisst die Einhüllende, Umhüllende oder Enveloppe der Schar (1).[2] —

Zu derselben Curve gelangt man durch eine andere Betrachtung: Wir wollen zwei Curven der Schar (1) betrachten, die zwei solchen Werten der Constanten t zugehören, die nicht sehr voneinander verschieden sind, sagen wir den Werten t_0 und $t_0 + \Delta t$, also die beiden Curven:

$$F(x, y, t_0) = 0 \tag{7}$$

und

$$F(x, y, t_0 + \Delta t) = 0.$$

Ist Δt hinreichend klein, so kann die Gleichung der zweiten Curve $(t_0 + \Delta t)$ so geschrieben werden:

$$F(x, y, t_0) + \frac{\partial F(x, y, t_0)}{\partial t_0} \Delta t + \frac{1}{1.2} \frac{\partial^2 F(x, y, t_0)}{\partial t_0^2} \Delta t^2 + \ldots = 0.$$

Ein Punkt (x, y), der beiden Curven (t_0) und $(t_0 + \Delta t)$ gemein ist, muss diese und die Gleichung (7) erfüllen. Die zuletzt entwickelte Gleichung vereinfacht sich daher für den gemeinsamen Punkt so:

$$\frac{\partial F(x, y, t_0)}{\partial t_0} + \frac{1}{1.2} \frac{\partial^2 F(x, y, t_0)}{\partial t_0^2} \Delta t + \ldots = 0.$$

Wird nun Δt unendlich klein gewählt, gleich dt, so vereinfacht sie sich noch weiter:

$$\frac{\partial F(x, y, t_0)}{\partial t_0} = 0. \tag{8}$$

Ein Punkt (x, y) also, der der Curve (t_0) und einer unendlich benachbarten Curve $(t_0 + dt)$ der Schar (1) gemein ist, muss die beiden Gleichungen (7) und (8) erfüllen. Dieser Schnittpunkt heisse Grenzpunkt der Curve (t_0).

Der geometrische Ort aller Grenzpunkte aller Curven (1) ergiebt sich demnach, wenn wir t_0 alle möglichen Werte beilegen und stets x, y aus (7) und (8) berechnen, wenn wir also x, y als Functionen des Parameters t aus

$$F(x, y, t) = 0, \quad \frac{\partial F(x, y, t)}{\partial t} = 0$$

---

[1] Bei dieser Voraussetzung ist es noch immer möglich, dass die Gleichungen (6) auch constante Lösungen $\mathfrak{x}$, $\mathfrak{y}$ haben. Dann gehen alle Curven (1) zwar durch einige feste Punkte, berühren aber ausserdem eine Curve C. Nur Letztere wird weiterhin untersucht. Beispiel: Alle Kreise von gleichem Radius mit einem gemeinsamen Punkt.

[2] Die Theorie der einhüllenden Curven beginnt mit von Tschirnhaus in den Acta Eruditorum 1682.

berechnen. Da diese Gleichungen — abgesehen von der Bezeichnung der Coordinaten — mit (6) übereinstimmen, so folgt:

Satz 37: Der Ort derjenigen Punkte, in denen eine jede Curve der Schar von ∞^1 Curven

$$F(x, y, t) = 0 \quad (t = \text{Const.})$$

von einer unendlich benachbarten Curve der Schar geschnitten wird, ist die Einhüllende der Curvenschar.

Der Charakter der Einhüllenden tritt vielleicht durch folgende Darlegung, die aber keinen Anspruch auf Strenge macht, noch etwas klarer zu Tage: Durch einen beliebigen Punkt (x_0, y_0) der Ebene werden im Allgemeinen mehrere der Curven (1) gehen, entsprechend den verschiedenen Werten von t, die der Gleichung:

$$F(x_0, y_0, t) = 0 \tag{9}$$

genügen. Zwei dieser Curven (t) durch den Punkt (x_0, y_0) werden einander unendlich nahe sein, wenn die zugehörigen Werte der Constanten t einander unendlich benachbart sind, wenn also der vorstehenden Gleichung durch eine Doppelwurzel t, d. h. durch einen gewissen Wert von t und durch einen unendlich benachbarten Wert $t + dt$ genügt wird, wenn also ausser (9) auch

$$F(x_0, y_0, t + dt) = 0$$

ist, woraus wegen (9) folgt:

$$\frac{\partial F(x_0, y_0, t)}{\partial t} = 0\,. \tag{10}$$

Die Gleichungen (9) und (10) haben aber wieder die Form der Gleichungen (6). Daher ist die Einhüllende unserer Curvenschar als der Ort derjenigen Punkte zu bezeichnen, für die die Gleichung $F(x, y, t) = 0$ eine Doppelwurzel t hat.

Bei der Anwendung der Sätze 36 und 37 darf man nicht ausser Acht lassen, dass die Betrachtungen dieses Paragraphen auf viel umfänglicheren Voraussetzungen beruhen als unsere früheren Ueberlegungen. Denn früher betrachteten wir immer auf einer vorgelegten Curve einen Punkt allgemeiner Lage, in dessen Umgebung die Entwickelbarkeit nach Potenzreihen als möglich vorausgesetzt werden durfte. Jetzt dagegen haben wir bei den Curven

$$F(x, y, t) = 0$$

nicht mehr beliebige, sondern die ganz bestimmten Grenzpunkte, wie wir sie oben nannten, zu betrachten, deren Wahl nicht in unserem Belieben steht. Da ist es aber fraglich, ob die Reihenentwickelungen auch thatsächlich möglich sind. Hiervon muss man sich bei den Anwendungen besonders überzeugen.

Beispiel: Wenn wir alle Kreise vom Radius Eins betrachten, deren Mittelpunkte auf der Geraden $x = y$ liegen (siehe Fig. 12), die also die Gleichung haben:

(11) $$(x - t)^2 + (y - t)^2 - 1 = 0,$$

so liefert Satz 36 als Gleichung $F_t = 0$:

$$x - t + y - t = 0$$

oder $t = \frac{1}{2}(x + y)$, sodass die Einhüllende durch

$$(x - y)^2 = 2$$

gegeben wird. Diese Gleichung stellt die beiden Geraden

$$x - y = \sqrt{2}, \quad x - y = -\sqrt{2}$$

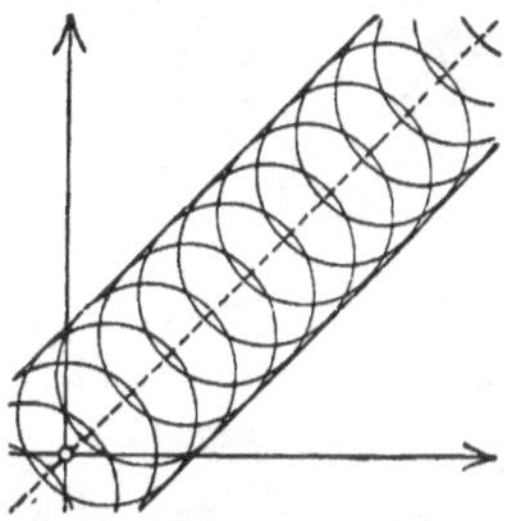

Fig. 12.

dar, was geometrisch einleuchtet. Wenn wir aber die Gleichung (11) nach t aufgelöst so schreiben:

(12) $$2t - x - y - \sqrt{2 - (x - y)^2} = 0,$$

so stellt sie zwar immer noch für jeden Wert von t einen jener Kreise dar. Aber benutzen wir diese Gleichung als $F = 0$, so würde $F_t = 0$ die absurde Gleichung $2 = 0$ liefern, sodass anscheinend gar keine Einhüllende vorhanden wäre. Der Fehler liegt hier darin, dass gerade auf den beiden obigen Geraden die Quadratwurzel, die in (12) auftritt, verschwindet und also nicht entwickelbar ist, sodass also hier die Voraussetzung der Entwickelbarkeit gerade für die Grenzpunkte nicht erfüllt ist.

§ 11. **Evolute und Evolventen.**

Die im vorigen Paragraphen gegebene Umhüllungstheorie wenden wir jetzt auf eine Geradenschar an, die zu einer gegebenen Curve in einfachen Beziehungen steht. Dass zunächst die Schar aller Tangenten die Curve selbst zur Umhüllenden hat, ist selbstverständlich. Interessanter ist die Umhüllende der Schar aller Normalen.

Auf S. 39 sahen wir, dass der Schnittpunkt der Normalen eines Curvenpunktes mit einer unendlich benachbarten Normalen der Krümmungsmittelpunkt jenes Curvenpunktes ist. Nach Satz 37 haben wir also (siehe Fig. 13 auf nächster Seite):

Satz 38: Die Normalen einer Curve umhüllen den Ort der Krümmungsmittelpunkte.

Die auf S. 39 durchgeführte Rechnung ordnet sich der auf S. 59 allgemein angegebenen Rechnung thatsächlich unter, indem x die Rolle des Parameters t spielt.

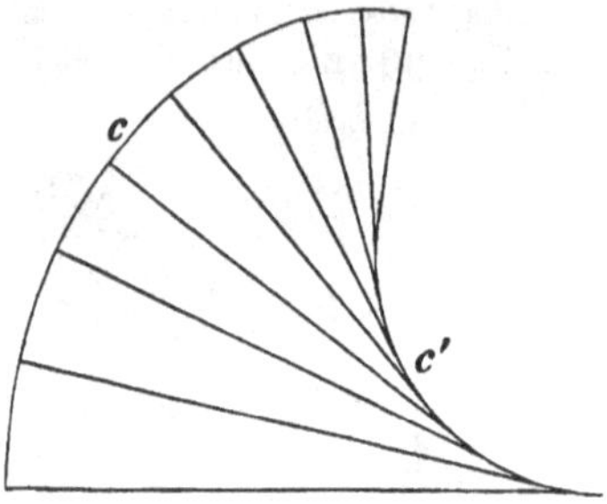

Fig. 13.

Der Ort der Krümmungsmittelpunkte der gegebenen Curve c sei mit c' bezeichnet. Es sind die Tangenten von c' die Normalen von c, oder auch: die Curve c durchsetzt die Tangenten der Curve c' senkrecht. Nun giebt es aber offenbar unendlich viele Curven, die die Tangenten einer Curve c' senkrecht durchsetzen. Suchen wir sie zu bestimmen:

Die Curve c' habe die Gleichungen:

$$\mathfrak{x} = \Phi(\mathfrak{s}), \quad \mathfrak{y} = \Psi(\mathfrak{s}), \tag{1}$$

in denen $\mathfrak{s}$ ihre Bogenlänge bedeuten soll. Mit x, y bezeichnen wir die Coordinaten eines Punktes P einer solchen Curve c, von der die Tangenten von c' senkrecht durchschnitten werden. Die Tangente im Punkte P' oder $(\mathfrak{x}, \mathfrak{y})$ von c' enthalte also den Punkt P oder (x, y) der gesuchten Curve. Dann muss nach (5), S. 16, sein:

$$\frac{x - \mathfrak{x}}{\mathfrak{x}'} = \frac{y - \mathfrak{y}}{\mathfrak{y}'}$$

oder, wenn dieser Bruch mit n bezeichnet wird:

$$x = \mathfrak{x} + n\mathfrak{x}', \quad y = \mathfrak{y} + n\mathfrak{y}'. \tag{2}$$

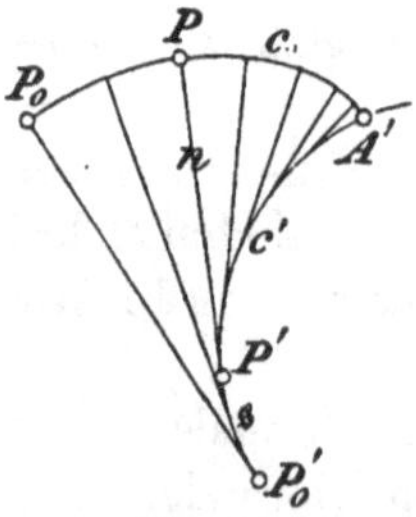

Fig. 14.

Hierin bedeutet nun aber die Grösse n nichts anderes als die Entfernung des Punktes P oder (x, y) vom Punkte P' oder (x', y'), denn es ist

$$(x - \mathfrak{x})^2 + (y - \mathfrak{y})^2 = n^2(\mathfrak{x}'^2 + \mathfrak{y}'^2),$$

und die rechte Seite ist nach Satz 1, S. 5, gleich n^2 (siehe Fig. 14). Von Tangente zu Tangente wird sich n ändern. Daher ist n eine noch unbekannte Function von $\mathfrak{s}$. Wäre sie bekannt, so würden die Gleichungen (2) eine Parameterdarstellung der gesuchten Curve geben. Um die Bedingung zu finden, der die Function n genügen muss, drücken wir aus, dass die Tangente der gesuchten Curve in ihrem Punkte (x, y) auf der hindurchgehenden Tangente von c' senkrecht steht:

$$\frac{y'}{x'} = -\frac{\mathfrak{x}'}{\mathfrak{y}'}$$

oder:

$$\mathfrak{x}'x' + \mathfrak{y}'y' = 0, \tag{3}$$

wobei der Strich die Differentiation nach $\mathfrak{s}$ andeutet. Nach (2) aber ist:

$$x' = \mathfrak{x}' + n\mathfrak{x}'' + n'\mathfrak{x}', \qquad y' = \mathfrak{y}' + n\mathfrak{y}'' + n'\mathfrak{y}',$$

sodass die Bedingung (3) des Senkrechtstehens ergiebt:

$$(1 + n')(\mathfrak{x}'^2 + \mathfrak{y}'^2) + n(\mathfrak{x}'\mathfrak{x}'' + \mathfrak{y}'\mathfrak{y}'') = 0.$$

Da aber $\mathfrak{s}$ die Bogenlänge von c' bedeutet, so ist:

$$\mathfrak{x}'^2 + \mathfrak{y}'^2 = 1$$

und daher auch

$$\mathfrak{x}'\mathfrak{x}'' + \mathfrak{y}'\mathfrak{y}'' = 0,$$

sodass die Bedingung einfach

$$n' = -1$$

ergiebt. Hieraus folgt:

$$n = -\mathfrak{s} + a \qquad (a = \text{Const.}).$$

Setzen wir dies in (2) ein, so kommt:

$$x = \mathfrak{x} - (\mathfrak{s} - a)\mathfrak{x}', \quad y = \mathfrak{y} - (\mathfrak{s} - a)\mathfrak{y}'. \tag{4}$$

Dies also sind die Gleichungen einer Curve, die alle Tangenten der gegebenen Curve c' unter rechten Winkeln schneidet. Solche Curven heissen *orthogonale Trajectorien* der Tangentenschar. Daher:

Satz 39: Die orthogonalen Trajectorien der Tangenten einer Curve

$$\mathfrak{x} = \Phi(\mathfrak{s}), \qquad \mathfrak{y} = \Psi(\mathfrak{s})$$

mit der Bogenlänge $\mathfrak{s}$ stellen sich analytisch mittels des Parameters $\mathfrak{s}$ so dar:

$$x = \mathfrak{x} - (\mathfrak{s} - a)\mathfrak{x}', \qquad y = \mathfrak{y} - (\mathfrak{s} - a)\mathfrak{y}'.$$

Dabei bedeutet a eine willkürliche Constante. Die zu einem bestimmten Wert von a gehörige Trajectorie schneidet auf der Tangente des Punktes $(\mathfrak{s})$ der ursprünglichen Curve die Strecke $a - \mathfrak{s}$ ab.

In den Punkten, in denen die Trajectorien ein und dieselbe Tangente von c' treffen, haben sie alle parallele Tangenten. Ausserdem ist der Abschnitt, den zwei Trajectorien, sagen wir die zu $a = a_1$ und $a = a_2$ gehörigen, auf den Tangenten von c' bestimmen, constant, da bei der einen $n = n_1 = a_1 - \mathfrak{s}$, bei der anderen $n = n_2 = a_2 - \mathfrak{s}$, also $n_1 - n_2 = a_1 - a_2 = \text{Const.}$ ist. Alle ∞^1 Trajectorien ferner haben dieselbe Normalenschar, nämlich die Schar der Tangenten von c'. Wenn wir also irgend eine Trajectorie haben und auf allen ihren Normalen eine constante Strecke auftragen, so erhalten wir wieder eine der Trajectorien. Eine Curve aber, die man erhält, wenn man auf den Normalen einer anderen Curve constante Strecken aufträgt, heisst eine Parallelcurve[1] der letzteren Curve. Es haben sich also mehrere Sätze ergeben:

Satz 40: Die orthogonalen Trajectorien der Tangenten einer ebenen Curve liegen so, dass je zwei von ihnen eine constante Strecke auf diesen Tangenten abschneiden.

Satz 41: Die Parallelcurven einer Curve c sind mit den orthogonalen Trajectorien derjenigen Curve identisch, die von den Normalen der Curve c eingehüllt wird, also des Ortes der Krümmungsmittelpunkte von c.

Satz 42: Parallelcurven haben denselben Ort von Krümmungsmittelpunkten.

Aus $n = a - \mathfrak{s}$ können wir noch eine mechanische Erzeugung der orthogonalen Trajectorien ableiten. Es sei nämlich P_0' derjenige Punkt der Curve c', dessen Bogenlänge $\mathfrak{s} = 0$ sei, und P' der allgemeine Punkt $(\mathfrak{x}, \mathfrak{y})$ dieser Curve c' mit der Bogenlänge $\mathfrak{s}$. Ferner sei die Strecke a als Bogen von P_0' über P' hinaus auf der Curve c' bis A' abgetragen (siehe die obige Fig. 14). Die Tangente in P' enthält den durch (4) angegebenen Punkt (x, y) oder P einer orthogonalen Trajectorie. Dabei ist die Strecke $P'P$ gleich $n = a - \mathfrak{s}$. Ebenso lang aber ist der Bogen von P' bis A'. Also folgt: Denken wir uns einen völlig biegsamen, aber unausdehnbaren unendlich dünnen Faden längs $P_0'A'$ an die Curve c' gelegt und in P_0' befestigt und wickeln wir ihn von A' aus ab, indem wir dafür sorgen, dass er gespannt bleibt, sodass sein abgewickeltes Stück stets Tangente der Curve ist, so beschreibt sein Endpunkt A' eine orthogonale Trajectorie der Tangenten. Daher heissen die orthogonalen Trajectorien der Tangenten einer Curve Evolventen der Curve.

[1]) Nach Leibniz in den Acta Eruditorum 1692.

Satz 43: Jede ebene Curve ist Evolvente des Ortes ihrer Krümmungsmittelpunkte.

Satz 44: Zwei Curven sind Evolventen derselben Curve, wenn sie Parallelcurven sind.

Die Curve c', von der der Faden abgewickelt wird, heisst Evolute. Daher können wir auch sagen:

Satz 45: Die Evolute einer Curve ist der Ort ihrer Krümmungsmittelpunkte.

Satz 46: Parallelcurven und nur solche haben dieselbe Evolute.

Wenn wir die Evolute im Sinne wachsender Bogenlänge $\mathfrak{s}$ durchlaufen, sobald eine reelle Curve vorliegt, und demgemäss ihrer Tangente eine positive Richtung beilegen (siehe S. 37), so sehen wir, dass das Stück $n = a - \mathfrak{s}$, das auf der positiven Tangente von P' aus bis P abgetragen ist, gleich Null wird, wenn P' nach A' rückt, und negativ wird, von P' über A' hinausrückt (siehe Fig. 15). Der Punkt A' gehört also zur Evolvente, und wenn P' über A' hinaus liegt, so ist der Bogen von A' nach P' auf dem negativen Teile der Tangente von P', d. h. nach rückwärts aufzutragen bis P. Man sieht hieraus leicht, dass die Evolvente als orthogonale Trajectorie der Tangenten in A' eine Spitze hat. Doch kommen wir darauf später (auf S. 79) zurück; es liegt hier eine singuläre Stelle der Trajectorie vor.

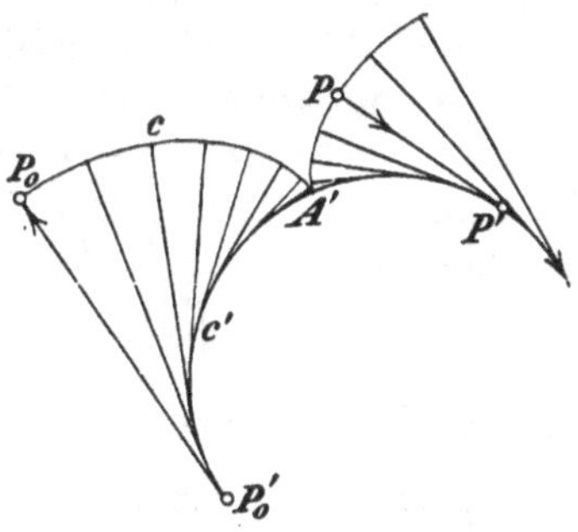

Fig. 15.

Wir haben oben gesehen, dass die Evolventen einer gegebenen Curve (1) in endlicher Form (4) gefunden werden können, sobald der Parameter bei der gegebenen Curve die Bogenlänge ist, eine Voraussetzung, die nur die Ausführung der Quadratur $\int\sqrt{d\mathfrak{x}^2 + d\mathfrak{y}^2}$ verlangt.

Auch ist es klar, dass, wenn eine der Evolventen selbst gegeben ist, die übrigen Evolventen in endlicher Form gefunden werden können. Denn diese anderen Curven sind ja Parallelcurven. Man braucht also nur auf den Normalen eine constante Strecke aufzutragen, was rechnerisch keine Schwierigkeiten macht.[1] —

[1] Die Theorie der Evoluten und Evolventen ebener Curven hat ihren Ursprung bei Huygens, „Horologium oscillatorium", Paris 1673, Pars III: „De evolutione et dimensione linearum curvarum".

Wir kehren zu dem ursprünglichen Problem zurück:

Es liege eine Curve c von Punkten P oder (x, y) vor, und c' sei der Ort ihrer Krümmungsmittelpunkte P' oder $(\mathfrak{x}, \mathfrak{y})$. Dann ist also c eine Evolvente von c' und andererseits c' die Evolute von c. Die Strecke von P' bis P, die wir bisher mit n bezeichnet hatten, ist nichts anderes als der Radius r des Krümmungskreises von P. Ist τ der Tangentenwinkel von P, gemessen in der auf S. 37 festgesetzten Weise, so ist, da die Tangente von P' Normale von P ist, der Tangentenwinkel von P' gleich $\tau + \frac{\pi}{2}$, wenn wir die Evolute im Sinne der positiven Normalen der Evolvente durchlaufen. Der Contingenzwinkel $d\tau$ stimmt also bei Evolvente und Evolute überein. Das Bogenelement $d\mathfrak{s}$ der Evolute ist, wie die obige mechanische Construction zeigt, abgesehen vom Vorzeichen, gleich dr. Also wird, abgesehen vom Vorzeichen, der Krümmungsradius ϱ der Evolute gleich $d\mathfrak{s} : d\tau$, d. h. gleich $dr : d\tau$ sein.

Dies wollen wir analytisch bestätigen, indem wir zugleich das Vorzeichen festsetzen. Die Curve c hat nach Satz 30, S. 42, die Gleichungen:

$$(5) \qquad x = \int \frac{1}{k} \cos \tau \, d\tau, \qquad y = \int \frac{1}{k} \sin \tau \, d\tau,$$

wenn k ihre Krümmung bedeutet. Es sei $\varkappa$ die Krümmung der Evolute c', bei der an die Stelle von τ, wie gesagt, $\tau + \frac{\pi}{2}$ tritt, sodass die Gleichungen der Evolute lauten:

$$(6) \qquad \mathfrak{x} = \int \frac{1}{\varkappa} \cos\left(\tau + \frac{\pi}{2}\right) d\tau, \qquad \mathfrak{y} = \int \frac{1}{\varkappa} \sin\left(\tau + \frac{\pi}{2}\right) d\tau.$$

Andererseits ist $(\mathfrak{x}, \mathfrak{y})$ Krümmungsmittelpunkt von (x, y). Nach Satz 19, S. 30, muss daher wegen (5) sein:

$$(7) \qquad \mathfrak{x} = \int \frac{1}{k} \cos \tau \, d\tau - \frac{1}{k} \sin \tau, \qquad \mathfrak{y} = \int \frac{1}{k} \sin \tau \, d\tau + \frac{1}{k} \cos \tau.$$

Um diese Werte mit (6) zu vergleichen, bilden wir die Differentialquotienten nach τ und finden, dass

$$\frac{1}{\varkappa} \cos\left(\tau + \frac{\pi}{2}\right) = \frac{1}{k^2} \frac{dk}{d\tau} \sin \tau,$$
$$\frac{1}{\varkappa} \sin\left(\tau + \frac{\pi}{2}\right) = -\frac{1}{k^2} \frac{dk}{d\tau} \cos \tau$$

sein muss. Diese Forderungen reducieren sich auf die eine:

$$\frac{1}{\varkappa} = \frac{d\frac{1}{k}}{d\tau}$$

oder, wenn r und ϱ die Krümmungsradien von c und c' sind (vgl. S. 38):

(8) $$\varrho = \frac{d\,r}{d\,\tau}.$$

Daher:

Satz 47: Der Krümmungsradius der Evolute ist gleich der Ableitung des Krümmungsradius einer Evolvente nach dem Tangentenwinkel, sobald man die Evolute im Sinne positiver Normalen der Evolvente durchläuft (siehe Fig. 16).

Auf S. 49 sahen wir, dass alle Differentialvarianten einer ebenen Curve durch folgende ausgedrückt werden können:

$$r,\quad \frac{d\,r}{d\,\tau},\quad \frac{d^2 r}{d\,\tau^2}\dots$$

Nach dem letzten Satz haben sie eine geometrische Bedeutung: Liegt die Curve c vor, so bilden wir ihre Evolute c^{I}, darauf die

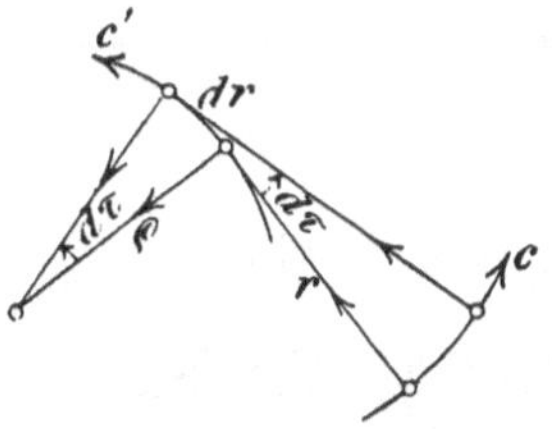

Fig. 16.

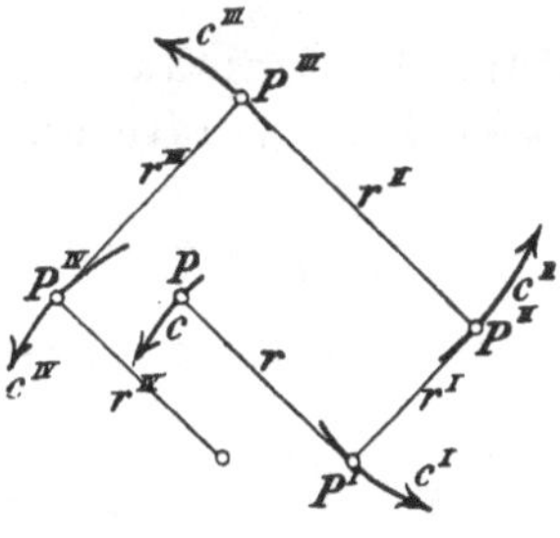

Fig. 17.

Evolute c^{II} dieser Evolute c^{I} u. s. w. Den Fortschreitungssinn haben wir auf $c^{(n)}$ im Sinne der positiven Normalen von $c^{(n-1)}$ zu wählen (siehe Fig. 17). Alsdann sind die vorstehenden Differentialinvarianten die reciproken Werte der Krümmungsmasse von c, c^{I}, c^{II}, $c^{\mathrm{III}}\dots$ in den einander entsprechenden Punkten P, P^{I}, P^{II}, $P^{\mathrm{III}}\dots$ Da diese reciproken Werte die Krümmungsradien sind, so folgt:

Satz 48: Um alle Differentialinvarianten einer ebenen Curve c zu bestimmen, bilde man die Evolute c^{I} von c, die Evolute c^{II} von c^{I} u. s. w. Die Sinne der Curven bestimmt man so, dass jede folgende den Sinn der positiven Normalen der vorhergehenden hat. Dann sind die Krümmungsradien von c, c^{I}, $c^{\mathrm{II}}\dots$ in einander entsprechenden Curvenpunkten P, P^{I}, $P^{\mathrm{II}}\dots$ Differentialinvarianten, und jede Differentialinvariante ist eine Function von diesen.

Liegt die natürliche Gleichung der Curve c in der Form vor:

$$\frac{dr}{d\tau} = \omega(r),$$

so können wir leicht die natürliche Gleichung ihrer Evolute bilden. Denn bei dieser hat $d\tau$ dieselbe Bedeutung und nach (8) ist:

$$\varrho = \frac{dr}{d\tau} = \omega(r)$$

und also:

$$\frac{d\varrho}{d\tau} = \omega'(r)\frac{dr}{d\tau} = \omega'(r)\varrho.$$

Aus beiden Gleichungen geht die gesuchte durch Elimination von r hervor:

Satz 49: Ist r der Krümmungsradius, τ der Tangentenwinkel einer ebenen Curve und ist

$$\frac{dr}{d\tau} = \omega(r)$$

die natürliche Gleichung der Curve, so geht die natürliche Gleichung der Evolute durch Elimination von r aus

$$\varrho = \omega(r), \quad \frac{d\varrho}{d\tau} = \omega'(r)\varrho$$

hervor. ϱ bedeutet dabei den Krümmungsradius der Evolute.

1. Beispiel: Eine Curve c habe die natürliche Gleichung:

$$\frac{dr}{d\tau} = a \quad (a = \text{Const.})$$

Ihre Evolute hat dann die natürliche Gleichung:

$$\frac{d\varrho}{d\tau} = 0,$$

also constanten Krümmungsradius ϱ und ist deshalb nach Satz 29, S. 41, ein Kreis. Die Curve c ist daher eine Kreisevolvente.

2. Beispiel: Fassen wir diese Kreisevolvente als Curve c' auf, d. h. schreiben wir ihre natürliche Gleichung so:

$$\frac{d\varrho}{d\tau} = a,$$

so können wir rückwärts die natürliche Gleichung der Curven c suchen, die die Kreisevolvente c' zur Evolute haben: Denn es folgt:

$$\varrho = a\tau + b \quad (b = \text{Const.})$$

oder:

$$\frac{dr}{d\tau} = a\tau + b,$$

d. h.

$$r = \frac{a}{2}\tau^2 + b\tau + c \qquad (c = \text{Const.}).$$

Bei den Curven also, deren Evolute eine Kreisevolvente ist, ist der Krümmungsradius r eine quadratische Function des Tangentenwinkels τ. Ihre natürliche Gleichung geht durch Elimination von τ aus den beiden letzten Gleichungen hervor und hat die Form:

$$r = A\left(\frac{dr}{d\tau}\right)^2 + B\frac{dr}{d\tau} + C \qquad (A, B, C = \text{Const.}).$$

3. **Beispiel**: Die Curve c habe die natürliche Gleichung:

$$\frac{dr}{d\tau} = ar \qquad (a = \text{Const.}).$$

Dann hat die Evolute c' die Gleichung:

$$\frac{d\varrho}{d\tau} = a\varrho,$$

also dieselbe natürliche Gleichung und ist daher mit c nach Satz 35, S. 52, congruent. Nach jenem Satze sind, da hier

$$\frac{1}{k} = r = e^{a\tau}$$

gesetzt werden kann, die Curven c und c' mit der Curve:

$$x = \int \cos\tau\, e^{a\tau}\, d\tau, \qquad y = \int \sin\tau\, e^{a\tau}\, d\tau$$

congruent, also mit der Curve:

$$(9) \qquad x = \frac{a\cos\tau + \sin\tau}{a^2+1}e^{a\tau}, \quad y = \frac{a\sin\tau - \cos\tau}{a^2+1}e^{a\tau}.$$

Führen wir die Bezeichnung ein:

$$\frac{1}{a} = \operatorname{tg}\alpha,$$

so ist der Winkel ϑ, den der Strahl $\mathfrak{r}$ vom Anfangspunkt nach dem Punkte (x, y) mit der x-Axe bildet, bestimmt durch:

$$\operatorname{tg}\vartheta = \frac{y}{x} = \frac{a\operatorname{tg}\tau - 1}{a + \operatorname{tg}\tau} = \operatorname{tg}(\tau - \alpha),$$

weshalb wir

$$\vartheta = \tau - \alpha$$

setzen. Die Curve schneidet also alle vom Anfangspunkt ausgehenden Strahlen unter constantem Winkel α (siehe Fig. 18 auf nächster Seite). Ferner ist:

$$\mathfrak{r}^2 = x^2 + y^2 = \frac{e^{2a\tau}}{a^2+1},$$

also:

$$\mathfrak{r} = \frac{e^{a(\vartheta+\alpha)}}{\sqrt{a^2+1}} = \frac{e^{a\alpha}}{\sqrt{a^2+1}}e^{a\vartheta},$$

woraus folgt, dass $\log \mathfrak{r}$ die Form Const. ϑ hat. Der Logarithmus des Strahles vom Anfangspunkt nach einem Curvenpunkte ist daher proportional dem Winkel des Strahles mit der x-Axe. Eine solche Curve heisst deshalb **logarithmische Spirale**. Ihre Evolute und ihre Evolventen sind mit ihr congruent, allerdings wohlbemerkt nicht so, dass einander entsprechende Punkte bei Evolute und Evolvente auch homologe Punkte bei der Congruenz wären. Nach Satz 19, S. 30, ergeben sich aus (9) sofort als Coordinaten des Krümmungsmittelpunktes der Stelle (x, y) der Curve (9) die Werte:

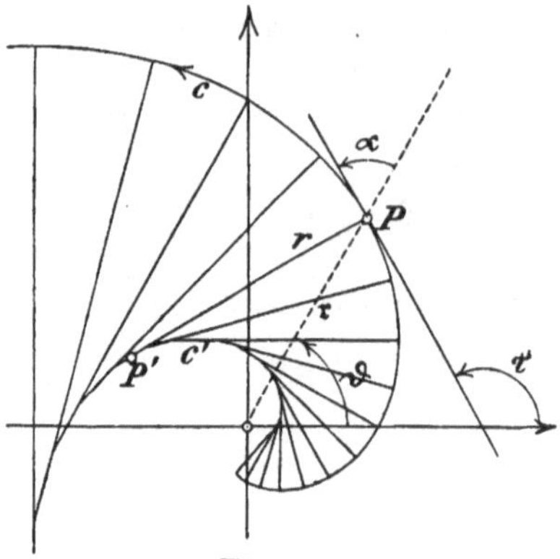

Fig. 18.

$$\mathfrak{x} = \frac{a(\cos\tau - a\sin\tau)}{a^2+1} e^{a\tau},$$

$$\mathfrak{y} = \frac{a(\sin\tau + a\cos\tau)}{a^2+1} e^{a\tau}.$$

Aber der Tangentenwinkel τ' der Evolute ist wie auf S. 66 nicht τ, sondern $\tau + \frac{\pi}{2}$. Wir führen daher hier statt τ den Parameter τ' ein, indem wir $\tau = \tau' - \frac{\pi}{2}$ setzen, und erhalten:

$$(10)\quad \mathfrak{x} = a\,e^{-\frac{a\pi}{2}} \cdot \frac{a\cos\tau' + \sin\tau'}{a^2+1} e^{a\tau'}, \qquad \mathfrak{y} = a\,e^{-\frac{a\pi}{2}} \cdot \frac{a\sin\tau' - \cos\tau'}{a^2+1} e^{a\tau'}.$$

Es kann nun der besondere Fall eintreten, dass die logarithmische Spirale (9) mit ihrer Evolute (10) identisch ist. Wann der Fall eintritt, erkennt man durch Vergleichen von (9) und (10), wenn man in (10) statt $\mathfrak{x}$, $\mathfrak{y}$, τ' die Grössen x, y, τ schreibt. Doch würde man dadurch auf die Bedingung

$$a\,e^{-\frac{a\pi}{2}} = 1$$

kommen, die durch keinen reellen Wert von a befriedigt wird. Man muss aber bedenken, dass alle Winkel nur bis auf Vielfache von 2π bestimmt sind. In (10) werden wir also für τ' nicht direct τ, sondern $\tau + 2n\pi$ schreiben, wo n eine ganze Zahl bedeutet. Dann giebt die Vergleichung:

$$a\,e^{a(2n-1/2)\pi} = 1,$$

oder:

$$\frac{\log a}{a} = \frac{1-4n}{2}\pi.$$

Ist $a > 1$, so ist der Wert der linken Seite zwischen 0 und $\frac{1}{e}$ gelegen, und man sieht, dass es keine ganze Zahl n giebt, für die man von der rechten Seite dasselbe sagen könnte. Daher ist $a < 1$. Es ist $\frac{1}{a} = \operatorname{tg}\alpha$, sodass also der Winkel α, unter dem die Curve die Radienvectoren schneidet, grösser als ein halber rechter sein wird. Führen wir $\operatorname{tg}\alpha$ ein, so kommt:

$$\operatorname{tg}\alpha \,.\, \log \operatorname{tg}\alpha = \frac{4n-1}{2}\pi .$$

Da $\operatorname{tg}\alpha > 1$ ist, so ist die linke Seite positiv, mithin n eine positive ganze Zahl. Wir können die Gleichung auch so schreiben:

$$(\operatorname{tg}\alpha)^{\operatorname{tg}\alpha} = e^{\frac{4n-1}{2}\pi} .$$

Es ist dies eine transcendente Gleichung für $\operatorname{tg}\alpha$, die für jeden positiven ganzzahligen Wert von n eine reelle Lösung hat, die durch ein Näherungsverfahren bestimmt wird. Für $n = 1$ ergiebt sich z. B. für α angenähert ein Winkel von 75°.

Satz 50: Unter den reellen logarithmischen Spiralen giebt es solche, die ihre eigenen Evoluten sind. Es sind dies diejenigen Curven, die alle Radienvectoren unter einem Winkel α schneiden, für den eine der Gleichungen erfüllt ist:

$$(\operatorname{tg}\alpha)^{\operatorname{tg}\alpha} = e^{\frac{4n-1}{2}\pi} \quad (n = 1, 2, 3 \ldots)$$

Solche Curven heissen auch logarithmische Selbstevoluten. Sie fallen natürlich auch mit den Evoluten ihrer Evoluten u. s. w. zusammen.

§ 12. Singuläre Stellen der ebenen Curven.

Bei der Untersuchung der Eigenschaften einer Curve in der Umgebung einer Stelle (x_0, y_0) haben wir immer vorausgesetzt, dass die auftretenden Functionen dort endlich, stetig und differenzierbar seien. Sind sie es nicht, so heisst die Stelle singulär im Gegensatz zu regulär oder zu: Punkt allgemeiner Lage. Die Untersuchung dieser singulären Stellen ist Sache der Functionentheorie, da sie wesentlich auf die Untersuchung von Functionen für Ausnahmewerte der Veränderlichen hinauskommt. Mit derartigen Singularitäten geben wir uns deshalb hier nicht ab.

Aber es giebt noch andere singuläre Stellen einer Curve, nämlich die, an denen zwar die auftretenden Functionen regulär bleiben, jedoch der Begriff der Tangente, wie wir ihn in § 3 aufgestellt haben, unbestimmt wird.

Liegt eine Curve in der Form $F(x, y) = 0$ vor, so kann

$$y' = -F_x : F_y$$

für $x = x_0$, $y = y_0$ unbestimmt werden, nämlich wenn F_x und F_y

beide für den Punkt (x_0, y_0) verschwinden,[1] sodass die Gleichung der Tangente:

$$F_{x_0}(\mathfrak{x} - x_0) + F_{y_0}(\mathfrak{y} - y_0) = 0$$

unbestimmt ist. Wenn die Curve in der Form $x = \varphi(t)$, $y = \psi(t)$ vorliegt, so wird die Gleichung der Tangente:

$$\frac{\mathfrak{x} - \varphi(t_0)}{\varphi'(t_0)} = \frac{\mathfrak{y} - \psi(t_0)}{\psi'(t_0)}$$

für $t = t_0$ unbestimmt, wenn $\varphi'(t_0) = \psi'(t_0) = 0$ ist. In § 4 setzten wir bei der Entwickelung der Theorie der Berührung besonders voraus, dass dieser Fall nicht vorliege (siehe S. 20). Wir stellen uns jetzt die Aufgabe, diese singulären Stellen genauer zu untersuchen.

Zuerst nehmen wir an, die Curve sei in der Form

$$F(x, y) = 0$$

vorgelegt und es seien die ersten partiellen Ableitungen von F für den Curvenpunkt (x_0, y_0) gleich Null. Führen wir statt x, y neue Coordinaten $\bar{x}$, $\bar{y}$ ein, so kommt eine Gleichung von der Form:

$$\Phi(\bar{x}, \bar{y}) = 0,$$

nämlich es ist nach (1), S. 8,

$$\Phi = F(\bar{x}\cos\alpha - \bar{y}\sin\alpha + a, \ \bar{x}\sin\alpha + \bar{y}\cos\alpha + b) = 0,$$

und hier kommt also:

$$\Phi_{\bar{x}} = F_x\cos\alpha + F_y\sin\alpha, \qquad \Phi_{\bar{y}} = -F_x\sin\alpha + F_y\cos\alpha,$$

woraus man sieht, dass auch die ersten partiellen Ableitungen von Φ in der neuen Form $\Phi = 0$ der Curvengleichung an der betrachteten Stelle gleich Null sind. Durch Einführung eines neuen Axenkreuzes können wir also den Ausnahmefall nicht aus der Welt schaffen.

Ist nun (x, y) ein Curvenpunkt, so können wir, vorausgesetzt, dass er hinreichend nahe bei der Stelle (x_0, y_0) liegt, $F = 0$ nach

[1] Der Vollständigkeit halber sei erwähnt, dass es denkbar ist, dass F_x und F_y für alle Punkte der Curve verschwinden, denn die Curve $f(x, y) = 0$ lässt sich ja so schreiben:

$$f^2(x, y) = 0.$$

Wenn wir dies als $F = 0$ auffassen, so ist $F_x = 2f \cdot f_x$, $F_y = 2f \cdot f_y$, und beide verschwinden für alle Punkte der Curve $F = 0$ oder $f = 0$. Diese Möglichkeit lässt sich natürlich durch passende Wahl der Gleichung der Curve vermeiden. Später, in der Theorie der Raumcurven und Flächen, werden wir analoge Möglichkeiten nicht besonders erwähnen.

Potenzen von $x - x_0$ und $y - y_0$ entwickeln; und da die ersten partiellen Ableitungen für (x_0, y_0) gleich Null sind, so beginnt die Entwickelung so:

$$(1)\quad \frac{1}{1.2}\left\{\frac{\partial^2 F_0}{\partial x_0^2}(x-x_0)^2 + 2\frac{\partial^2 F_0}{\partial x_0\,\partial y_0}(x-x_0)(y-y_0) + \right.$$
$$\left. + \frac{\partial^2 F_0}{\partial y_0^2}(y-y_0)^2\right\} + \ldots = 0.$$

Weil wir die Umgebung der Stelle (x_0, y_0) untersuchen, erscheint es angebracht, durch diesen Punkt als Ursprung ein neues Coordinatenkreuz (ξ, η) zu legen, dessen Axen denen des alten Systems (x, y) parallel sind, sodass

$$(2)\quad \xi = x - x_0, \qquad \eta = y - y_0$$

ist und die Reihe (1) so lautet:

$$(3)\quad \frac{1}{1.2}\left\{\frac{\partial^2 F_0}{\partial x_0^2}\xi^2 + 2\frac{\partial^2 F_0}{\partial x_0\,\partial y_0}\xi\eta + \frac{\partial^2 F_0}{\partial y_0^2}\eta^2\right\} + \ldots = 0.$$

In der unmittelbaren Nähe der singulären Stelle (x_0, y_0) sind ξ und η unendlich klein, sodass höhere Potenzen von ihnen gegen die niederen vernachlässigt werden können. Hieraus würde folgen, dass wir in (3) nur das angegebene Glied zweiten Grades in ξ, η zu berücksichtigen brauchten, wenn nicht der Fall denkbar wäre, dass z. B. der Coefficient $\frac{\partial^2 F_0}{\partial x_0^2}$ verschwindet. Dann nämlich würde ξ^2 in (3) gar nicht auftreten und es würde fraglich sein, ob dann wirklich ξ^3 z. B. gegenüber $\xi\eta$ unendlich klein von höherer Ordnung wäre; denn ξ und η können ja in verschiedener Ordnung unendlich klein sein. Aber solche Ausnahmefälle sind leicht abzuweisen, denn wenn wir das Coordinatensystem (ξ, η) um einen Winkel α drehen, sodass neue Coordinaten $\bar{\xi}$, $\bar{\eta}$ auftreten, so liefern, da $\bar{\xi}, \bar{\eta}$ linear und homogen in ξ und η sind, die quadratischen Glieder in (3) wieder die quadratischen Glieder in der neuen Entwickelung nach $\bar{\xi}$ und $\bar{\eta}$. Jene quadratischen Glieder in (3) aber stellen gleich Null gesetzt ein Geradenpaar $(\alpha\xi + \beta\eta)(\gamma\xi + \delta\eta) = 0$ dar. Sobald wir also soweit drehen, dass keine der beiden Geraden zur $\bar{\xi}$- oder $\bar{\eta}$-Axe wird, ist es sicher, dass in der neuen Reihe die Coefficienten von $\bar{\xi}^2$ und $\bar{\eta}^2$ nicht verschwinden.

Wir können also annehmen, es sei in (3):

$$(4)\quad \frac{\partial^2 F_0}{\partial x_0^2} \neq 0, \qquad \frac{\partial^2 F_0}{\partial y_0^2} \neq 0.$$

Nur dann ist der eben gemachte Schluss falsch, wenn überhaupt keine Glieder zweiten Grades in (3) auftreten. Die dadurch bedingte höhere Singularität wollen wir aber nicht untersuchen.

Unter den Annahmen (4) treten in (3) die Glieder mit ξ^2 und η^2 wirklich auf. Da nun ξ^3 und $\xi^2\eta$ von höherer Ordnung unendlich klein als ξ^2 und ebenso $\xi\eta^2$ und η^3 von höherer Ordnung als η^2 sind, so sind die Glieder dritten Grades in (4) sicher von höherer Ordnung als ξ^2 und η^2, umsomehr die höheren Grades, sodass wir also nunmehr die Entwickelung (3) in unmittelbarer Nähe der Stelle (x_0, y_0) einfach ersetzen dürfen durch:

$$(5) \qquad \frac{\partial^2 F_0}{\partial x_0^2}\xi^2 + 2\frac{\partial^2 F_0}{\partial x_0 \partial y_0}\xi\eta + \frac{\partial^2 F_0}{\partial y_0^2}\eta^2 = 0.$$

Dies gilt jetzt aber auch, wenn die Voraussetzungen (4) nicht erfüllt sind, denn durch Drehung des Axenkreuzes kommen wir zur Voraussetzung (4) und dazu, dass in der Reihe nur die quadratischen Glieder beachtet zu werden brauchen.

Sobald also nicht die höhere Singularität auftritt, bei der:

$$\frac{\partial^2 F_0}{\partial x_0^2} = \frac{\partial^2 F_0}{\partial x_0 \partial y_0} = \frac{\partial^2 F_0}{\partial y_0^2} = 0$$

ist, dürfen wir die Curve in unmittelbarer Nähe des singulären Punktes (x_0, y_0) oder $(\xi = 0, \eta = 0)$ durch die Curve (5) ersetzen, die, wie schon gesagt, ein Geradenpaar vorstellt. Daher: Im singulären Punkte kreuzen sich zwei Curvenzweige, die daselbst die Richtung dieser Geraden haben. Diese beiden Geraden nennen wir deshalb die beiden Tangenten des singulären Punktes.

Ist der Punkt (x_0, y_0) der Curve $F = 0$ reell, so liefert (5) entweder zwei reelle und verschiedene Geraden, nämlich wenn der Ausdruck:

$$\Delta_0 = \left(\frac{\partial^2 F_0}{\partial x_0 \partial y_0}\right)^2 - \frac{\partial^2 F_0}{\partial x_0^2}\frac{\partial^2 F_0}{\partial y_0^2} > 0$$

ist. Im Punkt (x_0, y_0) kreuzen sich dann zwei reelle Curvenzweige. Ist $\Delta_0 = 0$, so sind die beiden Geraden reell, aber zusammengelegen. Diesen Fall erörtern wir nachher genauer. Wenn $\Delta_0 < 0$ ist, so sind die beiden Geraden (5) imaginär. Durch den reellen singulären Punkt (x_0, y_0) gehen dann zwei imaginäre Curvenzweige. Er selbst ist von dem sonstigen reellen Teil der Curve getrennt und heisst deshalb Einsiedler oder isolierter Punkt.

Den Fall $\Delta_0 = 0$ wollen wir genauer untersuchen. Dann stellt (5) zwei reelle zusammenfallende Gerade dar, und durch Drehung der Axen können wir erreichen, dass es zwei in der ξ-Axe gelegene

Gerade sind. Wir setzen also voraus, dass (5) die Geraden $\eta^2 = 0$ liefere, d. h. dass

$$\frac{\partial^2 F_0}{\partial x_0^2} = 0, \quad \frac{\partial^2 F_0}{\partial x_0 \, \partial y_0} = 0,$$

aber $\frac{\partial^2 F_0}{\partial y_0^2} \neq 0$ sei. Jetzt lautet die Reihe (3) so:

$$\frac{1}{2} \frac{\partial^2 F_0}{\partial y_0^2} \eta^2 + \frac{1}{6} \left\{ \frac{\partial^3 F_0}{\partial x_0^3} \xi^3 + 3 \frac{\partial^3 F_0}{\partial x_0^2 \, \partial y_0} \xi^2 \eta + \right.$$

$$\left. + 3 \frac{\partial^3 F_0}{\partial x_0 \, \partial y_0^2} \xi \eta^2 + \frac{\partial^3 F_0}{\partial y_0^3} \eta^3 \right\} + \ldots = 0.$$

Da $(\xi^2 \eta)^2 = \eta^2 . \xi^3 . \xi$ ist, so ist das Glied $\xi^2 \eta$ von höherer Ordnung unendlich klein als eines der beiden Glieder η^2 und ξ^3, d. h. es ist diesen beiden gegenüber zu vernachlässigen. Ferner ist $\xi \eta^2$ und η^3 von höherer Ordnung als η^2. Von noch höherer Ordnung sind die nicht angegebenen Glieder vierten Grades u. s. w. In unmittelbarer Nähe des singulären Punktes reduciert sich deshalb die Curvengleichung auf:

$$(6) \qquad \frac{1}{2} \frac{\partial^2 F_0}{\partial y_0^2} \eta^2 + \frac{1}{6} \frac{\partial^3 F_0}{\partial x_0^3} \xi^3 = 0.$$

Dieser Schluss ist allerdings hinfällig, wenn $\frac{\partial^3 F_0}{\partial x_0^3} = 0$ ist, weil dann ξ^3 nicht auftritt und also $\xi^2 \eta$ und ξ^4 nicht gestrichen werden darf. Aber diese besondere Annahme, die zu einer höheren Singularität führt, soll hier nicht weiter untersucht werden. Die Gleichung (6) giebt für η einen Ausdruck von der Form:

$$\eta = \xi \sqrt{a \xi},$$

der für jedes ξ zwei Werte hat. Ist die Curve in der Nähe des Punktes (x_0, y_0) reell, also a reell, so sieht man, dass sie in diesem Punkt eine Spitze hat (siehe Fig. 19). Eine solche Stelle heisst auch ein Rückkehrpunkt, weil ein Punkt, der die Curve durchläuft, beim Passieren der Stelle den entgegengesetzten Sinn der Bewegung wie unmittelbar vorher annimmt. Denn beide Aeste der Spitze haben in (x_0, y_0) die ξ-Axe zur Tangente, sodass man die ξ-Axe auch eine Doppeltangente nennt.

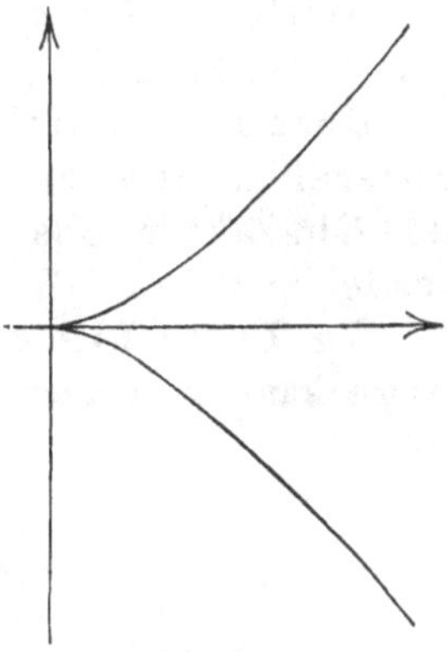

Fig. 19.

Zu beachten ist, dass wir vorhin eine Drehung ausgeübt haben. Im Allgemeinen also wird die Curve im Punkte (x_0, y_0), wenn

$\varDelta_0 = 0$ ist, eine Spitze haben, deren Tangente die durch (5) dargestellte Doppelgerade ist.

Satz 51:[1] Ist (x_0, y_0) ein solcher reeller Punkt der reellen Curve

$$F(x, y) = 0,$$

in dem

$$\frac{\partial F_0}{\partial x_0} = 0, \quad \frac{\partial F_0}{\partial y_0} = 0$$

ist, so hat er eine der drei folgenden Eigenschaften:

Erstens: Ist

$$\varDelta_0 = \left(\frac{\partial^2 F_0}{\partial x_0 \, \partial y_0}\right)^2 - \frac{\partial^2 F_0}{\partial x_0^2} \, \frac{\partial^2 F_0}{\partial y_0^2} > 0,$$

so kreuzen sich in ihm zwei reelle verschiedene Zweige der Curve, deren Winkel τ mit der x-Axe im Punkte (x_0, y_0) durch die Gleichung:

$$\frac{\partial^2 F_0}{\partial x_0^2} \cos^2 \tau + 2 \frac{\partial^2 F_0}{\partial x_0 \, \partial y_0} \cos \tau \sin \tau + \frac{\partial^2 F_0}{\partial y_0^2} \sin^2 \tau = 0$$

bestimmt werden.

Zweitens: Ist $\varDelta_0 = 0$, so fallen beide Winkel τ zusammen und der Punkt (x_0, y_0) ist eine reelle Spitze oder ein Rückkehrpunkt der Curve.

Drittens: Ist $\varDelta_0 = 0$, so kreuzen sich in dem isolierten Curvenpunkt (x_0, y_0) zwei imaginäre Zweige der Curve.

Doch kann durch das Verschwinden höherer als erster Differentialquotienten von F an der betrachteten Stelle der Charakter des singulären Punktes (x_0, y_0) geändert werden.

Die beiden Richtungen der durch (x_0, y_0) gehenden Curvenzweige kann man auch so finden: Für den singulären Punkt hat:

$$\frac{dy}{dx} = - \frac{\dfrac{\partial F}{\partial x}}{\dfrac{\partial F}{\partial y}}$$

die unbestimmte Form 0:0. Nach bekannter Regel finden wir ihren Wert, indem wir Zähler und Nenner für sich differenzieren

[1] Die Singularitäten, von denen wir hier nur die einfachsten Fälle besprochen haben, wurden von Euler, „Introductio in analysin infinitorum", 2. Bd. Lausanne 1748, und Cramer, „Introduction à l'analyse des lignes courbes", Genf 1750, zuerst methodisch untersucht.

und dabei natürlich beachten, dass y wegen $F(x, y) = 0$ eine Function von x ist. Es kommt dann an der singulären Stelle:

$$\frac{dy}{dx} = - \frac{\frac{\partial^2 F}{\partial x^2} + \frac{\partial^2 F}{\partial x \partial y}\frac{dy}{dx}}{\frac{\partial^2 F}{\partial x \partial y} + \frac{\partial^2 F}{\partial y^2}\frac{dy}{dx}},$$

somit erfüllt dort $\frac{dy}{dx}$ oder $\operatorname{tg} \tau$ die quadratische Gleichung:

$$\frac{\partial^2 F_0}{\partial x_0^2} + 2 \frac{\partial^2 F_0}{\partial x_0 \partial y_0} \operatorname{tg} \tau + \frac{\partial^2 F_0}{\partial y_0^2} \operatorname{tg}^2 \tau = 0, \tag{7}$$

die sich mit der im Satz 51 angegebenen Gleichung deckt.

Beispiel: Eine Strecke von der Länge a bewege sich so, dass ihr einer Endpunkt die x-Axe durchläuft und dass ihre Gerade beständig durch den Punkt $y = b$ der y-Axe geht. Ihr anderer Endpunkt beschreibt dann die Konchoide mit der Gleichung:

$$x^2 y^2 + (y^2 - a^2)(y - b)^2 = 0.$$

Hier ist:

$$F_x = 2 x y^2, \quad F_y = 2 x^2 y + 2 (y - b)(2 y^2 - b y - a^2).$$

Der Punkt $x = 0$, $y = b$ erfüllt die Curvengleichung, aber für ihn ist $F_x = F_y = 0$. Er ist also singulär. Ferner ist hier:

$$F_{xx} = 2 y^2, \quad F_{xy} = 4 x y, \quad F_{yy} = 2 (x^2 + 6 y^2 - 6 b y + b^2 - a^2).$$

Für $x = 0$, $y = b$ ergiebt sich zur Bestimmung von $\operatorname{tg} \tau$ nach (7):

$$b^2 + (b^2 - a^2) \operatorname{tg}^2 \tau = 0,$$

also

$$\operatorname{tg} \tau = \frac{b}{\pm \sqrt{a^2 - b^2}}.$$

Ist $a > b$, so hat die Curve eine Schleife im Punkt $(0, b)$. Ist $a = b$, so hat sie daselbst eine Spitze. Ist $a < b$, so ist der Punkt $(0, b)$ isoliert. Siehe hierzu Fig. 20.

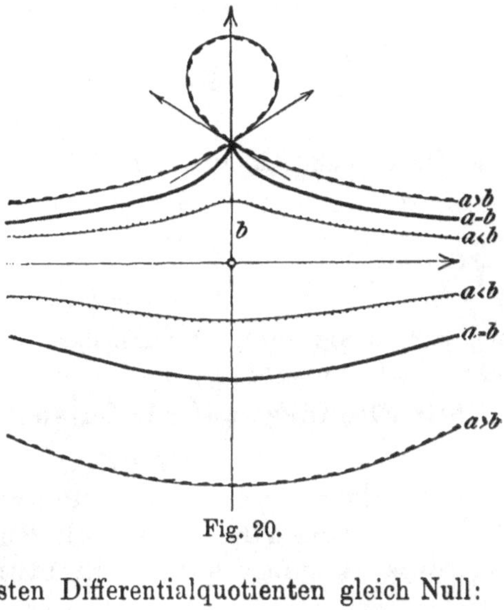

Fig. 20.

Jetzt wollen wir annehmen, die Curve liege in der Form vor:

$$x = \varphi(t), \quad y = \psi(t)$$

und für $t = t_0$ seien die ersten Differentialquotienten gleich Null:

$$\varphi'(t_0) = \psi'(t_0) = 0.$$

Man erkennt leicht, dass dieser Ausnahmefall durch Bewegung des Coordinatensystems nicht beseitigt werden kann.

Für $t = t_0$ ergebe sich der Curvenpunkt (x_0, y_0). Liegt t hinreichend nahe bei t_0, so können wir schreiben:

$$x - x_0 = \frac{1}{1.2}\varphi''(t_0)(t - t_0)^2 + \frac{1}{1.2.3}\varphi'''(t_0)(t - t_0)^3 + \dots,$$

$$y - y_0 = \frac{1}{1.2}\psi''(t_0)(t - t_0)^2 + \frac{1}{1.2.3}\psi'''(t_0)(t - t_0)^3 + \dots$$

oder, wenn wir wie früher durch den Punkt (x_0, y_0) ein neues Axenkreuz (ξ, η) parallel dem alten legen und $t - t_0$ mit Δt bezeichnen:

$$\xi = \frac{1}{1.2}\varphi_0'' \Delta t^2 + \frac{1}{1.2.3}\varphi_0''' \Delta t^3 + \dots,$$

$$\eta = \frac{1}{1.2}\psi_0'' \Delta t^2 + \frac{1}{1.2.3}\psi_0''' \Delta t^3 + \dots .$$

Wir nehmen, um keine höheren Singularitäten zu erhalten, an, dass φ_0'' und ψ_0'' von Null verschieden seien. Ist Δt unendlich klein, so bleibt dann: $\xi = \frac{1}{2}\varphi_0'' dt^2$, $\eta = \frac{1}{2}\psi_0'' dt^2$, d. h. die Gerade:

$$\frac{\eta}{\xi} = \frac{\psi_0''}{\varphi_0''},$$

der sich also die Curve im singulären Punkte anschmiegt. Um die Natur dieses Punktes bequemer zu erkennen, denken wir uns eine solche Drehung ausgeübt, dass diese Gerade die ξ-Axe wird, d. h., dass $\psi_0'' = 0$, aber $\varphi_0'' \neq 0$ ist. Dann haben wir:

$$\xi = \tfrac{1}{2}\varphi_0'' \Delta t^2 + \dots,$$

$$\eta = \tfrac{1}{6}\psi_0''' \Delta t^3 + \dots,$$

d. h. für unendlich kleines Δt wird dann:

$$\left(\frac{2\xi}{\varphi_0''}\right)^3 = \left(\frac{6\eta}{\psi_0'''}\right)^2$$

oder:

$$\eta = \xi\sqrt{a\xi}$$

sein, woraus wie auf S. 75 folgt, dass der Punkt (x_0, y_0) ein **Rückkehrpunkt** sein wird.

Satz 52: Liegt auf der Curve

$$x = \varphi(t), \quad y = \psi(t)$$

an der Stelle $(t = t_0)$ ein solcher Punkt, für den $\varphi'(t_0) = \psi'(t_0) = 0$ ist, so ist er im Allgemeinen ein Rückkehrpunkt der Curve und seine Tangente hat die Richtung:

$$\operatorname{tg}\tau = \frac{\psi''(t_0)}{\varphi''(t_0)}.$$

Der Krümmungsradius ist hier nach S. 33 gleich Null.

Es fällt auf, dass sich hier weder der reelle Doppelpunkt noch der isolierte Punkt ergeben hat. Diese treten bei der Curve:

$$x = \varphi(t), \qquad y = \psi(t)$$

gar nicht als singuläre Punkte auf. Vielmehr liegt die Sache so: Durchwandert t stetig eine Wertereihe von t_0 bis t_1, so beschreibt der Punkt (x, y) stetig einen Teil der Curve. Es kann vorkommen, dass dann der Punkt (t_0) mit dem Punkte (t_1) zusammenfällt, d. h. dass

$$\varphi(t_0) = \varphi(t_1) \quad \text{und} \quad \psi(t_0) = \psi(t_1)$$

ist. Alsdann gehen durch einen Punkt zwar zwei Curvenzweige, aber die Werte von t in der Nähe von t_0 geben nur Punkte des einen, die in der Nähe von t_1 nur Punkte des anderen Zweiges.

Auf S. 63 sahen wir, dass sich die Evolventen einer Curve:

$$\mathfrak{x} = \Phi(\mathfrak{s}), \qquad \mathfrak{y} = \Psi(\mathfrak{s})$$

mit der Bogenlänge σ so darstellen:

$$x = \mathfrak{x} - (\mathfrak{s} - a)\mathfrak{x}', \qquad y = \mathfrak{y} - (\mathfrak{s} - a)\mathfrak{y}' \qquad (a = \text{Const.}).$$

Hier ist

$$\frac{dx}{d\mathfrak{s}} = -(\mathfrak{s} - a)\mathfrak{x}'', \qquad \frac{dy}{d\mathfrak{s}} = -(\mathfrak{s} - a)\mathfrak{y}''.$$

Also sind diese ersten Differentialquotienten von x und y nach dem Parameter $\mathfrak{s}$ an der Stelle $\mathfrak{s} = a$ gleich Null. Diese Stelle ist also im Allgemeinen ein Rückkehrpunkt der Evolventen. Da für sie $x = \mathfrak{x}$, $y = \mathfrak{y}$ ist, so sehen wir: Die Evolventen haben da, wo sie die Evolute treffen, Spitzen. Hierauf haben wir schon auf S. 65 hingewiesen.

Die Darstellungsform

$$y = f(x)$$

einer Curve können wir bei der Untersuchung der singulären Stellen nicht benutzen, weil wir immer voraussetzen, dass die vorkommenden Functionen eindeutig seien, sodass also hier zu jedem x nur ein y auftrete. Z. B. die oben betrachtete Konchoide (S. 77):

$$x^2 y^2 + (y^2 - a^2)(y - b)^2 = 0$$

können wir natürlich in nach y aufgelöster Form darstellen, indem wir die Gleichung 4. Grades auflösen. Aber die hervorgehende Function $y = f(x)$ ist dann vierdeutig und die singuläre Stelle ist dadurch charakterisiert, dass für $x = 0$ zwei der vier Werte zusammenfallen. Bei der Darstellungsform $y = f(x)$ also kommen die singulären Stellen dadurch zu Stande, dass die Function $f(x)$ für jedes

x mehrdeutig ist und dass für gewisse Werte von x verschiedene der Functionswerte zusammenfallen. Im Grunde genommen liegt hier statt der einen mehrdeutigen Gleichung $y = f(x)$ eine Reihe von einzelnen Gleichungen $y = f(x)$ mit je einer eindeutigen Funktion vor, d. h. wir haben die einzelnen Zweige der Curve als verschiedene einzelne Curven aufzufassen, deren Schnittpunkte die singulären Stellen liefern.

§ 13. Functionen des Ortes in der Ebene.

Bisher haben wir Curven in der Ebene oder, analytisch ausgesprochen, Gleichungen zwischen x und y betrachtet. Jetzt wollen wir eine Function $f(x, y)$ ins Auge fassen.

Liegt eine Function $f(x, y)$ vor, so wird jedem Punkte (x, y) der Ebene ein Wert $f(x, y)$ zugeordnet. Wir wollen dabei eine Reihe specieller Voraussetzungen machen: Wir beschränken uns auf einen solchen Bereich in der Ebene, für dessen Punkte (x, y) die Function $f(x, y)$ überall eindeutig, endlich, stetig und differenzierbar ist.

Liegt eine mehrdeutige Function vor, so betrachten wir eben nur einen der Werte. Man vergleiche hierzu die Einleitung zu § 3, S. 11. Wenn wir in der Folge öfters von der ganzen Ebene sprechen, so soll darunter immer ein Bereich der angegebenen Art verstanden werden. Bei den Anwendungen auf bestimmt gegebene Functionen $f(x,y)$ muss man die Grenzen dieses Bereiches feststellen.

Hat die Function $f(x, y)$ an einer Stelle einen gewissen Wert c, so giebt es unendlich viele Stellen, an denen sie denselben Wert c hat. Das sind nämlich alle die Punkte (x, y), in denen

$$f(x, y) = c$$

ist, d. h. die Punkte einer Curve $f = \text{Const.}$ So ergiebt sich eine Schar von ∞^1 Curven (siehe S. 55), die die ganze Ebene überdecken. Wandert der Punkt auf einer der Curven entlang, so ändert sich der zugehörige Wert der Function f nicht. Durchquert der Punkt dagegen die Schar, so ändert sich der ihm zugeordnete Wert f.

Durch die Angabe der Function $f(x, y)$ ist eine Schar von ∞^1 Curven $f = \text{Const.}$ definiert. Die Frage liegt nahe, ob umgekehrt, wenn eine Schar von ∞^1 Curven gegeben wird, dadurch eine Function f definiert ist. Sie kommt auf die Frage hinaus, unter welchen Umständen zwei Gleichungen $f(x, y) = \text{Const.}$ und $\varphi(x, y) = \text{Const.}$ dieselbe Schar von Curven definieren.

Soll jede einzelne Curve $f = a$ mit einer Curve $\varphi = b$ identisch sein, so muss zu jedem Werte der Constanten a ein Wert der Constanten b gesetzmässig zugeordnet sein, es muss also b eine Function von a sein: $b = \Omega(a)$, sodass für jeden Wert der Constanten a die Curve

$$f(x, y) = a$$

mit der Curve

$$\varphi(x, y) = \Omega(a)$$

übereinstimmt. Durch Elimination von a folgt hieraus:

$$\varphi(x, y) = \Omega\left(f(x, y)\right).$$

Zwei Scharen $f = \text{Const.}$ und $\varphi = \text{Const.}$ sind also dann und nur dann miteinander identisch, wenn die Function φ eine Function von f allein ist.

Wir können die Frage aber auch so beantworten:

In einem beliebigen Punkt (x, y) der Ebene muss zunächst die Richtung der hindurchgehenden Curve $f = \text{Const.}$ mit der Richtung der hindurchgehenden Curve $\varphi = \text{Const.}$ übereinstimmen, d. h. der aus

$$f_x + f_y \frac{dy}{dx} = 0$$

hervorgehende Wert von $\frac{dy}{dx}$ muss mit dem aus

$$\varphi_x + \varphi_y \frac{dy}{dx} = 0$$

hervorgehenden Wert für jedes Wertepaar x, y übereinstimmen. Dies ist der Fall, wenn die Determinante

$$\begin{vmatrix} f_x & f_y \\ \varphi_x & \varphi_y \end{vmatrix}$$

für jedes Wertepaar x, y gleich Null ist. Man nennt diese Determinante die Functionaldeterminante von f und φ.[1] — Wenn umgekehrt diese Determinante identisch gleich Null ist, so wird also zunächst in jedem Punkte (x, y) die Richtung der hindurchgehenden Curve $f = \text{Const.}$ mit der Richtung der hindurchgehenden Curve $\varphi = \text{Const.}$ übereinstimmen. Wenn alsdann nicht jede Curve

---

[1] Nach Jacobi, „De determinantibus functionalibus", Crelle's Journal, 22. Bd., 1841, auch Gesammelte Werke, 3. Bd., und übersetzt in Ostwald's Klassikern Nr. 78. Euler und Lagrange sind als Vorläufer Jacobi's in der Theorie der Functionaldeterminanten, die Jacobi in beliebig vielen Veränderlichen entwickelt hat, zu erwähnen.

$f =$ Const. mit einer Curve $\varphi =$ Const. zusammenfällt, so ist dies nur so denkbar, dass jede Curve $f =$ Const. in allen ihren Punkten Curven $\varphi =$ Const. berührt, d. h. eine Einhüllende der Schar $\varphi =$ Const. ist. Aber eine Curvenschar $\varphi =$ Const. hat nach § 10 nur eine oder einige und jedenfalls nicht unendlich viele Einhüllende, die die ganze Ebene überdecken. Diese Annahme ist daher undenkbar, und es bleibt die erste übrig, mit anderen Worten: Jede Curve $f =$ Const. ist mit einer Curve $\varphi =$ Const. identisch. Dies giebt den

Satz 53: Die beiden Gleichungen $f(x, y) =$ Const. und $\varphi(x, y) =$ Const. stellen dann und nur dann dieselbe Schar von ∞^1 Curven in der Ebene dar, wenn die Functionaldeterminante

$$\begin{vmatrix} \frac{\partial f}{\partial x} & \frac{\partial f}{\partial y} \\ \frac{\partial \varphi}{\partial x} & \frac{\partial \varphi}{\partial y} \end{vmatrix}$$

für alle Werte von x und y gleich Null ist.

Oben aber sahen wir, dass $f =$ Const. und $\varphi =$ Const. nur dann dieselbe Schar darstellen, wenn φ eine Function von f allein ist. Daher folgt noch:

Satz 54: Die Function $\varphi(x, y)$ ist dann und nur dann eine Function von $f(x, y)$ allein, wenn die Functionaldeterminante

$$\begin{vmatrix} \frac{\partial f}{\partial x} & \frac{\partial f}{\partial y} \\ \frac{\partial \varphi}{\partial x} & \frac{\partial \varphi}{\partial y} \end{vmatrix}$$

für alle Werte von x und y gleich Null ist.

Sind die beiden Scharen $f =$ Const. und $\varphi =$ Const. nicht dieselben, so überdecken sie die Ebene doppelt; genauer ausgedrückt: Durch jeden Punkt (x, y) geht eine Curve $f =$ Const., sagen wir $f = a$, und eine von ihr verschiedene Curve $\varphi =$ Const., sagen wir $\varphi = b$, d. h. dann bestimmen die Gleichungen:

$$f(x, y) = a, \quad \varphi(x, y) = b$$

ein oder einige Wertepaare x, y, je nachdem die beiden Curven einen oder einige Schnittpunkte haben, d. h. dann lassen sich die Gleichungen theoretisch nach x und y auflösen, wenn auch praktisch den Auflösungen Schwierigkeiten entgegentreten können. Wenn dagegen beide Scharen $f =$ Const. und $\varphi =$ Const. miteinander identisch sind, so sind die beiden Curven $f = a$ und $\varphi = b$ entweder zwei verschiedene Curven $f =$ Const. und haben daher wegen der Eindeutigkeit von f in dem betrachteten Bereich keinen Schnittpunkt, oder aber sie fallen miteinander zusammen und haben daher keinen bestimmten Schnittpunkt. Daher:

Satz 55: Zwei Gleichungen:

$$f(x, y) = a, \qquad \varphi(x, y) = b$$

definieren für beliebige Wertepaare a, b dann und nur dann jedesmal bestimmte Werte x, y, wenn die Functionaldeterminante

$$\begin{vmatrix} \frac{\partial f}{\partial x} & \frac{\partial f}{\partial y} \\ \frac{\partial \varphi}{\partial x} & \frac{\partial \varphi}{\partial y} \end{vmatrix}$$

nicht identisch gleich Null ist.

Man sagt dann, dass die Functionen f und φ voneinander unabhängig sind, oder auch, dass die Gleichungen $f = a$ und $\varphi = b$ für beliebige Werte von a und b auflösbar sind, wenn auch, wie erwähnt, der wirklichen Auflösung Schwierigkeiten entgegenstehen können. Es soll nur zum Ausdruck gebracht werden, dass die Gleichungen $f = a$ und $\varphi = b$ ein oder einige bestimmte Wertepaare x, y definieren.

Die auf S. 80 aufgeworfene Frage, ob eine gegebene Schar von ∞^1 Curven eine bestimmte Funktion f definiert derart, dass $f =$ Const. die Curven darstellt, ist nun auch beantwortet: Zu einer Schar von ∞^1 Curven $f =$ Const. gehört nicht nur eine Function f, vielmehr giebt es unendlich viele Functionen φ, die gleich Constans gesetzt, die Schar darstellen. Aber alle diese Functionen φ sind Functionen einer unter ihnen, etwa der Function f.

Bisher haben wir die Curven betrachtet, auf denen die Function $f(x, y)$ constant ist. Jetzt wollen wir annehmen, wir gehen von einem Punkte P oder (x, y) nach irgend einer Richtung hin, die mit der x-Axe den Winkel α bilde, um eine unendlich kleine Strecke δs weiter und fragen, um welche Grösse sich dabei f ändert. Es ist dies die Grösse:

$$\delta f = \frac{\partial f}{\partial x}\delta x + \frac{\partial f}{\partial y}\delta y, \tag{1}$$

wobei δx, δy die Incremente von x und y sind, d. h.:

$$\delta x = \delta s \cdot \cos\alpha, \qquad \delta y = \delta s \cdot \sin\alpha$$

ist. Also ergiebt sich:

$$\frac{\delta f}{\delta s} = \frac{\partial f}{\partial x}\cos\alpha + \frac{\partial f}{\partial y}\sin\alpha. \tag{2}$$

Die Formeln (1) und (2) gelten nicht mehr, wenn für die betrachtete Stelle (x, y) die beiden ersten partiellen Differentialquotienten f_x und f_y gleich Null sind, weil dann in der Entwickelung von δf nach Potenzen von δx und δy die unendlich kleinen Glieder zweiter Ordnung auftreten. Solche Stellen, die wir singuläre Stellen der Function f nennen, wollen wir hier nicht untersuchen.

An einer regulären Stelle P ist nach (2) das Verhältnis aus dem Zuwachs δf von f und dem zurückgelegten Weg δs eine endliche Grösse. Wir können es als die Geschwindigkeit bezeichnen, mit der sich f momentan auf der eingeschlagenen Richtung ändert.

Nach (2) lässt sie sich für reelle Werte graphisch darstellen: Von P aus ziehen wir die Strecke PA parallel der positiven x-Axe und gleich dem Werte von f_x (siehe Fig. 21) — insbesondere rückwärts, wenn f_x negativ ist — ebenso die Strecke PB parallel der positiven y-Axe und gleich dem Werte von f_y. Alsdann ist der Wert (2) graphisch dargestellt durch die Summe der Projectionen von PA und PB auf die durch P gezogene Richtung von δs, die mit der x-Axe den Winkel α bildet. Oder kürzer: Wir construieren die vierte Ecke Q des von PA und PB bestimmten Rechtecks und projicieren PQ auf die gewählte Richtung. Ist R die Projection von Q, so ist dann PR gleich dem Werte (2). Liegt R auf der Richtung von δs rückwärts hinter P, so ist die Geschwindigkeit (2) negativ, d. h. die Function f nimmt dann auf dem Wege δs ab.

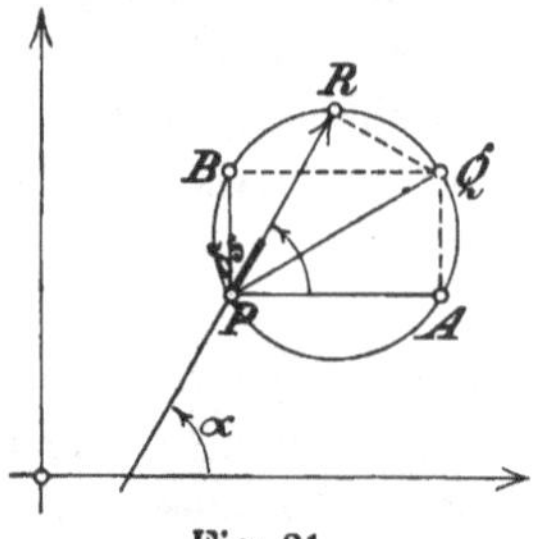

Fig. 21.

Für verschiedene Richtungen von δs ergeben sich verschiedene Endpunkte R der Geschwindigkeit. Der Ort von R ist der Kreis, dessen Durchmesser PQ ist.

Satz 56: Ist P ein solcher Punkt (x, y), für den die ersten partiellen Differentialquotienten der Function $f(x, y)$ nicht beide gleich Null sind, so stellen sich die Geschwindigkeiten $\delta f : \delta s$, mit denen sich die Function f auf den verschiedenen, von P ausgehenden unendlich kleinen Wegen δs ändert, sobald sie graphisch als Strecken auf den Richtungen dieser Wege δs construiert werden, als die von P ausgehenden Sehnen eines durch P gehenden Kreises dar.

Die Tangente des Kreises in P giebt die Richtung an, längs deren sich f auf dem Wege δs nicht, oder, wenn man will, nur um ein Unendlichkleines zweiter Ordnung, verglichen mit δs, ändert. Sie ist also die Tangente der durch P gehenden Curve $f =$ Const. In der dazu senkrechten Richtung PQ dagegen ändert sich f am stärksten. Daher:

Satz 57: Soll sich ein Punkt (x, y) so bewegen, dass sich eine Function $f(x, y)$ seines Ortes möglichst stark ändert, so muss er eine Curve beschreiben, die alle Curven $f =$ Const. senkrecht durchschneidet.

Beispiel: Sind zwei feste Punkte F_1 und F_2 gegeben, so ist der Ort des Punktes, für den die Summe (bez. Differenz) der Abstände von F_1 und F_2 constant ist, eine der ∞^1 Ellipsen (bez. Hyperbeln) mit den Brennpunkten F_1 und F_2. Daher ist der Ort des Punktes, für den sich die Differenz (bez. Summe) dieser Abstände möglichst stark ändert, eine der zu den Ellipsen (bez. Hyperbeln) bekanntlich überall senkrechten confocalen Hyperbeln (bez. Ellipsen).

Nehmen wir an, wir gehen vom Punkte (x, y) einer Curve $f = c$ zu einem unendlich benachbarten Punkte $(x + \delta x, y + \delta y)$ einer unendlich benachbarten Curve der Schar $f =$ Const., also etwa zur Curve $f = c + \delta c$ über (siehe Fig. 22). Alsdann ist $\delta f = \delta c$, also nach (2):

$$(3) \qquad \delta s = \frac{\delta c}{f_x \cos\alpha + f_y \sin\alpha}.$$

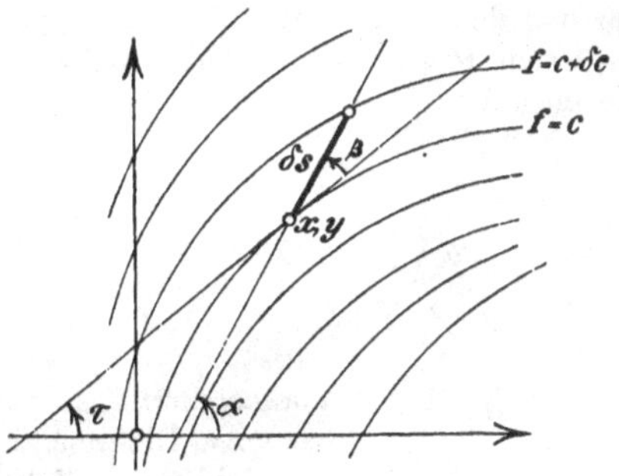

Fig. 22.

Der Winkel der Richtung von δs mit der Richtung der Tangente von $f = c$ im Punkte (x, y) sei gleich β. Da die Tangente selbst mit der x-Axe den durch

$$\operatorname{tg}\tau = -\frac{f_x}{f_y}$$

bestimmten Winkel τ bildet, so ist wegen $\alpha = \tau + \beta$:

$$\cos\alpha = \frac{1}{\sqrt{f_x^2 + f_y^2}}(f_y \cos\beta + f_x \sin\beta),$$

$$\sin\alpha = \frac{1}{\sqrt{f_x^2 + f_y^2}}(-f_x \cos\beta + f_y \sin\beta),$$

also nach (3):

$$(4) \qquad \delta s = \frac{\delta c}{\sin\beta\sqrt{f_x^2 + f_y^2}}.$$

Dies sprechen wir so aus:

Satz 58: Liegt eine Function $f(x, y)$ und damit in der xy-Ebene eine Curvenschar $f =$ Const. vor, so ist der Weg, den der Punkt (x, y) zurücklegen muss, damit er von seiner Curve $f = c$ zur unendlich benachbarten Curve $f = c + \delta c$ gelange, gleich:

$$\delta s = \frac{\delta c}{\sin\beta\sqrt{f_x^2 + f_y^2}}.$$

Hierbei ist β der Winkel des Weges mit der Tangente von $f = c$ im Punkte (x, y).

Die Zweideutigkeit des Vorzeichens der Quadratwurzel könnte durch bestimmte Festsetzungen über den Sinn der Curven $f =$ Const. und ihrer Tangenten gehoben werden, doch bedürfen wir deren für die folgenden Betrachtungen nicht.

Zu dem Satze 56 möge noch eine für die Curvendiscussion oft nützliche Verallgemeinerung angedeutet werden.

Sind in der Ebene n feste Punkte $A_1, A_2 \ldots A_n$ gegeben und bedeuten $r_1, r_2 \ldots r_n$ die Abstände eines veränderlichen Punktes P von ihnen, so ist eine Function $f(r_1, r_2 \ldots r_n)$ als Function der Coordinaten x, y von P darstellbar und daher eine der Funktionen des Ortes, die wir oben betrachteten. Bewegt sich P um eine unendlich kleine Strecke δs, so werden sich $r_1, r_2 \ldots r_n$ um unendlich kleine Grössen $\delta r_1, \delta r_2 \ldots \delta r_n$ ändern, und dann ist die Aenderung von f: .

$$\delta f = \frac{\partial f}{\partial r_1}\delta r_1 + \frac{\partial f}{\partial r_2}\delta r_2 + \ldots + \frac{\partial f}{\partial r_n}\delta r_n,$$

d. h.

$$\frac{\delta f}{\delta s} = \frac{\partial f}{\partial r_1}\frac{\delta r_1}{\delta s} + \frac{\partial f}{\partial r_2}\frac{\delta r_2}{\delta s} + \ldots + \frac{\partial f}{\partial r_n}\frac{\delta r_n}{\delta s}.$$

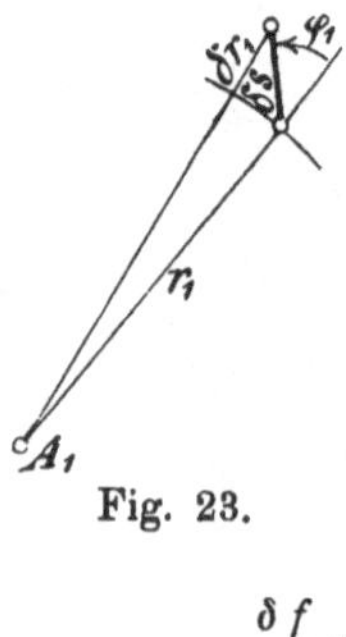

Fig. 23.

Vorausgesetzt ist dabei, dass an der Stelle P die ersten partiellen Differentialquotienten von f nach $r_1, r_2 \ldots r_n$ nicht sämtlich gleich Null sind. Nun ist — bis auf unendlich kleine Grössen — der Bruch $\delta r_1 : \delta s$ nichts anderes als der Cosinus des Winkels φ_1, den δs mit r_1 bildet (siehe Fig. 23). Entsprechendes gilt von den übrigen Brüchen, und es kommt:

$$\frac{\delta f}{\delta s} = \frac{\partial f}{\partial r_1}\cos\varphi_1 + \frac{\partial f}{\partial r_2}\cos\varphi_2 + \ldots + \frac{\partial f}{\partial r_n}\cos\varphi_n.$$

Dies ist graphisch zu construieren: Auf $r_1, r_2 \ldots r_n$ tragen wir Strecken gleich $\frac{\partial f}{\partial r_1}, \frac{\partial f}{\partial r_2} \ldots \frac{\partial f}{\partial r_n}$ auf. Alsdann ist die Summe ihrer Projectionen auf die Richtung von δs gleich dem Bruche $\delta f : \delta s$ — abgesehen vom Vorzeichen, worauf wir hier nicht weiter eingehen. Die Summe der Projectionen kann auch so gebildet werden: Man bildet das von P ausgehende offene Polygon von Strecken, dessen Seiten nacheinander parallel $r_1, r_2 \ldots r_n$ und gleich $\frac{\partial f}{\partial r_1}$,

$\frac{\partial f}{\partial r_2} \cdots \frac{\partial f}{\partial r_n}$ sind. Ist Q der Endpunkt des Polygons, so ist die Projection von PQ auf die Richtung von δs die graphische Darstellung von $\delta f : \delta s$. Soll sich nun P so bewegen, dass f constant bleibt, so muss die Projection von PQ auf die Richtung von δs gleich Null sein, d. h. die Senkrechte durch P zu PQ ist die Tangente der durch P gehenden Curve $f =$ Const.[1]

Anwendungen auf die Tangentenconstruction der Ellipsen ($r_1 + r_2 =$ Const.), der Hyperbeln ($r_1 - r_2 =$ Const.), der Cassinoiden ($r_1 . r_2 =$ Const.), Kreise ($r_1 : r_2 =$ Const. oder $r_1^2 + r_2^2 + \ldots + r_n^2 =$ Const.) u. s. w. liegen auf der Hand.

§ 14. Gewöhnliche Differentialgleichungen erster Ordnung in der Ebene.

Eine Schar von ∞^1 Curven

$$f(x, y) = \text{Const.}$$

bedeckt die ganze Ebene,[2] sodass durch jeden Punkt P oder (x, y) wenigstens eine Curve der Schar geht. Sie hat in P eine durch ihre Tangente angegebene Richtung. Den Inbegriff eines Punktes und einer Richtung durch ihn nennen wir ein Linienelement. Die Curven der Schar $f =$ Const. bestimmen also überall in der Ebene Linienelemente und haben in jedem Punkte die Richtung des dort liegenden Linienelementes zur Tangentenrichtung.

Umgekehrt sei nun in jedem Punkt (x, y) der Ebene ein Linienelement gegeben. Dies geschieht analytisch dadurch, dass man dem Punkt (x, y) eine Richtung $\operatorname{tg} \tau$ zuordnet, die von x und y abhängt:

(1) $$\operatorname{tg} \tau = \lambda(x, y).$$

Fig. 24.

Wegen der vorauszusetzenden Stetigkeit der Function λ werden die Linienelemente, die zu unendlich benachbarten Punkten gehören, auch unendlich benachbarte Richtungen haben. Die Linienelemente bilden also eine stetige Schar. Ein anschauliches Bild macht man sich von ihnen, wenn man sich die Ebene mit einem Fluidum überdeckt denkt, das in Bewegung be-

[1] Mit dieser Tangentenconstruction beschäftigten sich zuerst Fatio de Duillier und de l'Hospital im 17. Jahrhundert. Poinsot verallgemeinerte sie 1806 auf den Raum: „Théorie générale de l'équilibre et du mouvement des systèmes", Journ. de l'École Polyt., XIII. cah.

[2] Siehe zu dieser Ausdrucksweise S. 80.

griffen ist derart, dass das an der Stelle (x, y) befindliche Teilchen des Fluidums gerade die oben angegebene Fortschreitungsrichtung hat. Man nennt diese Bewegung eine stationäre Strömung, stationär deshalb, weil die Richtung der Bewegung an der Stelle (x, y) immer — für alle Zeit — dieselbe bleibt (siehe Fig. 24). Bei dieser anschaulichen Auffassung ist es sofort klar, was wir unter Stromlinien verstehen. Wir definieren sie aber auch analytisch als diejenigen Curven, die in jedem ihrer Punkte (x, y) die durch (1) angegebene Richtung haben, für die also:

$$\frac{dy}{dx} = \lambda(x, y) \tag{2}$$

ist.[1]

Es ist dies eine gewöhnliche Differentialgleichung erster Ordnung zwischen der unabhängigen Veränderlichen x und der abhängigen Veränderlichen y. Sie integrieren, heisst alle die Functionen $y = \varphi(x)$ finden, die mit ihren Differentialquotienten $\frac{dy}{dx}$ die Gleichung (2) für jeden Wert von x erfüllen. Jede solche Function $y = \varphi(x)$, die man auch eine Lösung von (2) nennt, stellt geometrisch eine jener Stromlinien dar, die wir — wenn wir nunmehr das Bild von der Strömung beiseite stellen — als eine Integralcurve der Differentialgleichung (2) bezeichnen. Es ist hier nicht der Ort zu dem Nachweis, dass die Differentialgleichung (2) stets eine Schar von Curven zu Integralcurven hat, doch macht die anschauliche Deutung durch eine Strömung die Existenz von Integralcurven solchen Lesern, die in der Theorie der Differentialgleichungen nicht bewandert sind, wenigstens plausibel. Wir entnehmen es aber direct als Thatsache aus jener Theorie.

Wollen wir x und y in (2) gleichartig berücksichtigen, indem wir uns vorbehalten, welche Veränderliche wir als die unabhängige auffassen, so werden wir (2) so schreiben:

$$\lambda(x, y)\,dx - dy = 0$$

oder symmetrischer:

$$X(x, y)\,dy - Y(x, y)\,dx = 0. \tag{3}$$

[1] Es kann vorkommen, dass die Function λ von x und y für einzelne Stellen den unbestimmten Wert $0:0$ annimmt. Dies kann Stellen liefern, in denen eine reelle Stromlinie auf einen Punkt reduciert ist — eine solche Stelle ist in Fig. 24 markiert —, oder Stellen, durch die unendlich viele Stromlinien gehen, wie in dem Beispiel $\lambda = y:x$ den Anfangspunkt.

Diese Differentialgleichung kann natürlich sofort wieder in der Form (2) geschrieben werden:

$$y' = \frac{dy}{dx} = \frac{Y(x, y)}{X(x, y)}.$$

Von der durch die Differentialgleichung (3) definierten Schar von Integralcurven können wir, obwohl wir ihre endlichen Gleichungen nicht kennen, doch mehreres aussagen: Im beliebigen Punkt (x, y) kennen wir zunächst die Tangentialrichtung y'. Ferner folgt hieraus durch totale Differentiation nach x:

$$y'' = \frac{(Y_x + Y_y y')X - (X_x + X_y y')Y}{X^2}$$

oder, wenn hierin der Wert von y' eingesetzt wird:

$$(4) \qquad y'' = \frac{Y_x X^2 + (Y_y - X_x) X Y - X_y Y^2}{X^3}.$$

Aehnlich lassen sich y''' u. s. w. berechnen. Demnach können wir auch die Differentialinvarianten der Integralcurve im Punkte (x, y) durch x und y allein ausdrücken. So ist nach (1), S. 43, das Krümmungsmass:

$$(5) \qquad k = \frac{Y_x X^2 + (Y_y - X_x) X Y - X_y Y^2}{\sqrt{X^2 + Y^2}^3}.$$

Auch die Coordinaten des Krümmungsmittelpunktes lassen sich durch x, y ausdrücken.

Integralcurven der Differentialgleichung (3) sind uns allerdings nicht von vornherein bekannt, aber ∞^1 von ihnen werden sich analytisch mittels einer noch unbekannten Function F in der Form:

$$F(x, y, c) = 0$$

darstellen müssen, in der c eine beliebige Constante, die sogen. Integrationsconstante, ist, sodass zu jedem bestimmten Wert von c die Gleichung $F = 0$ eine bestimmte Integralcurve giebt. Wir können uns vorstellen, die Gleichung $F = 0$ sei nach c aufgelöst:

$$(6) \qquad f(x, y) = c.$$

Längs einer Integralcurve ist dann c ein und dieselbe Constante, also $df = 0$, d. h.:

$$(7) \qquad f_x dx + f_y dy = 0.$$

Es muss also (3) eine Folge von (6) und (7) sein. Da aber (3) und (7) frei von c sind und nur (6) die Grösse c enthält, so ist dies nur in der Weise denkbar, dass (3) eine Folge von (7) allein ist, d. h. dass für jedes Wertepaar x, y:

(8) $$f_x : f_y = - Y : X$$

oder:

(9) $$X f_x + Y f_y = 0$$

ist. Wenn umgekehrt die Function $f(x, y)$ die Bedingung (9) für jedes Wertepaar x, y erfüllt, so haben die Curven $f =$ Const. überall die durch (3) vorgeschriebene Richtung.

Das Problem, die Differentialgleichungen (1) zu integrieren, kommt also darauf hinaus, eine Function $f(x, y)$ zu finden, sodass sie für jedes Wertepaar x, y die Bedingung (9) erfüllt, die die ersten partiellen Differentialquotienten von f enthält und deshalb eine lineare partielle Differentialgleichung für die unbekannte Function f von x und y heisst. Ihre Lösung f giebt, gleich Constans gesetzt, ∞^1 Integralcurven von (3).

Jede Function, die gleich Constans gesetzt, ∞^1 Integralcurven der Differentialgleichung (3) giebt, heisst ein Integral von (3). Jede Lösung f von (9) ist also ein Integral von (3).

Sind f und φ zwei Lösungen von (9), so ist für jedes Wertepaar x, y

$$X f_x + Y f_y = 0, \quad X \varphi_x + Y \varphi_y = 0,$$

mithin:

$$\begin{vmatrix} f_x & f_y \\ \varphi_x & \varphi_y \end{vmatrix} = 0,$$

woraus nach Satz 54, S. 82, folgt, dass φ eine Function $\Omega(f)$ ist. Daher stellt $\varphi =$ Const. die Curven $\Omega(f) =$ Const. oder also $f =$ Const. vor, woraus folgt:

Satz 59: Die Integrale der gewöhnlichen Differentialgleichung erster Ordnung:

$$X(x, y)\,dy - Y(x, y)\,dx = 0$$

sind sämtlich Functionen eines Integrales $f(x, y)$, und umgekehrt ist jede Function eines Integrals wieder ein Integral. Die Differentialgleichung wird durch nur eine Schar von ∞^1 Curven $f(x, y) =$ Const. in der xy-Ebene befriedigt.

Ist $f(x, y)$ ein Integral der Differentialgleichung (3), d. h. erfüllen die Curven $f =$ Const. die Bedingung (3), so ist in jedem Punkte der Ebene die Tangentenrichtung $dy : dx$ der betreffenden

Curve sowohl durch (3) als auch durch das gleich Null gesetzte Differential df von f

$$f'_x dx + f'_y dy = 0$$

bestimmt. Daher unterscheidet sich die linke Seite von (3) nur um einen gewissen Factor $\mu(x, y)$ von df, sodass für alle Werte von x und y

$$f'_x = -\mu Y, \quad f'_y = \mu X \tag{10}$$

und daher

$$df = \mu(X dy - Y dx) \tag{11}$$

ist. Es giebt also eine — wenn auch unbekannte — Function $\mu(x, y)$ derart, dass die linke Seite der Differentialgleichung (3) durch Multiplication mit μ in das vollständige Differential df eines Integrals der Differentialgleichung (3) übergeht. Eine solche Function[1] heisst ein Multiplicator (auch Integrabilitätsfactor) der Differentialgleichung (3). Wäre sie bekannt, so würden wir aus

$$\frac{\partial f}{\partial x} = -\mu Y, \quad \frac{\partial f}{\partial y} = \mu X$$

durch Quadratur auch f finden. Die Aufgabe, die Differentialgleichung (3) zu integrieren, kann also auf die zurückgeführt werden, eine Function μ so zu bestimmen, dass $\mu(X dy - Y dx)$ ein vollständiges Differential wird. Denn ist $df(x, y)$ dies Differential, so ist infolge von (3) auch $df = 0$ oder $f(x, y) = \text{Const.}$ Bekanntlich ist ein Differentialausdruck:

$$U(x, y)\, dx + V(x, y)\, dy$$

dann und nur dann das vollständige Differential einer Function f, wenn U partiell nach y differenziert dasselbe giebt wie V partiell nach x differenziert, entsprechend der bekannten Formel:

$$\frac{\partial^2 f}{\partial x \partial y} = \frac{\partial^2 f}{\partial y \partial x}.$$

Damit also μ ein Multiplicator der Differentialgleichung (3) sei, ist nach (10) oder (11) notwendig und hinreichend, dass für jedes Wertepaar x, y

$$\frac{\partial \mu X}{\partial x} + \frac{\partial \mu Y}{\partial y} = 0$$

[1] Clairaut, „Recherches générales sur le calcul intégral", Histoire de l'Acad., Paris, Année 1739, und Euler sind hier zu nennen.

sei, wofür wir auch schreiben können:

$$(12) \qquad X\frac{\partial \log \mu}{\partial x} + Y\frac{\partial \log \mu}{\partial y} + X_x + Y_y = 0.$$

Satz 60:[1] Die Function $\mu(x, y)$ ist dann und nur dann ein Multiplicator der Differentialgleichung

$$X(x, y)\,dy - Y(x, y)\,dx = 0,$$

wenn für jedes Wertepaar x, y die Gleichung gilt:

$$X\frac{\partial \log \mu}{\partial x} + Y\frac{\partial \log \mu}{\partial y} + X_x + Y_y = 0.$$

Man sieht sofort, dass constante Factoren beim Multiplicator unwesentlich sind.

Die Multiplicatoren μ lassen sich geometrisch veranschaulichen: Es sei μ ein Multiplicator und f das zugehörige Integral, sodass die Bedingungen (10) und (11) erfüllt sind. Wir betrachten die durch den Punkt (x, y) gehende Integralcurve $f = c$ (siehe Fig. 25) und eine unendlich benachbarte Integralcurve $f = c + \delta c$. Wir lassen den Punkt (x, y) nach einer Stelle $(x + \delta x, y + \delta y)$ dieser benachbarten Curve wandern. Er lege dabei den Weg δs zurück. Nach Satz 58, S. 86, ist dann:

$$\delta s = \frac{\delta c}{\sin\beta \sqrt{f_x^2 + f_y^2}}.$$

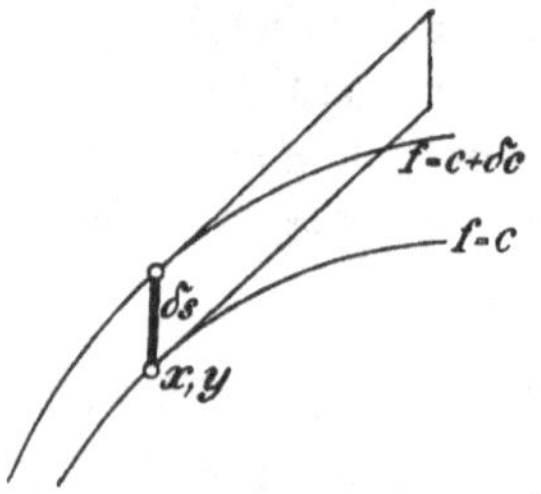

Fig. 25.

Aber nach (10) ist:

$$\sqrt{f_x^2 + f_y^2} = \mu \sqrt{X^2 + Y^2},$$

sodass sich ergiebt:

$$(13) \qquad \mu = \frac{\delta c}{\delta s \,.\, \sin\beta \,.\, \sqrt{X^2 + Y^2}}.$$

β bedeutet dabei den Winkel von δs mit der Tangente der Curve $f = c$ im Punkte (x, y). Tragen wir auf dieser Tangente die Strecke $\sqrt{X^2 + Y^2}$ ab und bilden wir das Parallelogramm, das diese Strecke und δs zu Seiten hat, so ist der Nenner der vorstehenden Formel der Inhalt des Parallelogramms. Im Zähler steht eine Constante δc. Daher:

Satz 61:[2] Ein Multiplicator der Differentialgleichung

$$X(x, y)\,dy - Y(x, y)\,dx = 0$$

[1] Euler, „Institutiones calculi integralis", Petersburg 1768—1770, Teil II.

[2] Lie, „Zur Theorie des Integrabilitätsfactors", Forhandlinger i Videnskabs-Selskabet (Jahrg. 1874), Christiania 1875.

ist umgekehrt proportional dem Inhalt des Parallelogramms, dessen eine Seite die Strecke δs vom Punkte (x, y) einer Integralcurve $f = c$ bis zu einem Punkte einer unendlich benachbarten Integralcurve und dessen andere Seite die auf der Tangente der ersteren Integralcurve im Punkte (x, y) abgetragene Strecke $\sqrt{X^2 + Y^2}$ ist.

Liegt eine gewöhnliche Differentialgleichung $X dy - Y dx = 0$ vor, so könnte man hieraus leicht den falschen Schluss ziehen, dass sich immer ein Multiplicator und infolgedessen ein Integral f finden lasse, denn man kommt ja, wie auch der Weg δs gewählt sein mag, stets zu einer unendlich benachbarten Integralcurve. Aber es ist zu beachten, dass der Satz 61 aus der Formel (13) gezogen worden ist und verlangt, dass δc constant sei, d. h. dass die Ortsänderung nicht nur einen Punkt (x, y) der Curve $f = c$ in einen Punkt einer benachbarten Integralcurve $f = c + \delta c$ überführe, sondern dass sie vielmehr alle Punkte von $f = c$ in Punkte ein und derselben unendlich benachbarten Curve $f = c + \delta c$ verwandele; anders ausgesprochen: dass man eine unendlich kleine Ortsänderung kenne, die jede Integralcurve wieder in eine Integralcurve überführt.

Wir können also so sagen:

Satz 62:[1] Liegt eine gewöhnliche Differentialgleichung erster Ordnung vor:

$$X(x, y) dy - Y(x, y) dx = 0$$

und kann man eine solche unendlich kleine Ortsveränderung aller Punkte (x, y) angeben, von der man weiss, dass sie alle Punkte einer Integralcurve immer wieder in die Punkte einer unendlich benachbarten Integralcurve verwandelt, so ist der Inhalt des Parallelogramms, das in einem beliebigen Punkt (x, y) eine Ecke hat, von dem ferner die eine anliegende Seite die Ortsveränderung δs dieses Punktes (x, y) und die andere anliegende Seite die auf der Richtung $y' = \frac{Y}{X}$ abgetragene Strecke $\sqrt{X^2 + Y^2}$ ist, umgekehrt proportional einem Multiplicator der Differentialgleichung, die daher vermöge einer Quadratur integriert werden kann.

---

[1] Lie in der auf S. 92 genannten Abhandlung. Anwendungen dieser Sätze bei Lie, „Vorlesungen über Differentialgleichungen mit bekannten infinitesimalen Transformationen“, bearb. v. Scheffers, Leipzig 1891.

Dieser Fall liegt z. B. vor, wenn man die Evolventen einer gegebenen Curve sucht. Denn nach Satz 40, S. 64, geht aus einer Evolvente immer wieder eine hervor, sobald man alle Punkte der Ebene um dieselbe constante Strecke auf den durch sie gehenden Tangenten der gegebenen Curve fortbewegt. Nimmt man diese Strecke unendlich klein an, so hat man die gewünschte Ortsänderung der Punkte. Die Evolventen findet man deshalb durch eine Quadratur. Dies wurde auf S. 63 auf anderem Wege ebenfalls gefunden.

§ 15. Trajectorien einer Curvenschar in der Ebene.

Liegt eine Schar von ∞^1 Curven vor:

$$f(x, y) = \text{Const.},$$

so kann man solche Curven betrachten, die alle diese Curven unter dem constanten Winkel α durchschneiden. Wir nennen sie Trajectorien der gegebenen Schar. Ist (x, y) ein beliebiger Punkt, so kennen wir von der durch ihn gehenden Trajectorie die Richtung, da sie den Winkel α mit der Tangente der durch den Punkt gehenden Curve $f = \text{Const.}$ bildet. Von den Trajectorien sind uns demnach die Linienelemente (vgl. S. 87) bekannt, ihre Bestimmung in endlicher Form erfordert mithin die Integration einer gewöhnlichen Differentialgleichung erster Ordnung zwischen x und y.

Wenn die Curvenschar $f = \text{Const.}$, von der wir ausgingen, nicht in endlicher Form vorliegt, sondern selbst durch eine Differentialgleichung:

$$X(x, y)\,dy - Y(x, y)\,dx = 0 \tag{1}$$

gegeben ist, so ist es doch leicht, die Differentialgleichung der Trajectorien mit dem Winkel α anzugeben. Denn die Differentialgleichung (1) ordnet jedem Punkte (x, y) eine Richtung:

$$\operatorname{tg}\lambda = \frac{dy}{dx} = \frac{Y}{X}$$

zu, sie bestimmt eben die Linienelemente der ursprünglichen Schar $f = \text{Const.}$ Wenn wir nun diese Linienelemente um den Winkel α drehen, so liegen die Elemente der Trajectorien vor. Ist τ der Winkel des gedrehten Elementes, so ist $\tau = \lambda + \alpha$ und daher:

$$\operatorname{tg}\tau = \frac{\operatorname{tg}\lambda + \operatorname{tg}\alpha}{1 - \operatorname{tg}\lambda \operatorname{tg}\alpha} = \frac{X\sin\alpha + Y\cos\alpha}{X\cos\alpha - Y\sin\alpha}.$$

Die durch den Punkt (x, y) gehende Trajectorie hat hier zum Differentialquotienten den soeben berechneten Wert. Also ist:

$$\frac{dy}{dx} = \frac{X \sin \alpha + Y \cos \alpha}{X \cos \alpha - Y \sin \alpha}$$

oder:

(2) $$(X \cos \alpha - Y \sin \alpha)\, dy - (X \sin \alpha + Y \cos \alpha)\, dx = 0$$

die Differentialgleichung der Trajectorien mit Winkel α. Auf S. 89 bestimmten wir das Krümmungsmass k der Integralcurven einer Differentialgleichung

$$X dy - Y dx = 0$$

in der Formel (5). Wenn wir darin für X

$$X \cos \alpha - Y \sin \alpha$$

und für Y

$$X \sin \alpha + Y \cos \alpha$$

setzen, so geht dass Krümmungsmass k_α der Trajectorie im Punkte (x, y) hervor. Der Nenner $\sqrt{X^2 + Y^2}^3$ bleibt augenscheinlich der alte, während der Zähler umständlicher wird. Man erkennt, dass er linear in $\cos \alpha$ und $\sin \alpha$ wird; es kommt nämlich:

(3) $$k_\alpha = \frac{1}{\sqrt{X^2 + Y^2}^3} \Big\{ [Y_x X^2 + (Y_y - X_x) X Y - X_y Y^2] \cos \alpha + \\ + [X_x Y^2 - (X_y + Y_x) X Y + Y_y X^2] \sin \alpha \Big\}.$$

Für $\alpha = 0$ ergiebt sich natürlich wieder das Krümmungsmass für die durch den betrachteten Punkt (x, y) gehende Integralcurve von (1). Da wir die Integralcurven von (1) als die Trajectorien mit dem Winkel $\alpha = 0$ bezeichnen können, werden wir ihr Krümmungsmass k_0 nennen. Ferner ergiebt sich aus (3) für $\alpha = \frac{\pi}{2}$ das Krümmungsmass $k_{\frac{\pi}{2}}$ der o r t h o g o n a l e n T r a j e c t o r i e n der ursprünglichen Schar. Daraus, dass k_α linear und homogen in $\cos \alpha$ und $\sin \alpha$ ist, folgt nun, dass:

(4) $$k_\alpha = k_0 \cos \alpha + k_{\frac{\pi}{2}} \sin \alpha$$

ist. Diese Gleichung hat eine einfache geometrische Bedeutung: Sind r_0, $r_{\frac{\pi}{2}}$, r_α die zu den Trajectorien für $\alpha = 0$, $\alpha = \frac{\pi}{2}$ und für beliebiges α gehörigen Krümmungsradien im gemeinsamen Punkt P oder (x, y), so ist nach Satz 24, S. 38:

(5) $$\frac{1}{r_\alpha} = \frac{\cos \alpha}{r_0} + \frac{\sin \alpha}{r_{\frac{\pi}{2}}}.$$

Sind M_0, $M_{\frac{\pi}{2}}$ und M_α die zugehörigen Krümmungsmittelpunkte, so sind PM_α und $PM_{\frac{\pi}{2}}$ Strecken, deren Geraden aus PM_0 durch Drehung um α bez. $\frac{\pi}{2}$ hervorgehen. In dem durch PM_0 und $PM_{\frac{\pi}{2}}$ bestimmten Axenkreuz ($\mathfrak{x}$, $\mathfrak{y}$) hat also M_α die Coordinaten:

$$\mathfrak{x} = PM_\alpha \cos\alpha = r_\alpha \cos\alpha\,,$$
$$\mathfrak{y} = PM_\alpha \sin\alpha = r_\alpha \sin\alpha\,,$$

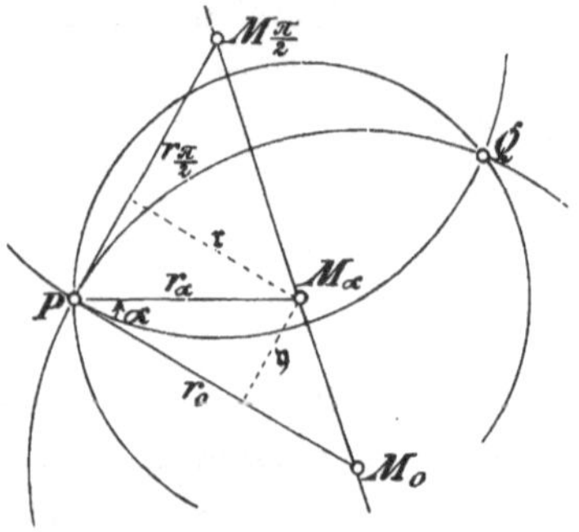

Fig. 26.

und daher folgt aus (5) für $\mathfrak{x}$ und $\mathfrak{y}$ die lineare Gleichung:

$$\frac{\mathfrak{x}}{r_0} + \frac{\mathfrak{y}}{r_{\frac{\pi}{2}}} = 1$$

oder: der Krümmungsmittelpunkt M_α liegt auf der Geraden $M_0 M_{\frac{\pi}{2}}$ (siehe Fig. 26). Da die Krümmungskreise alle drei durch P gehen, so haben sie folglich ausser P noch den hinsichtlich der Geraden $M_0 M_{\frac{\pi}{2}}$ zu P symmetrisch gelegenen Punkt (Spiegelpunkt) Q gemein. Giebt man α alle möglichen Werte, so sieht man, dass die ∞^1 Krümmungskreise des Punktes P ein Büschel (siehe Seite 57) bilden. Daher:

Satz 63:[1] Liegt eine Schar von ∞^1 Curven in der Ebene vor und legt man durch irgend einen Punkt P die ∞^1 Trajectorien, deren jede die Curven der gegebenen Schar überall unter einem constanten Winkel schneidet, so bilden die Krümmungskreise dieser Trajectorien in P ein Büschel von Kreisen.

Wir wollen dies Ergebnis auf ein Beispiel anwenden, das später, in der Flächentheorie, wichtig wird.

Zunächst sei eine Gerade g und eine Curve c gegeben. Denken wir uns die Curve c starr, aber längs g verschiebbar, so können wir nach einer Curve $\mathfrak{c}$ fragen, die alle Curven c senkrecht schneidet. Verschieben wir eine solche Curve $\mathfrak{c}$ ebenfalls längs g, so bleibt sie offenbar orthogonale Trajectorie der aus c hervorgegangenen Curven-

[1] Weiteres hierüber in der Abh. d. Verf. „Ueber gewisse zweifach unendliche Curvenscharen in der Ebene“, Leipziger Berichte 1898.

schar. Wir haben also zwei Scharen orthogonaler Trajectorien vor uns, von denen jede aus ∞^1 congruenten Curven besteht.

Nun sei P ein Schnittpunkt von c und $\mathfrak{c}$. Die Gerade h durch P parallel g schneidet alle aus c durch jene Schiebungen hervorgegangenen Curven unter constantem Winkel, ist also eine Trajectorie der Schar. Die Curve $\mathfrak{c}$ ist eine orthogonale Trajectorie derselben Schar. Nach unserem letzten Satze müssen also c, $\mathfrak{c}$ und h in P Krümmungskreise haben, die ausser P noch einen Punkt gemein haben. Da aber die Gerade h ihr eigener Krümmungskreis ist, so folgt, dass dieser zweite Punkt auch auf h liegt. Die Krümmungskreise von c und $\mathfrak{c}$ in P haben daher solche Mittelpunkte, die auf einem gemeinsamen Lote zur Geraden g liegen (siehe Fig. 27).

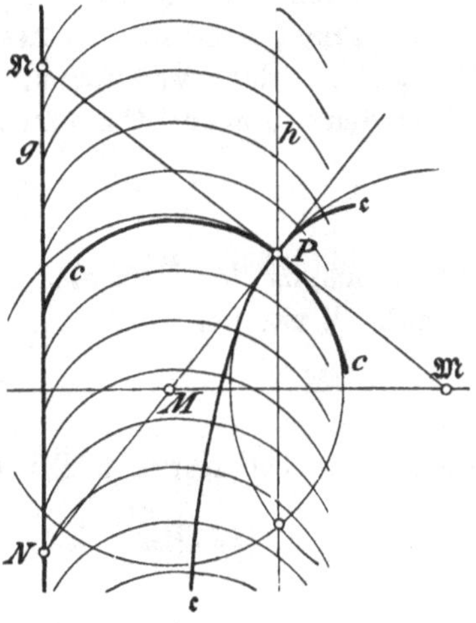

Fig. 27.

Sie seien mit M und $\mathfrak{M}$ bezeichnet. PM, die Normale von c in P, treffe g in N und $P\mathfrak{M}$, die Normale von $\mathfrak{c}$ in P, treffe g in $\mathfrak{N}$. Dann ist

$$\triangle PM\mathfrak{M} \sim \triangle P\mathfrak{N}N,$$

woraus folgt:

$$PM.PN = P\mathfrak{M}.P\mathfrak{N}.$$

Handelt es sich um reelle Curven, so liegt bei der einen, sagen wir bei $\mathfrak{c}$, der Punkt P zwischen $\mathfrak{M}$ und $\mathfrak{N}$, bei der anderen, also bei c, dagegen nicht zwischen M und N. Rechnen wir die Streckenproducte positiv oder negativ, je nachdem beide Factoren nach derselben oder nach verschiedenen Seiten von P liegen, so ist das erste obige Product positiv, das zweite negativ. Setzen wir $PN = n$, $P\mathfrak{N} = \mathfrak{n}$, $PM = r$, $P\mathfrak{M} = \mathfrak{r}$, so schreiben wir daher:

$$rn = -\mathfrak{r}\mathfrak{n}.$$

Hieraus folgt:[1]

Satz 64: Hat eine ebene Curve c die Eigenschaft, dass längs ihrer das Product aus dem Krümmungsradius und der Normalen — diese gemessen bis zu ihrem Schnittpunkte mit einer Geraden g — beständig denselben Wert

[1] Siehe die Abh. d. Verf. „Einzelnes aus der Theorie der Curven und Flächen“, Leipziger Berichte 1900.

hat, so kommt diese Eigenschaft auch den orthogonalen Trajectorien $\mathfrak{c}$ derjenigen Curven zu, die durch Schieben der Curve c längs g hervorgehen. Dabei ist das constante Product für die Curven $\mathfrak{c}$ entgegengesetzt gleich dem constanten Product für die Curve c, wenn man festsetzt, dass das Product positiv oder negativ gerechnet werden soll, je nachdem Krümmungsradius und Normale auf derselben oder auf verschiedenen Seiten des Curvenpunktes liegen.

Wählen wir die Gerade g zur y-Axe, die Bogenlänge s einer Curve zum Parameter, sodass x', x'', y', y'' die Ableitungen der Coordinaten des Curvenpunktes (x, y) oder P nach s bedeuten, so ist in den laufenden Coordinaten $\mathfrak{x}$, $\mathfrak{y}$:

$$\frac{\mathfrak{y} - y}{\mathfrak{x} - x} = -\frac{x'}{y'}$$

die Gleichung der Normalen, sodass die Normale die y-Axe in dem Punkte N mit der Ordinate:

$$\mathfrak{y} = y + \frac{x x'}{y'}$$

schneidet. Die Normale PN hat also die Länge n, für die:

$$n^2 = x^2 + (\mathfrak{y} - y)^2 = \frac{x^2}{y'^2}(x'^2 + y'^2)$$

ist. Weil s die Bogenlänge bedeutet, so bleibt nach Satz 1, S. 5:

$$n^2 = \frac{x^2}{y'^2}.$$

Ausserdem ist das Quadrat des Krümmungsradius nach Satz 18, S. 30:

$$r^2 = \frac{y'^2}{x''^2}.$$

Ferner ist $a = x + \frac{y'^2}{x''}$ die Abscisse des Krümmungsmittelpunktes. Nun soll $rn \gtreqless 0$ sein, je nachdem x und $a - x$ verschiedene oder gleiche Vorzeichen haben. Daher ist

$$rn = -\frac{x}{x''}$$

zu setzen. Bezeichnen wir dies constante Product mit $1:K$, so haben wir die Bedingung:

(6) $$x'' = -Kx.$$

Um die Curven zu finden, die dieser Bedingung genügen, müssen wir zunächst in allgemeinster Weise x so als Function von s bestimmen, dass die Forderung (6) erfüllt wird. Man erkennt leicht, dass insbesondere $\sin\sqrt{K}s$ der Bedingung genügt. Es ist leichter, statt direct die allgemeine Lösung x von (6) vorerst das Verhältnis

$$u = \frac{x}{\sin\sqrt{K}s}$$

zu berechnen. Es ist nämlich

(7) $$x = u \sin\sqrt{K}s$$

und hieraus folgt durch zweimalige Differentiation:

$$x'' = u'' \sin\sqrt{K}s + 2\sqrt{K}\, u' \cos\sqrt{K}s - K u \sin\sqrt{K}s .$$

Nach (6) und (7) hebt sich x'' links gegen das letzte Glied rechts fort, sodass bleibt

$$\frac{u''}{u'} = -2\sqrt{K} \operatorname{ctg}\sqrt{K}s .$$

Eine Quadratur giebt $\log u'$ und darauf

$$u' = \frac{\text{Const.}}{\sin^2\sqrt{K}s} .$$

Nochmalige Integration ergiebt:

$$u = \text{Const.} \operatorname{ctg}\sqrt{K}s + \text{Const.},$$

sodass nach (7) als allgemeinste Lösung x der Bedingung (6) der Wert

(8) $$x = a \cos\sqrt{K}s + b \sin\sqrt{K}s$$

hervorgeht, in dem a und b beliebige Constanten sind. Da s die Bogenlänge bedeutet, so ist nach Satz 1, S. 5:

(9) $$\frac{dy}{ds} = \sqrt{1 - \left(\frac{dx}{ds}\right)^2} .$$

Nach (8) lässt sich daher auch y vermöge eines Integrals durch s bestimmen. Aber dies Integral lässt sich nicht durch die elementaren Functionen ausdrücken. Wir werden sehen, dass sich y mit Hülfe der beiden sogenannten elliptischen Integrale:

(10) $$\begin{cases} E(c, \varphi) = \int\limits_0^{\varphi} \sqrt{1 - c^2 \sin^2\varphi}\, d\varphi , \\ F(c, \varphi) = \int\limits_0^{\varphi} \frac{d\varphi}{\sqrt{1 - c^2 \sin^2\varphi}} d\varphi \qquad (c^2 < 1) \end{cases}$$

ausdrücken lässt. Wir wollen dies für alle verschiedenen reellen Gestalten der betrachteten Curven einzeln zeigen und bemerken dabei vorweg: Wenn wir eine Curve, bei der $rn =$ Const. ist, vom Anfangspunkte aus ähnlich vergrössern oder verkleinern, so behält sie die Eigenschaft: $rn =$ Const.; nur der absolute Wert der Constanten wird ein anderer. Wir können daher durch ähnliche Vergrösserung oder Verkleinerung erreichen, dass rn gleich $+1$ oder -1, d. h. $K = \pm 1$ wird. Daher beschränken wir uns auf diese beiden Annahmen. Auch machen wir öfters davon Gebrauch, dass die Curven durch Schiebung längs der y-Axe ihre Eigenschaft: $rn = \frac{1}{K}$ nicht ändern, ebenso nicht durch Spiegelung an der y-Axe.

I. Fall: $K = +1$.

Nach (8) ist:

$$x = a \cos s + b \sin s .$$

Damit die Curve reell sei, ist zunächst notwendig, dass a und b reell seien. Dann ist x für jedes reelle s auch reell. Nach (9) ist:

$$\left(\frac{dy}{ds}\right)^2 = 1 - (-a \sin s + b \cos s)^2.$$

Daher ist y nur so lange reell, als $x' = -a \sin s + b \cos s$ zwischen $+1$ und -1 liegt. Da der Maximalwert von x'^2 gleich $a^2 + b^2$ ist, so folgt:

Ist $a^2 + b^2 < 1$, so ist x'^2 überall kleiner als Eins. Ist $a^2 + b^2 = 1$, so gilt dasselbe, aber an gewissen Stellen ist x'^2 gerade gleich Eins. Ist $a^2 + b^2 > 1$, so ist x'^2 nur in einem gewissen Intervall für s kleiner als Eins. In jedem Fall liegt eine Stelle, an der $x' = 0$ ist, im erlaubten Intervall. Diese Stelle bringen wir durch Verschieben der Curve längs der y-Axe auf die x-Axe, und von ihr aus rechnen wir s. Dann muss x' für $s = 0$ verschwinden, d. h. b darf gleich Null angenommen werden, sodass $x = a \cos s$ ist. Ist a negativ, so wird die Spiegelung der Curve an der y-Axe eine Curve geben, bei der a positiv ist. Wir setzen daher $a > 0$ voraus. Daher liegen drei Fälle vor:

Ist $0 < a < 1$, so ist

$$x = a \cos s , \qquad y = \int_0^s \sqrt{1 - a^2 \sin^2 s}\, ds .$$

Setzen wir $a < 1$ gleich c, $s = \varphi$, so kommen nach (10) die Curvengleichungen mit dem Parameter φ:

$$x = c \cos \varphi , \qquad y = E(c, \varphi) .$$

Ist $a = 1$, so ist $x = \cos s$, $y = \pm \sin s$, d. h. es liegt ein Kreis um den Anfangspunkt mit dem Radius Eins vor. Er wird durch die vorstehenden Gleichungen für $c = 1$ dargestellt.

Ist $a > 1$, so setzen wir

$$\sin s = \frac{1}{a} \sin \varphi$$

und führen hierdurch φ als Parameter ein. Dann ist:

$$x = a \cos s = a \sqrt{1 - \frac{1}{a^2} \sin^2 \varphi},$$

$$\cos s \cdot \frac{ds}{d\varphi} = \frac{1}{a} \cos \varphi,$$

sodass

$$y = \int_0^s \sqrt{1 - a^2 \sin^2 s}\, ds = \int_0^\varphi \frac{\cos^2 \varphi}{a \sqrt{1 - \frac{1}{a^2} \sin^2 \varphi}}\, d\varphi$$

wird. Wenn wir unter dem Integralzeichen den Zähler in der Form

$$a^2 \left(1 - \frac{1}{a^2} \sin^2 \varphi\right) + 1 - a^2$$

schreiben, so kommt nach (10), sobald noch $\frac{1}{a} < 1$ mit c bezeichnet wird:

$$x = \frac{1}{c} \sqrt{1 - c^2 \sin^2 \varphi}, \qquad y = \frac{1}{c} E(c, \varphi) - \frac{1 - c^2}{c} F(c, \varphi).$$

Die Annahme $c = 1$ giebt wieder den erwähnten Kreis.

II. Fall: $K = -1$.

Nach (8) ist

$$x = a \cos i s + b \sin i s.$$

Ersetzen wir $\cos is$ und $\sin is$ durch Exponentialfunctionen, so kommt:

$$(11) \qquad x = \alpha e^s + \beta e^{-s},$$

wobei nun α, β die willkürlichen Constanten sind. Nach unserem Satze 64, S. 97, ist die jetzt in Betrachtung zu ziehende Curve zu einer der unter I betrachteten Curven orthogonal, sodass also die beiden einander entsprechenden Curven für gleiches x zu einander senkrechte Tangenten haben. Bei den früheren Curven war $x = a \cos s$, also der Cosinus des Tangentenwinkels $\cos \tau = -a \sin s$ oder $-\sqrt{a^2 - x^2}$. Bei der jetzigen Curve muss also

$$\cos^2 \tau = 1 - \sin^2 \tau = 1 - a^2 + x^2$$

sein, daher nach (11):

$$(\alpha e^s - \beta e^{-s})^2 = 1 - a^2 + (\alpha e^s + \beta e^{-s})^2$$

oder:

$$4\alpha\beta = a^2 - 1 .$$

Wir können die jetzige Curve als orthogonale Trajectorie der früheren Curve an der Stelle ($x = a$, $y = 0$) beginnen lassen, sodass wir s von dort an rechnen. Dann ist nach (11) noch:

$$\alpha + \beta = a ,$$

sodass

$$\alpha = \frac{a \pm 1}{2}, \quad \beta = \frac{a \mp 1}{2}$$

wird. Vertauschung von α mit β kommt nach (11) einfach auf Vertauschung von s mit $-s$ hinaus. Wir dürfen uns daher auf die Werte heschränken:

$$\alpha = \frac{a + 1}{2}, \quad \beta = \frac{a - 1}{2} .$$

Ist nun $0 < a < 1$, so führen wir einen Parameter φ ein vermöge:

$$x = \frac{a + 1}{2} e^s + \frac{a - 1}{2} e^{-s} = a \cos \varphi .$$

Daraus ergiebt sich:

$$\left(\frac{dx}{ds}\right)^2 = \left(\frac{a+1}{2} e^s - \frac{a-1}{2} e^{-s}\right)^2 = 1 - a^2 \sin^2 \varphi$$

und:

$$(1 - a^2 \sin^2 \varphi) \left(\frac{ds}{d\varphi}\right)^2 = a^2 \sin^2 \varphi ,$$

sodass (9) liefert:

$$\frac{dy}{d\varphi} = \sqrt{1 - \left(\frac{dx}{ds}\right)^2} \frac{ds}{d\varphi} = \frac{a^2 \sin^2 \varphi}{\sqrt{1 - a^2 \sin^2 \varphi}} .$$

Bezeichnen wir $a < 1$ mit c, so kommt daher nach (10):

$$x = c \cos \varphi , \quad y = F(c, \varphi) - E(c, \varphi) .$$

Ist zweitens $a = 1$, so ergiebt sich dieselbe Curve, natürlich für $c = 1$. Sie hat, wie wir sehen werden, eine wesentlich andere Gestalt als die Curven für $c < 1$.

Ist drittens $a > 1$, so setzen wir:

$$x = \frac{a + 1}{2} e^s + \frac{a - 1}{2} e^{-s} = a \sqrt{1 - \frac{1}{a^2} \sin^2 \varphi} .$$

Alsdann ist:

$$\left(\frac{dx}{ds}\right)^2 = \left(\frac{a+1}{2}e^s - \frac{a-1}{2}e^{-s}\right)^2 = \cos^2\varphi$$

und:

$$\left(\frac{ds}{d\varphi}\right)^2 = \frac{1}{a^2}\,\frac{\sin^2\varphi}{1-\frac{1}{a^2}\sin^2\varphi},$$

sodass (9) liefert:

$$\frac{dy}{d\varphi} = \frac{1}{a}\,\frac{\sin^2\varphi}{\sqrt{1-\frac{1}{a^2}\sin^2\varphi}}.$$

Bezeichnen wir $\frac{1}{a} < 1$ mit c, so ergiebt sich folglich nach (10):

$$x = \frac{1}{c}\sqrt{1-c^2\sin^2\varphi}, \qquad y = \frac{1}{c}F(c,\varphi) - \frac{1}{c}E(c,\varphi).$$

Für $c = 1$ ergiebt sich wieder die Curve im Fall $a = 1$.

Demnach haben wir gefunden:

Satz 65: Jede reelle Curve der Ebene, für die das Product des Krümmungsradius in die Normale — diese gerechnet bis zu ihrem Schnittpunkt mit einer festen Geraden — einen constanten Wert hat, lässt sich durch geeignete ähnliche Vergrösserung oder Verkleinerung überführen in eine der folgenden Curven:

(Ia) $\quad x = c\cos\varphi, \quad y = E(c,\varphi),$

(Ib) $\quad x = \frac{1}{c}\Delta\varphi, \quad y = \frac{1}{c}E(c,\varphi) - \frac{1-c^2}{c}F(c,\varphi),$

(IIa) $\quad x = c\cos\varphi, \quad y = F(c,\varphi) - E(c,\varphi),$

(IIb) $\quad x = \frac{1}{c}\Delta\varphi, \quad y = \frac{1}{c}F(c,\varphi) - \frac{1}{c}E(c,\varphi).$

Dabei bedeutet φ den Parameter, c eine positive Constante kleiner oder gleich Eins; ferner ist

$$\Delta\varphi = \sqrt{1-c^2\sin^2\varphi},$$

$$E(c,\varphi) = \int_0^\varphi \Delta\varphi\,d\varphi, \qquad F(c,\varphi) = \int_0^\varphi \frac{d\varphi}{\Delta\varphi}.$$

Bei allen vier Curven ist jenes constante Product absolut genommen gleich Eins, bei den beiden ersten liegt der Krümmungsradius nach derselben Seite wie die Normale, bei den beiden letzten nach der entgegengesetzten Seite.

Die Curven, die durch Verschieben einer der Curven (Ia) oder (Ib) längs der y-Axe hervorgehen, sind die orthogonalen Trajectorien derjenigen Curven, die in derselben Weise aus der Curve (IIa) bez. (IIb) hervorgehen.

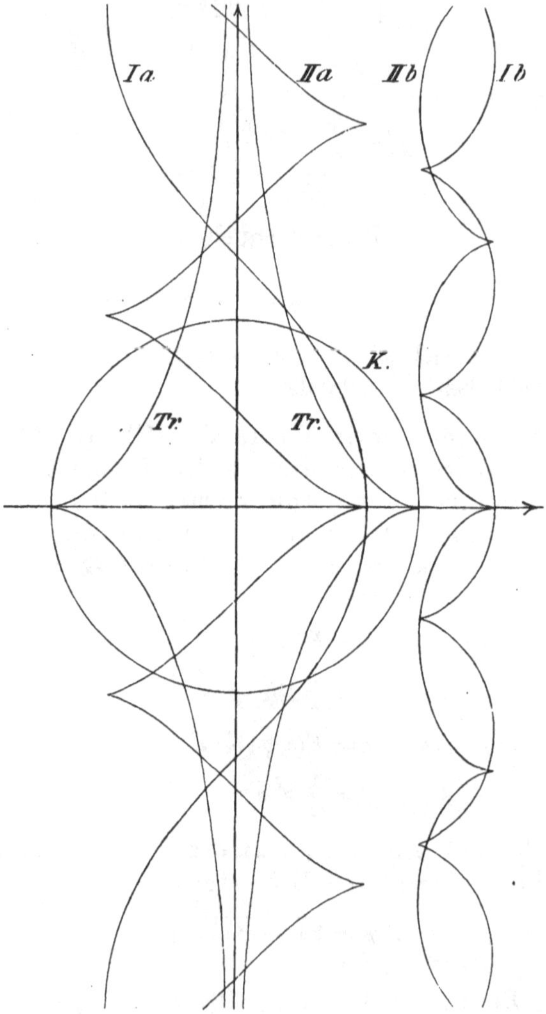

Fig. 28.

Wir haben in diesem Satze die oben gelegentlich angewandte Spiegelung an der y-Axe deshalb nicht zu erwähnen brauchen, weil jede der Curven, wie man leicht sieht, durch eine solche Spiegelung in sich, nur längs der y-Axe verschoben, übergeht. — Die Auswertung der elliptischen Integrale $E(c, \varphi)$ und $F(c, \varphi)$ ist auf elementarem Wege nur durch Reihenentwickelung möglich. Zur exacten Zeichnung bedient man sich der für solche Integrale berechneten Tafeln. Doch ist es leicht, gewisse besondere Eigenschaften der Curven ohne dies zu erkennen, so ihre Symmetrie hinsichtlich der x-Axe, ihre Periodicität längs der y-Axe, die daraus folgt, dass unter den Integralzeichen die periodische Function $\sin\varphi$ auftritt, ferner ihre Spitzen u. s. w. In Fig. 28 sind die vier Curven für $c = \frac{1}{2}\sqrt{2} = 0{,}707\ldots$ dargestellt.[1] Dabei ist die Längeneinheit der Radius des eingezeichneten Kreises.

Dieser Kreis ergiebt sich in den Fällen (Ia) und (Ib) bei der Annahme $c = 1$. Entsprechend liefern die Fälle (IIa) und (IIb) eine Curve für $c = 1$, die eine orthogonale Trajectorie aller derjenigen Kreise vom Radius Eins ist, deren Mitten auf der y-Axe liegen. Die Curve hat also Radien dieser Kreise zu Tangenten, d. h. für diese Curve ist die Länge der Tangente, gemessen vom Berührungspunkt bis zur y-Axe, constant. Sie heisst eine Tractrix. Ihre Gleichungen:

$$x = \cos\varphi, \quad y = \int_0^\varphi \frac{d\varphi}{\cos\varphi} - \int_0^\varphi \cos\varphi\, d\varphi$$

können in endlicher Form geschrieben werden:

$$x = \cos\varphi, \quad y = \log\operatorname{tg}\left(\frac{\pi}{4} + \frac{\varphi}{2}\right) - \sin\varphi.$$

Auch diese Curve, die in den Punkten ($x = \pm 1$, $y = 0$) Spitzen hat, deren gemeinsame Tangente die x-Axe ist, besteht aus zwei Teilen, die sich sowohl der positiven als auch der negativen y-Axe ohne Ende, wie man sagt: asymptotisch (siehe S. 18) nähern.

[1] Der Leser kann die Curven ohne Mühe mit grosser Annäherung mittels einiger Krümmungskreise construieren, sobald er nur von den vier Zahlenwerten Gebrauch macht:

$$E\left(\frac{1}{2}\sqrt{2}, \frac{\pi}{4}\right) = 0{,}748, \qquad E\left(\frac{1}{2}\sqrt{2}, \frac{\pi}{2}\right) = 1{,}351,$$

$$F\left(\frac{1}{2}\sqrt{2}, \frac{\pi}{4}\right) = 0{,}826, \qquad F\left(\frac{1}{2}\sqrt{2}, \frac{\pi}{2}\right) = 1{,}854,$$

die sich übrigens leicht durch Annäherung berechnen lassen.

§ 16. Parameterlinien in der Ebene.

Zwei verschiedene Scharen von je ∞^1 Curven in der Ebene bilden ein Curvennetz. Wenn

(1) $$\Phi(x,y) = \text{Const.}, \quad \Psi(x,y) = \text{Const.}$$

die Gleichungen der beiden Scharen sind, so ist nach Satz 53, S. 82, vorauszusetzen, dass die Functionaldeterminante

$$\Phi_x \Psi_y - \Psi_x \Phi_y$$

für beliebige Werte von x, y von Null verschieden sei, weil sonst beide Scharen zusammenfallen. Wählen wir einen beliebigen Punkt (x, y) bestimmt aus, so werden für ihn Φ und Ψ gewisse Werte u und v haben:

(2) $$\Phi(x,y) = u, \quad \Psi(x,y) = v.$$

Alsdann ist in den laufenden Coordinaten $\mathfrak{x}$, $\mathfrak{y}$

$$\Phi(\mathfrak{x}, \mathfrak{y}) = u$$

die Gleichung der Curve der einen Schar, die durch den gewählten Punkt (x,y) geht, und

$$\Psi(\mathfrak{x}, \mathfrak{y}) = v$$

die Gleichung der Curve der anderen Schar durch diesen Punkt (x,y).

Zu jedem Punkt (x, y) gehört also ein Wertepaar u, v.

Wenn wir uns die Gleichungen (2) nach x, y aufgelöst denken, was nach Satz 55, S. 83, statthaft ist, so werden wir vor uns zwei Gleichungen haben von der Form:

(3) $$\varphi(u,v) = x, \quad \psi(u,v) = y.$$

Ist das Wertepaar u, v gegeben, so liefern diese Gleichungen den Punkt (x, y), zu dem das Wertepaar gehört, d. h. sie geben die Coordinaten des Punktes, in dem die beiden Curven in den laufenden Coordinaten $\mathfrak{x}$, $\mathfrak{y}$:

$$\Phi(\mathfrak{x}, \mathfrak{y}) = u, \quad \Psi(\mathfrak{x}, \mathfrak{y}) = v$$

einander schneiden.

Zu jedem Wertepaar u, v gehört also ein Punkt (x,y).

Da die Gleichungen (3) rückwärts wieder die Gleichungen (2) als Auflösungen nach u und v haben, so folgt nach dem erwähnten Satze, dass auch die Functionaldeterminante

$$\varphi_u \psi_v - \psi_u \varphi_v$$

für ein beliebiges Wertepaar u, v von Null verschieden ist.

Beispiel: Es mögen die Gleichungen

$$\sqrt{x^2 + y^2} = \text{Const.}, \quad \operatorname{arc\,tg} \frac{y}{x} = \text{Const.}$$

vorliegen. Die erste stellt alle Kreise um den Anfangspunkt als Mittelpunkt, die zweite alle Geraden durch den Anfangspunkt dar. Ein beliebiger Punkt (x, y) ist Schnittpunkt eines jener Kreise mit einer dieser Geraden, nämlich des Kreises mit dem Radius u und der Geraden, die den Winkel v mit der x-Axe bildet, wenn:

$$\sqrt{x^2 + y^2} = u, \quad \operatorname{arc\,tg} \frac{y}{x} = v$$

gesetzt wird. Umgekehrt giebt die Auflösung dieser Gleichungen nach u und v:

$$u \cos v = x, \quad u \sin v = y.$$

Die Grössen u, v sind bekanntlich die sogenannten Polarcoordinaten des Punktes (x, y).

Daraus, dass zu jedem Punkte (x, y) ein Wertepaar u, v und zu jedem Wertepaar u, v ein Punkt (x, y) gehört, schliessen wir, dass wir auch u und v anstelle von x und y als Bestimmungsstücke des Punktes benutzen können. Wenn wir einen Punkt durch seine rechtwinkligen Coordinaten x und y festlegen, so kommt dies darauf hinaus, dass wir angeben, der Punkt soll auf einer gewissen Parallelen zur y-Axe und auf einer gewissen Parallelen zur x-Axe liegen. Wenn wir nun u und v statt x und y geben, so heisst dies geometrisch, der fragliche Punkt soll auf der Curve $\Phi(x, y) = u$ und auf der Curve $\Psi(x, y) = v$ liegen, d. h. wir bestimmen den Punkt als Schnittpunkt zweier Curven. Daher heissen u und v auch krummlinige Coordinaten oder Parameter des Punktes.[1]

Indem wir also irgend zwei voneinander verschiedene Scharen (1) von je ∞^1 Curven annehmen, führen wir ein neues krummliniges Coordinatensystem ein; und dies liefert die allgemeinste Art von Punktcoordinaten, die überhaupt in der Ebene möglich sind. Die dabei zu Grunde liegenden Curven heissen die Parameterlinien.

Beispiele: Im gewöhnlichen rechtwinkligen Coordinatensystem sind die Parameterlinien zwei zu einander senkrechte Scharen von Parallelgeraden. Im schiefwinkligen System treten an ihre Stelle zwei beliebige Scharen von Parallelgeraden. Bei Benutzung von Polarcoordinaten sind die Parameter-

[1] Die systematische Anwendung krummliniger Coordinaten in der Ebene und auf Flächen verdanken wir Gauss, „Disquisitiones generales circa superficies curvas", Commentationes Soc. Scient. Gottingensis recentiores Vol. VI (ad a. 1823—1827), Göttingen, 1828. Siehe auch Gauss' Werke, 4. Bd., und die Uebersetzung in Ostwald's Klassikern Nr. 5.

linien concentrische Kreise und Geraden durch ihre gemeinsame Mitte. Bei **dipolaren** Coordinaten, d. h. wenn wir den Punkt durch seine Abstände u, v von zwei festen Punkten, Polen, geben, sind die Parameterlinien concentrische Kreise um den einen und concentrische Kreise um den anderen Pol.

Wir wollen für die Folge voraussetzen, dass uns zwei Gleichungen

$$x = \varphi(u, v), \quad y = \psi(u, v) \tag{4}$$

gegeben seien, die auch nach u und v theoretisch auflösbar sind, anders ausgesprochen, für die die Functionaldeterminante

$$\varphi_u \psi_v - \psi_u \varphi_v$$

bei beliebigem u und v von Null verschieden ist. Wir wollen alsdann immer die Punkte durch die zugehörigen krummlinigen Coordinaten oder Parameter u und v charakterisieren.

In gewöhnlichen Coordinaten giebt das Constans-Setzen einer Coordinate eine Reihe von unendlich vielen Punkten, nämlich die Punkte einer Parallelen zur y- oder x-Axe. Setzen wir

$$u = \text{Const.},$$

so heisst dies, dass wir alle die Punkte betrachten, bei denen in den Werten (4) von x und y die Grösse u einen festen Wert hat, aber v veränderlich ist. Da die Gleichungen (4) die Auflösungen von (2) sind, so sieht man, dass die Elimination der Veränderlichen v aus (4) die Gleichung

$$\Phi(x, y) = u = \text{Const.}$$

giebt, d. h. die Gleichung einer Parameterlinie. Im krummlinigen Coordinatensystem liefert uns also das Constans-Setzen einer Coordinate u (oder v) eine Parameterlinie $u = \text{Const.}$ (oder $v = \text{Const.}$).

Wählen wir u bestimmt, etwa gleich u_0, so soll die damit ausgedrückte Parameterlinie

$$\Phi(x, y) = u_0$$

die Parameterlinie (u_0) heissen. Entsprechend heisse Parameterlinie (v_0) diejenige Curve, längs deren v den festen Wert v_0 hat, d. h. nach (2) die Curve

$$\Psi(x, y) = v_0 .$$

Längs einer Parameterlinie (u_0) ist v veränderlich, längs einer Parameterlinie (v_0) ist u veränderlich. Der Leser möge sich dies etwa am Beispiel der Polarcoordinaten klar machen.

Von Wichtigkeit war für uns vielfach der analytische Ausdruck:

(5) $$ds = \sqrt{dx^2 + dy^2}$$

für den Weg, den der Punkt (x, y) zurücklegt, wenn seine Coordinaten x und y um die unendlich kleinen Grössen dx und dy zunehmen. Wir werden deshalb fragen, wie sich dies sogenannte Bogenelement ds im neuen Coordinatensystem (u, v) darstellt. Wir stellen uns also vor, der Punkt (u, v) gehe in den unendlich benachbarten Punkt $(u + du,\ v + dv)$ über. Seine gewöhnlichen Coordinaten x, y wachsen dann um Incremente dx, dy, die sich aus (4) sofort berechnen lassen:

$$dx = \varphi_u du + \varphi_v dv, \quad dy = \psi_u du + \psi_v dv,$$

sodass nach (5) das Quadrat des Bogenelementes jetzt so erscheint:

(6) $$ds^2 = (\varphi_u^2 + \psi_u^2) du^2 + 2(\varphi_u \varphi_v + \psi_u \psi_v) du\, dv + (\varphi_v^2 + \psi_v^2) dv^2.$$

Der Punkt (u, v) ist der Schnittpunkt einer Parameterlinie (u) und einer Parameterlinie (v). Der benachbarte Punkt $(u + du,$ $v + dv)$ ist Schnittpunkt zweier unendlich benachbarter Parameterlinien $(u + du)$ und $(v + dv)$ (siehe Fig. 29). Formel (6) liefert die Entfernung beider Punkte voneinander.

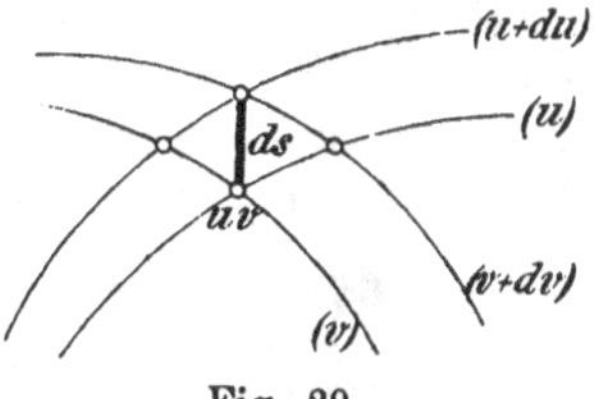

Fig. 29.

Es möge ω den Winkel der beiden Parameterlinien (u) und (v) in ihrem Schnittpunkt (u, v) bedeuten, und zwar genauer denjenigen Winkel, den die Tangente der Parameterlinie (v) des Punktes (u, v) beschreibt, wenn sie in die Tangente der Parameterlinie (u) des Punktes (u, v) übergeführt wird. Um diesen Winkel ω zu berechnen, bestimmen wir zunächst die Winkel α und β der beiden Tangenten mit der x-Axe.

Längs der Curve (v) ist u veränderlich, nach (4) ist daher hier:

$$dx = \varphi_u du, \quad dy = \psi_u du,$$

oder

(7) $$\operatorname{tg} \alpha = \frac{dy}{dx} = \frac{\varphi_u}{\psi_u}.$$

Der soeben betrachtete Punkt $(x + dx,\ y + dy)$ ist der Schnittpunkt der Parameterlinien $(u + du)$ mit der Parameterlinie (v) in obiger Figur. Analog ist längs der Curve (u) der Parameter v veränderlich, also nach (4):

$$dx = \varphi_v dv, \quad dy = \psi_v dv,$$

sodass kommt:

$$\text{(8)} \qquad \operatorname{tg}\beta = \frac{dy}{dx} = \frac{\psi_v}{\varphi_v}.$$

Der soeben betrachtete Punkt $(x + dx,\ y + dy)$ ist der Schnittpunkt der Parameterlinie (u) mit der Parameterlinie $(v + dv)$. Nun ist

$$\omega = \beta - \alpha,$$

demnach:

$$\operatorname{tg}\omega = \frac{\operatorname{tg}\beta - \operatorname{tg}\alpha}{1 + \operatorname{tg}\beta\operatorname{tg}\alpha}$$

oder nach (7) und (8)

$$\text{(9)} \qquad \operatorname{tg}\omega = \frac{\varphi_u\psi_v - \psi_u\varphi_v}{\varphi_u\varphi_v + \psi_u\psi_v}.$$

Nach Voraussetzung ist der Zähler, die Functionaldeterminante von φ und ψ, für beliebiges u und v von Null verschieden, was eben nichts anderes aussagt, als dass die beiden Parameterlinien im Allgemeinen in ihrem Schnittpunkt verschiedene Tangentenrichtungen haben.

Nach (9) ist nun $\operatorname{tg}\omega = \pm\infty$, wenn der Nenner gleich Null ist. Dann also schneiden die Parameterlinien (u), (v) einander im Punkte (u, v) senkrecht. Wenn dies an jeder Stelle (u, v) eintritt, so liegt ein krummliniges, aber doch rechtwinkliges Coordinatensystem vor: Die Parameterlinien sind zwei einander senkrecht durchsetzende Scharen von je ∞^1 Curven. Man nennt zwei solche Scharen ein Orthogonalsystem.

Satz 66: Die Gleichungen

$$x = \varphi(u, v), \qquad y = \psi(u, v)$$

definieren ein Orthogonalsystem von Parameterlinien (u) und (v), wenn für beliebige Wertepaare u, v:

$$\varphi_u\varphi_v + \psi_u\psi_v = 0$$

oder:

$$\frac{\partial x}{\partial u}\frac{\partial x}{\partial v} + \frac{\partial y}{\partial u}\frac{\partial y}{\partial v} = 0$$

ist.

Bequemer ist es manchmal, den Satz in folgender Form anzuwenden, zu der man durch (6) geführt wird:

Satz 67: Die Gleichungen

$$x = \varphi(u, v), \qquad y = \psi(u, v)$$

definieren ein Orthogonalsystem von Parameterlinien (u) und (v), wenn in dem aus den Differentialen

$$dx = \varphi_u du + \varphi_v dv, \qquad dy = \psi_u du = \psi_v dv$$

gebildeten Quadrate des Bogenelementes

$$dx^2 + dy^2$$

das Glied mit $du\,dv$ fehlt.

1. Beispiel: Liegen Polarcoordinaten u, v vor, d. h. ist nach S. 107:

$$x = u \cos v, \quad y = u \sin v,$$

so ist $\varphi = u \cos v$, $\psi = u \sin v$. Die Bedingung der Orthogonalität: $\varphi_u \varphi_v + \psi_u \psi_v = 0$ ist erfüllt, was auch geometrisch einleuchtet.

2. Beispiel: Die Gleichung:

$$\frac{x^2}{a^2 + \lambda} + \frac{y^2}{b^2 + \lambda} = 1 \tag{10}$$

stellt, wenn a^2 und b^2 bestimmte reelle Zahlen sind und $a^2 > b^2$ ist, für jeden reellen constanten Wert von $\lambda > -a^2$ eine Ellipse oder eine Hyperbel mit denselben Brennpunkten $x = \pm \sqrt{a^2 - b^2}$ auf der x-Axe dar, und zwar eine Ellipse, wenn $\lambda > -b^2$, und eine Hyperbel, wenn $\lambda < -b^2$ ist. Bekanntlich schneiden diese confocalen Kegelschnitte einander senkrecht. Wählen wir irgend einen Punkt (x, y) in der Ebene, so geht durch ihn eine Ellipse und eine Hyperbel mit jenen beiden Brennpunkten. Wir können daher die confocalen Ellipsen und Hyperbeln als Parameterlinien eines neuen Coordinatensystems benutzen. Thatsächlich hat die Gleichung (10) bei gegebenem x und y zwei Lösungen λ, da sie in λ quadratisch ist, und zwar ist die eine grösser als $-a^2$ und kleiner als $-b^2$ und die andere grösser als $-b^2$. Bezeichnen wir sie mit u und v, so haben wir also zu jedem Punkt (x, y) krummlinige Coordinaten u, v derart, dass die Parameterlinien confocale Ellipsen und Hyperbeln sind, also ein Orthogonalsystem bilden. Man nennt diese Coordinaten u, v, also die Wurzeln der quadratischen Gleichung (10) für λ, elliptische Coordinaten in der Ebene.[1]

In gewöhnlichen Coordinaten x, y stellt eine Gleichung zwischen beiden eine Curve dar; dasselbe gilt in den krummlinigen Coordinaten, denn die Gleichung

$$f(u, v) = 0 \tag{11}$$

sagt aus, dass die Gesamtheit derjenigen Punkte (u, v) betrachtet werden soll, deren Bestimmungsstücke u, v einer Bedingung genügen, sodass also etwa u beliebig gewählt werden kann und dann v eine Function von u ist:

$$v = \lambda(u).$$

Jede Parameterlinie (u) bringen wir also mit derjenigen Parameterlinie (v) zum Schnitt, deren $v = \lambda(u)$ ist. So erhalten wir auf jeder

[1] Lamé, „Mémoire sur les surfaces isothermes dans les corps solides homogènes en équilibre de température", prés. à l'Acad. de Paris 1833, Journal de Mathém. T. II, 1837.

Parameterlinie (u) einen Punkt. Die Gesamtheit der Punkte ist eine Curve. In gewöhnlichen Coordinaten x, y schreibt man die Gleichung dieser Curve (11), wenn man die Auflösungen (2) von (4) in (11) für u und v einsetzt, wodurch sich ergiebt:

$$f(\Phi(x,y),\ \Psi(x,y)) = 0.$$

Schliesslich ist noch eine Frage zu erörtern: Zu jedem System krummliniger Coordinaten u, v in der Ebene gehören zwei Scharen von je ∞^1 Parameterlinien. Es fragt sich, ob umgekehrt zu jedem Paar von Curvenscharen ganz bestimmt definierte krummlinige Coordinaten gehören. Dies ist nicht der Fall. Denn die Parameterlinien sind in gewöhnlichen Coordinaten die Curvenscharen:

$$\Phi(x,y) = \text{Const.} \quad \text{und} \quad \Psi(x,y) = \text{Const.},$$

und nach S. 81 lassen sich diese Scharen auch so schreiben:

$$A(\Phi) = \text{Const.} \quad \text{und} \quad B(\Psi) = \text{Const.},$$

wenn A und B beliebige Functionen von Φ bez. Ψ bedeuten. Zu demselben System von Parameterlinien gehören daher auch die durch

$$A(\Phi) = \bar{u}, \qquad B(\Psi) = \bar{v}$$

definierten krummlinigen Coordinaten $\bar{u}$, $\bar{v}$, die wegen (2) mit den ursprünglichen krummlinigen Coordinaten u, v so zusammenhängen:

$$\bar{u} = A(u), \qquad \bar{v} = B(v).$$

Die Scharen der Parameterlinien werden also nicht geändert, wenn man als Bestimmungsstücke der Punkte anstelle der Coordinaten u, v irgend zwei Functionen $\bar{u}$ und $\bar{v}$ von u bez. v allein einführt. Es ist diese Bemerkung öfters nützlich, wenn man den Wunsch hat, bestimmte Curven als Parameterlinien zu benutzen. Das Mittel, statt der Parameter u und v Functionen von u bez. v allein als neue Parameter einzuführen, kann dann dazu beitragen, die Formeln zu vereinfachen.

§ 17. Curvennetze in der Ebene.

Es seien die Punkte (x, y) der Ebene auf ein krummliniges Coordinatensystem u, v vermöge zweier Gleichungen:

(1) $$x = \varphi(u,v), \qquad y = \psi(u,v)$$

bezogen, bei denen also die Functionaldeterminante

$$\varphi_u \psi_v - \psi_u \varphi_v$$

für ein beliebiges Wertepaar u, v einen von Null verschiedenen Wert hat.

Geben wir dem Parameter u eine Reihe von Werten, unter denen jeder folgende von dem vorhergehenden nur um eine unendlich kleine Grösse abweicht, so werden die zugehörigen Parameterlinien (u) eine Schar von unendlich benachbarten Curven bilden. Diese Schar kann aber immer noch eine teilweis willkürliche Dichtigkeit haben, denn du ist zwar unendlich klein, aber wir können du in verschiedener Weise unendlich klein annehmen.

Eine bestimmte Schar unendlich dicht aufeinander folgender Parameterlinien (u) wird man erst dann erhalten, wenn man du mit dem jeweiligen u in gesetzmässigen Zusammenhang bringt, wenn man also unter ε eine immer gleich gewählte unendlich kleine Grösse versteht und ansetzt:

$$du = \alpha(u)\varepsilon .$$

$\alpha(u)$ soll dabei eine beliebig, aber bestimmt gewählte Function von u bedeuten. Entsprechendes gilt von der zweiten Schar von Parameterlinien.

Wir kommen also zu einem ganz bestimmten, überall unendlich dichten Netz von Parameterlinien, wenn wir u und v beständig um

(2) $$du = \alpha(u)\varepsilon, \quad dv = \beta(v)\varepsilon$$

wachsen lassen, indem wir unter u, v die jeweiligen Werte der Parameter für die zuletzt gezogenen Parameterlinien verstehen. Dieses Netz zerlegt die Ebene in unendlich kleine Vierecke. Es ist dann naheliegend, von den Diagonalcurven des Netzes zu sprechen. Es sind dies die Linien, die von den aufeinander folgenden Diagonalen jener Vierecke gebildet werden. (Siehe Fig. 30.) Nach den letzten Bemerkungen des vorigen Paragraphen werden die Diagonalcurven — wie alle Curven in der Ebene — durch Gleichungen zwischen

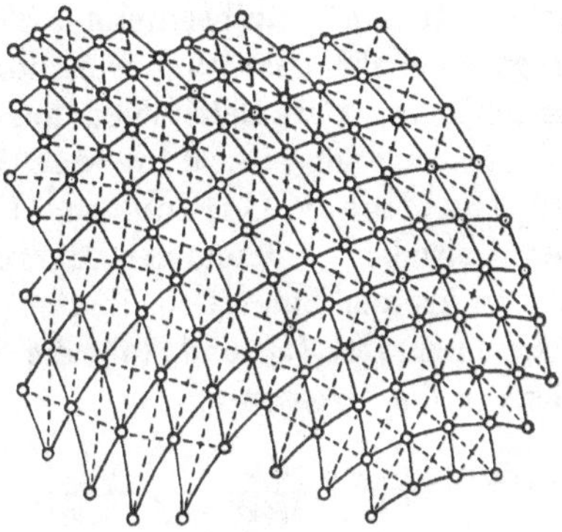

Fig. 30.

u und v darstellbar sein. Sie sind leicht zu bestimmen. Ist (u, v) ein Knotenpunkt des Netzes, so gehen durch ihn zwei Diagonalcurven. Auf der einen wächst u um $du = \alpha(u)\varepsilon$ und v um $dv = \beta(v)\varepsilon$, auf der anderen wächst u um $\alpha(u)\varepsilon$ und v um $-\beta(v)\varepsilon$. (Gehen wir auf den Diagonalcurven entgegengesetzt weiter, so haben wir hier nur überall + mit − zu vertauschen, was auf das Folgende keinen Einfluss hat.) Auf der einen Diagonalcurve ist also — da ε immer dieselbe Grösse bedeutet —:

$$\frac{du}{\alpha(u)} - \frac{dv}{\beta(v)} = 0, \tag{3}$$

auf der anderen:

$$\frac{du}{\alpha(u)} + \frac{dv}{\beta(v)} = 0. \tag{3'}$$

Hieraus aber folgt, dass auf der einen Diagonalcurve:

$$\int \frac{du}{\alpha(u)} - \int \frac{dv}{\beta(v)} = \text{Const.}, \tag{4}$$

auf der anderen:

$$\int \frac{du}{\alpha(u)} + \int \frac{dv}{\beta(v)} = \text{Const.} \tag{4'}$$

ist. Die Gleichung (4) ist für jeden Wert der Constanten die endliche Gleichung einer Diagonalcurve der einen Art, entsprechend (4′) die einer Diagonalcurve der anderen Art.

Da zur Bestimmung der Diagonalcurven (4) und (4′) die Annahme von $\alpha(u)$ und $\beta(v)$ wesentlich ist, so sieht man, dass es zu den Parameterlinien eines krummlinigen Coordinatensystems u, v nicht etwa ein ganz bestimmtes Netz von Diagonalcurven giebt. Es hängt vielmehr wesentlich von der Art ab, wie man die unendlich benachbarten Parameterlinien auswählt.

Es leuchtet ein, dass das Netz der Diagonalcurven die ursprünglichen Curven zu Diagonalcurven hat. Um diese Gegenseitigkeit vollkommen darzustellen, fragen wir daher nach solchen krummlinigen Coordinaten, bei denen die soeben bestimmten Diagonalcurven (4) und (4′) die Parameterlinien sind. Das sind offenbar die Grössen:

$$U = \int \frac{du}{\alpha(u)} - \int \frac{dv}{\beta(v)}, \quad V = \int \frac{du}{\alpha(u)} + \int \frac{dv}{\beta(v)}, \tag{5}$$

denn $U =$ Const. und $V =$ Const. stellen ja nach (4) und (4′) jene Diagonalcurven dar. Nach (5) sind U und V Functionen von u

und v. Umgekehrt sind auch u, v Functionen von U und V, denn die Functionaldeterminante

$$U_u V_v - U_v V_u = \frac{2}{\alpha(u)\beta(v)}$$

ist für beliebige u, v von Null verschieden. (Siehe Satz 55, S. 83.)

Wir haben in (1) die gewöhnlichen Punktcoordinaten x, y als Functionen von u, v dargestellt. Führen wir hierin die aus (5) durch Auflösung nach u und v folgenden Functionen u und v von U und V ein, so finden wir, dass sich die gewöhnlichen Punktcoordinaten x, y als Functionen von U und V darstellen lassen. Damit sind dann U, V als neue krummlinige Coordinaten eingeführt; die Parameterlinien (U) und (V) sind Diagonalcurven der ursprünglichen Parameterlinien (u) und (v) und umgekehrt.

Nach Satz 66, S. 110, bilden die ursprünglichen Curven (u), (v) ein Orthogonalsystem, wenn stets

$$\frac{\partial x}{\partial u}\frac{\partial x}{\partial v} + \frac{\partial y}{\partial u}\frac{\partial y}{\partial v} = 0 \tag{6}$$

ist. Daher bilden die Diagonalcurven (U), (V) ein Orthogonalsystem, wenn

$$\frac{\partial x}{\partial U}\frac{\partial x}{\partial V} + \frac{\partial y}{\partial U}\frac{\partial y}{\partial V} = 0 \tag{7}$$

ist.

Die unendlich kleinen Vierecke eines Netzes haben die Eigentümlichkeit, dass auch der Winkel, den zwei gegenüberliegende Seiten eines solchen Vierecks miteinander bilden, unendlich klein ist. Bei ähnlicher Vergrösserung des Vierecks werden die Seiten zwar länger, aber der Richtungsunterschied von Gegenseiten bleibt der alte. Wir können deshalb ein Viereck von endlicher Ausdehnung herstellen, das einem solchen unendlich kleinen Viereck ähnlich ist und in dem der Richtungsunterschied von Gegenseiten unendlich klein ist. Bei einem endlichen Viereck aber kommt dieser unendlich kleine Richtungsunterschied nicht in Betracht, d. h. es darf als ein Parallelogramm bezeichnet werden. Die unendlich kleinen Vierecke eines Netzes dürfen wir deshalb ebenfalls Parallelogramme nennen. Unter einem unendlich kleinen Parallelogramm verstehen wir eben ein unendlich kleines Viereck, bei dem die Richtungsunterschiede der Gegenseiten auch unendlich klein sind, was bei einem beliebigen unendlich kleinen Vierecke durchaus nicht der Fall zu sein braucht. Wir dürfen hiernach die unendlich kleinen Vierecke eines Netzes insbesondere Rhomben nennen, wenn die Diagonalen der Vierecke zu einander senkrecht sind, wenn also die Diagonalcurven die Bedingung (7) der Orthogonalität erfüllen.

Diese Bedingung (7) wollen wir statt in U, V jetzt in u, v ausdrücken. Es ist:

$$dx = \frac{\partial x}{\partial u} du + \frac{\partial x}{\partial v} dv = \frac{\partial x}{\partial U} dU + \frac{\partial x}{\partial V} dV,$$

also nach (5):

$$\frac{\partial x}{\partial u} du + \frac{\partial x}{\partial v} dv = \frac{\partial x}{\partial U}\left(\frac{du}{\alpha} - \frac{dv}{\beta}\right) + \frac{\partial x}{\partial V}\left(\frac{du}{\alpha} + \frac{dv}{\beta}\right),$$

mithin, da dies für alle Incremente du, dv gilt, einzeln:

$$\frac{\partial x}{\partial u} = \frac{1}{\alpha}\left(\frac{\partial x}{\partial U} + \frac{\partial x}{\partial V}\right), \quad \frac{\partial x}{\partial v} = \frac{1}{\beta}\left(-\frac{\partial x}{\partial U} + \frac{\partial x}{\partial V}\right),$$

woraus durch Auflösung folgt:

$$\frac{\partial x}{\partial U} = \frac{1}{2}\left(\alpha \frac{\partial x}{\partial u} - \beta \frac{\partial x}{\partial v}\right), \quad \frac{\partial x}{\partial V} = \frac{1}{2}\left(\alpha \frac{\partial x}{\partial u} + \beta \frac{\partial x}{\partial v}\right).$$

Analog ist:

$$\frac{\partial y}{\partial U} = \frac{1}{2}\left(\alpha \frac{\partial y}{\partial u} - \beta \frac{\partial y}{\partial v}\right), \quad \frac{\partial y}{\partial V} = \frac{1}{2}\left(\alpha \frac{\partial y}{\partial u} + \beta \frac{\partial y}{\partial v}\right).$$

Die Bedingung (7) kann daher so geschrieben werden:

$$(8) \qquad \alpha^2\left(\left(\frac{\partial x}{\partial u}\right)^2 + \left(\frac{\partial y}{\partial u}\right)^2\right) = \beta^2\left(\left(\frac{\partial x}{\partial v}\right)^2 + \left(\frac{\partial y}{\partial v}\right)^2\right).$$

Daher kommt:

Satz 68: Damit sich die Curven (u) und (v), die durch

$$x = \varphi(u, v), \quad y = \psi(u, v)$$

definiert werden, so anordnen lassen, dass sie ein Netz von unendlich kleinen Rhomben bilden, ist notwendig und hinreichend, dass es eine Function α von u allein und eine Function β von v allein giebt, derart, dass für beliebige Wertepaare u, v:

$$\alpha^2(u)(\varphi_u{}^2 + \psi_u{}^2) = \beta^2(v)(\varphi_v{}^2 + \psi_v{}^2)$$

ist.

Analog wie wir dem Satze 66, S. 110, auch die Form des Satzes 67 gaben, in dem von dem Quadrate des Bogenelementes die Rede war, dessen allgemeiner Ausdruck in (6), S. 109, angegeben wurde, können wir den jetzigen Satz auch so formulieren:

Satz 69: Damit sich die durch

$$x = \varphi(u, v), \quad y = \psi(u, v)$$

definierten Curven (u) und (v) so anordnen lassen, dass sie ein Netz von unendlich kleinen Rhomben bilden, ist notwendig und hinreicheud, dass sich in dem aus

$$dx = \varphi_u du + \varphi_v dv, \quad dy = \psi_u du + \psi_v dv$$

gebildeten Quadrate des Bogenelementes

$$dx^2 + dy^2$$

die Coefficienten von du^2 und dv^2 zu einander wie eine Function von u allein zu einer Function von v allein verhalten.

Wenn in einem unendlich kleinen Netzparallelogramm der Winkel in einer Ecke ein rechter ist, so ist es ein Rechteck zu nennen; wenn es zugleich ein Rhombus ist, so heisst es ein unendlich kleines Quadrat. Die Sätze 66 und 68 geben also zusammen den

Satz 70: Damit sich die durch

$$x = \varphi(u, v), \quad y = \psi(u, v)$$

definierten Curven (u) und (v) so anordnen lassen, dass sie die Ebene in unendlich kleine Quadrate zerlegen, ist notwendig und hinreichend, dass einerseits

$$\varphi_u \varphi_v + \psi_u \psi_v = 0$$

ist und es andererseits eine Function α von u allein und eine Function β von v allein giebt, sodass

$$\alpha^2(u)(\varphi_u^2 + \psi_u^2) = \beta^2(v)(\varphi_v^2 + \psi_v^2)$$

ist.

Oder auch:

Satz 71: Damit sich die durch

$$x = \varphi(u, v), \quad y = \psi(u, v)$$

definierten Curven (u) und (v) so anordnen lassen, dass sie die Ebene in unendlich kleine Quadrate zerlegen, ist notwendig und hinreichend, dass in dem aus

$$dx = \varphi_u du + \varphi_v dv, \quad dy = \psi_u du + \psi_v dv$$

gebildeten Quadrate des Bogenelementes

$$dx^2 + dy^2$$

erstens das Glied mit $du\,dv$ fehlt und zweitens das Verhältnis des Coefficienten von du^2 zu dem Coefficienten von dv^2 gleich dem Verhältnis aus einer Function von u allein zu einer Function von v allein ist.

Ein Curvennetz, das die Ebene in unendlich kleine Quadrate zerlegt, heisst ein Isothermennetz. Wir kommen in § 19 darauf zurück.

Wir betrachten jetzt wie zu Anfang ein beliebiges Netz von Parameterlinien (u), (v) mit der durch (2) definierten Verteilung. Es soll der Inhalt des unendlich kleinen Netzparallelogramms mit der Ecke (u, v) bestimmt werden. Er wird unendlich klein von zweiter Ordnung sein und ist nach den Auseinandersetzungen auf S. 115 wie der Inhalt eines Parallelogramms von endlicher Ausdehnung zu berechnen. Der Inhalt ist also gleich dem Product aus dem Sinus des Netzwinkels ω im Punkte (u, v) und den beiden anliegenden Seiten, von denen die eine nach dem Punkte $(u + du, v)$, die andere nach dem Punkte $(u, v + dv)$ geht. Zur Veranschaulichung blicke man auf die frühere Fig. 29, S. 109, zurück.

Aus dem S. 110 angegebenen Werte (9) von $\operatorname{tg}\omega$ ziehen wir sofort:

$$\sin^2\omega = \frac{(\varphi_u\psi_v - \psi_u\varphi_v)^2}{(\varphi_u^2 + \psi_u^2)(\varphi_v^2 + \psi_v^2)}.$$

Die Formel (6) für das Quadrat des Bogenelementes ds auf S. 109 giebt ferner für das Quadrat der Seite von (u, v) bis $(u + du, v)$, da hier für dv Null zu setzen ist:

$$(\varphi_u^2 + \psi_u^2)\,du^2$$

und für das Quadrat der Seite von (u, v) bis $(u, v + dv)$:

$$(\varphi_v^2 + \psi_v^2)\,dv^2.$$

Also ist das Quadrat des Inhaltes dJ des Netzvierecks:

$$(dJ)^2 = (\varphi_u\psi_v - \psi_u\varphi_v)^2\,du^2\,dv^2. \tag{9}$$

Nach (2) aber ist $du = \alpha(u)\varepsilon$, $dv = \beta(v)\varepsilon$, während ε für alle Netzvierecke dieselbe infinitesimale Grösse ist. Es kommt mithin:

$$(dJ)^2 = (\varphi_u\psi_v - \psi_u\varphi_v)^2\,\alpha^2(u)\beta^2(v)\,\varepsilon^4. \tag{10}$$

Daher:

Satz 72: Damit sich die Curven (u) und (v), die durch

$$x = \varphi(u, v), \qquad y = \psi(u, v)$$

definiert werden, so anordnen lassen, dass die von ihnen eingeschlossenen unendlich kleinen Vierecke Inhalte haben, die einer gegebenen Function $\Omega(u, v)$ des Ortes (u, v) proportional sind, ist notwendig und hinreichend, dass es eine

Function α von u allein und eine Function β von v allein giebt, derart, dass für beliebige u und v:

$$\varphi_u \psi_v - \psi_u \varphi_v = \frac{\Omega(u, v)}{\alpha(u)\beta(v)}$$

ist.

Das Verhältnis der beiden im Punkte (u, v) beginnenden Seiten des Parallelogramms zu einander ist ferner offenbar gleich:

$$\frac{\alpha}{\beta}\sqrt{\frac{\varphi_u^2 + \psi_u^2}{\varphi_v^2 + \psi_v^2}},$$

sodass kommt:

Satz 73: Damit sich die durch

$$x = \varphi(u, v), \qquad y = \psi(u, v)$$

definierten Curven (u) und (v) so anordnen lassen, dass in den von ihnen bestimmten unendlich kleinen Parallelogrammen das Verhältnis der Seiten eine gegebene Function $\Omega(u, v)$ des Ortes (u, v) wird, ist notwendig und hinreichend, dass es eine Function α von u allein und eine Function β von v allein giebt, die für beliebige Wertepaare u, v der Gleichung

$$\frac{\varphi_u^2 + \psi_u^2}{\varphi_v^2 + \psi_v^2} = \frac{\beta^2(v)}{\alpha^2(u)}\Omega^2(u, v)$$

genügen.

§ 18. Flächentreue Abbildung der Ebene.

Wir machen eine Anwendung von den Ergebnissen des vorigen Paragraphen, indem wir die Frage nach allen flächentreuen Abbildungen der Ebene beantworten. Wir stellen uns vor, dass zwei Ebenen gegeben seien. In der einen sollen x, y, in der anderen u, v rechtwinklige Punktcoordinaten sein. Eine punktweise Abbildung der einen Ebene auf die andere ergiebt sich dann, sobald wir x und y als zwei beliebige, aber voneinander unabhängige Functionen von u und v geben:

(1) $$x = \varphi(u, v), \qquad y = \psi(u, v).$$

Denn dann entspricht einem beliebigen Punkte (u, v) der uv-Ebene ein bestimmter Punkt (x, y) der xy-Ebene; und da die Gleichungen — wenigstens theoretisch — auch nach u und v auflösbar sind, so entspricht auch einem beliebigen Punkt (x, y) der xy-Ebene ein bestimmter Punkt (u, v) der uv-Ebene.

Den Geraden $u = \text{Const.}$ der uv-Ebene entsprechen bei dieser Abbildung in der xy-Ebene diejenigen Curven, die durch (1) dargestellt werden, wenn darin u festgehalten, aber v variiert wird. Ebenso entsprechen den Geraden $v = \text{Const.}$ der uv-Ebene in der xy-Ebene diejenigen Curven, die durch (1) bei festem v und variierendem u dargestellt werden. Die beiden Geradenscharen $u = \text{Const.}$, $v = \text{Const.}$ bilden sich also in der xy-Ebene als ein solches Curvennetz ab, wie wir es im vorigen Paragraphen besprochen haben.

Wenn wir nun in der uv-Ebene das von den vier Punkten (u, v), $(u + du, v)$, $(u, v + dv)$ und $(u + du, v + dv)$ gebildete unendlich kleine Rechteck zeichnen, so wird ihm in der xy-Ebene ein unendlich kleines Parallelogramm entsprechen, dessen Inhalt nach (9), S. 118, gleich

$$\pm (\varphi_u \psi_v - \psi_u \varphi_v)\, du\, dv$$

ist, während der Inhalt jenes Rechteckes in der uv-Ebene gleich

$$du\, dv$$

ist. Die beiden einander entsprechenden unendlich kleinen Flächenstücke sind mithin gleich gross, wenn

$$\varphi_u \psi_v - \psi_u \varphi_v = \pm 1$$

ist. Wir können uns auf das obere Vorzeichen beschränken, denn der Inhalt eines ebenen Flächenstückes ändert sein Vorzeichen, wenn die Ebene von der anderen Seite her betrachtet wird. Wir setzen also:

(2) $$\varphi_u \psi_v - \psi_u \varphi_v = 1\,.$$

Ist diese Bedingung für alle Werte von u und v erfüllt, so entspricht jedem der unendlich kleinen Rechtecke der uv-Ebene ein gleichgrosses Parallelogramm in der xy-Ebene. Da nun jede Fläche von endlicher Ausdehnung als Summe (Doppelintegral) solcher unendlich kleinen Stücke hergestellt werden kann, so wird also auch jeder Fläche der einen Ebene eine gleich grosse Fläche der anderen Ebene entsprechen. Daher:

Satz 74: Bei der durch die Gleichungen:

$$x = \varphi(u, v)\,, \qquad y = \psi(u, v)$$

vermittelten Abbildung einer Ebene mit den rechtwinkligen Punktcoordinaten u, v auf eine andere Ebene mit den rechtwinkligen Punktcoordinaten x, y wird jedes Flächenstück der einen Ebene in ein abgesehen vom Vorzeichen gleich grosses Flächenstück der anderen Ebene abgebildet, wenn die Functionen φ und ψ der Bedingung genügen:

$$\varphi_u \psi_v - \psi_u \varphi_v = 1 .$$

Eine solche Abbildung heisst flächentreu.

Es giebt nun unendlich viele flächentreue Abbildungen, denn der Bedingung (2) kann auf unendlich viele Weisen genügt werden. Denn wenn man z. B. die Function $\varphi(u, v)$ ganz beliebig wählt, so ist (2) eine partielle Differentialgleichung erster Ordnung für die noch unbekannte Function $\psi(u, v)$, und in der Theorie dieser Gleichungen wird das Vorhandensein von Lösungen ψ bewiesen. Aber wir brauchen diese Theorie hier nicht anzuwenden, da wir auf einem anderen Wege leicht alle flächentreuen Abbildungen finden können.

Dies geschieht dadurch,[1] dass wir nicht direct φ und ψ zu bestimmen suchen, sondern uns vorstellen, die Gleichungen (1) seien nach y und v aufgelöst, wodurch sich y und v als Functionen von x und u ergeben. Und diese Functionen zu bestimmen, ist einfacher.

Wenn wir nämlich unter y und v eben diejenigen Functionen von x und u verstehen, die sich durch Auflösung der Gleichungen (1) nach y und v ergeben, so erfüllen die partiellen Ableitungen von y und v nach den beiden Grössen x und u, die nunmehr die unabhängigen Veränderlichen sind, diejenigen vier Gleichungen, die sich durch vollständige Differentiation von (1) nach x und nach u ergeben. Differentiation von (1) nach x giebt:

$$1 = \varphi_v \frac{\partial v}{\partial x}, \quad \frac{\partial y}{\partial x} = \psi_v \frac{\partial v}{\partial x}$$

und Differentiation von (1) nach u giebt:

$$0 = \varphi_u + \varphi_v \frac{\partial v}{\partial u}, \quad \frac{\partial y}{\partial u} = \psi_u + \psi_v \frac{\partial v}{\partial u},$$

---

[1] Wir benutzen hier, um die Auswertung der Bedingung für flächentreue Abbildung durch sogenannte ausführbare Operationen zu leisten, einen Kunstgriff von GRAVÉ, auf dessen Arbeit „Sur la construction des cartes géographiques", Journ. de Math. (5e série), tome I, 1896, wir später noch einmal zurückkommen.

sodass aus diesen vier Gleichungen folgt:

$$\varphi_v = \frac{1}{\frac{\partial v}{\partial x}}, \qquad \psi_v = \frac{\frac{\partial y}{\partial x}}{\frac{\partial v}{\partial x}},$$

$$\varphi_u = -\frac{\frac{\partial v}{\partial u}}{\frac{\partial v}{\partial x}}, \qquad \psi_u = \frac{\partial y}{\partial u} - \frac{\frac{\partial y}{\partial x}\,\frac{\partial v}{\partial u}}{\frac{\partial v}{\partial x}}.$$

Setzen wir diese Werte in (2) ein, so kommt einfach:

$$(3) \qquad -\frac{\frac{\partial y}{\partial u}}{\frac{\partial v}{\partial x}} = 1.$$

Es handelt sich also darum, v und y so als Functionen von x und u zu bestimmen, dass sie dieser Forderung genügen. Sie kann auch so geschrieben werden:

$$\frac{\partial v}{\partial x} = \frac{\partial(-y)}{\partial u}$$

und zeigt also, dass v und $-y$ die ersten partiellen Differentialquotienten einer gewissen Function ω von x und u nach u bez. x sind:

$$(4) \qquad v = \frac{\partial \omega}{\partial u}, \qquad -y = \frac{\partial \omega}{\partial x}.$$

Verstehen wir unter ω irgend eine Function von u und x, so geben die Gleichungen (4) für v und y Werte, die der Bedingung (3) genügen. (3) aber ist nur eine andere Form der Bedingung (2). Wenn wir also schliesslich die Gleichungen (4), in denen links v und y, rechts u und x auftreten, nach x und y auflösen, so finden wir die flächentreuen Abbildungen (1).

Beispiel: Wir setzen: $\omega = u x^2$. Dann kommt nach (4):

$$v = x^2, \quad y = -2ux,$$

und Auflösung nach x und y giebt:

$$x = \sqrt{v}, \quad y = -2u\sqrt{v},$$

und dies ist eine flächentreue Abbildung der uv-Ebene auf die xy-Ebene. Die Geraden u = Const. bilden sich als die Geraden

$$\frac{y}{x} = \text{Const.}$$

durch den Anfangspunkt, die Geraden v = Const. als die Geraden x = Const. ab.

Aber die Function ω muss wohlbemerkt so gewählt werden, dass die Gleichungen (4) auch — theoretisch — nach x und y auflösbar werden. Die zweite ist schon nach y aufgelöst. Es ist also zu verlangen, dass die erste rechts auch x enthalte, d. h. dass

$$\frac{\partial^2 \omega}{\partial u\, \partial x} \neq 0$$

sei.

Noch ein Einwand ist zu machen: Wir nahmen oben ohne weiteres an, dass die Gleichungen (1) nach y und v auflösbar seien. Da die zweite schon in einer nach y aufgelösten Form vorliegt, kommt diese Annahme auf die hinaus, dass die Function φ auch wirklich v enthalte. Ist dies nicht der Fall, so ist x eine Function von u allein, d. h. die Geraden $u =$ Const. bilden sich als die Geraden $x =$ Const. ab. Man kann dies natürlich vermeiden, wenn man in einer der beiden Ebenen ein anderes Axenkreuz einführt. Will man dies nicht, so kann man auch diesen Specialfall direct erledigen Ist φ frei von v, so reduciert sich (2) auf

$$\psi_v \frac{d\varphi}{du} = 1\,.$$

Wir setzen demnach für φ irgend eine Function von u und bilden darauf:

$$\psi = \frac{v}{\frac{d\varphi}{du}} + \omega(u),$$

wobei ω irgend eine Function von u bedeuten soll.

Daher haben wir den

Satz 75: Um alle flächentreuen Abbildungen einer Ebene mit den rechtwinkligen Coordinaten x, y zu finden, verfährt man so:

Erstens: Man versteht unter ω irgend eine Function von u und x, für die

$$\frac{\partial^2 \omega}{\partial u\, \partial x} \neq 0$$

ist und löst die Gleichungen:

$$v = \frac{\partial \omega}{\partial u}, \quad y = -\frac{\partial \omega}{\partial x}$$

nach x und y auf.

Zweitens: Man versteht unter φ und ω irgend zwei Functionen von u, doch so, dass:

$$\frac{d\varphi}{du} \neq 0$$

ist, und setzt:

$$x = \varphi(u), \quad y = \frac{v}{\varphi'(u)} + \omega(u).$$

Durch diese beiden Verfahren zusammen erhält man alle flächentreue Abbildungen. Die des zweiten Verfahrens sind diejenigen, bei denen die Geraden $u = \text{Const.}$ als die Geraden $x = \text{Const.}$ abgebildet werden.

§ 19. Isothermen in der Ebene.

Liegt ein krummliniges Coordinatensystem (u, v) vor, das durch die Gleichungen:

(1) $$x = \varphi(u, v), \quad y = \psi(u, v)$$

mit den rechtwinkligen Coordinaten x, y verknüpft ist, so wird durch die Curven (u) und (v) ein Netz von unendlich kleinen Quadraten bestimmt, sobald — nach Satz 70, S. 117 — erstens stets:

(2) $$\varphi_u \varphi_v + \psi_u \psi_v = 0$$

und zweitens stets:

(3) $$\alpha^2(u)(\varphi_u^2 + \psi_u^2) = \beta^2(v)(\varphi_v^2 + \psi_v^2)$$

ist. Dabei bedeutet $\alpha(u)$ eine gewisse Function von u allein, β eine solche von v allein. Alsdann ist dies Netz vollständig definiert, wenn man angiebt, dass u und v von Curve zu Curve um

(4) $$du = \alpha(u)\,\varepsilon, \quad dv = \beta(v)\,\varepsilon$$

wachsen sollen. ε ist dabei für alle Punkte (u, v) der Ebene dieselbe unendlich kleine Grösse. —

Ein Netz von unendlich kleinen Quadraten heisst, wie schon erwähnt (S. 118), ein Isothermennetz; auch braucht man den Namen Isothermensystem.[1] Wir können sagen: Zwei Scharen von je

[1] Die Theorie der Isothermennetze für beliebige Flächen, nicht nur für die Ebene, geht zurück bis auf Gauss, „Allgemeine Auflösung der Aufgabe: Die Teile einer gegebenen Fläche auf einer andern gegebenen Fläche so abzubilden, dass die Abbildung dem Abgebildeten in den kleinsten Teilen ähnlich wird“, Preisschrift 1822, zuerst erschienen in der Astron. Abhandl. von Schumacher, 3. Heft 1825, wiederabgedruckt in den Werken, Bd. IV, und in Ostwald's Klassikern Nr. 55. Mit dem von Gauss gelösten Problem werden wir uns später, in der Flächentheorie, beschäftigen. Der Name: Isothermen rührt von Lamé her, den

∞^1 zu einander orthogonalen Curven in der Ebene heissen Isothermen, wenn sie sich so anordnen lassen, dass ihre Diagonalcurven ebenfalls zu einander orthogonal sind.

Im gegenwärtigen Paragraphen wollen wir die Isothermennetze, deren einfachstes übrigens das der Geraden $x = \text{Const.}$, $y = \text{Const.}$ ist, genauer betrachten. Wir setzen also voraus, die Bedingung (2) der Orthogonalität sei erfüllt. Ausserdem gebe es zwei Functionen $\alpha(u)$ und $\beta(v)$, die die Bedingung (3) der Orthogonalität der Diagonalcurve erfüllen. Dann giebt es keine wesentlich anderen Functionen $\bar{\alpha}(u)$ und $\bar{\beta}(v)$, die die Bedingung

$$\bar{\alpha}^2(u)(\varphi_u^2 + \psi_u^2) = \bar{\beta}^2(v)(\varphi_v^2 + \psi_v^2)$$

erfüllen. Denn hieraus und aus (3) folgt:

$$\frac{\alpha^2}{\bar{\alpha}^2} = \frac{\beta^2}{\bar{\beta}^2},$$

mithin, da die linke Seite nur von u, die rechte nur von v abhängt:

$$\bar{\alpha} = c\alpha, \qquad \bar{\beta} = \pm c\beta \qquad (c = \text{Const.}).$$

Das durch (4) definierte Netz ist aber dasselbe wie das durch

$$du = \bar{\alpha}\varepsilon = c\alpha\varepsilon, \qquad dv = \bar{\beta}\varepsilon = \pm c\beta\varepsilon$$

definierte, da wir $c\varepsilon$ als eine infinitesimale Grösse auffassen können und das Minuszeichen bei dv nur bedeutet, dass wir die Curven (v) rückwärts aufeinander folgen lassen. Wir sehen somit, dass zwei Scharen von Curven, die Isothermen sind, nur auf eine Art so angeordnet werden können, dass sie infinitesimale Quadrate bilden.

Da die Diagonalcurven des Netzes wieder ein Netz bilden, in dem die ursprünglichen Curven die Diagonalcurven sind, so folgt auch, dass die Diagonalcurven eines Isothermennetzes ebenfalls ein Isothermennetz bilden.

Wir wollen jetzt davon Gebrauch machen, dass wir irgend eine Function von u als neues $\bar{u}$ und eine Function von v als neues $\bar{v}$ einführen können, ohne die Parameterlinien (u), (v) in geometrischer Hinsicht zu ändern (siehe S. 112). Wir setzen nämlich:

(5) $$\int \frac{du}{\alpha(u)} = \bar{u}, \qquad \int \frac{dv}{\beta(v)} = \bar{v}.$$

Probleme der Wärmetheorie zu diesem Begriffe führten. Siehe Fussnote S. 111, sowie „Mémoire sur les coordonnées curvilignes", prés. à l'Acad. de Paris 1838, Journ. de Mathém. T. V, 1840, und „Leçons sur les coordonnées curvilignes et leurs divers applications", Paris 1859.

Umgekehrt ist dann u eine Function von $\bar{u}$, v eine Function von $\bar{v}$; also sind nach (1) auch x und y Functionen von $\bar{u}$, $\bar{v}$. Es ist:

$$\frac{\partial x}{\partial u} = \frac{1}{\alpha}\frac{\partial x}{\partial \bar{u}}, \quad \frac{\partial x}{\partial v} = \frac{1}{\beta}\frac{\partial x}{\partial \bar{v}}, \quad \frac{\partial y}{\partial u} = \frac{1}{\alpha}\frac{\partial y}{\partial \bar{u}}, \quad \frac{\partial y}{\partial v} = \frac{1}{\beta}\frac{\partial y}{\partial \bar{v}}.$$

Die Bedingung (2) oder:

$$\frac{\partial x}{\partial u}\frac{\partial x}{\partial v} + \frac{\partial y}{\partial u}\frac{\partial y}{\partial v} = 0$$

für die Orthogonalität der Curve (u), (v) kann mithin so geschrieben werden:

$$\frac{\partial x}{\partial \bar{u}}\frac{\partial x}{\partial \bar{v}} + \frac{\partial y}{\partial \bar{u}}\frac{\partial y}{\partial \bar{v}} = 0, \tag{6}$$

was nach Satz 66 (S. 110) vorherzusehen war, während die Bedingung (3) oder:

$$\alpha^2\left[\left(\frac{\partial x}{\partial u}\right)^2 + \left(\frac{\partial y}{\partial u}\right)^2\right] = \beta^2\left[\left(\frac{\partial x}{\partial v}\right)^2 + \left(\frac{\partial y}{\partial v}\right)^2\right]$$

für die Orthogonalität der Diagonalcurven jetzt so lautet:

$$\left(\frac{\partial x}{\partial \bar{u}}\right)^2 + \left(\frac{\partial y}{\partial \bar{u}}\right)^2 = \left(\frac{\partial x}{\partial \bar{v}}\right)^2 + \left(\frac{\partial y}{\partial \bar{v}}\right)^2. \tag{7}$$

Das auf S. 109, (6), berechnete Quadrat des Bogenelementes ds drückt sich, da nach (5):

$$du = \alpha\, d\bar{u}, \quad dv = \beta\, d\bar{v}$$

ist, jetzt wegen (6) und (7) so aus:

$$ds^2 = \Omega(\bar{u}, \bar{v})(d\bar{u}^2 + d\bar{v}^2), \tag{8}$$

wenn $\Omega(\bar{u}, \bar{v})$ die beiden einander in (7) gleichgesetzten Ausdrücke bezeichnet. Es ist ds^2 jetzt das Quadrat der Entfernung der beiden Punkte $(\bar{u}, \bar{v})$ und $(\bar{u} + d\bar{u}, \bar{v} + d\bar{v})$ voneinander. Also können wir sagen:

Satz 76: Ein System von Parameterlinien (u), (v) in der Ebene, das durch

$$x = \varphi(u, v), \quad y = \psi(u, v)$$

definiert ist, ist dann und nur dann ein Isothermensystem, wenn sich solche neue Parameter $\bar{u}$ und $\bar{v}$ als Functionen von u bez. v allein einführen lassen, dass x und y die Bedingungen erfüllen:

$$\left(\frac{\partial x}{\partial \bar{u}}\right)^2 + \left(\frac{\partial y}{\partial \bar{u}}\right)^2 = \left(\frac{\partial x}{\partial \bar{v}}\right)^2 + \left(\frac{\partial y}{\partial \bar{v}}\right)^2,$$

$$\frac{\partial x}{\partial \bar{u}}\frac{\partial x}{\partial \bar{v}} + \frac{\partial y}{\partial \bar{u}}\frac{\partial y}{\partial \bar{v}} = 0.$$

Das Quadrat des Bogenelementes nimmt alsdann die Form an:

$$dx^2 + dy^2 = \Omega(\bar{u}, \bar{v})(d\bar{u}^2 + d\bar{v}^2).$$

Die Diagonalcurven sind die Curven $\bar{u} + \bar{v} = \text{Const.}$, $\bar{u} - \bar{v} = \text{Const.}$

Die neuen Parameter $\bar{u}$ und $\bar{v}$ heissen thermische Parameter.[1]

Wollen wir alle zu dem bestimmten Isothermensystem $(\bar{u}, \bar{v})$ gehörigen thermischen Parameterpaare finden, so verfahren wir so: Sind u' und v' Functionen von u und v derart, dass $u' = \text{Const.}$ und $v' = \text{Const.}$ die Curven $\bar{u} = \text{Const.}$ und $\bar{v} = \text{Const.}$ darstellen, so hängt u' nur von einer der beiden Grössen $\bar{u}$ und $\bar{v}$ und ebenfalls v' nur von einer von beiden ab (siehe S. 81). Entweder ist also:

$$u' = \lambda(\bar{u}), \quad v' = \mu(\bar{v})$$

oder:

$$u' = \mu(\bar{v}), \quad v' = \lambda(\bar{u}).$$

Dann aber ist:

$$du'^2 + dv'^2 = \lambda'^2 d\bar{u}^2 + \mu'^2 d\bar{v}^2.$$

Damit nun u' und v' auch thermische Parameter seien, muss ds^2, geschrieben in u' und v', die Form haben:

$$ds^2 = \Theta(u', v')(du'^2 + dv'^2).$$

Aber die Vergleichung dieser Form mit der des Satzes giebt wegen der soeben aufgestellten Gleichung:

$$\Theta . (\lambda'^2 d\bar{u}^2 + \mu'^2 d\bar{v}^2) = \Omega . (d\bar{u}^2 + d\bar{v}^2),$$

also einzeln:

$$\Theta \lambda'^2 = \Theta \mu'^2 = \Omega,$$

sodass $\lambda'^2 : \mu'^2 = 1$ sein muss. Da nun λ nur von u' und μ nur von v' abhängt, so muss $\lambda'^2 = \mu'^2 = \text{Const.}$ sein, sodass mithin die Gleichungen:

$$\left.\begin{array}{l} u' = \pm a\bar{u} + \text{Const.}, \quad v' = \pm a\bar{v} + \text{Const.} \\ \text{oder:} \\ u' = \pm a\bar{v} + \text{Const.}, \quad v' = \pm a\bar{u} + \text{Const.} \end{array}\right\} (a = \text{Const.})$$

die allgemeinsten Paare von thermischen Parametern geben, die zu dem Isothermensystem gehören.

---

[1] Man nennt sie auch isometrische Parameter. Diese Bezeichnung bringt aber nicht alle Eigenschaften dieser Parameter zum Ausdruck; wir ziehen den Namen: thermische Parameter vor, der wenigstens an die geschichtliche Entwickelung des Begriffes erinnert.

Satz 77: Sind $\bar{u}$, $\bar{v}$ thermische Parameter, so geben die Gleichungen:

$$\left.\begin{array}{l} u' = \pm a\bar{u} + \text{Const.}, \quad v' = \pm a\bar{v} + \text{Const.} \\ \text{und} \\ u' = \pm a\bar{v} + \text{Const.}, \quad v' = \pm a\bar{u} + \text{Const.} \end{array}\right\} (a = \text{Const.})$$

die allgemeinsten Paare von thermischen Parametern an, die zu demselben Isothermensystem gehören. Die Vorzeichen können dabei überall beliebig gewählt werden.

Die Bedingungen (4) für die Anordnung des Netzes sind jetzt diese:

$$d\bar{u} = \varepsilon, \quad d\bar{v} = \varepsilon \tag{9}$$

und für die allgemeineren zugehörigen thermischen Parameterpaare:

$$d u' = \pm a\varepsilon, \quad d v' = \pm a\varepsilon.$$

Thermisch sind eben diejenigen Parameter, die im Netze von Curve zu Curve um dieselbe unendlich kleine Grösse zu- oder abnehmen.

1. Beispiel: Ist $x = u\cos v$, $y = u\sin v$, so sind die Curven (u) die Kreise um den Anfangspunkt, die Curven (v) ihre Radien. Sie bilden augenscheinlich ein Orthogonalsystem. Die Bedingung (3) für die Orthogonalität der Diagonalcurven lautet hier

$$\alpha^2(u) = \beta^2(v) \,.\, u^2$$

und wird durch $\alpha = u$, $\beta = 1$ erfüllt. Es liegt daher ein Isothermensystem vor. Nach (5) sind $\bar{u} = \log u$, $\bar{v} = v$ thermische Parameter. Nun ist $u = e^{\bar{u}}$ und also

$$x = e^{\bar{u}}\cos\bar{v}, \quad y = e^{\bar{u}}\sin\bar{v}.$$

Ferner ist

$$d s^2 = e^{2\bar{u}}(d\bar{u}^2 + d\bar{v}^2).$$

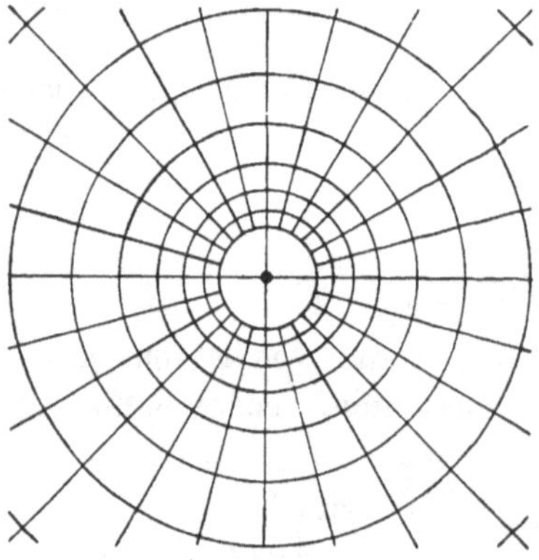

Fig. 31.

Nach (9) geht die quadratische Einteilung der Ebene hervor, wenn wir $\bar{u}$ und $\bar{v}$ in derselben arithmetischen Reihe wachsen lassen. $\bar{u}$ ist der Logarithmus des Kreisradius u und $\bar{v}$ die Amplitude v. Wir ziehen mithin durch den Anfangspunkt solche Strahlen, die aufeinander folgend immer denselben unendlich kleinen Winkel ε miteinander bilden. Ferner construieren wir die Kreise mit den Radien, deren natürliche Logarithmen beständig um ε wachsen. Wählen wir ε endlich, aber klein, so erhalten wir ein angenähertes Bild dieser Einteilung in Fig. 31.[1] Die Diagonalcurven, die auch in dieser Figur leicht zu

[1] Da die Kreise in der Nähe des Anfangspunktes zu eng zusammenrücken, ist die Umgebung dieser Stelle in Fig. 31 freigelassen.

verfolgen sind, sind nach S. 70 logarithmische Spiralen, die unter 45° gegen die Radienvectoren geneigt sind.

2. Beispiel: Sind u und v elliptische Coordinaten (siehe 2. Beispiel, S. 111), so sind x und y gegeben durch

$$\frac{x^2}{a^2+u}+\frac{y^2}{b^2+u}=1, \quad \frac{x^2}{a^2+v}+\frac{y^2}{b^2+v}=1,$$

woraus folgt:

$$x=\sqrt{\frac{(a^2+u)(a^2+v)}{a^2-b^2}}, \quad y=\sqrt{\frac{(b^2+u)(b^2+v)}{b^2-a^2}}.$$

Hiernach ist das Quadrat des Bogenelementes in u und v leicht zu berechnen. Es kommt:

$$ds^2=dx^2+dy^2=\frac{1}{4}(u-v)\left\{\frac{du^2}{(a^2+u)(b^2+u)}-\frac{dv^2}{(a^2+v)(b^2+v)}\right\},$$

also ist hier:

$$\varphi_u^2+\psi_u^2=\frac{u-v}{4(a^2+u)(b^2+u)}, \quad \varphi_v^2+\psi_v^2=-\frac{u-v}{4(a^2+v)(b^2+v)},$$

$$\varphi_u\varphi_v+\psi_u\psi_v=0,$$

sodass die Bedingung (2) der Orthogonalität erfüllt ist, was vorauszusehen war. Die Bedingung (3) für das Isothermensystem ist erfüllbar durch die Annahme:

$$\alpha=\sqrt{(a^2+u)(b^2+u)}, \quad \beta=\sqrt{-(a^2+v)(b^2+v)}.$$

Daher bilden die confocalen Ellipsen und Hyperbeln ein Isothermensystem. Nach (5) sind dabei

$$\bar{u}=\int\frac{du}{\sqrt{(a^2+u)(b^2+u)}}, \quad \bar{v}=\int\frac{dv}{\sqrt{-(a^2+v)(b^2+v)}}$$

thermische Parameter.

Die Bedingungen (6) und (7) lassen sich auf eine wichtige andere Form bringen. Wenn wir nämlich (6) mit $\mp 2i$ multiplicieren und dann zu (7) addieren, so ergeben sich die beiden Gleichungen:

$$(10) \qquad \left(\frac{\partial x}{\partial \bar{u}}\mp i\frac{\partial x}{\partial \bar{v}}\right)^2+\left(\frac{\partial y}{\partial \bar{u}}\mp i\frac{\partial y}{\partial \bar{v}}\right)^2=0,$$

die (6) und (7) völlig ersetzen. Wenn wir für den Augenblick

$$(11) \qquad \bar{u}+i\bar{v}=\mathfrak{u}, \quad \bar{u}-i\bar{v}=\mathfrak{v}$$

schreiben, so werden $\bar{u}$ und $\bar{v}$ und daher auch x und y Functionen von $\mathfrak{u}$ und $\mathfrak{v}$, und zwar ist:

$$\frac{\partial x}{\partial \bar{u}}=\frac{\partial x}{\partial \mathfrak{u}}+\frac{\partial x}{\partial \mathfrak{v}}, \quad \frac{\partial x}{\partial \bar{v}}=i\left(\frac{\partial x}{\partial \mathfrak{u}}-\frac{\partial x}{\partial \mathfrak{v}}\right).$$

Diese Formeln bleiben richtig, wenn x durch y ersetzt wird. Daher kommt statt (10):

$$\left(\frac{\partial x}{\partial \mathfrak{u}}\right)^2+\left(\frac{\partial y}{\partial \mathfrak{u}}\right)^2=0, \quad \left(\frac{\partial x}{\partial \mathfrak{v}}\right)^2+\left(\frac{\partial y}{\partial \mathfrak{v}}\right)^2=0.$$

Die erste Gleichung lässt sich zerlegen in:

(12) $$\frac{\partial (x + iy)}{\partial \mathfrak{u}} \cdot \frac{\partial (x - iy)}{\partial \mathfrak{u}} = 0,$$

die zweite in:

(13) $$\frac{\partial (x + iy)}{\partial \mathfrak{v}} \cdot \frac{\partial (x - iy)}{\partial \mathfrak{v}} = 0.$$

Wenn in (12) etwa der zweite Factor gleich Null ist, so hängt $x - iy$ nur von $\mathfrak{v}$ ab, und daher kann, weil sonst $x - iy$ constant wäre, der zweite Factor in (13) dann nicht gleich Null sein, sodass dagegen der erste verschwinden und folglich $x + iy$ eine Function von $\mathfrak{u}$ allein sein muss. Aehnlich schliessen wir, wenn der erste Factor in (12) gleich Null ist. Mithin ist wegen (11) entweder:

(14) $$x + iy = A(\bar{u} + i\bar{v}), \quad x - iy = B(\bar{u} - i\bar{v})$$

oder:

$$x + iy = A(\bar{u} - i\bar{v}), \quad x - iy = B(\bar{u} + i\bar{v}).$$

Da die zweite Annahme durch Vertauschen der thermischen Coordinaten $\bar{u}$, $\bar{v}$ mit den ebenfalls thermischen Parametern $\bar{u}$, $-\bar{v}$ aus der ersten hervorgeht, also nichts Wesentlich-Neues giebt, so folgt:

Satz 78: Man erhält alle Isothermensysteme der Ebene auf diese Art: Man setzt $x + iy$ gleich einer Function einer complexen Veränderlichen und $x - iy$ gleich einer Function der conjugiert complexen Veränderlichen. Setzt man dann den reellen Teil der complexen Veränderlichen gleich Constans, so ergiebt sich die eine Curvenschar des Systems, setzt man den rein imaginären Teil von ihr gleich Constans, so geht die andere Curvenschar des Systems hervor.

Die Gleichungen (14) haben nach $\bar{u} + i\bar{v}$ und $\bar{u} - i\bar{v}$ aufgelöst die Form:

$$\bar{u} + i\bar{v} = f(x + iy), \quad \bar{u} - i\bar{v} = g(x - iy),$$

sodass:

$$f(x + iy) + g(x - iy) = \text{Const.},$$
$$f(x + iy) - g(x - iy) = \text{Const.}$$

die beiden Curvenscharen des Systems sind. Sie sind reell, wenn f und g conjugiert sind, d. h. wenn

$$g(x - iy) = f(x - iy)$$

ist. Dann sind:

$$f(x + iy) + f(x - iy) = \text{Const.},$$
$$f(x + iy) - f(x - iy) = \text{Const.}$$

die beiden Curvenscharen. Die Function, die in der ersten Gleichung links steht, ist nun nichts anderes als der doppelte reelle Teil von $f(x + iy)$, wie man sofort sieht, wenn man sich $f(x + iy)$ in seinen reellen und imaginären Teil zerlegt denkt. Die Function, die in der zweiten Gleichung links steht, ist der verdoppelte rein imaginäre Teil von $f(x + iy)$. Also:

Satz 79: Man erhält alle reellen Isothermensysteme in der Ebene, wenn man einerseits den reellen, andererseits den rein imaginären Teil einer Function $f(x + iy)$ gleich Constans setzt. Die beiden hervorgehenden Gleichungen stellen die beiden Curvenscharen des Systems dar.

Wir geben einige Beispiele, in denen wir die thermischen Coordinaten mit u und v bezeichnen:

1. Beispiel: Es sei

$$f(x + iy) = \log(x + iy),$$

d. h. wir setzen:

$$x + iy = e^{u + iv}, \quad x - iy = e^{u - iv}$$

und erhalten, da

$$e^{iv} = \cos v + i \sin v$$

ist:

$$x = e^u \cos v, \quad y = e^u \sin v.$$

Siehe Beispiel S. 128.

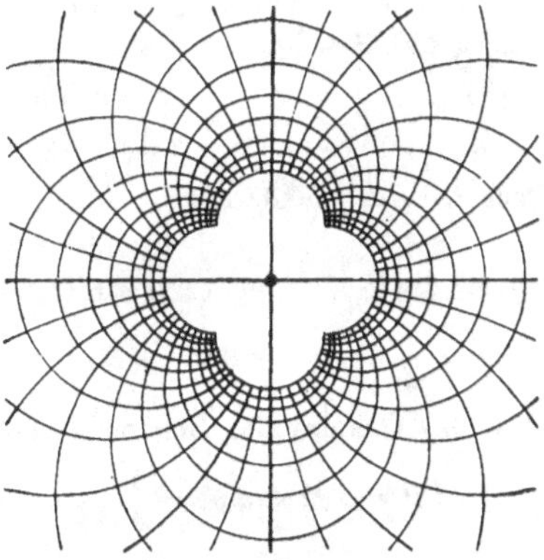

Fig. 32.

2. Beispiel: Es sei

$$f(x + iy) = \frac{1}{x + iy},$$

also

$$x + iy = \frac{1}{u + iv}, \quad x - iy = \frac{1}{u - iv},$$

sodass:

$$x = \frac{u}{u^2 + v^2}, \quad y = \frac{-v}{u^2 + v^2}$$

ist. Elimination von v giebt als Schar der Curven (u):

$$\frac{x}{x^2 + y^2} = u,$$

also alle Kreise, die im Anfangspunkt die y-Axe berühren. Elimination von u giebt als Schar der Curven (v):

$$\frac{-y}{x^2 + y^2} = v,$$

also alle Kreise, die im Anfangspunkt die x-Axe berühren. Siehe Fig. 32.[1]

[1] In der Fig. 32 sind Kreise gezeichnet, deren thermische Coordinaten u und v nach arithmetischen Reihen zunehmen. Dabei rücken die Kreise in

3. Beispiel: Wir fragen nach allen Isothermensystemen, die aus Kreisen bestehen. Wenn zwei Scharen von je ∞^1 Kreisen zu einander orthogonal sein sollen, so müssen die Kreise jeder Schar nach S. 58 ein Büschel bilden. Wird die y-Axe durch die Scheitel des einen Büschels gelegt und der Anfangspunkt in der Mitte zwischen diesen Scheiteln gewählt, sodass $x = 0$, $y = \pm n$ die Coordinaten der Scheitel sind, so ist

(15) $$(x - u)^2 + y^2 = u^2 + n^2$$

die Gleichung der Kreise dieser Schar mit dem Parameter u. Zu den Kreisen der zweiten Schar gehört die x-Axe, und die Scheitel des zweiten Büschels müssen natürlich symmetrisch, d. h. auf der x-Axe mit den Abscissen $\pm m$ liegen, sodass

(16) $$x^2 + (y - v)^2 = v^2 + m^2$$

die Gleichung der zweiten Schar ist. Aber wir wissen noch nicht, welche Beziehung zwischen m und n besteht.

Um dies zu erkennen, bedenken wir, dass die beiden Gleichungen x und y als Functionen von u und v definieren, sodass die totale Differentiation nach u und v die Gleichungen giebt:

$$(x - u)\,dx + y\,dy = x\,du,$$
$$x\,dx + (y - v)\,dy = y\,dv.$$

Setzen wir zur Abkürzung:

$$\Delta = uv - uy - vx,$$

so giebt die Auflösung nach dx und dy:

$$dx = \frac{1}{\Delta}\left\{x(y - v)\,du - y^2\,dv\right\}, \qquad dy = \frac{1}{\Delta}\left\{-x^2\,du + y(x - u)\,dv\right\},$$

sodass das Quadrat des Bogenelementes die Form hat:

$$ds^2 = dx^2 + dy^2 = \frac{1}{\Delta^2}\Big\{x^2[x^2 + (y - v)^2]\,du^2 - 2xy[x(x - u) +$$
$$+ y(y - v)]\,du\,dv + y^2[(x - u)^2 + y^2]\,dv^2\Big\}.$$

Die Bedingung der Orthogonalität ist nun nach Satz 67, S. 110:

$$x(x - u) + y(y - v) = 0.$$

Aber durch Addition von (15) und (16) geht hervor:

$$x(x - u) + y(y - v) = \tfrac{1}{2}(m^2 + n^2).$$

Die Constanten m und n müssen also so gewählt werden, dass

$$m = i n$$

ist, sodass wir statt (16) haben:

(17) $$x^2 + (y - v)^2 = v^2 - n^2.$$

Das Quadrat des Bogenelemetes ist jetzt wegen (15) und (17) auf die Form zu bringen:

$$ds^2 = \frac{1}{\Delta^2}\left\{x^2(v^2 - n^2)\,du^2 + y^2(u^2 + n^2)\,dv^2\right\}.$$

---

der Nähe des Anfangspunktes so eng zusammen, dass sie sich nicht mehr zeichnen lassen. Daher ist die Umgebung dieser Stelle freigelassen worden.

Von den in Satz 71, S. 117, erwähnten beiden Bedingungen für ein Isothermensystem ist jetzt die erste, die der Orthogonalität, für die Kreisscharen (15) und (17) erfüllt. Die zweite wird erfüllt sein, wenn das Verhältnis:

$$\frac{x^2(v^2 - n^2)}{y^2(u^2 + n^2)}$$

gleich dem Verhältnis aus einer Function von u allein zu einer Function von v allein ist. Dabei ist natürlich zu beachten, dass x und y die durch (15) und (17) definierten Functionen von u und v sind.

Wenn wir nun (15) und (17) so schreiben:

$$x^2 + y^2 - n^2 = 2ux,$$
$$x^2 + y^2 + n^2 = 2vy$$

und diese Gleichungen quadrieren und von einander subtrahieren, so kommt ohne Mühe:

$$\frac{x^2}{y^2} = \frac{v^2 - n^2}{u^2 + n^2},$$

sodass also jenes Verhältnis

$$\frac{x^2}{y^2}\,\frac{(v^2 - n^2)}{(u^2 + n^2)} = \left(\frac{v^2 - n^2}{u^2 + n^2}\right)^2 = \frac{1}{(u^2 + n^2)^2} : \frac{1}{(v^2 - n^2)^2}$$

ist. Die Bedingung ist demnach erfüllt.

Satz 80: Jedes Orthogonalsystem von Kreisen in der Ebene ist ein Isothermensystem.

Die Function α und β sind hier (siehe (3)):

$$\alpha = u^2 + n^2, \quad \beta = v^2 - n^2,$$

sodass nach (5)

$$(18)\quad \begin{cases} \bar{u} = \displaystyle\int \frac{du}{u^2 + n^2} = \frac{1}{n}\,\text{arc tg}\,\frac{u}{n}, \\ \bar{v} = \displaystyle\int \frac{dv}{v^2 - n^2} = \frac{1}{2n}\log\frac{v - n}{v + n} \end{cases}$$

thermische Parameter sind.

Die Kreisscharen (15) und (17) sind reell, wenn u und v reell sind und n entweder reell oder rein imaginär ist. Ist n reell, so hat das erste Büschel (15) die reellen Scheitel ($x = 0$, $y = \pm n$), ist n rein imaginär, so hat das zweite Büschel (17) die reellen Scheitel ($x = \pm in$, $y = 0$). Wird statt eines reellen Wertes von n derselbe Wert, multipliciert mit i, gesetzt, so kommt dies nur auf eine Vertauschung der Axen hinaus. Daher:

Satz 81: Das allgemeinste Orthogonalsystem von Kreisen in der Ebene ist ein Isothermensystem und kann durch geeignete Wahl der Axen auf die Form

$$x^2 + y^2 - 2ux = n^2, \quad x^2 + y^2 - 2vy = -n^2$$

gebracht werden. Ist es reell, so darf die Constante n reell angenommen werden. Es besteht aus allen Kreisen, von denen die eine Schar durch die beiden reellen Punkte ($x = 0$, $y = \pm n$) und die andere durch die beiden imaginären Punkte ($x = \pm in$, $y = 0$) geht (siehe Fig. 33).[1]

Ein besonderer Fall ergiebt sich, wenn $n = 0$ ist, denn dann berühren beide Kreisscharen im Anfangspunkt die x- bez. y-Axe, sodass sich die Fig. 32 auf S. 131 ergiebt.

Stillschweigend haben wir vorausgesetzt, dass die Scheitel der Büschel im Endlichen liegen. Liegt ein Scheitel unendlich fern, so artet das zugehörige Büschel in eine Schar von Geraden aus. Wenn dann der andere Scheitel im

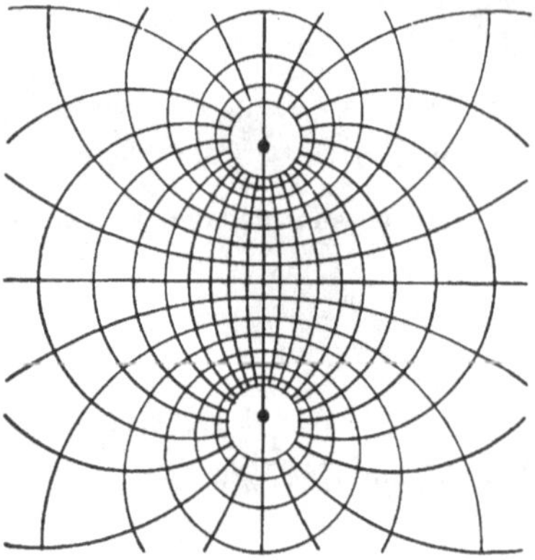

Fig. 33.

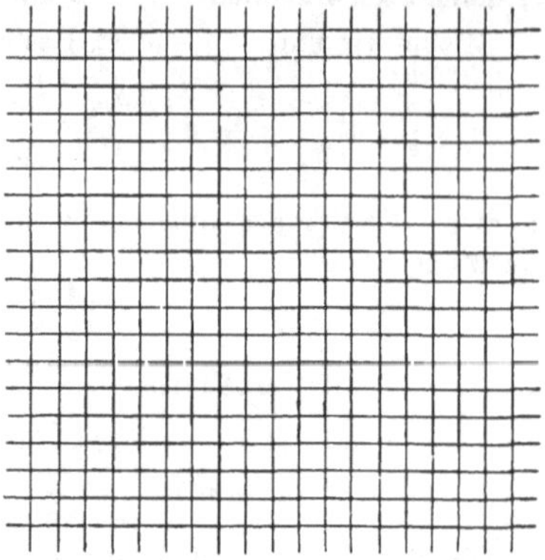

Fig. 34.

Endlichen liegt, so kommen wir zu einem Strahlenbüschel und den orthogonalen Kreisen, d. h. zur Fig. 31 auf S. 128. Wenn aber dieser andere Scheitel auch unendlich fern liegt, so kommen wir zu parallelen Geraden und den zu ihnen senkrechten Geraden, also zu dem Isothermennetz $x =$ Const., $y =$ Const. (siehe Fig. 34).

Es giebt demnach vier Typen von Orthogonalsystemen von Kreisen, und alle sind Isothermensysteme, dargestellt durch die Figuren 31, 32, 33, 34. Jedes Orthogonalsystem von Kreisen ist mit einer von diesen vier Figuren ähnlich.

§ 20. Curvensysteme in der Ebene, die durch Differentialgleichungen definiert sind.

In § 17 stellten wir uns vor, zwei Scharen von je ∞^1 Curven seien durch zwei endliche Gleichungen

(1) $$x = \varphi(u, v), \quad y = \psi(u, v)$$

gegeben. Die Gleichungen definieren u und v als Functionen von

[1] In Fig. 33 musste wieder die Umgebung der Stellen ($x = 0$, $y = \pm n$) frei bleiben, da sich die Kreise dort zu sehr häufen. Auch in dieser Figur sind solche Kreise construiert, deren thermische Parameter (18) nach arithmetischer Reihe zunehmen.

x und y, und diese Functionen stellen, gleich Constans gesetzt, die beiden Curvenscharen dar.

Nach § 14 können wir uns die Functionen $u(x, y)$ und $v(x, y)$ als Integrale zweier gewöhnlicher Differentialgleichungen erster Ordnung:

$$(2) \qquad X_1(x,y)\,dy - Y_1(x,y)\,dx = 0, \quad X_2(x,y)\,dy - Y_2(x,y)\,dx = 0$$

definiert denken. Sie sind dann freilich unbekannt, ebenso auch die Gleichungen (1). Es fragt sich nun, wie wir die in den Sätzen des § 17 aufgestellten Kennzeichen für besondere Curvennetze mit Hülfe dieser Differentialgleichungen allein auszudrücken im Stande sind. Wir knüpfen also durchaus an die Bezeichnungen in § 17 an, behalten dabei aber immer im Auge, dass u und v die unbekannten Integrale der gegebenen Differentialgleichungen (2) sein sollen. Da jede Function von u bez. v wieder ein Integral der ersten bez. zweiten Differentialgleichung (2) ist (nach Satz 59, S. 90), so dürfen wir unter u und v gerade die Integrale verstehen, für die sich die Formeln (2) auf S. 113, die die Netzanordnung festsetzen, auf

$$du = \varepsilon, \qquad dv = \varepsilon$$

reducieren.[1]

Nach S. 91 haben die Differentialgleichungen (2) gewisse noch unbekannte Multiplicatoren $\mu(x, y)$ und $\nu(x, y)$, für die:

$$\mu(X_1\,dy - Y_1\,dx) = du, \qquad \nu(X_2\,dy - Y_2\,dx) = dv$$

ist. Hieraus folgt durch Auflösen nach dx und dy:

$$dx = \frac{-1}{X_1 Y_2 - X_2 Y_1}\left(\frac{X_2}{\mu}\,du - \frac{X_1}{\nu}\,dv\right),$$

$$dy = \frac{-1}{X_1 Y_2 - X_2 Y_1}\left(\frac{Y_2}{\mu}\,du - \frac{Y_1}{\nu}\,dv\right),$$

sodass, wenn zur Abkürzung

$$(3) \qquad X_1 Y_2 - X_2 Y_1 = \Delta$$

gesetzt wird:

$$(4) \qquad \begin{cases} \dfrac{\partial x}{\partial u} = -\dfrac{1}{\Delta}\dfrac{X_2}{\mu}, & \dfrac{\partial x}{\partial v} = \dfrac{1}{\Delta}\dfrac{X_1}{\nu}; \\[2ex] \dfrac{\partial y}{\partial u} = -\dfrac{1}{\Delta}\dfrac{Y_2}{\mu}, & \dfrac{\partial y}{\partial v} = \dfrac{1}{\Delta}\dfrac{Y_1}{\nu} \end{cases}$$

ist. Die Functionen Δ, X_1, X_2, Y_1, Y_2 sind bekannt. Wie man

---

[1] Anders ausgesprochen: Statt der in § 17 benutzten Parameter u, v benutzen wir (siehe S. 125) von vornherein die Parameter:

$$\int \frac{du}{\alpha(u)}, \qquad \int \frac{dv}{\beta(v)}.$$

sieht, sind also die ersten Differentialquotienten der unbekannten Functionen x und y von u und v bis auf die beiden noch unbekannten Functionen μ und ν durch bekannte Grössen ausgedrückt. Diese vier Functionen (4) können wir nach (1) mit φ_u, φ_v; ψ_u, ψ_v bezeichnen.

Die Integralcurven der beiden Differentialgleichungen (2) bilden ein Orthogonalsystem, wenn nach Satz 66, S. 110, und nach (4):

$$X_1 X_2 + Y_1 Y_2 = 0$$

ist, was ja auch auf anderem Wege einleuchtet.

Nach Satz 68, S. 116, lassen sie sich so anordnen, dass sie die Ebene mit unendlich kleinen Rhomben überdecken, wenn

$$\varphi_u^2 + \psi_u^2 = \varphi_v^2 + \psi_v^2$$

ist, da ja jetzt $\alpha(u)$ und $\beta(v)$ gleich Eins angenommen werden dürfen. Dies giebt nach (4):

$$\frac{1}{\mu^2}(X_2^2 + Y_2^2) = \frac{1}{\nu^2}(X_1^2 + Y_1^2).$$

Satz 82: Die Integralcurven der beiden Differentialgleichungen:

$$X_1\,dy - Y_1\,dx = 0, \qquad X_2\,dy - Y_2\,dx = 0$$

in der xy-Ebene lassen sich so anordnen, dass sie ein Netz von unendlich kleinen Rhomben bilden, wenn sie Multiplicatoren μ und ν haben, für die:

$$\mu : \nu = \sqrt{X_2^2 + Y_2^2} : \sqrt{X_1^2 + Y_1^2}$$

ist.

Aus Satz 70, S. 117, folgt ferner:

Satz 83: Die Integralcurven der beiden Differentialgleichungen:

$$X_1\,dy - Y_1\,dx = 0, \qquad X_2\,dy - Y_2\,dx = 0$$

in der xy-Ebene bilden ein Isothermensystem, wenn erstens:

$$X_1 X_2 + Y_1 Y_2 = 0$$

ist und wenn sie zweitens Multiplicatoren μ und ν haben, für die:

$$\mu : \nu = \sqrt{X_2^2 + Y_2^2} : \sqrt{X_1^2 + Y_1^2}$$

ist.

Satz 72, S. 118, liefert wegen (3) und (4):

Satz 84: Damit sich die Integralcurven der beiden Differentialgleichungen

$$X_1\,dy - Y_1\,dx = 0, \qquad X_2\,dy - Y_2\,dx = 0$$

in der xy-Ebene so anordnen lassen, dass sie ein Netz bilden, in dem der Inhalt des an der Stelle (x, y) befindlichen unendlich kleinen Netzvierecks einer gegebenen Function $\Omega(x, y)$ des Ortes proportional wird, ist notwendig und hinreichend, dass die Differentialgleichungen Multiplicatoren μ und ν haben, für die:

$$1 : \mu\nu = \Omega(x, y) . (X_1 Y_2 - X_2 Y_1)$$

ist.

Endlich giebt noch Satz 73, S, 119:

Satz 85: Damit sich die Integralcurven der beiden Differentialgleichungen

$$X_1\,dy - Y_1\,dx = 0, \qquad X_2\,dy - Y_2\,dx = 0$$

in der xy-Ebene so anordnen lassen, dass sie ein Netz bilden, in dem das Verhältnis der Seiten des an der Stelle (x, y) befindlichen unendlich kleinen Netzvierecks eine gegebene Function $\Omega(x, y)$ des Ortes wird, ist notwendig und hinreichend, dass die Differentialgleichungen Multiplicatoren μ und ν haben, für die:

$$\mu : \nu = \frac{1}{\Omega(x, y)} \sqrt{\frac{X_2^2 + Y_2^2}{X_1^2 + Y_1^2}}$$

ist.

Es kann nun vorkommen, dass man in einem vorgelegten Problem, in dem zwei Scharen von Curven durch zwei gewöhnliche Differentialgleichungen erster Ordnung definiert sind, von vornherein aus anderen begleitenden Umständen weiss, dass die Scharen eine der in diesen Sätzen angegebenen Eigentümlichkeiten haben. Dann wissen wir von zwei noch unbekannten Multiplicatoren μ und ν, dass entweder — wie in Satz 82, 83, 85 — das Verhältnis $\mu : \nu$ oder — wie in Satz 84 — das Product $\mu\nu$ eine bekannte Function von x und y ist. Aus dieser Thatsache kann man nun aber μ und ν selbst durch Quadraturen bestimmen.

Denn wir wissen — nach Satz 60, S. 92 —, dass μ und ν den Gleichungen:

$$(5) \qquad \begin{cases} X_1 \dfrac{\partial \log \mu}{\partial x} + Y_1 \dfrac{\partial \log \mu}{\partial y} + \dfrac{\partial X_1}{\partial x} + \dfrac{\partial Y_1}{\partial y} = 0, \\[2ex] X_2 \dfrac{\partial \log \nu}{\partial x} + Y_2 \dfrac{\partial \log \nu}{\partial y} + \dfrac{\partial X_2}{\partial x} + \dfrac{\partial Y_2}{\partial y} = 0 \end{cases}$$

genügen. Ist nun $\mu : \nu$ oder $\mu \cdot \nu$ bekannt, so besteht eine Beziehung:

$$\log \mu \pm \log \nu = \lambda (x, y),$$

in der $\lambda (x, y)$ bekannt ist. Hieraus folgt aber:

$$\log \mu = \lambda \mp \log \nu. \tag{6}$$

Setzen wir dies in die erste Gleichung (5) ein, so kommt:

$$\mp X_1 \frac{\partial \log \nu}{\partial x} \mp Y_1 \frac{\partial \log \nu}{\partial y} + X_1 \frac{\partial \lambda}{\partial x} + Y_1 \frac{\partial \lambda}{\partial y} + \frac{\partial X_1}{\partial x} + \frac{\partial Y_1}{\partial y} = 0.$$

In dieser und in der zweiten Gleichung (5) sind nur

$$\frac{\partial \log \nu}{\partial x}, \quad \frac{\partial \log \nu}{\partial y}$$

noch unbekannt. Aber die beiden Gleichungen lassen sich nach diesen beiden Unbekannten auflösen, da die Determinante $X_1 Y_2 - X_2 Y_1 \neq 0$ ist. Wir kennen also die partiellen Ableitungen von $\log \nu$. Mithin ergiebt sich ν durch Quadratur und nach (6) auch μ. Sind aber Multiplicatoren bekannt, so ergeben sich Integrale u und v nach S. 91 durch Quadratur.

Folglich hat sich ergeben:

Satz 86: Weiss man, dass die Integralcurven zweier gegebener Differentialgleichungen

$$X_1 \, dy - Y_1 \, dx = 0, \quad X_2 \, dy = Y_2 \, dx = 0$$

in der xy-Ebene eine der in Satz 82 bis 85 angegebenen Eigentümlichkeiten haben, so lassen sie sich durch Quadraturen bestimmen.

Schliesslich sei noch ein Satz abgeleitet:

Nehmen wir an, wir wissen, dass die Integralcurven der beiden gegebenen Differentialgleichungen

$$X_1 \, dy - Y_1 \, dx = 0, \quad X_2 \, dy - Y_2 \, dx = 0 \tag{7}$$

so angeordnet werden können, dass die Integralcurven der ebenfalls gegebenen Differentialgleichung:

$$\mathfrak{X} \, dy - \mathfrak{Y} \, dx = 0 \tag{8}$$

die eine Schar von Diagonalcurven bilden. Dann wissen wir auch, dass, wenn u und v irgend zwei Integrale der beiden ersten Differentialgleichungen sind, ein Integral der letzten Differentialgleichung nach S. 114, Formel (4), die Form:

$$\int \frac{du}{\alpha (u)} - \int \frac{dv}{\beta (v)}$$

hat. Aber mit u und v sind auch $\int \frac{du}{\alpha(u)}$ und $\int \frac{dv}{\beta(v)}$ Integrale der beiden ersten Differentialgleichungen. Mithin wissen wir, dass die Differentialgleichungen (7) und (8) Integrale von der Form:

$$u, \quad v, \quad u - v$$

haben. Es seien μ, ν und λ die zugehörigen Multiplicatoren, die wir zunächst ebenso wenig wie u und v kennen. Dann ist:

$$du = \mu(X_1\,dy - Y_1\,dx), \quad dv = \nu(X_2\,dy - Y_2\,dx),$$
$$d(u - v) = \lambda(\mathfrak{X}\,dy - \mathfrak{Y}\,dx),$$

also:

$$\mu(X_1\,dy - Y_1\,dx) - \nu(X_2\,dy - Y_2\,dx) = \lambda(\mathfrak{X}\,dy - \mathfrak{Y}\,dx),$$

woraus einzeln folgt:

$$\mu X_1 - \nu X_2 = \lambda\mathfrak{X},$$
$$\mu Y_1 - \nu Y_2 = \lambda\mathfrak{Y}.$$

Eliminieren wir λ, so bleibt:

$$\mu(X_1\mathfrak{Y} - Y_1\mathfrak{X}) = \nu(X_2\mathfrak{Y} - Y_2\mathfrak{X}),$$

d. h. wir kennen $\mu:\nu$. Daher können wir — wie vorhin gezeigt wurde — μ und ν selbst durch Quadratur bestimmen, also auch u und v und folglich $u - v$. Damit ist die Integration beendet. Wir finden mithin:

Satz 87: Weiss man, dass die Integralcurven der gegebenen Differentialgleichung

$$\mathfrak{X}\,dy - \mathfrak{Y}\,dx = 0$$

Diagonalcurven in einem der Netze sind, die aus den Integralcurven der beiden gegebenen Differentialgleichungen

$$X_1\,dy - Y_1\,dx = 0, \quad X_2\,dy - Y_2\,dx = 0$$

gebildet werden können, so verlangt die Integration aller dreier Gleichungen nur Quadraturen.[1]

[1] Die Sätze dieses Paragraphen rühren wesentlich her von Lie. Siehe das in der Fussnote S. 93 genannte Werk, Kap. 9, in dem namentlich der Satz 87 auf eine tiefer liegende Eigentümlichkeit der drei Differentialgleichungen des Satzes zurückgeführt wird, auf die wir hier nicht eingehen können.

Zweiter Abschnitt.

Curven im Raume.

§ 1. Uebersicht über die räumlichen Gebilde.

In der Geometrie der Ebene sind die Curven der vornehmste Gegenstand unserer Betrachtungen gewesen. Eine Curve kann als Ort einer stetigen Schar von ∞^1 Punkten definiert werden. Aber auch eine stetige Schar von ∞^1 Geraden in der Ebene definiert eine Curve, nämlich ihre Einhüllende. In der Ebene ist also das von ∞^1 Punkten erzeugte Gebilde mit dem von ∞^1 Geraden erzeugten Gebilde identisch.

Anders im Raume. Hier haben wir drei Elementargebilde: Punkte, Geraden und Ebenen. Eine stetige Schar von ∞^1 Punkten ist ein Curve. Wir werden sehen, dass auch eine stetige Schar von ∞^1 Ebenen eine Curve erzeugt. Eine stetige Schar von ∞^2 Punkten ist eine Fläche. Wir werden sehen, dass eine stetige Schar von ∞^2 Ebenen auch eine Fläche umhüllt.

Aber auch stetige Scharen von Geraden erzeugen wichtige räumliche Gebilde. Während der Raum ∞^3 Punkte und ∞^3 Ebenen enthält, da jeder Punkt durch drei Coordinaten x, y, z und jede Ebene durch eine Gleichung mit drei wesentlichen Constanten dargestellt wird, giebt es ∞^4 Geraden. In der That wird ja eine Gerade allgemeiner Lage im gewöhnlichen rechtwinkligen Coordinatensystem (x, y, z) etwa durch zwei Gleichungen von der Form

$$(1) \qquad x = rz + \varrho, \quad y = sz + \sigma$$

definiert, die vier wesentliche Constanten r, s, ϱ, σ enthalten. Im Raume sind demnach stetige Scharen von ∞^1, von ∞^2 und von ∞^3 Geraden vorhanden. Eine stetige Schar von ∞^1 Geraden erzeugt eine Fläche von besonderer Art, eine geradlinige Fläche oder Regelfläche. Die einfachsten Beispiele hierzu sind der Cylinder, der Kegel, das hyperbolische Paraboloid und das einschalige Hyperboloid. Eine stetige Schar von ∞^2 Geraden erzeugt im Allgemeinen weder eine Curve, noch eine Fläche. Man nennt sie ein Strahlensystem (eine Strahlencongruenz). Hierzu gehören z. B. alle Geraden, die ein Ellipsoid senkrecht schneiden. Auch eine stetige Schar von ∞^3 Geraden erzeugt im Allgemeinen nicht eigentlich Curven oder Flächen, wenn sie auch mit solchen Gebilden in engen Beziehungen steht. Man nennt eine solche Schar einen Strahlencomplex. Hierzu gehören z. B. alle Geraden, die dieselbe Neigung zu einer Ebene haben.

Aus diesen flüchtigen Andeutungen sieht man schon, dass der Stoff, den wir im Raume vor uns haben, viel mannigfaltiger als der in der Ebene ist. Wir werden daher eine Auswahl zu treffen haben, um nicht zu weit geführt zu werden. Zunächst sollen die Curven im Raume eingehend untersucht werden.

Die einfachste Curve im Raume ist die Gerade. Sind x, y, z rechtwinklige Punktcoordinaten im Raume, so können wir eine Gerade von allgemeiner Lage durch die Gleichungen zweier Ebenen definieren:

$$A_1 x + B_1 y + C_1 z = D_1, \qquad A_2 x + B_2 y + C_2 z = D_2, \tag{2}$$

indem wir die Schnittlinie beider Ebenen betrachten. Diese Darstellung leidet aber an dem Mangel, dass unter den ∞^1 Ebenen, die eine Gerade enthalten, zwei bevorzugt worden sind. Auch wenn wir die Gleichungen nach x und y auflösen, wie es oben in (1) geschehen ist, sind zwei besondere Ebenen durch die Gerade bevorzugt; die erste Gleichung (1) stellt nämlich eine Ebene parallel zur y-Axe, die zweite eine Ebene parallel zur x-Axe dar.

Besser und häufig bequemer ist eine andere Darstellung der Geraden: Ist (a, b, c) ein Punkt im Raume, sind ferner A, B, C drei bestimmte Zahlen und ist t eine beliebig veränderliche Grösse, so stellen die drei Gleichungen

$$x = a + At, \qquad y = b + Bt, \qquad z = c + Ct \tag{3}$$

die Punkte (x, y, z) einer Geraden dar, nämlich derjenigen Geraden, die durch den Punkt (a, b, c) geht und ausserdem den Punkt mit den Coordinaten $a + A$, $b + B$, $c + C$ enthält. In (3) liegt die Parameterdarstellung einer Geraden vor. Zu jedem Werte des Parameters t gehört ein bestimmter Punkt (x, y, z) der Geraden. Die Strecke vom Punkte (a, b, c) bis zu diesem Punkte ist gleich

$$\sqrt{(x-a)^2 + (y-b)^2 + (z-c)^2}$$

oder:

$$t\sqrt{A^2 + B^2 + C^2}.$$

Bei reellen Geraden ist diese auf der Geraden gemessene Strecke nur dann gleich Null, wenn $t = 0$ ist, mit anderen Worten, wenn der Punkt (x, y, z) mit dem Punkt (a, b, c) zusammenfällt. Aber bei imaginären Geraden kann auch $A^2 + B^2 + C^2 = 0$ sein. Es sind dies die Geraden von der Länge Null, die Minimalgeraden, denen wir ja schon in der Ebene auf S. 6 begegnet waren. Diese Minimalgeraden werden wir später genauer untersuchen.

Bis auf weiteres sehen wir von ihnen ab und nehmen also an, dass

$$A^2 + B^2 + C^2 \neq 0$$

sei. Die Projection der vorhin berechneten Strecke der Geraden auf die x-Axe ist gleich $x - a$ oder nach (3) gleich At. Das Verhältnis aus ihr und der Strecke selbst ist der Cosinus des Winkels α, den die Gerade (3) mit der x-Axe bildet:

$$\cos\alpha = \frac{A}{\sqrt{A^2 + B^2 + C^2}}.$$

Von diesem Winkel kann wohlbemerkt auch dann geredet werden, wenn die Gerade die x-Axe nicht schneidet. Es ist eben der Winkel α, den zwei solche Geraden miteinander bilden, die man durch irgend einen Punkt parallel zur x-Axe und zur Geraden (3) ziehen kann. Entsprechend sind:

$$\cos\beta = \frac{B}{\sqrt{A^2 + B^2 + C^2}}, \quad \cos\gamma = \frac{C}{\sqrt{A^2 + B^2 + C^2}}$$

die Cosinus derjenigen Winkel β und γ, die von der Geraden (3) mit der y- und der z-Axe gebildet werden. Diese drei Cosinus heissen bekanntlich die Richtungscosinus der Geraden (3), und zwischen ihnen besteht die Beziehung:

$$\cos^2\alpha + \cos^2\beta + \cos^2\gamma = 1. \tag{4}$$

Dies gilt nicht bei den Minimalgeraden, auf denen ja jede Strecke gleich Null ist. Man kann daher auch nicht von dem Winkel sprechen, den eine Gerade mit einer Minimalgeraden bildet.

Für die Anwendungen merkt man sich, dass bei der Parameterdarstellung (3) einer Geraden die Coefficienten A, B, C des Parameters den Richtungscosinus proportional sind, woraus dann sofort folgt, dass, wenn (a, b, c) ein bestimmter Punkt der Geraden ist, die drei Brüche

$$\frac{x-a}{A}, \quad \frac{y-b}{B}, \quad \frac{z-c}{C}$$

einander gleich sind, während sie sich längs der Geraden ändern. Wenn man sie daher alle drei mit t bezeichnet:

$$\frac{x-a}{A} = \frac{y-b}{B} = \frac{z-c}{C} = t,$$

so folgt hieraus durch Auflösung nach x, y, z die Parameterdarstellung (3). Wir sagen öfters kurz: Die Gerade (3) hat die Richtung $(A:B:C)$.

Häufig werden wir die bekannte Formel der analytischen Geometrie anwenden, nach der

$$\cos\omega = \cos\alpha_1 \cos\alpha_2 + \cos\beta_1 \cos\beta_2 + \cos\gamma_1 \cos\gamma_2 \tag{5}$$

der Cosinus des Winkels ist, der von zwei solchen Richtungen gebildet wird, von denen die eine mit den Axen die Winkel α_1, β_1, γ_1 und die andere die Winkel α_2, β_2, γ_2 bildet. Man kann diese Formel ohne Mühe aus dem gleichschenkligen Dreieck ablesen, dessen Spitze der Anfangspunkt ist und dessen Schenkel zwei Strecken von der Länge Eins und von den gegebenen Richtungen sind, indem man den einen Schenkel auf den andern projiciert.

§ 2. **Aenderung des Coordinatensystems.**

Aus den Grundlagen der analytischen Geometrie des Raumes schalten wir hier Einiges ein, teils um den Leser daran zu erinnern, teils um später bequem darauf zurückverweisen zu können.

Das dreifach rechtwinklige Axenkreuz $(Oxyz)$ sei aus seiner ursprünglichen Lage durch Bewegung in eine neue Lage übergeführt worden, sodass der Anfangspunkt alsdann an der Stelle $\bar{O}$ liegt. Die Axen seien in ihrer neuen Lage als die $\bar{x}$-, $\bar{y}$- und $\bar{z}$-Axe bezeichnet. Die Richtungen der neuen positiven Axen bilden mit den Richtungen der alten positiven Axen Winkel, deren Cosinus $\alpha_1, \beta_1, \gamma_1$; $\alpha_2, \beta_2, \gamma_2$; $\alpha_3, \beta_3, \gamma_3$ seien, sodass aus der Tafel

	x	y	z
$\bar{x}$	α_1	β_1	γ_1
$\bar{y}$	α_2	β_2	γ_2
$\bar{z}$	α_3	β_3	γ_3

zu entnehmen ist, welche Cosinus mit α_i, β_i, γ_i bezeichnet werden sollen. Ferner habe der neue Anfangspunkt $\bar{O}$ im ursprünglichen System die Coordinaten a, b, c.

Ein Punkt P des Raumes kann auf beide Coordinatensysteme bezogen werden. Es fragt sich, wie sich seine Coordinaten x, y, z und $\bar{x}$, $\bar{y}$, $\bar{z}$ vermöge einander ausdrücken. Wir finden dies leicht, wenn wir von dem Satze Gebrauch machen, dass die Summe der Projectionen der Seiten eines räumlichen geschlossenen Polygons auf eine beliebige Gerade gleich Null ist. Ein solches Polygon stellen wir so her (Fig. 35): Das Lot von P auf die $\bar{x}\bar{y}$-Ebene treffe diese in A, das Lot von A auf die $\bar{x}$-Axe diese in B. Ferner sei C der Fusspunkt des Lotes von P auf die yz-Ebene, D der Fusspunkt des Lotes von C auf die z-Axe. Endlich treffe das Lot von $\bar{O}$ auf die xy-Ebene diese in E und das Lot von E auf die x-Axe diese in F. Jetzt ist

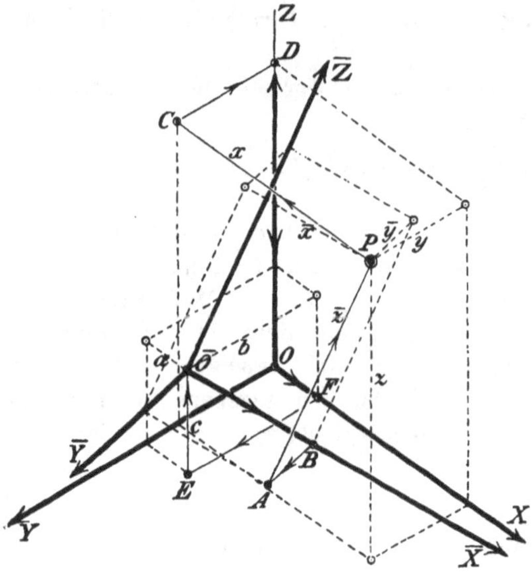

Fig. 35.

$$O\,F\,E\,\bar{O}\,B\,A\,P\,C\,D\,O$$

ein geschlossenes räumliches Vieleck. Seine Seiten haben die Längen:

$$a, \quad b, \quad c, \quad \bar{x}, \quad \bar{y}, \quad \bar{z}, \quad -x, \quad -y, \quad -z,$$

bei gehöriger Beachtung der Richtung des Umlaufes, die bei den drei letzten Seiten den Richtungen der positiven Axen entgegen sind. Aus der obigen Tafel entnehmen wir die Cosinus der Winkel, die von den Seiten des Vielecks mit den alten und neuen Axen gebildet werden. Projicieren wir das Polygon nach einander auf die drei alten Axen und auf die drei neuen Axen, so gehen die sechs Gleichungen hervor:

$$a + \alpha_1 \bar{x} + \alpha_2 \bar{y} + \alpha_3 \bar{z} - x = 0,$$
$$b + \beta_1 \bar{x} + \beta_2 \bar{y} + \beta_3 \bar{z} - y = 0,$$
$$c + \gamma_1 \bar{x} + \gamma_2 \bar{y} + \gamma_3 \bar{z} - z = 0;$$

$$\alpha_1 a + \beta_1 b + \gamma_1 c + \bar{x} - \alpha_1 x - \beta_1 y - \gamma_1 z = 0,$$
$$\alpha_2 a + \beta_2 b + \gamma_2 c + \bar{y} - \alpha_2 x - \beta_2 y - \gamma_2 z = 0,$$
$$\alpha_3 a + \beta_3 b + \gamma_3 c + \bar{z} - \alpha_3 x - \beta_3 y - \gamma_3 z = 0.$$

Oder:

$$(1)\quad \begin{cases} x = \alpha_1 \bar{x} + \alpha_2 \bar{y} + \alpha_3 \bar{z} + a, \\ y = \beta_1 \bar{x} + \beta_2 \bar{y} + \beta_3 \bar{z} + b, \\ z = \gamma_1 \bar{x} + \gamma_2 \bar{y} + \gamma_3 \bar{z} + c \end{cases}$$

und

$$(2)\quad \begin{cases} \bar{x} = \alpha_1 (x - a) + \beta_1 (y - b) + \gamma_1 (z - c), \\ \bar{y} = \alpha_2 (x - a) + \beta_2 (y - b) + \gamma_2 (z - c), \\ \bar{z} = \alpha_3 (x - a) + \beta_3 (y - b) + \gamma_3 (z - c). \end{cases}$$

Von diesen Formeln müssen die einen die Auflösungen der anderen sein. Setzen wir die Werte (1) von x, y, z in (2) ein, so folgt also, dass die Beziehungen bestehen müssen:

$$(3)\quad \begin{cases} \alpha_1^2 + \beta_1^2 + \gamma_1^2 = 1, & \alpha_2 \alpha_3 + \beta_2 \beta_3 + \gamma_2 \gamma_3 = 0, \\ \alpha_2^2 + \beta_2^2 + \gamma_2^2 = 1, & \alpha_3 \alpha_1 + \beta_3 \beta_1 + \gamma_3 \gamma_1 = 0, \\ \alpha_3^2 + \beta_3^2 + \gamma_3^2 = 1; & \alpha_1 \alpha_2 + \beta_1 \beta_2 + \gamma_1 \gamma_2 = 0. \end{cases}$$

Bei umgekehrter Substitution ergeben sich diese Beziehungen:

$$(4)\quad \begin{cases} \alpha_1^2 + \alpha_2^2 + \alpha_3^2 = 1, & \beta_1 \gamma_1 + \beta_2 \gamma_2 + \beta_3 \gamma_3 = 0, \\ \beta_1^2 + \beta_2^2 + \beta_3^2 = 1, & \gamma_1 \alpha_1 + \gamma_2 \alpha_2 + \gamma_3 \alpha_3 = 0, \\ \gamma_1^2 + \gamma_2^2 + \gamma_3^2 = 1; & \alpha_1 \beta_1 + \alpha_2 \beta_2 + \alpha_3 \beta_3 = 0. \end{cases}$$

Zwischen den neun Richtungscosinus bestehen somit diese zwölf Beziehungen. Aber noch mehr: Aus den beiden unter (4) auftretenden Gleichungen:

$$\beta_1 \alpha_1 + \beta_2 \alpha_2 + \beta_3 \alpha_3 = 0,$$
$$\gamma_1 \alpha_1 + \gamma_2 \alpha_2 + \gamma_3 \alpha_3 = 0$$

folgt, da sie linear und homogen in $\alpha_1, \alpha_2, \alpha_3$ sind:

$$(5)\quad \alpha_1 = \lambda(\beta_2 \gamma_3 - \beta_3 \gamma_2), \quad \alpha_2 = \lambda(\beta_3 \gamma_1 - \beta_1 \gamma_3), \quad \alpha_3 = \lambda(\beta_1 \gamma_2 - \beta_2 \gamma_1),$$

wobei λ ein noch unbekannter Factor ist. Setzen wir diese Werte in die erste Gleichung (4) ein, so kommt:

$$\lambda^2\{(\beta_2\gamma_3-\beta_3\gamma_2)^2+(\beta_3\gamma_1-\beta_1\gamma_3)^2+(\beta_1\gamma_2-\beta_2\gamma_1)^2\}=1$$

oder:[1]

$$\lambda^2\{(\beta_1^2+\beta_2^2+\beta_3^2)(\gamma_1^2+\gamma_2^2+\gamma_3^2)-(\beta_1\gamma_1+\beta_2\gamma_2+\beta_3\gamma_3\}=1.$$

Nach (4) aber reduciert sich diese Gleichung auf:

$$\lambda^2=1. \tag{6}$$

Der Factor λ ist also gleich $+1$ oder -1. Ehe wir zwischen beiden Werten entscheiden, beachten wir noch, dass

$$\begin{vmatrix} \alpha_1 & \beta_1 & \gamma_1 \\ \alpha_2 & \beta_2 & \gamma_2 \\ \alpha_3 & \beta_3 & \gamma_3 \end{vmatrix} = \lambda \tag{7}$$

ist, wie man sofort findet, wenn man die Determinante nach der ersten Reihe entwickelt und die Werte (5) einsetzt. Nach (6) ist mithin die Determinante der Richtungscosinus gleich $+1$ oder -1.

Nun aber soll das neue Axenkreuz durch stetige Bewegung aus dem alten hervorgegangen sein. Während der Ausführung der Bewegung werden sich die Richtungscosinus der neuen Axen gegen die alten stetig ändern. Die Determinante muss also in jeder Lage des neuen Systems entweder gleich $+1$ oder aber in jeder Lage gleich -1 sein. Es genügt daher zu entscheiden, welchen Wert sie zu Beginn der Bewegung hat. Zu Anfang fallen die neuen positiven Axen mit den alten positiven Axen zusammen, sodass $\alpha_1=\beta_2=\gamma_3=1$ und alle anderen Richtungscosinus gleich Null sind, mithin die Determinante den Wert $+1$ hat. Demnach ist $\lambda=+1$ zu setzen, sodass die Formeln (5), denen sich sofort sechs analoge durch cyklische Vertauschung von α, β, γ anschliessen, ergeben:

$$\left\{\begin{array}{lll} \alpha_1=\beta_2\gamma_3-\beta_3\gamma_2, & \beta_1=\gamma_2\alpha_3-\gamma_3\alpha_2, & \gamma_1=\alpha_2\beta_3-\alpha_3\beta_2, \\ \alpha_2=\beta_3\gamma_1-\beta_1\gamma_3, & \beta_2=\gamma_3\alpha_1-\gamma_1\alpha_3, & \gamma_2=\alpha_3\beta_1-\alpha_1\beta_3, \\ \alpha_3=\beta_1\gamma_2-\beta_2\gamma_1; & \beta_3=\gamma_1\alpha_2-\gamma_2\alpha_1; & \gamma_3=\alpha_1\beta_2-\alpha_2\beta_1, \end{array}\right. \tag{8}$$

während aus (7) folgt:

---

[1] Wir benutzen hier eine in der Geometrie des Raumes häufig nützliche identische Umformung, die wir hier so schreiben wollen:

$$(a_2b_3-a_3b_2)^2+(a_3b_1-a_1b_3)^2+(a_1b_2-a_2b_1)^2=$$
$$=(a_1^2+a_2^2+a_3^2)(b_1^2+b_2^2+b_3^2)-(a_1b_1+a_2b_2+a_3b_3)^2.$$

$$(9) \qquad \begin{vmatrix} \alpha_1 & \beta_1 & \gamma_1 \\ \alpha_2 & \beta_2 & \gamma_2 \\ \alpha_3 & \beta_3 & \gamma_3 \end{vmatrix} = 1.$$

Natürlich sind unter den 22 Formeln (3), (4), (8) und (9), die zwischen den neun Richtungscosinus bestehen, eine grosse Anzahl Folgen der übrigen. Denn man kann ja z. B. die $\bar{x}$-Axe beliebig wählen, d. h. α_1 und β_1 beliebig wählen. Ausserdem kann dann noch die $\bar{y}$-Axe rotieren und sie wird und mit ihr die Orientierung des neuen Axenkreuzes überhaupt in ihrer Richtung fortgelegt sein, wenn man etwa noch α_2 beliebig giebt. Hieraus folgt, dass sich alle neun Richtungscosinus z. B. durch α_1, β_1, α_2 ausdrücken lassen, während diese drei beliebig sind. Doch hat es für uns kein Interesse, dies weiter zu verfolgen. — Man sieht ohne Mühe, dass z. B. aus den Formeln (3) und (9) alle übrigen abgeleitet werden können, was auch geometrisch deshalb klar ist, weil die Formeln (3) aussagen, dass die α, β, γ die Cosinus dreier zu einander senkrechten Richtungen sind, und die Formel (9) der Ausdruck dafür ist, dass die neuen drei Axen gegen einander dieselbe Orientierung wie die drei alten Axen haben.

Da wir einen Teil der Formeln dieses Paragraphen häufig gebrauchen werden, sind sie des bequemen Nachschlagens halber am Schluss in der Tafel I unter (*A*) bis (*F*) zusammengestellt. Wir citieren sie künftig einfach als I(*A*) bis I(*F*).

§ 3. **Bewegung im Raume.**

Die Formeln für die Einführung eines neuen rechtwinkligen Axenkreuzes $(O\bar{x}\bar{y}\bar{z})$, die wir im vorigen Paragraphen abgeleitet haben, gestatten noch eine zweite Deutung: Liegt eine starre Figur vor, so können wir uns vorstellen, ein mit ihr fest verknüpftes Axenkreuz $(O\bar{x}\bar{y}\bar{z})$ falle ursprünglich mit dem im Raume fest gewählten Axenkreuz $(Oxyz)$ zusammen. Vermöge einer Bewegung gehe die starre Figur in eine neue Lage über, sodass das mit ihr verbundene Axenkreuz $(O\bar{x}\bar{y}\bar{z})$ dann irgendwo im Raume liegt. Alsdann liegt gerade die Beziehung zwischen beiden Axenkreuzen vor, die wir in § 2 betrachteten. Dabei bedeuten $\bar{x}$, $\bar{y}$, $\bar{z}$ die Coordinaten eines Punktes der Figur in ihrer ursprünglichen Lage, bezogen auf das im Raume feste Axenkreuz, und

x, y, z die Coordinaten desselben Punktes der Figur nach der Bewegung, ebenfalls bezogen auf das im Raume feste Axenkreuz.

Mithin drücken die Gleichungen (1) oder (2) des § 2 das Ergebnis einer allgemeinen Bewegung im Raume aus, bei der der Punkt $(\bar{x}, \bar{y}, \bar{z})$ der in Bewegung gesetzten Figur in den Punkt (x, y, z) übergeht, und zwar sind beide Punkte auf ein und dasselbe, im Raume feste Axenkreuz bezogen. Dabei bedeuten z. B. $\alpha_1, \beta_1, \gamma_1$ die Richtungscosinus derjenigen Geraden, die zuerst in der x-Axe lag, nach der ausgeführten Bewegung.

Man sieht leicht, dass bei einer Bewegung im Allgemeinen kein Punkt im endlichen Raum in sich übergeht, denn sonst müssten die Gleichungen (1) des § 2, sobald man darin statt $\bar{x}, \bar{y}, \bar{z}$ auch x, y, z schreibt, durch drei endliche Werte x, y, z erfüllbar sein. Dies ist im Allgemeinen unmöglich, weil dann drei in x, y, z lineare, aber nicht homogene Gleichungen vorliegen, deren Determinante

$$(1) \qquad \begin{vmatrix} \alpha_1 - 1 & \alpha_2 & \alpha_3 \\ \beta_1 & \beta_2 - 1 & \beta_3 \\ \gamma_1 & \gamma_2 & \gamma_3 - 1 \end{vmatrix} = 0$$

ist. Dies nämlich erkennt man, wenn man die Determinante entsprechend den in ihr auftretenden Differenzen zerlegt und die Formel (9), S. 147, sowie die unter (8), S. 148, in der Diagonale stehenden Formeln anwendet.

Wohl aber lehrt das Verschwinden der Determinante (1), dass es drei endliche und nicht sämtlich verschwindende Constanten u, v, w giebt, für die:

$$(2) \qquad \begin{cases} (\alpha_1 - 1)u + \alpha_2 v + \alpha_3 w = 0, \\ \beta_1 u + (\beta_2 - 1)v + \beta_3 w = 0, \\ \gamma_1 u + \gamma_2 v + (\gamma_3 - 1)w = 0 \end{cases}$$

ist. Wenn wir diese drei Gleichungen mit $\alpha_1, \beta_1, \gamma_1$ multiplicieren und dann addieren, so geht eine Gleichung hervor, die sich wegen (3), S. 145, sehr vereinfacht. Ebenso, wenn wir mit $\alpha_2, \beta_2, \gamma_2$ oder $\alpha_3, \beta_3, \gamma_3$ multiplicieren. Es kommt nämlich:

$$(3) \qquad \begin{cases} (\alpha_1 - 1)u + \beta_1 v + \gamma_1 w = 0, \\ \alpha_2 u + (\beta_2 - 1)v + \gamma_2 w = 0, \\ \alpha_3 u + \beta_3 v + (\gamma_3 - 1)w = 0. \end{cases}$$

Umgekehrt folgt hieraus rückwärts leicht wieder (2).

Das Vorhandensein der drei endlichen Constanten u, v, w hat eine wichtige geometrische Bedeutung. Ehe wir sie geben, machen wir noch einige rein rechnerische Beobachtungen: Die Gleichungen (2) bestimmen die Verhältnisse $u:v:w$ eindeutig, sobald nicht alle zweireihigen Unterdeterminanten der Determinante (1) gleich Null sind. Diese sind nur dann sämtlich gleich Null, wenn $\alpha_1 = \beta_2 = \gamma_3 = 1$ und $\alpha_3 + \gamma_1 = \beta_1 + \alpha_2 = \gamma_2 + \beta_3 = 0$ ist. Hieraus folgt mit Rücksicht auf die in der Diagonale von (8), S. 146, stehenden Formeln, dass $\alpha_1 = \beta_2 = \gamma_3 = 1$ und alle anderen α, β, γ gleich Null sind, dass mithin die Punkte $(\bar{x}, \bar{y}, \bar{z})$ nur die Schiebung $\bar{x} = x - a$, $\bar{y} = y - b$, $\bar{z} = z - c$ erfahren, bei der alle Richtungen ungeändert bleiben.

Sobald mithin die Bewegung nicht bloss eine Schiebung ist, bestimmen die Gleichungen (2) oder (3) die Verhältnisse $u:v:w$ eindeutig. Aus je zwei Gleichungen (2) oder (3) folgen nach (8), S. 146, verschiedene Ausdrucksformen für die Verhältnisse:

$$(4)\quad \left\{\begin{aligned} u:v:w &= (1 + \alpha_1 - \beta_2 - \gamma_3):(\alpha_2 + \beta_1):(\alpha_3 + \gamma_1) \\ &= (\beta_1 + \alpha_2):(1 - \alpha_1 + \beta_2 - \gamma_3):(\beta_3 + \gamma_2) \\ &= (\gamma_1 + \alpha_3):(\gamma_2 + \beta_3):(1 - \alpha_1 - \beta_2 + \gamma_3), \end{aligned}\right.$$

die natürlich wegen der zwischen den Richtungscosinus bestehenden Beziehungen miteinander gleichwertig sind. Wenn man entsprechende Gleichungen (2) und (3) voneinander subtrahiert, so kommen drei Gleichungen, aus denen noch folgt:

$$(5)\quad u:v:w = (\gamma_2 - \beta_3):(\alpha_3 - \gamma_1):(\beta_1 - \alpha_2).$$

In besonderen Fällen kann es vorkommen, dass die eine oder andere Ausdrucksform versagt, indem sie $0:0:0$ liefert. Eine ist aber stets vorhanden, die nicht versagt, denn alle in (4) und (5) rechts stehenden Ausdrücke verschwinden nur im Fall einer Schiebung.

Jetzt kommen wir zur geometrischen Deutung: Eine Gerade, deren Richtungscosinus proportional u, v, w sind, hat solche Gleichungen (nach S. 143):

$$(6)\quad \bar{x} = \bar{\mathfrak{x}} + ut, \quad \bar{y} = \bar{\mathfrak{y}} + vt, \quad \bar{z} = \bar{\mathfrak{z}} + wt.$$

Vermöge der Bewegung geht der Punkt $(\bar{\mathfrak{x}}, \bar{\mathfrak{y}}, \bar{\mathfrak{z}})$ der Geraden nach (1), S. 145, in den Punkt:

$$(7)\quad \left\{\begin{aligned} \mathfrak{x} &= \alpha_1 \bar{\mathfrak{x}} + \alpha_2 \bar{\mathfrak{y}} + \alpha_3 \bar{\mathfrak{z}} + a, \\ \mathfrak{y} &= \beta_1 \bar{\mathfrak{x}} + \beta_2 \bar{\mathfrak{y}} + \beta_3 \bar{\mathfrak{z}} + b, \\ \mathfrak{z} &= \gamma_1 \bar{\mathfrak{x}} + \gamma_2 \bar{\mathfrak{y}} + \gamma_3 \bar{\mathfrak{z}} + c \end{aligned}\right.$$

über und mithin der allgemeine Punkt $(\bar{x}, \bar{y}, \bar{z})$ der Geraden (6) infolge der soeben erwähnten Gleichungen in den Punkt:

$$x = \mathfrak{x} + (\alpha_1 u + \alpha_2 v + \alpha_3 w) t,$$
$$y = \mathfrak{y} + (\beta_1 u + \beta_2 v + \beta_3 w) t,$$
$$z = \mathfrak{z} + (\gamma_1 u + \gamma_2 v + \gamma_3 w) t$$

oder wegen (2) in den Punkt:

(8) $$x = \mathfrak{x} + u t, \quad y = \mathfrak{y} + v t, \quad z = \mathfrak{z} + w t.$$

Vergleichen wir dies mit (6), so folgt: Die Gerade (6) wird bei der Bewegung in eine zu ihr parallele Gerade verwandelt. Wenn man umgekehrt die Bedingungen dafür aufstellt, dass eine Gerade (6) vermöge der Bewegung in eine parallele Gerade (8) übergeht, so kommt man auf die Bedingungen (2) für u, v, w.

Mithin hat sich ergeben: S o b a l d d i e B e w e g u n g k e i n e S c h i e b u n g i s t, g i e b t e s e i n e u n d n u r e i n e R i c h t u n g $(u:v:w)$ i m R a u m e, d i e n a c h d e r B e w e g u n g d i e a l t e i s t.

Weil es unendlich viele Geraden von dieser Richtung giebt, liegt die Frage nahe, ob nicht eine unter diesen Geraden in sich selbst übergeführt wird. Ist $(\bar{\mathfrak{x}}, \bar{\mathfrak{y}}, \bar{\mathfrak{z}})$ ein Punkt auf ihr, so wird er vermöge der Bewegung in den durch (7) bestimmten Punkt $(\mathfrak{x}, \mathfrak{y}, \mathfrak{z})$ verwandelt, von dem wir verlangen müssten, dass er auf der Geraden liege, anders ausgedrückt: Es müssten $\mathfrak{x} - \bar{\mathfrak{x}}$, $\mathfrak{y} - \bar{\mathfrak{y}}$, $\mathfrak{z} - \bar{\mathfrak{z}}$ proportional u, v, w sein; es müsste also einen Factor t geben derart, dass:

(9) $$\begin{cases} (\alpha_1 - 1)\bar{\mathfrak{x}} + \alpha_2 \bar{\mathfrak{y}} + \alpha_3 \bar{\mathfrak{z}} + a = t u, \\ \beta_1 \bar{\mathfrak{x}} + (\beta_2 - 1)\bar{\mathfrak{y}} + \beta_3 \bar{\mathfrak{z}} + b = t v, \\ \gamma_1 \bar{\mathfrak{x}} + \gamma_2 \bar{\mathfrak{y}} + (\gamma_3 - 1)\bar{\mathfrak{z}} + c = t w \end{cases}$$

wäre. Die Determinante dieser drei Gleichungen hinsichtlich $\bar{\mathfrak{x}}$, $\bar{\mathfrak{y}}$, $\bar{\mathfrak{z}}$ ist nach (1) gleich Null. Für beliebiges t haben sie also keine Lösungen $\bar{\mathfrak{x}}$, $\bar{\mathfrak{y}}$, $\bar{\mathfrak{z}}$, da auch u, v, w nicht sämtlich gleich Null sind. Dagegen giebt es einen Wert von t, für den eine der drei Gleichungen eine Folge der beiden andern ist. Multiplicieren wir nämlich die drei Gleichungen (9) mit u, v, w und addieren sie, so kommt nach (3):

$$a u + b v + c w = t(u^2 + v^2 + w^2).$$

Sobald also

(10) $$t = \frac{a u + b v + c w}{u^2 + v^2 + w^2}$$

ist, ist eine der drei in $\bar{\mathfrak{x}}$, $\bar{\mathfrak{y}}$, $\bar{\mathfrak{z}}$ linearen Gleichungen (9) eine Folge der beiden andern. Dann wird den Gleichungen (9) durch die

Punkte ($\mathfrak{x}$, $\mathfrak{y}$, $\mathfrak{z}$) einer Geraden genügt, aber nicht etwa durch die einer Ebene, denn die drei Gleichungen (9) können sich nicht auf nur eine Gleichung reducieren, weil sonst die Grössen

$$\alpha_1 - 1, \quad \alpha_2, \quad \alpha_3$$

den Grössen

$$\beta_1, \quad \beta_2 - 1, \quad \beta_3$$

und den Grössen

$$\gamma_1, \quad \gamma_2, \quad \gamma_3 - 1$$

proportional sein müssten, was wegen der in § 2 zwischen den α, β, γ aufgestellten Beziehungen wieder zu dem beiseite gestellten Fall einer Schiebung führen würde.

Es giebt folglich nur eine Gerade im Raume, die bei der Bewegung in sich übergeführt wird. Es ist dies die den drei Ebenen (9) für den Wert (10) von t gemeinsame Gerade. Sie hat die Richtung $(u:v:w)$, da dies die einzige unveränderliche Richtung ist. Bringt man jene Gerade in starre Verbindung mit der in Bewegung gesetzten Figur, so wird sie nach der Bewegung wieder dieselbe Lage haben und nur in sich verschoben sein. Daher lässt sich das Ergebnis der Bewegung dadurch erreichen, dass man diese Gerade der Figur festhält, d. h. die Figur längs der Geraden verschiebt und um die Gerade dreht. Eine solche Bewegung heisst eine Schraubung.

Wir könnten also sagen, dass jede Bewegung im Raume entweder durch eine Schiebung oder durch eine Schraubung hinsichtlich ihres Ergebnisses ersetzbar sei, wenn nicht noch eine Ausnahme vorkommen könnte. Der Wert (10) von t wird unbrauchbar, wenn

$$u^2 + v^2 + w^2 = 0 \tag{11}$$

ist. Dann ist die Richtung $(u:v:w)$ die einer Minimalgeraden (siehe S. 142). Bei einer reellen Bewegung im Raume sind die α, β, γ und also auch die Verhältnisse $u:v:w$ reell, sodass diese Ausnahme nicht möglich ist, wohl aber bei einer imaginären Bewegung. Auf diesen Ausnahmefall gehen wir nicht näher ein.

Wenn man beachtet, dass sich eine Schraubung, da sie aus einer Schiebung und aus einer Drehung um eine Gerade zusammengesetzt ist, insbesondere auf eine Schiebung — ebenso wie auf eine Drehung — reducieren kann, so findet man:

Satz 1: Jede reelle Bewegung im Raume lässt sich hinsichtlich ihres Ergebnisses stets durch eine Schraubung ersetzen. Nur wenn die Schraubung bloss eine Schiebung ist, ist ihre Axe unbestimmt.[1]

Ausserdem:

Satz 2: Die Bewegung, bei der die Punkte $(\bar{x}, \bar{y}, \bar{z})$ des Raumes in die Punkte (x, y, z) übergehen, für die

$$x = \alpha_1 \bar{x} + \alpha_2 \bar{y} + \alpha_3 \bar{z} + a,$$
$$y = \beta_1 \bar{x} + \beta_2 \bar{y} + \beta_3 \bar{z} + b,$$
$$z = \gamma_1 \bar{x} + \gamma_2 \bar{y} + \gamma_3 \bar{z} + c$$

ist, lässt sich durch eine Schraubung ersetzen, sobald die Summe der Quadrate dreier Grössen u, v, w, die durch

$$(\alpha_1 - 1)u + \alpha_2 v + \alpha_3 w = 0,$$
$$\beta_1 u + (\beta_2 - 1)v + \beta_3 w = 0,$$
$$\gamma_1 u + \gamma_2 v + (\gamma_3 - 1)w = 0$$

bestimmt sind, nicht gleich Null ist. Und zwar ist die Axe der Schraubung die den drei Ebenen:

$$(\alpha_1 - 1)\mathfrak{x} + \alpha_2 \mathfrak{y} + \alpha_3 \mathfrak{z} + a - tu = 0$$
$$\beta_1 \mathfrak{x} + (\beta_2 - 1)\mathfrak{y} + \beta_3 \mathfrak{z} + b - tv = 0$$
$$\gamma_1 \mathfrak{x} + \gamma_2 \mathfrak{y} + (\gamma_3 - 1)\mathfrak{z} + c - tw = 0$$

bei der Annahme

$$t = \frac{au + bv + cw}{u^2 + v^2 + w^2}$$

gemeinsame Gerade.

---

[1] Dieser Satz rührt her von Mozzi, „Discorso matematico sopra il rotamento momentaneo dei corpi“, Neapel 1763. Doch blieb Mozzi's Entdeckung unbeachtet. Euler („Formulae generales pro translatione quacunque corporum rigidorum“, Novi Commentarii Acad. Petropolitanae, a. 1775, T. XX, Petersburg 1776) stellte den Satz auf, dass ein starrer Körper auf unendlich viele Weisen durch eine Drehung und eine Schiebung in eine beliebige andere Lage übergeführt werden kann, indem bei ihm wohlbemerkt die Richtung der Schiebung nicht mit der Richtung der Drehaxe zusammenfiel. Doch bemerkte er nicht, dass unter diesen Möglichkeiten eine ist, die den Satz von Mozzi geliefert hätte. Erst Chasles fand diesen Satz von neuem in seiner „Note sur les propriétés générales du système de deux corps semblables placés d'une manière quelconque dans l'espace, et sur le déplacement fini ou infiniment petit d'un corps solide libre“, Bulletin de Férussac, T. XIV (1830).

§ 4. Unendlich kleine Bewegung im Raume.

Wir wollen den besonderen Fall betrachten, in dem die Bewegung unendlich klein ist. Dann sind die neuen Coordinaten x, y, z unendlich wenig von den alten verschieden. Nach den Formeln I (A) sind also α_1, β_2, γ_3 unendlich wenig von Eins, die übrigen Richtungscosinus und a, b, c unendlich wenig von Null verschieden. Wir setzen mithin, indem wir unter ε eine unendlich kleine Grösse verstehen:

$$(1)\quad \left\{\begin{aligned} \alpha_1 &= 1 + A_1\varepsilon, & \alpha_2 &= A_2\varepsilon, & \alpha_3 &= A_3\varepsilon, \\ \beta_1 &= B_1\varepsilon, & \beta_2 &= 1 + B_2\varepsilon, & \beta_3 &= B_3\varepsilon, \\ \gamma_1 &= C_1\varepsilon, & \gamma_2 &= C_2\varepsilon, & \gamma_3 &= 1 + C_3\varepsilon. \end{aligned}\right.$$

und ersetzen a, b, c durch $a\varepsilon$, $b\varepsilon$, $c\varepsilon$. Dann haben wir die Gleichungen der unendlich kleinen Bewegung:

$$(2)\quad \left\{\begin{aligned} x &= \bar{x} + (A_1\bar{x} + A_2\bar{y} + A_3\bar{z} + a)\varepsilon, \\ y &= \bar{y} + (B_1\bar{x} + B_2\bar{y} + B_3\bar{z} + b)\varepsilon, \\ z &= \bar{z} + (C_1\bar{x} + C_2\bar{y} + C_3\bar{z} + c)\varepsilon. \end{aligned}\right.$$

Vermöge der unendlich kleinen Bewegung erfahren die Coordinaten, die wir jetzt einfach mit x, y, z statt mit $\bar{x}, \bar{y}, \bar{z}$ bezeichnen, mithin die unendlich kleinen Veränderungen:

$$\begin{aligned} \delta x &= (A_1 x + A_2 y + A_3 z + a)\varepsilon, \\ \delta y &= (B_1 x + B_2 y + B_3 z + b)\varepsilon, \\ \delta z &= (C_1 x + C_2 y + C_3 z + c)\varepsilon. \end{aligned}$$

Die Grössen A_i, B_i, C_i sind nicht ganz beliebig wählbar, denn zwischen den neun Richtungscosinus bestehen die Beziehungen I (C), aus denen sich, sobald wir nur die in ε von erster Ordnung unendlich kleinen Grössen berücksichtigen, die Bedingungen ergeben

$$A_1 = 0, \quad B_2 = 0, \quad C_3 = 0,$$
$$B_3 + C_2 = 0, \quad C_1 + A_3 = 0, \quad A_2 + B_1 = 0.$$

Die Determinante I (F) ist dann thatsächlich gleich Eins. Wir setzen nun:

$$B_3 = -C_2 = A, \quad C_1 = -A_3 = B, \quad A_2 = -B_1 = C,$$

sodass die Gleichungen für δx, δy, δz so lauten:

$$(3)\quad \left\{\begin{aligned} \delta x &= (Cy - Bz + a)\varepsilon, \\ \delta y &= (Az - Cx + b)\varepsilon, \\ \delta z &= (Bx - Ay + c)\varepsilon. \end{aligned}\right.$$

Nach (1) ist jetzt:

$$\alpha_1 = \beta_2 = \gamma_3 = 1,$$

$$\beta_3 = -\gamma_2 = A\varepsilon, \quad \gamma_1 = -\alpha_3 = B\varepsilon, \quad \alpha_2 = -\beta_1 = C\varepsilon,$$

sodass die Gleichungen (2) und (3) auf S. 148 für u, v, w diese werden:

$$Cv - Bw = 0, \quad Aw - Cu = 0, \quad Bu - Av = 0.$$

Mithin ist jetzt:

(4) $$u:v:w = A:B:C.$$

Der Fall $A = B = C = 0$ giebt augenscheinlich nur eine unendlich kleine Schiebung, die den Punkt, der zuerst im Anfangspunkt liegt, nach der Stelle $(a\varepsilon, b\varepsilon, c\varepsilon)$ schiebt und alle Richtungen der Figur ungeändert lässt. Von diesem einfachen Fall wollen wir absehen. Die Gleichung (10), S. 150, giebt jetzt nach (4), da $a\varepsilon$, $b\varepsilon$, $c\varepsilon$ an die Stelle von a, b, c getreten sind:

$$t = \frac{Aa + Bb + Cc}{A^2 + B^2 + C^2}\,\varepsilon.$$

Die Annahme $A^2 + B^2 + C^2 = 0$, die insbesondere bei reellen Bewegungen überhaupt nicht vorkommt, wenn nicht bloss eine Schiebung vorliegt, führt wie oben (S. 151) zu einer Minimalgeraden, und wir sehen von ihr ab. Nach (9), S. 150, ist nun die Axe der unendlich kleinen Schraubung, die mit der Bewegung (3) gleichwertig ist, die Schnittgerade der drei Ebenen:

$$C\mathfrak{y} - B\mathfrak{z} = \frac{1}{A^2 + B^2 + C^2}\Big\{C(Ac - Ca) - B(Ba - Ab)\Big\},$$

$$A\mathfrak{z} - C\mathfrak{x} = \frac{1}{A^2 + B^2 + C^2}\Big\{A(Ba - Ab) - C(Cb - Bc)\Big\},$$

$$B\mathfrak{x} - A\mathfrak{y} = \frac{1}{A^2 + B^2 + C^2}\Big\{B(Cb - Bc) - A(Ac - Ca)\Big\}.$$

Diese Gerade kann mit Hülfe eines Parameters τ so geschrieben werden:

(5) $$\begin{cases} \mathfrak{x} = \dfrac{Cb - Bc}{A^2 + B^2 + C^2} + A\tau, \\ \mathfrak{y} = \dfrac{Ac - Ca}{A^2 + B^2 + C^2} + B\tau \\ \mathfrak{z} = \dfrac{Ba - Ab}{A^2 + B^2 + C^2} + C\tau. \end{cases}$$

Sie heisst die Axe der unendlich kleinen Bewegung (oder Schraubung).

Zur Übersicht geben wir noch, wie auf S. 143, die Tafel der Richtungscosinus an: Diejenigen Geraden der Figur, die zuerst mit den Coordinatenaxen zusammenfallen, gehen infolge der unendlich kleinen Bewegung in drei neue Geraden über. Die Richtungscosinus zwischen der neuen und alten Geraden werden angegeben durch die Tafel:

	x	y	z
$\bar{x}$	1	$-C\varepsilon$	$B\varepsilon$
$\bar{y}$	$C\varepsilon$	1	$-A\varepsilon$
$\bar{z}$	$-B\varepsilon$	$A\varepsilon$	1

Dabei ist z. B. $-C\varepsilon$ der Cosinus des Winkels, den diejenige Gerade der Figur, die zuerst in der x-Axe liegt, nach der unendlich kleinen Bewegung mit der y-Axe bildet.

Liegt insbesondere eine unendlich kleine Schraubung vor, deren Axe die z-Axe ist, so muss in (5) $\mathfrak{x}$ und $\mathfrak{y}$ gleich Null sein für jeden Wert von τ. Also ist hier $A = B = 0$ und $a = b = 0$. Der Punkt, der zuerst im Anfangspunkte gelegen ist, wird um die Strecke $c\varepsilon$ längs der z-Axe hinbewegt. Jede Ebene

$$\frac{y}{x} = \operatorname{tg} \alpha$$

durch die z-Axe wird bei der Schraubung in sich verschoben und um die z-Axe gedreht.

Es sei $\delta\varphi$ der unendlich kleine Winkel der Drehung, also der Winkel, den die Gerade, die zuerst in der x-Axe liegt, nach der Bewegung mit der x-Axe bildet, sodass $-C\varepsilon$ nach der Tafel gleich $\cos\left(\frac{\pi}{2} - \delta\varphi\right) = \sin\delta\varphi$ oder also gleich $\delta\varphi$ ist. Die unendlich kleine Schraubung wird bewirkt durch die Drehung um die z-Axe mit dem Drehwinkel $\delta\varphi$ und durch die Schiebung längs der z-Axe um die Strecke $\delta p = c\varepsilon$, und nach (3) sind

$$(6) \qquad \delta x = -y\,\delta\varphi, \quad \delta y = x\,\delta\varphi, \quad \delta z = \delta p$$

die Gleichungen der unendlich kleinen Bewegung.

Ist P' die Projection eines beliebigen Punktes P auf die xy-Ebene, so beschreibt P' bei der Bewegung (6) eine unendlich kleine Drehung um den Anfangspunkt O mit dem Drehwinkel $\delta\varphi$. Wenn wir nun ein und dieselbe unendlich kleine Schraubung (6) n-mal nacheinander auf den Punkt P oder (x_0, y_0, z_0) ausüben, so ist dieser Drehwinkel $n\delta\varphi$, sodass P in den Punkt (x, y, z) übergeht, für den nach (1), S. 8:

$$x = x_0 \cos(n\delta\varphi) - y_0 \sin(n\delta\varphi),$$
$$y = x_0 \sin(n\delta\varphi) + y_0 \cos(n\delta\varphi),$$

ist, während P um das n-fache von δp über die xy-Ebene gehoben worden ist:

$$z = z_0 + n\delta p.$$

Setzen wir

$$n\delta\varphi = \varphi, \quad \frac{\delta p}{\delta\varphi} = q,$$

so ist

$$n\delta p = nq\delta\varphi = q\varphi$$

und daher:

$$(7) \quad x = x_0 \cos\varphi - y_0 \sin\varphi, \quad y = x_0 \sin\varphi + y_0 \cos\varphi, \quad z = z_0 + q\varphi.$$

Da beständig dieselbe unendlich kleine Bewegung ausgeübt werden soll, so ist

$$q = \frac{\delta p}{\delta\varphi},$$

d. h. das Verhältnis aus der momentanen Schiebung zum momentanen Drehwinkel, immer dieselbe Constante, während φ in (7) veränderlich ist, weil φ von n abhängt.

Die Gleichungen (7) stellen also mittels der Hülfsveränderlichen φ die Bahncurve des beständig derselben unendlich kleinen Bewegung unterworfenen Punktes (x_0, y_0, z_0) dar. Sie liegt auf einem Rotationscylinder um die z-Axe, da nach (7)

$$x^2 + y^2 = x_0^2 + y_0^2$$

ist und also der Abstand von der z-Axe ungeändert bleibt. Auf dem Cylinder steigt die Bahncurve in die Höhe, indem z beständig um δp wächst, während die Projection P' von P den Bogen

$$\sqrt{x_0^2 + y_0^2}\,\delta\varphi$$

beschreibt, sodass das Verhältnis aus momentaner Steigung und Projection des momentanen Weges auf die xy-Ebene gleich:

$$\frac{q}{\sqrt{x_0^2 + y_0^2}},$$

also auch constant ist. Die Bahncurve heisst eine gemeine Schraubenlinie.

Es liegt hier eines der einfachsten Beispiele einer Raumcurve vor. Wir werden öfters auf diese Curve zurückkommen. Unsere Betrachtung fassen wir so zusammen:

Satz 3: Bei einer stetigen Schraubung um die z-Axe beschreibt jeder Punkt (x_0, y_0, z_0) eine gemeine Schraubenlinie, deren Punktcoordinaten x, y, z sich mittels einer Hülfsveränderlichen φ so ausdrücken:

$$x = x_0 \cos\varphi - y_0 \sin\varphi, \quad y = x_0 \sin\varphi + y_0 \cos\varphi, \quad z = z_0 + q\varphi.$$

Dabei ist q eine Constante für alle Punkte des Raumes. Unter einer stetigen Schraubung ist hier diejenige Bewegung verstanden, die hervorgeht, wenn man ein und dieselbe unendlich kleine Schraubung beständig wiederholt.

Z. B. beschreibt der Punkt $(x_0 = \mathfrak{r},\ y_0 = 0,\ z_0 = 0)$ die Schraubenlinie:

$$(8) \qquad x = \mathfrak{r}\cos\varphi, \quad y = \mathfrak{r}\sin\varphi, \quad z = q\varphi$$

auf dem Cylinder mit dem Radius $\mathfrak{r}$, und jeder Punkt auf diesem Cylinder beschreibt eine mit der Curve (8) congruente Bahn. Es bedeutet hier $q : \mathfrak{r}$ das Verhältnis aus momentaner Steigung und

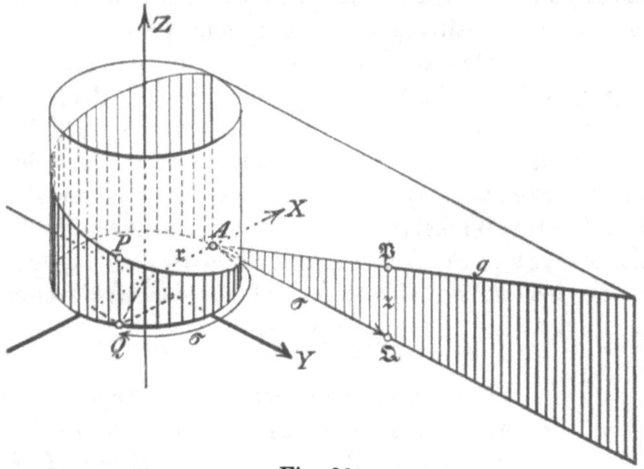

Fig. 36.

Projection des momentanen Weges auf die xy-Ebene. Die Curve (8) können wir mechanisch in einer Weise herstellen, durch die sie am leichtesten anschaulich wird: Wir construieren die Ebene, die den Cylinder um die z-Axe mit Radius $\mathfrak{r}$ längs der in der xz-Ebene gelegenen Mantellinie $x = \mathfrak{r}$, $y = 0$ berührt (siehe Fig. 36) und ziehen in dieser Ebene diejenige Gerade g, die vom Punkte $(\mathfrak{r}, 0, 0)$ ausgeht und mit der xy-Ebene einen Winkel bildet, dessen Tangente gleich $q:\mathfrak{r}$ ist. Sie steigt nach vorn (d. h. nach der positiven y-Axe hin) empor, wenn q positiv ist. Im anderen Fall fällt sie nach vorn. Nun denken wir uns die Ebene völlig biegsam, aber unausdehnbar und wickeln sie auf den Cylinder.[1] Die Gerade g liefert dann die gemeine Schraubenlinie (8). Es sei nämlich $\mathfrak{P}$ irgend ein Punkt von g in der Höhe z über der xy-Ebene, $\mathfrak{Q}$ die Projection von $\mathfrak{P}$ auf die xy-Ebene. Wird der Punkt ($\mathfrak{r}$, 0, 0) mit A bezeichnet, so wird bei der Aufwickelung die Strecke $\sigma = A\mathfrak{Q}$ in einen Bogen AQ des Grundkreises des Cylinders verwandelt, sodass $\frac{\sigma}{\mathfrak{r}}$ der zugehörige Centriwinkel φ ist und daher Q die Coordinaten

$$x = \mathfrak{r}\cos\varphi, \qquad y = \mathfrak{r}\sin\varphi$$

hat. $\mathfrak{P}$ gehe in P über; die Höhe von P über Q ist gleich $\mathfrak{P}\mathfrak{Q}$ oder z. Es ist aber

$$z:\sigma = q:\mathfrak{r}, \qquad \sigma = \mathfrak{r}\varphi$$

daher:

$$z = q\varphi,$$

sodass thatsächlich P die Coordinaten (8) hat. Je nachdem die Gerade g nach der positiven y-Axe hin steigt oder fällt, erhält man zwei verschiedene Arten von gemeinen Schraubenlinien. Ist $q > 0$, d. h. steigt g, so wird die Schraubenlinie für einen Beobachter, der in der positiven oder negativen Richtung der z-Axe (Cylinderaxe) darauf schaut, nach rechts hin auf ihn zukommen. Dann heisst die Schraubenlinie rechtsgewunden. Ist $q < 0$, so heisst sie linksgewunden.[2] Der Winkel, den g mit der xy-Ebene bildet, kann füglich der Steigwinkel der Schraubenlinie genannt werden. Seine Tangente ist gleich $q:\mathfrak{r}$. Man sieht auch aus der Abwickelung, dass

$$2\pi\sqrt{\mathfrak{r}^2 + q^2}$$

die Länge eines Schraubenumganges ist. Endlich bemerken wir, dass die Projection der Schraubenlinie auf die xz-Ebene die Gleichung $x = \mathfrak{r}\cos(z:q)$ hat. Sie lässt sich durch schiefe Parallelprojection aus der Sinuslinie, die in Fig. 7, S. 34, gezeichnet ist, leicht ableiten.

[1] Später erst sprechen wir ausführlich von der Aufwickelung einer völlig biegsamen, aber unausdehnbaren Ebene auf eine Fläche. Der hier vorliegende Fall ist so einfach, dass er vorweg genommen werden kann.

[2] Die Schraubenlinie in Fig. 36 ist also rechtsgewunden. Uebrigens stellt diese Figur gerade einen Schraubenumgang dar.

§ 5. Analytische Darstellung von Raumcurven.

Bezeichnet t eine beliebig veränderliche Grösse und werden die Punktcoordinaten x, y, z als Functionen von t gegeben:

$$x = \varphi(t), \quad y = \chi(t), \quad z = \psi(t), \tag{1}$$

so durchwandert der Punkt (x, y, z) eine Curve im Raume, sobald — wie immer — vorausgesetzt wird, dass die Functionen wenigstens in einem gewissen Bereiche stetig sind. Unter dem Curvenpunkt (t_0) ist dann derjenige Punkt zu verstehen, dessen Coordinaten sich aus (1) ergeben, wenn darin für t der Wert t_0 gesetzt wird. Die längs der Curve veränderliche Grösse t heisst ein Parameter (Hülfsveränderliche) und die Form (1) eine Parameterdarstellung der Raumcurve.[1] Man vergleiche die analogen Betrachtungen in § 1 des ersten Abschnittes.

Wie in der Ebene, so hat auch im Raum ein und dieselbe Curve unendlich viele Parameterdarstellungen, da wir wie dort eine neue Veränderliche τ vermöge einer Formel

$$t = \omega(\tau)$$

einführen können, sodass die Functionen (1) von t in Functionen von τ übergehen. Umgekehrt: Ist ein und dieselbe Curve ausser in der Form (1) noch in einer anderen Form mittels eines Parameters τ gegeben:

$$x = \Phi(\tau), \quad y = X(\tau), \quad z = \Psi(\tau), \tag{2}$$

so muss zu jedem Werte von t ein Wert von τ vorhanden sein derart, dass die Gleichungen (1) und (2) für diese beiden Werte denselben Punkt (x, y, z) ergeben. Mit anderen Worten: τ muss eine Function von t oder t eine Function von τ sein. —

[1] Die wichtigsten älteren Arbeiten, in denen die Theorie der Raumcurven geschaffen wurde, sind die folgenden:

Clairaut, „Recherches sur les courbes à double courbure", Paris 1731.

Lancret, „Mémoire sur les courbes à double courbure", présenté en 1802, Mémoires des Savants étrangers de l'Institut, T. I, 1805.

Monge in einer Reihe von Abhandlungen seit 1771, die später Aufnahme fanden in sein grosses Werk: „Application de l'analyse à la géométrie". (1. Auflage unter dem Titel: „Feuilles d'analyse appliquée à la géométrie", Paris 1795, 5. Auflage Paris 1850 mit Noten von Liouville.)

De Saint-Venant, „Mémoire sur les lignes courbes non planes", présenté à l'Acad. des Sciences en 1844, Journal de l'École Polytechnique, 30. cah., 1845.

Ein einfaches Beispiel hierzu ist die auf S. 141 gegebene Parameterdarstellung der Geraden im Raume:

$$x = a + At, \qquad y = b + Bt, \qquad z = c + Ct.$$

Wir sahen, dass

$$t\sqrt{A^2 + B^2 + C^2}$$

die Strecke s auf der Geraden vom Punkte (a, b, c) bis zum Punkte (x, y, z) ist. Setzen wir also

$$s = t\sqrt{A^2 + B^2 + C^2}$$

oder:

$$t = \frac{s}{\sqrt{A^2 + B^2 + C^2}},$$

so stellt sich die Gerade mittels des Parameters s so dar:

$$x = a + \frac{A}{\sqrt{A^2 + B^2 + C^2}}\,s, \qquad y = b + \frac{B}{\sqrt{A^2 + B^2 + C^2}}\,s,$$

$$z = c + \frac{C}{\sqrt{A^2 + B^2 + C^2}}\,s.$$

Die Factoren von s hierin sind nach S. 142 die Richtungscosinus $\cos\alpha$, $\cos\beta$, $\cos\gamma$ der Geraden, sodass wir die Gleichungen auch so schreiben können:

$$x = a + s\cos\alpha, \quad y = b + s\cos\beta, \quad z = c + s\cos\gamma.$$

Dabei ist eine der beiden Richtungen auf der Geraden vom Punkte (a, b, c) aus, nämlich diejenige, nach der hier s positiv ist, als die positive Richtung der Geraden gewählt worden, d. h. als diejenige, die mit den positiven Richtungen der drei Axen die Winkel α, β, γ bildet. Die entgegengesetzte Richtung der Geraden bildet mit den drei positiven Axenrichtungen die Winkel $\pi - \alpha$, $\pi - \beta$, $\pi - \gamma$. —

Wir kehren zur Parameterstellung (1) einer allgemeinen Raumcurve zurück. Insbesondere können wir vermöge der ersten Gleichung (1):

$$x = \varphi(t)$$

die Coordinate x als Parameter anstatt t einführen, denn t wird hierdurch als eine Function von x definiert, die wir in die beiden anderen Gleichungen (1) einführen können, wodurch sie die Form annehmen:

(3) $$y = f(x), \quad z = g(x).$$

Die erste Gleichung $x = \varphi(t)$ ist dann nicht mehr zur Bestimmung der Curve nötig, weil sie nur die Definitionsgleichung für den in (2) gar nicht mehr auftretenden Parameter t bedeutet. Die Gleichungen (3) geben zu jedem x die beiden anderen Coordinaten y und z eines Punktes (x, y, z) der Curve. Wenn man will, kann man die Gleichungen (3) sofort durch eine Parameterdarstellung ersetzen, nämlich durch:

$$x = \tau, \quad y = f(\tau), \quad z = g(\tau).$$

Man muss sich darüber klar werden, was die beiden Gleichungen (3) einzeln bedeuten: Ist $y = f(x)$, so erfüllen zunächst die Coordinaten (x, y) der Punkte einer Curve in der xy-Ebene diese Gleichung. Da sie frei von z ist, wird die Gleichung $y = f(x)$ aber auch von den Coordinaten aller derjenigen Punkte (x, y, z) erfüllt, deren Projectionen auf die xy-Ebene auf dieser Curve liegen. Anders ausgesprochen: Die Gleichung $y = f(x)$ wird von allen Punkten des Cylinders befriedigt, der diejenigen zur z-Axe parallelen Geraden enthält, die von jener Curve in der xy-Ebene ausgehen. Ausser diesen Punkten giebt es dagegen keine Punkte, die der Gleichung $y = f(x)$ genügen (siehe Fig. 37). Analog definiert die Gleichung $z = g(x)$ zunächst eine Curve in der xz-Ebene und fernerhin den Cylinder, dessen Geraden die letztere Curve schneiden und der y-Axe parallel sind. Beide Gleichungen (3) werden mithin von den Punkten derjenigen Curve c erfüllt, in der die beiden Cylinder einander schneiden. Die Raumcurve (3) ist folglich durch ihre beiden Projectionen auf die xy- und die xz-Ebene definiert. Entsprechend würde sich ihre Projection auf die yz-Ebene ergeben, indem man t aus der zweiten und dritten Gleichung (1) eliminierte.

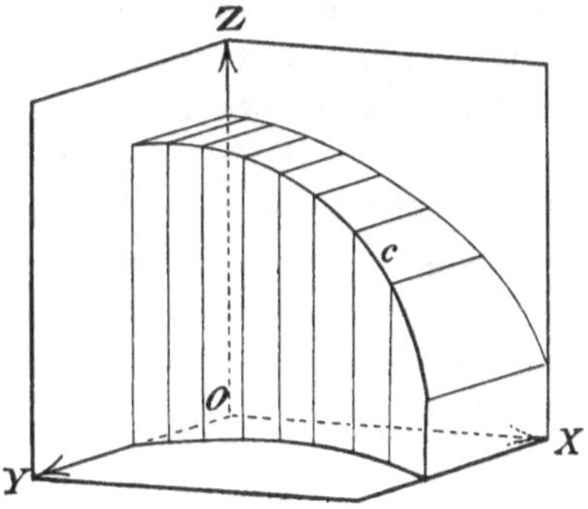

Fig. 37.

Die Raumcurve (3) hängt in ihrer Gestalt von ihren beiden Projectionen auf die xy-Ebene ab, die beide ebene krumme Linien sind. Aus diesem Grunde nannte man früher die Raumcurven Curven doppelter Krümmung.[1] Heutzutage wird dieser Name

[1] Descartes hatte in seiner „Géométrie", 1637, darauf hingewiesen, dass man mit Hülfe seiner Coordinatenmethode auch die Raumcurven untersuchen könne. Doch hat erst Euler in seiner Arbeit: „De linea brevissima in superficie quacunque duo quaelibet puncta jungente," Commentarii

zwar auch gebraucht, aber in einer anderen Bedeutung, auf die wir in § 8 zurückkommen.

Die Darstellungsform (3), bei der die Coordinate x der Parameter ist, versagt, wenn x für die Curve constant ist. Man wird daher besser statt der nach y und z aufgelösten Gleichungen irgend zwei Gleichungen

$$F(x, y, z) = 0, \quad G(x, y, z) = 0 \tag{4}$$

zur Definition einer beliebigen Raumcurve benutzen, indem man es dahingestellt sein lässt, nach welchen beiden Veränderlichen man sie sich aufgelöst denken will. Eine einzelne Gleichung

$$F(x, y, z) = 0$$

definiert, da sie zu jedem Wertepaare x, y einen (oder einige) Werte z liefert, eine Schar von ∞^2 Punkten, also eine Fläche, wenn F eine stetige Function von x, y, z ist. In der Form (4) ist die Raumcurve mithin als Durchschnitt zweier Flächen dargestellt. Da durch eine Curve unendlich viele Flächen gehen, giebt es unendlich viele Arten, ein und dieselbe Curve durch zwei Gleichungen in x, y, z darzustellen.

Zu den Raumcurven gehören insbesondere auch die ebenen Curven. Da eine Ebene durch eine Gleichung von der Form

$$Ax + By + Cz + D = 0$$

dargestellt wird, so ist die Raumcurve

$$x = \varphi(t), \quad y = \chi(t), \quad z = \psi(t)$$

dann und nur dann eine ebene Curve, wenn es vier endliche und nicht sämtlich verschwindende Constanten A, B, C, D giebt, derart, dass für alle Werte von t

$$A\varphi(t) + B\chi(t) + C\psi(t) + D = 0$$

ist. Ein anderes Kennzeichen für ebene Curven werden wir später (in § 8) aufstellen.

Beispiel: Um einen Kreis allgemeiner Lage im Raume analytisch darzustellen, betrachten wir zuerst den speciellen Kreis, der in der xy-Ebene liegt,

Acad. Petropolitanae, T. III, Petersburg 1732, ausführlich auseinandergesetzt, dass man jede Fläche durch eine und jede Raumcurve durch zwei Gleichungen zwischen den rechtwinkligen Punktcoordinaten darstellen könne. Clairaut's „Recherches", die auf S. 159 genannt wurden, machten die Bezeichnung: Curven doppelter Krümmung gebräuchlich.

den Anfangspunkt zur Mitte und die Strecke r zum Radius hat. Seine laufenden Coordinaten seien $\bar{x}$, $\bar{y}$, $\bar{z}$ also:

(5) $$\bar{x} = r\cos t\,, \quad \bar{y} = r\sin t\,, \quad \bar{z} = 0\,.$$

Die geometrische Bedeutung des Parameters t liegt hier auf der Hand. Wird r durch $-r$ ersetzt, so ergiebt sich derselbe Kreis, nur wird er mit wachsendem t in entgegengesetztem Sinn durchlaufen. Nun führen wir den Kreis durch eine Bewegung in eine allgemeine Lage über, sodass die drei mit dem Kreise fest verknüpft gedachten Geraden ($\bar{x}$-Axe, $\bar{y}$-Axe, $\bar{z}$-Axe), die zuerst in den Axen liegen, nachher mit der x-, y-, z-Axe Winkel bilden, deren Cosinus aus der Tabelle

	x	y	z
$\bar{x}$	α_1	β_1	γ_1
$\bar{y}$	α_2	β_2	γ_2
$\bar{z}$	α_3	β_3	γ_3

ersichtlich sind, sodass z. B. die Gerade, die in der Kreismitte auf der Kreisebene senkrecht steht, die Richtungscosinus α_3, β_3, γ_3 hat. Ferner seien a, b, c die Coordinaten des neuen Kreismittelpunktes $\bar{O}$. Nach I(A) und nach (5) sind nun (siehe Fig. 38):

(6) $$\begin{cases} x = r(\alpha_1 \cos t + \alpha_2 \sin t) + a\,, \\ y = r(\beta_1 \cos t + \beta_2 \sin t) + b\,, \\ z = r(\gamma_1 \cos t + \gamma_2 \sin t) + c \end{cases}$$

die Gleichungen des Kreises. Wächst t, so wird er in einem bestimmten Sinn durchlaufen. Um den entgegengesetzten Sinn zu erzielen, kann man r durch $-r$ ersetzen. Aber man erreicht dies auch dadurch, dass man die drei Richtungen $(\alpha_1:\beta_1:\gamma_1)$, $(\alpha_2:\beta_2:\gamma_2)$, $(\alpha_3:\beta_3:\gamma_3)$ durch die entgegengesetzten ersetzt. Also dürfen wir in der Folge stets unter r eine positive Grösse verstehen, sobald es sich um einen reellen Kreis handelt. Es ist hier:

$$\alpha_3 x + \beta_3 y + \gamma_3 z = \alpha_3 a + \beta_3 b + \gamma_3 c$$

wegen der Beziehungen I (C) zwischen den Richtungscosinus, und dies ist die Gleichung der Ebene des Kreises.

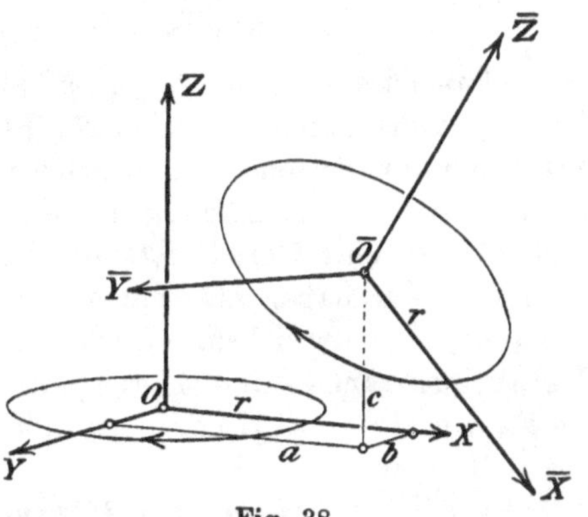

Fig. 38.

Schliesslich sprechen wir noch kurz von der Einführung der **Bogenlänge** der Raumcurve als Parameters, indem wir auf die entsprechenden Bemerkungen auf S. 4 für die ebenen Curven zurückverweisen. Der Bogen s der Curve:

$$x = \varphi(t)\,, \quad y = \chi(t)\,, \quad z = \psi(t)\,,$$

gemessen von $t = t_0$ bis zu einem beliebigen Werte von t, wird, da sein Differential

$$ds = \sqrt{dx^2 + dy^2 + dz^2}$$
$$= \sqrt{\varphi'^2 + \chi'^2 + \psi'^2}\,dt$$

ist, durch das bestimmte Integral ausgedrückt:

(7) $$s = \int_{t_0}^{t} \sqrt{\varphi'^2 + \chi'^2 + \psi'^2}\,dt$$

und ist also eine Function von t, sodass umgekehrt t eine Function von s ist und daher s als Parameter eingeführt werden kann. Man erkennt wie in der Ebene:

Satz 4: In den Gleichungen einer Raumcurve:

$$x = \varphi(t), \quad y = \chi(t), \quad z = \psi(t)$$

bedeutet der Parameter t die vom Punkte ($t = 0$) an gemessene Bogenlänge der Curve, wenn für jeden Wert von t:

$$\varphi'^2(t) + \chi'^2(t) + \psi'^2(t) = 1$$

ist.

Aber die Bogenlänge kann nicht als Parameter eingeführt werden, wenn sie längs der Curve constant ist. Dies tritt zwar für reelle Curven nie ein, wohl aber kann bei imaginären Curven für alle Werte von t

$$\varphi'^2(t) + \chi'^2(t) + \psi'^2(t) = 0$$

sein, ohne dass einzeln φ', χ', ψ' gleich Null sind. Auf solchen Curven ist die durch (7) definierte Bogenlänge $s = 0$. Sie heissen Minimalcurven, und ein specieller Fall von ihnen sind die auf S. 142 erwähnten Minimalgeraden. Während in der Ebene jede Minimalcurve eine Gerade ist, ist dies im Raume durchaus nicht der Fall. Wir haben also die Minimalcurven einer besonderen Betrachtung zu unterziehen. Doch soll dies erst später geschehen. Bis auf weiteres wird überall da, wo wir die Bogenlänge s als Parameter einführen, von den Minimalcurven abgesehen.

1. Beispiel: Beim Kreis (6) ist:

$$\left(\frac{ds}{dt}\right)^2 = \left(\frac{dx}{dt}\right)^2 + \left(\frac{dy}{dt}\right)^2 + \left(\frac{dz}{dt}\right)^2 =$$
$$= r^2 \{(\alpha_1^2 + \beta_1^2 + \gamma_1^2)\sin^2 t - 2(\alpha_1\alpha_2 + \beta_1\beta_2 + \gamma_1\gamma_2)\sin t\cos t + $$
$$+ (\alpha_2^2 + \beta_2^2 + \gamma_2^2)\cos^2 t\}$$

oder wegen der Relationen I (C):

$$\left(\frac{ds}{dt}\right)^2 = r^2,$$

was ja von vornherein wegen der Bedeutung von t klar ist, denn t ist der Centriwinkel, den der in der Richtung $(\alpha_1 : \beta_1 : \gamma_1)$ gelegene Radius mit dem Radius eines beliebigen Punktes (x, y, z) des Kreises bildet, gemessen im Sinne der Drehung von der Richtung $(\alpha_1 : \beta_1 : \gamma_1)$ nach der Richtung $(\alpha_2 : \beta_2 : \gamma_2)$. Rechnen wir von jenem ersten Radius an die Bogenlänge, so ist $s = 0$ für $t = 0$, und es kommt, wenn wir die Bogenlänge im selben Sinn wie t auf dem Kreise messen:

$$s = r\,t\,, \quad t = \frac{s}{r}\,,$$

sodass wir statt (6) auch schreiben können:

$$x = r\left(\alpha_1 \cos\frac{s}{r} + \alpha_2 \sin\frac{s}{r}\right) + a\,,$$

$$y = r\left(\beta_1 \cos\frac{s}{r} + \beta_2 \sin\frac{s}{r}\right) + b\,,$$

$$z = r\left(\gamma_1 \cos\frac{s}{r} + \gamma_2 \sin\frac{s}{r}\right) + c\,.$$

2. Beispiel: Eines der einfachsten Beispiele von Raumcurven, die nicht eben sind, geben die S. 156 erwähnten gemeinen Schraubenlinien. Jede solche Curve lässt sich bei passender Wahl der Axen auf die damalige Form (8) (S. 157) bringen, die wir jetzt so schreiben:

(8) $$x = \mathfrak{r}\cos t\,, \quad y = \mathfrak{r}\sin t\,, \quad z = q\,t\,,$$

indem wir φ als Parameter mit t bezeichnen. Vergleichen wir diese Form mit den Gleichungen (5) des Kreises und den daraus abgeleiteten Gleichungen (6), so finden wir, wenn wir wie dort die Curve einer Bewegung unterwerfen, dass die gemeine Schraubenlinie in ihrer allgemeinsten Lage im Raume die Gleichungen hat:

(9) $$\begin{cases} x = \mathfrak{r}(\alpha_1 \cos t + \alpha_2 \sin t) + \alpha_3\,q\,t + a\,, \\ y = \mathfrak{r}(\beta_1 \cos t + \beta_2 \sin t) + \beta_3\,q\,t + b\,, \\ z = \mathfrak{r}(\gamma_1 \cos t + \gamma_2 \sin t) + \gamma_3\,q\,t + c\,. \end{cases}$$

Hier kommt wegen den Relationen I (C) zwischen den Richtungscosinus:

$$\left(\frac{ds}{dt}\right)^2 = \left(\frac{dx}{dt}\right)^2 + \left(\frac{dy}{dt}\right)^2 + \left(\frac{dz}{dt}\right)^2 = \mathfrak{r}^2 + q^2\,.$$

Rechnen wir die Bogenlänge s von der Stelle $(t = 0)$ an, so ist

$$s = \sqrt{\mathfrak{r}^2 + q^2}\;t$$

zu setzen. Die Quadratwurzel sei mit p bezeichnet. Es ist also $t = \frac{s}{p}$, sodass (9) liefert:

(10) $$\begin{cases} x = \mathfrak{r}\left(\alpha_1 \cos\frac{s}{p} + \alpha_2 \sin\frac{s}{p}\right) + \alpha_3\frac{q}{p}\,s + a\,, \\ y = \mathfrak{r}\left(\beta_1 \cos\frac{s}{p} + \beta_2 \sin\frac{s}{p}\right) + \beta_3\frac{q}{p}\,s + b\,, \\ z = \mathfrak{r}\left(\gamma_1 \cos\frac{s}{p} + \gamma_2 \sin\frac{s}{p}\right) + \gamma_3\frac{q}{p}\,s + c\,, \end{cases}$$

wobei $\mathfrak{r}$ den Radius des Kreiscylinders bezeichnet, p und q Constanten sind und:

$$\mathfrak{r}^2 + q^2 = p^2$$

ist. Ferner bedeuten a, b, c die Coordinaten eines Punktes der Axe des Cylinders, deren Richtung $(\alpha_3 : \beta_3 : \gamma_3)$ ist.

Die geometrische Bedeutung von q wurde schon früher (S. 156) angegeben.

§ 6. Berührung zwischen Raumcurven.

Was die Theorie der Berührung zwischen zwei Raumcurven anbetrifft, so ist zu bemerken, dass die Definition der Berührung wie die Merkmale der Berührung eine ganz natürliche Verallgemeinerung der in § 4 des 1. Abschnittes gegebenen Theorie sind. Der Unterschied ist wesentlich der, dass an Stelle der dort paarweis auftretenden Formeln jetzt je drei treten, entsprechend den drei Punktcoordinaten im Raume. Wir können uns daher kurz fassen:

Es mögen zwei Raumcurven

$$x = \varphi(t), \quad y = \chi(t), \quad z = \psi(t)$$

und

$$\mathfrak{x} = f(\mathfrak{t}), \quad \mathfrak{y} = g(\mathfrak{t}), \quad \mathfrak{z} = h(\mathfrak{t})$$

vorliegen, die den Punkt P mit den Coordinaten x_0, y_0, z_0 gemein haben. Diesem Punkte mögen die Parameterwerte t_0 und $\mathfrak{t}_0$ zukommen. Wir wählen auf der ersten Curve einen Punkt A, der von P nur um eine unendlich kleine Strecke entfernt ist, die wir als unendlich klein von erster Ordnung bezeichnen. Ist es dann möglich, auf der zweiten Curve einen Punkt $\mathfrak{A}$ so zu finden, dass erstens die Strecke $P\mathfrak{A}$ unendlich klein von erster Ordnung und zweitens die Strecke $A\mathfrak{A}$ unendlich klein von $(n + 1)^{\text{ter}}$ Ordnung ist, so sagen wir, dass die beiden Curven einander in P in n^{ter} Ordnung berühren. Dabei setzen wir wie auf S. 20 noch Eines voraus:

Es sollen nämlich die ersten Ableitungen von x, y, z nach t nicht sämtlich für $t = t_0$ verschwinden und ebenso nicht die von $\mathfrak{x}$, $\mathfrak{y}$, $\mathfrak{z}$ nach $\mathfrak{t}$ für $\mathfrak{t} = \mathfrak{t}_0$. Solche Punkte einer Curve, in denen dies doch eintritt, heissen singulär und bedürfen, wenn man sie untersuchen will, einer besonderen Behandlung. Von ihnen sehen wir ab; wir beschränken uns hier eben auf die sogenannten regulären Punkte der Curven.

Nunmehr folgt ganz analog wie auf S. 21 der

Satz 5: Haben die beiden Curven

$$x = \varphi(t), \quad y = \chi(t), \quad z = \psi(t)$$

und

$$\mathfrak{x} = f(\mathfrak{t}), \quad \mathfrak{y} = g(\mathfrak{t}), \quad \mathfrak{z} = h(\mathfrak{t})$$

den Punkt (x_0, y_0, z_0) gemein, so berühren sie einander daselbst in n^{ter} Ordnung, wenn endliche Zahlen $\lambda_1, \lambda_2 \ldots$ derart vorhanden sind, dass die Reihen nach Potenzen von dt, die aus

$$x - \mathfrak{x} = \frac{1}{1}(x_0' dt - \mathfrak{x}_0' d\mathfrak{t}) + \frac{1}{1.2}(x_0'' dt^2 - \mathfrak{x}_0'' d\mathfrak{t}^2) + \ldots,$$

$$y - \mathfrak{y} = \frac{1}{1}(y_0' dt - \mathfrak{y}_0' d\mathfrak{t}) + \frac{1}{1.2}(y_0'' dt^2 - \mathfrak{y}_0'' d\mathfrak{t}^2) + \ldots,$$

$$z - \mathfrak{z} = \frac{1}{1}(z_0' dt - \mathfrak{z}_0' d\mathfrak{t}) + \frac{1}{1.2}(z_0'' dt^2 - \mathfrak{z}_0'' d\mathfrak{t}^2) + \ldots$$

durch die Substitution

$$d\mathfrak{t} = \lambda_1 dt + \frac{1}{1.2}\lambda_2 dt^2 + \ldots$$

hervorgehen, erst mit den $(n+1)^{\text{ten}}$ Potenzen von dt beginnen. Dabei bedeuten x_0', y_0', z_0' u. s. w. die Differentialquotienten von x, y, z nach t für den gemeinsamen Punkt und $\mathfrak{x}_0', \mathfrak{y}_0', \mathfrak{z}_0'$ u. s. w. die von $\mathfrak{x}$, $\mathfrak{y}$, $\mathfrak{z}$ nach $\mathfrak{t}$ für denselben Punkt.

Die einfachste Anwendung ist die auf eine Curve:

(1) $$x = \varphi(t), \quad y = \chi(t), \quad z = \psi(t)$$

und eine Gerade. Die Gerade soll vom Punkte (x_0, y_0, z_0) oder (t_0) der Curve ausgehen. In Parameterdarstellung erscheint sie daher so (siehe S. 141):

$$\mathfrak{x} = x_0 + A\mathfrak{t}, \quad \mathfrak{y} = y_0 + B\mathfrak{t}, \quad \mathfrak{z} = z_0 + C\mathfrak{t}.$$

Hier ist

$$\mathfrak{x}' = A, \quad \mathfrak{y}' = B, \quad \mathfrak{z}' = C,$$

während die höheren Differentialquotienten von $\mathfrak{x}$, $\mathfrak{y}$, $\mathfrak{z}$ nach $\mathfrak{t}$ überhaupt gleich Null sind. Die erste Reihenentwickelung des Satzes 5 lautet daher so:

$$x - \mathfrak{x} = (x_0' dt - A\,d\mathfrak{t}) + \tfrac{1}{2} x_0'' dt^2 + \ldots$$

oder nach Substitution der Reihe für $d\mathfrak{t}$:

(2) $$x - \mathfrak{x} = (x_0' - A\lambda_1) dt + \tfrac{1}{2}(x_0'' - A\lambda_2) dt^2 + \ldots.$$

Soll Berührung erster Ordnung eintreten, so muss also:

$$x_0' - A\lambda_1 = y_0' - B\lambda_1 = z_0' - C\lambda_1 = 0$$

sein, also:

(3) $$A = \frac{1}{\lambda_1} x_0', \quad B = \frac{1}{\lambda_1} y_0', \quad C = \frac{1}{\lambda_1} z_0'.$$

Da A, B, C proportional den Richtungscosinus der Geraden sind (nach S. 142), so folgt, dass die Richtungscosinus derjenigen Geraden, die im Punkte (x_0, y_0, z_0) die Curve (1) in erster Ordnung berührt, proportional x_0', y_0', z_0' oder $\varphi'(t_0)$, $\chi'(t_0)$, $\psi'(t_0)$ sind. Diese Gerade heisst die Tangente der Curve im Punkte (x_0, y_0, z_0). Sind α, β, γ ihre Richtungscosinus, so ist:

(4) $$\alpha = \frac{x_0'}{\sqrt{x_0'^2 + y_0'^2 + z_0'^2}}, \quad \beta = \frac{y_0'}{\sqrt{x_0'^2 + y_0'^2 + z_0'^2}}, \quad \gamma = \frac{z_0'}{\sqrt{x_0'^2 + y_0'^2 = z_0'^2}}.$$

Wenn man der Curve und der Tangente den Fortschreitungssinn beilegt, in dem der Parameter t wächst und alsdann unter α, β, γ die Cosinus derjenigen Winkel versteht, den die in diesem Sinne durchlaufene Tangente mit den positiven Axen bildet, so ist die Quadratwurzel mit dem positiven Zeichen zu versehen. Diese Festsetzung soll natürlich nur bei reellen Curven gemacht werden.

Soll die Tangente die Curve (1) in zweiter Ordnung berühren, so muss noch nach (2)

$$x_0'' - A\lambda_2 = y_0'' - B\lambda_2 = z_0'' - C\lambda_2 = 0$$

oder also

$$A = \frac{x_0''}{\lambda_2}, \quad B = \frac{y_0''}{\lambda_2}, \quad C = \frac{z_0''}{\lambda_2}$$

sein, was wegen (3) nur da angeht, wo

(5) $$\frac{x_0''}{x_0'} = \frac{y_0''}{y_0'} = \frac{z_0''}{z_0'}$$

ist.

Diese Bedingungen können aber nicht für alle Punkte einer krummen Curve erfüllt sein, weil sonst x', y', z' constante Verhältnisse hätten, mit anderen Worten x, y, z von der Form wären:

$$x = a + \alpha\,\omega(t), \quad y = b + \beta\,\omega(t), \quad z = c + \gamma\,\omega(t),$$

woraus durch Einführung von $\tau = \omega(t)$ als neuem Parameter folgen würde:

$$x = a + \alpha\tau, \quad y = b + \beta\tau, \quad z = c + \gamma\tau.$$

Aber diese Gleichungen stellen eine Gerade dar. Bei einer krummen Curve wird also nur in vereinzelten Punkten eine Berührung höherer als erster Ordnung mit der Tangente eintreten können.

Da die Richtungscosinus der Tangente proportional x_0', y_0', z_0' sind und (x_0, y_0, z_0) ein Punkt der Tangente ist, so können wir die Gleichungen der Tangente so schreiben:

$$(6) \qquad \mathfrak{x} = x_0 + x_0' \tau, \quad \mathfrak{y} = y_0 + y_0' \tau, \quad \mathfrak{z} = z_0 + z_0' \tau.$$

Wir haben somit gefunden:

Satz 6: Die Curve

$$x = \varphi(t), \quad y = \chi(t), \quad z = \psi(t)$$

wird in ihrem Punkte (x, y, z) von der Geraden:

$$\mathfrak{x} = x + x' \tau, \quad \mathfrak{y} = y + y' \tau, \quad \mathfrak{z} = z + z' \tau$$

in erster Ordnung berührt. Die Berührung ist nur an solchen Stellen der Curve von höherer als erster Ordnung, an denen

$$\frac{x''}{x'} = \frac{y''}{y'} = \frac{z''}{z'}$$

ist. Bei einer Curve, die nicht selbst eine Gerade ist, kann dies nur für vereinzelte Punkte eintreten.

Die Punkte (t_0), die den Bedingungen (5) genügen, sind die naturgemässe Verallgemeinerung der Wendepunkte der ebenen Curven im Raum (siehe S. 22).

Beispiel: Bei der gemeinen Schraubenlinie (S. 165):

$$x = \mathfrak{r} \cos t, \quad y = \mathfrak{r} \sin t, \quad z = q t$$

ist $x' = -\mathfrak{r} \sin t$, $y' = \mathfrak{r} \cos t$, $z = q$; also lauten hier die Gleichungen der Tangente des Punktes (x, y, z):

$$\mathfrak{x} = \mathfrak{r}(\cos t - \tau \sin t), \quad \mathfrak{y} = \mathfrak{r}(\sin t + \tau \cos t), \quad \mathfrak{z} = q(t + \tau).$$

Dabei ist τ der Parameter längs der Tangente. Der Richtungscosinus der Tangente mit der z-Axe hat, da $x'^2 + y'^2 + z'^2 = \mathfrak{r}^2 + q^2$ ist, den Wert:

$$\frac{q}{\sqrt{\mathfrak{r}^2 + q^2}}$$

und ist somit constant. Die Tangenten der Schraubenlinie bilden also mit der Ebene des Grundkreises ihres Cylinders oder auch mit der Axe ihres Cylinders constante Winkel. Dies war nach S. 157 vorauszusehen.

Ebenso wie im § 5 des ersten Abschnittes, S. 25—27, können wir auch hier im Raume einsehen, dass sich die Bedingungen für die Berührung n^{ter} Ordnung zwischen zwei Curven erheblich vereinfachen, wenn die Parameter t und $\mathfrak{t}$ in den Gleichungen der Curven die Bogenlängen s und $\mathfrak{s}$ bedeuten. Der Nachweis ist gerade so wie damals. An die Stelle der damaligen Gleichungen (3), S. 25, treten hier nach Satz 4, S. 164, die folgenden:

$$x'^2 + y'^2 + z'^2 = 1, \quad \mathfrak{x}'^2 + \mathfrak{y}'^2 + \mathfrak{z}'^2 = 1.$$

Wir dürfen uns auf die einfache Angabe des Satzes selbst beschränken:

Satz 7: Haben die beiden Curven

$$x = \varphi(s), \quad y = \chi(s), \quad z = \psi(s)$$

und

$$\mathfrak{x} = f(\mathfrak{s}), \quad \mathfrak{y} = g(\mathfrak{s}), \quad \mathfrak{z} = h(\mathfrak{s}),$$

bei denen s und $\mathfrak{s}$ Bogenlängen bedeuten, einen Punkt $(s = s_0, \mathfrak{s} = \mathfrak{s}_0)$ gemein, so berühren sie einander in diesem Punkt in n^{ter} Ordnung, wenn die Bedingungen erfüllt sind:

$$x_0' = \pm \mathfrak{x}_0', \quad x_0'' = \mathfrak{x}_0'', \quad x_0''' = \pm \mathfrak{x}_0''', \ \dots \ x_0^{(n)} = (\pm 1)^n \mathfrak{x}_0^{(n)};$$
$$y_0' = \pm \mathfrak{y}_0', \quad y_0'' = \mathfrak{y}_0'', \quad y_0''' = \pm \mathfrak{y}_0''', \ \dots \ y_0^{(n)} = (\pm 1)^n \mathfrak{y}_0^{(n)};$$
$$z_0' = \pm \mathfrak{z}_0', \quad z_0'' = \mathfrak{z}_0'', \quad z_0''' = \pm \mathfrak{z}_0''', \ \dots \ z_0^{(n)} = (\pm 1)^n \mathfrak{z}_0^{(n)}$$

und zwar gilt dabei entweder überall das obere oder überall das untere Vorzeichen. Im ersteren Falle wird auf beiden Curven die Bogenlänge im selben Sinn gemessen, im letzteren in verschiedenen Sinnen.

Auch können wir sagen:

Satz 8: Die Sätze 14, 15 und 16, S. 28, gelten auch für Raumcurven.

Nach der an die Spitze dieses Paragraphen gestellten Definition der Berührung n^{ter} Ordnung folgt unmittelbar, da die Projection einer unendlich kleinen Strecke von mindestens derselben Ordnung wie die Strecke selbst unendlich klein ist (siehe S. 19):

Satz 9: Wenn zwei Curven einander in n^{ter} Ordnung berühren, so berühren ihre Projectionen auf eine Ebene einander in mindestens n^{ter} Ordnung.

Dass die Berührung in der Projection thatsächlich auch von höherer Ordnung sein kann, werden wir bald an einem Beispiel erkennen (siehe S. 177).

Die naheliegenden Anwendungen unserer Theorie auf die Berührung von Curve und Kreis, sowie die von Curve und gemeiner Schraubenlinie wollen wir erst später machen. — Der Ausdruck: osculierende Curve wird im Raume wie in der Ebene für in höherer Ordnung berührende Curven gebraucht. Es gilt darüber auch für den Raum das S. 28 und S. 35 Gesagte.

§. 7. **Das begleitende Dreikant bei einer Raumcurve.**

Bei der ebenen Curve ist mit der Tangente die Normale eng verknüpft. Bei einer Raumcurve kann man unendlich viele Senkrechte zur Tangente durch den Berührungspunkt legen. Sie heissen alle Normalen, und ihre Ebene heisst die Normalenebene oder Normalebene des betreffenden Curvenpunktes.[1] Wir werden sehen, dass es unter den Normalen zwei giebt, die besondere Eigenschaften haben. Sie stehen aufeinander senkrecht und bilden daher mit der Tangente ein dreifach rechtwinkliges Geradenkreuz, das wir kurz das Dreikant des betreffenden Curvenpunktes nennen werden.

Bevor wir diese ausgezeichneten Normalen bestimmen, ist es nützlich, einige andere Bemerkungen vorauszuschicken:

Eine Curve ist im Allgemeinen keine Gerade. Hat man aber auf der Curve zwei benachbarte Punkte P und P_1 gewählt, so wird das Curvenstück PP_1 mit um so grösserer Annäherung durch eine Strecke zu ersetzen sein, je näher die beiden Punkte P und P_1 bei einander liegen. Wir werden uns daher fragen, was aus der Geraden, die durch P und P_1 geht, in dem Grenzfall wird, in dem P_1 unendlich nahe bei P auf der Curve liegt. Man wird von vornherein vermuten, dass man dadurch — wie in der Ebene — auf die Tangente geführt wird. Ja, es bedarf dies eigentlich keines Beweises, wenn man bedenkt, dass aus dem obigen Satz 9 folgt, dass die Projection der Tangente auf eine beliebige Ebene die Tangente der Projection der Curve auf die Ebene ist. Dennoch wollen wir kurz den Grenzübergang analytisch durchführen.

Es liege also die Curve

$$(1) \qquad x = \varphi(t), \quad y = \chi(t), \quad z = \psi(t)$$

[1] Monge gab in seinem „Mémoire sur les développées et les points singuliers des courbes à double courbure“, présenté en 1771, Mémoires des Savants étrangers de l'Inst., T. X, Paris 1785, den analytischen Ausdruck der Normalebene.

vor. Auf ihr wählen wir den Punkt P mit dem Parameter t und den Punkt P_1 mit dem Parameter t_1. Es seien x, y, z und x_1, y_1, z_1 die Coordinaten dieser Punkte. Sind $\mathfrak{x}, \mathfrak{y}, \mathfrak{z}$ die laufenden Coordinaten der Geraden PP_1, so hat diese Gerade die Gleichungen:

$$\frac{\mathfrak{x} - x}{x_1 - x} = \frac{\mathfrak{y} - y}{y_1 - y} = \frac{\mathfrak{z} - z}{z_1 - z}.$$

Die drei Brüche sind längs der Geraden zwar einander beständig gleich, ändern sich aber doch. Wir benutzen ihren gemeinsamen Wert als Parameter $\mathfrak{t}$ auf der Geraden PP_1, die demnach auch so dargestellt werden kann:

$$\mathfrak{x} = x + (x_1 - x)\,\mathfrak{t}, \quad \mathfrak{y} = y + (y_1 - y)\,\mathfrak{t}, \quad \mathfrak{z} = z + (z_1 - z)\,\mathfrak{t}.$$

Wir können auch

$$\mathfrak{t}(t_1 - t) = \tau$$

als Parameter einführen, wodurch sich ergiebt:

$$\mathfrak{x} = x + \frac{x_1 - x}{t_1 - t}\tau, \quad \mathfrak{y} = y + \frac{y_1 - y}{t_1 - t}\tau, \quad \mathfrak{z} = z + \frac{z_1 - z}{t_1 - t}\tau.$$

Machen wir nun den Grenzübergang, indem wir t_1 unendlich nahe bei t wählen, so kommt offenbar:

$$\mathfrak{x} = x + x'\tau, \quad \mathfrak{y} = y + y'\tau, \quad \mathfrak{z} = z + z'\tau, \tag{2}$$

wie in Satz 6, S. 169.

Die Curve ist im Allgemeinen nicht eben. Wählen wir aber auf ihr drei benachbarte Punkte P, P_1, P_2, so liegen diese in einer Ebene und die Curve wird sich dieser Ebene um so mehr von P bis P_2 anschmiegen, je näher die drei Punkte bei einander liegen. Daher fragen wir uns, ob die Ebene durch P, P_1 und P_2 eine bestimmte Grenzlage hat, wenn P_1 und P_2 unendlich nah bei P auf der Curve liegen. Sind x, y, z; x_1, y_1, z_1; x_2, y_2, z_2 die Coordinaten von P, P_1 und P_2 und $\mathfrak{x}, \mathfrak{y}, \mathfrak{z}$ die laufenden Coordinaten der Ebene, so ist

$$\begin{vmatrix} \mathfrak{x} - x & x_1 - x & x_2 - x \\ \mathfrak{y} - y & y_1 - y & y_2 - y \\ \mathfrak{z} - z & z_1 - z & z_2 - z \end{vmatrix} = 0$$

die Gleichung der Ebene. Zu den Punkten P, P_1 und P_2 mögen die Parameterwerte t, $t + \varepsilon_1$, $t + \varepsilon_2$ gehören. Sind ε_1 und ε_2 hinreichend klein, so ist

$$x_1 - x = x'\varepsilon_1 + \frac{x''}{1.2}\varepsilon_1^2 + \dots,$$

$$x_2 - x = x'\varepsilon_2 + \frac{x''}{1.2}\varepsilon_2^2 + \dots$$

zu setzen, analog $y_1 - y$, $y_2 - y$ und $z_1 - z$, $z_2 - z$. Die x', x'' u. s. w. bedeuten dabei die Ableitungen von $x = \varphi(t)$ u. s. w. nach t. Da sich nun in der zweiten und dritten Reihe der Determinante der Factor ε_1 bez. ε_2 absondern lässt, so nimmt die Gleichung der Ebene die Form an:

$$\begin{vmatrix} \mathfrak{x} - x & x' + \frac{x''}{1.2}\varepsilon_1 + \dots & x' + \frac{x''}{1.2}\varepsilon_2 + \dots \\ \mathfrak{y} - y & y' + \frac{y''}{1.2}\varepsilon_1 + \dots & y' + \frac{y''}{1.2}\varepsilon_2 + \dots \\ \mathfrak{z} - z & z' + \frac{z''}{1.2}\varepsilon_1 + \dots & z' + \frac{z''}{1.2}\varepsilon_2 + \dots \end{vmatrix} = 0.$$

Subtrahieren wir die zweite Reihe von der dritten, so kommt:

$$\begin{vmatrix} \mathfrak{x} - x & x' + \frac{x''}{1.2}\varepsilon_1 + \dots & \frac{x''}{1.2}(\varepsilon_2 - \varepsilon_1) + \frac{x'''}{1.2.3}(\varepsilon_2^2 - \varepsilon_1^2) + \dots \\ \mathfrak{y} - y & y' + \frac{y''}{1.2}\varepsilon_1 + \dots & \frac{y''}{1.2}(\varepsilon_2 - \varepsilon_1) + \frac{y'''}{1.2.3}(\varepsilon_2^2 - \varepsilon_1^2) + \dots \\ \mathfrak{z} - z & z' + \frac{z''}{1.2}\varepsilon_1 + \dots & \frac{z''}{1.2}(\varepsilon_2 - \varepsilon_1) + \frac{z'''}{1.2.3}(\varepsilon_2^2 - \varepsilon_1^2) + \dots \end{vmatrix} = 0.$$

In der letzten Reihe lässt sich überall $\frac{1}{2}(\varepsilon_2 - \varepsilon_1)$ absondern und daher aus der Gleichung fortstreichen. Nachdem dies geschehen ist, machen wir den Grenzübergang, indem wir ε_1 und ε_2 als unendlich klein auffassen. Alsdann bleibt als Endliches übrig:

(3) $$\begin{vmatrix} \mathfrak{x} - x & x' & x'' \\ \mathfrak{y} - y & y' & y'' \\ \mathfrak{z} - z & z' & z'' \end{vmatrix} = 0.$$

Natürlich ergiebt sich diese Grenzlage der Ebene nur dann, wenn die linksstehende Determinante nicht an sich — für alle Werte von $\mathfrak{x}$, $\mathfrak{y}$, $\mathfrak{z}$ — gleich Null ist, weil alsdann die unendlich kleinen Glieder niedrigster Ordnung zu berücksichtigen wären. Aber an sich ist die linksstehende Determinante, da (3) in der Form

(4) $$(y'z'' - z'y'')(\mathfrak{x} - x) + (z'x'' - x'z'')(\mathfrak{y} - y) + (x'y'' - y'x'')(\mathfrak{z} - z) = 0$$

geschrieben werden kann, nur dann gleich Null, wenn

$$y'z'' - z'y'' = z'x'' - x'z'' = x'y'' - y'x'' = 0$$

ist. Dies tritt nach Satz 6, S. 169, nur da ein, wo die Tangente die Curve in zweiter Ordnung berührt. Von solchen Stellen sehen wir hier ab.

Die Ebene (3) oder (4), die Grenzlage der Ebene durch den Punkt (t) und zwei benachbarte Punkte der Curve, heisst die Schmiegungsebene oder Osculationsebene des Punktes (t).[1] Da sie als Ebene dreier unendlich benachbarter Curvenpunkte P, P_1, P_2 bezeichnet werden kann und die Geraden PP_1 und P_1P_2 zwei unendlich benachbarte Tangenten der Curve sind, so kann man die Schmiegungsebene auch als die Ebene zweier unendlich benachbarter Tangenten definieren.

Oben sprachen wir von der Normalebene des Punktes (t). Sie geht durch den Punkt (t) oder (x, y, z) und steht auf der Tangente dieses Punktes senkrecht. Da die Tangente Richtungscosinus proportional x', y', z' hat, so ist

$$x'(\mathfrak{x}-x)+y'(\mathfrak{y}-y)+z'(\mathfrak{z}-z)=0 \tag{5}$$

die Gleichung der Normalebene in den laufenden Coordinaten $\mathfrak{x}, \mathfrak{y}, \mathfrak{z}$. Jede solche Gerade in der Normalebene, die durch den Curvenpunkt (t) geht, heisst eine Normale des Punktes (t), so insbesondere die Schnittlinie der Normalebene und Schmiegungsebene. Diese Gerade heisst Hauptnormale des Punktes (t). Die Coordinaten $\mathfrak{x}, \mathfrak{y}, \mathfrak{z}$ ihrer Punkte erfüllen die beiden Gleichungen (4) und (5).

Die Gerade, die im Punkte (t) auf der Schmiegungsebene — demnach auch auf der Tangente und auf der Hauptnormale — senkrecht steht, wird die Binormale[2] genannt, denn sie ist nicht nur zur Tangente des Punktes (t), sondern auch zu der unendlich benachbarten Tangente senkrecht, da letztere in der Schmiegungsebene liegt. Allerdings wird sie diese benachbarte Tangente nicht schneiden. Die Richtungscosinus der Binormale sind nach (4) proportional:

$$y'z''-z'y'', \qquad z'x''-x'z'', \qquad x'y''-y'x'',$$

sodass ihre Gleichungen in Parameterdarstellung so lauten:

$$\mathfrak{x}=x+(y'z''-z'y'')\tau, \qquad \mathfrak{y}=y+(z'x''-x'z'')\tau, \tag{6}$$
$$\mathfrak{z}=z+(x'y''-y'x'')\tau.$$

Die drei Geraden: Tangente, Haupt- und Binormale bilden ein dreifach rechtwinkliges Geradenkreuz; dies ist das oben erwähnte Dreikant des Punktes (t). Schon im vorigen Paragraphen, S. 168, legten wir einer reellen Curve und ihrer Tangente als positiven Sinn

[1] Die Schmiegungsebene wurde wohl zuerst von TINSEAU, „Solution de quelques problèmes etc.“, présentée en 1774, Mémoires des Savants étrangers de l'Institut, T. IX, 1781, betrachtet.

[2] Der Name Binormale rührt von DE SAINT-VENANT her. Siehe Anmerkung auf S. 159.

den Fortschreitungssinn des Parameters t bei. Bis auf weiteres wollen wir irgend einen Sinn auf der Hauptnormale als positiv bezeichnen. Dann aber soll der positive Sinn auf der Binormale so festgestellt werden, dass die positive Tangente, Haupt- und Binormale gerade so gegeneinander liegen wie die positive x-, y- und z-Axe, sodass das Dreikant vermöge einer Bewegung in dies Axenkreuz übergeführt werden kann. Die Cosinus der Winkel, die von den drei positiven Richtungen des Dreikants mit den drei positiven Richtungen der Coordinatenaxen gebildet werden, sollen hier und, soweit möglich, später auch immer so bezeichnet werden, wie es folgende Tafel zeigt:

	x	y	z
Tangente	α	β	γ
Hauptnormale	l	m	n
Binormale	λ	μ	ν

Zwischen ihnen bestehen dann Beziehungen wie die in Tafel I, und wir können sie sofort hinschreiben, wenn wir die vorstehende Tabelle mit der in Tafel I vergleichen. So kommen wir zu den Formeln, die in Tafel II unter (A) bis (D) angegeben sind. Wir werden diese Formeln häufig anwenden.

Wir haben gefunden:

Satz 10: Die Richtungscosinus α, β, γ und λ, μ, ν der Tangente und der Binormale des Punktes (t) oder (x, y, z) der Curve:

$$x = \varphi(t), \qquad y = \chi(t), \qquad z = \psi(t)$$

erfüllen die Proportionen:

$$\alpha : \beta : \gamma = x' : y' : z',$$

$$\lambda : \mu : \nu = (y'z'' - z'y'') : (z'x'' - x'z'') : (x'y'' - y'x'').$$

Es ist nützlich, sich ein ungefähres Bild von der Lagerung der Schmiegungsebenen u. s. w. dadurch zu machen, dass man statt der Raumcurve ein räumliches Polygon $P_1 P_2 P_3 \ldots$ betrachtet, das möglichst wenig von einer Curve abweicht, also ein Polygon, dessen geradlinige Seiten $P_1 P_2$, $P_2 P_3 \ldots$ recht kurz sind und von dem je zwei aufeinanderfolgende Seiten, wie $P_1 P_2$ und $P_2 P_3$, fast gestreckte Winkel miteinander bilden (siehe Fig. 39). Die Geraden, auf denen die Strecken $P_1 P_2$, $P_2 P_3 \ldots$ liegen, ersetzen uns dabei die Tangenten der Curve, die Ebenen je dreier Punkte $P_1 P_2 P_3$, $P_2 P_3 P_4 \ldots$ die Schmiegungsebenen. Das Lot in P_1 zur Ebene $P_1 P_2 P_3$ wird die Binormale des Punktes P_1 darstellen, u. s. w.[1]

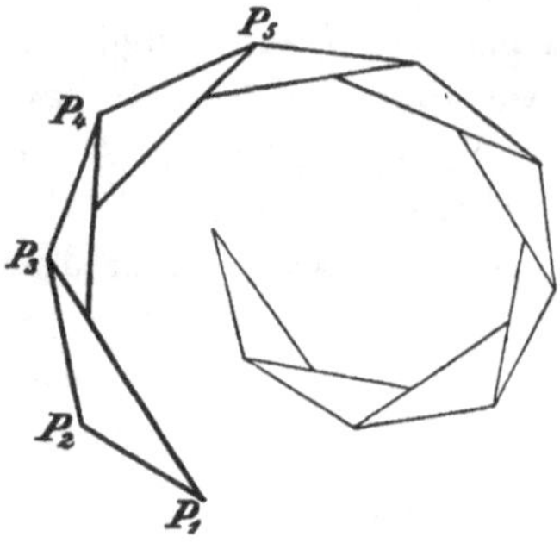

Fig. 39.

Wir wollen nun die besondere Bedeutung des Dreikants für den Verlauf der Curve in der Umgebung der betreffenden Stelle erläutern.

Zu diesem Zwecke denken wir uns das Dreikant des Punktes $(t = 0)$ z. B. als Axenkreuz gewählt. Für Punkte der Curve, die dem Anfangspunkt $(t = 0)$ hinreichend nah sind, lassen sich dann die Coordinaten als Potenzreihen nach t entwickeln:

$$
\begin{aligned}
x &= a_1 t + b_1 t^2 + c_1 t^3 + \ldots, \\
y &= a_2 t + b_2 t^2 + c_2 t^3 + \ldots, \\
z &= a_3 t + b_3 t^2 + c_3 t^3 + \ldots.
\end{aligned}
$$

Nach Satz 10 sind die Richtungscosinus der Tangente des Anfangspunktes proportional a_1, a_2, a_3. Da sie jetzt, weil die Tangente die x-Axe ist, gleich 1, 0, 0 sind, so ist $a_1 \neq 0$, $a_2 = a_3 = 0$ anzunehmen. Die Richtungscosinus der Binormale des Anfangspunktes sind nach demselben Satz proportional

$$0, \quad -2 a_1 b_3, \quad 2 a_1 b_2.$$

Weil die z-Axe die Binormale ist, so sind sie andererseits gleich 0, 0, 1. Also ist, da $a_1 \neq 0$ ist, noch $b_3 = 0$, $b_2 \neq 0$. Wir haben somit die Reihen:

$$
(7) \quad \left\{
\begin{aligned}
x &= a_1 t + b_1 t^2 + c_1 t^3 + \ldots \quad (a_1 \neq 0), \\
y &= \phantom{a_1 t + {}} b_2 t^2 + c_2 t^3 + \ldots \quad (b_2 \neq 0), \\
z &= \phantom{a_1 t + b_1 t^2 + {}} c_3 t^3 + \ldots \quad .
\end{aligned}
\right.
$$

Die Projection der Curve auf die Schmiegungsebene des Punktes $(t = 0)$, also auf die xy-Ebene, wird durch die beiden ersten

[1] Ein Modell hierzu kann man sich leicht aus einem Streifen nicht zu dünnen Papiers herstellen, indem man ihn im Zickzack immer nach derselben Seite hin (von der ursprünglichen Ebene des Streifens aus) umknickt.

Gleichungen dargestellt. In unmittelbarer Nähe des Punktes ($t = 0$) verläuft die Projection mithin wie die Curve:

$$x = a_1 t, \quad y = b_2 t^2,$$

d. h. wie eine Parabel, die den Anfangspunkt zum Scheitel und die x-Axe zur Tangente hat. Bei der Projection auf die Normalebene, also auf die yz-Ebene kommt dagegen die zweite und dritte Gleichung (7) in Betracht, sodass die Projection der Curve hinreichend nahe beim Punkte ($t = 0$) wie die Curve:

$$y = b_2 t^2, \quad z = c_3 t^3$$

verläuft. Im Allgemeinen wird c_3 von Null verschieden sein, und dann hat diese Curve im Anfangspunkt nach S. 75 eine Spitze, deren Tangente die y-Axe ist. Endlich wird die Projection auf die xz-Ebene in der nächsten Nähe des Punktes ($t = 0$) durch:

$$x = a_1 t, \quad z = c_3 t^3$$

gegeben, d. h. durch eine Curve, die im Anfangspunkt einen Wendepunkt hat, dessen Tangente die x-Axe ist.

Diese Ergebnisse macht man sich dadurch klar, dass man drei Ebenen, die den drei betrachteten Ebenen parallel sind, so, wie es in der darstellenden Geometrie gebräuchlich ist, als Aufriss-, Grundriss- und Seitenrissebene benutzt, in die Zeichenebene auseinanderklappt und dann in die Ebenen die drei Curven einzeichnet, wie in Fig. 40. Zwei der drei Projectionen bedingen die dritte, wie aus den Hülfslinien ersichtlich ist. Aus den Projectionen schliesst man rückwärts auf den Verlauf der Raumcurve. Man erkennt, dass die Raumcurve, wenn sie reell ist, die Schmiegungsebene, sich ihr anschmiegend, durchsetzt. Dagegen verbleibt die Curve in der Nähe des betrachteten Punktes auf einer Seite der Ebene durch die Tangente und Binormale, während sie natürlich die Normalebene senkrecht durchsetzt.

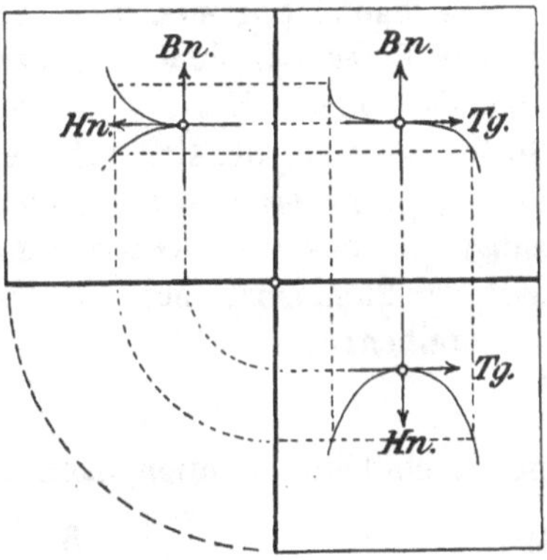

Fig. 40.

Die Projection der Curve auf die Ebene der Binormale und Tangente berührt die Projection der Tangente selbst in zweiter

Ordnung. Hier liegt also ein solches Beispiel zu Satz 9, S. 170, vor, in dem das dort gebrauchte Wort: mindestens zur Geltung kommt.

§ 8. Formeln für die Richtungscosinus des Dreikants.

Nach Satz 10, S. 175, können wir die Richtungscosinus α, β, γ und λ, μ, ν der Tangente und Binormale einer Raumcurve berechnen. Die mittlere Zeile der Formeln II (C) giebt darauf auch die Richtungscosinus l, m, n der Hauptnormale. Zwischen den Richtungscosinus besteht nun noch eine Reihe wichtiger Beziehungen, die klarer hervortreten, wenn wir die Bogenlänge s der Curve als Parameter einführen. Wir setzen daher nach Satz 4, S. 164, voraus, die Curve liege in einer solchen Form:

$$x = \varphi(s), \quad y = \chi(s), \quad z = \psi(s) \tag{1}$$

vor, dass für jeden Wert von s:

$$x'^2 + y'^2 + z'^2 = 1 \tag{2}$$

ist.

Zur Abkürzung benutzen wir ferner ein Symbol **S**. Es treten nämlich häufig Summen von drei Gliedern auf, derart, dass jedes folgende Glied aus dem vorhergehenden dadurch abgeleitet werden kann, dass man die x-, y-, z-Axe cyklisch vertauscht und mit ihnen alle die Grössen, die sich auf die Axen beziehen, also z. B. x', y', z', dann α, β, γ, ferner l, m, n, auch λ, μ, ν u. s. w. In diesem Falle genügt es, das erste Glied allein hinzuschreiben mit dem davorgesetzten Summenzeichen **S**. So z. B. können wir die Formel (2) so schreiben:

$$\mathbf{S}\, x'^2 = 1 \tag{3}$$

und durch Differentiation nach s folgt hieraus:

$$\mathbf{S}\, x' x'' = 0\,, \tag{4}$$

was bedeutet:

$$x' x'' + y' y'' + z' z'' = 0\,.$$

Nach Satz 10, S. 175, ist nun:

$$\alpha : \beta : \gamma = x' : y' : z'\,.$$

Aber nach (3) folgt hieraus sofort:

$$\alpha = x', \quad \beta = y', \quad \gamma = z'\,. \tag{5}$$

Alsdann ist die Tangente bei reellen Curven im Sinne wachsender Bogenlänge positiv gerechnet. Ferner giebt derselbe Satz zunächst:

$$\lambda = \frac{y' z'' - z' y''}{\sqrt{\mathbf{S}\,(y' z'' - z' y'')^2}}.$$

Es ist aber nach der Anmerkung zu S. 146:

$$\mathbf{S}\,(y' z'' - z' y'')^2 = \mathbf{S}\,x'^2 . \mathbf{S}\,x''^2 - (\mathbf{S}\,x' x'')^2,$$

und dies reduciert sich nach (3) und (4) einfach auf $S x''^2$. Also kommt:

$$(6) \qquad \lambda = \frac{y' z'' - z' y''}{\sqrt{x''^2 + y''^2 + z''^2}}, \qquad \mu = \frac{z' x'' - x' z''}{\sqrt{x''^2 + y''^2 + z''^2}},$$

$$\nu = \frac{x' y'' - y' x''}{\sqrt{x''^2 + y''^2 + z''^2}}.$$

Nach der mittleren Zeile der Formeln II (*C*) folgt hieraus und aus (5):

$$l = \frac{(z' x'' - x' z'')\,z' - (x' y'' - y' x'')\,y'}{\sqrt{x''^2 + y''^2 + z''^2}}.$$

Der Zähler lässt sich so schreiben:

$$x''\,(x'^2 + y'^2 + z'^2) - x'\,(x' x'' + y' y'' + z' z'')$$

und ist also nach (3) und (4) gleich x''. Daher:

$$(7) \qquad l = \frac{x''}{\sqrt{x''^2 + y''^2 + z''^2}}, \qquad m = \frac{y''}{\sqrt{x''^2 + y''^2 + z''^2}},$$

$$n = \frac{z''}{\sqrt{x''^2 + y''^2 + z''^2}}.$$

Die in den Formeln (6) und (7) auftretende Quadratwurzel sei mit $\frac{1}{r}$ bezeichnet, und zwar wollen wir bei reellen Curven stets die positive Wurzel so bezeichnen:

$$(8) \qquad \frac{1}{r} = \sqrt{x''^2 + y''^2 + z''^2},$$

sodass wir haben:

$$(9) \quad \lambda = r\,(y' z'' - z' y''), \quad \mu = r\,(z' x'' - x' z''), \quad \nu = r\,(x' y'' - y' x'')$$

und:

$$(10) \qquad l = r x'', \quad m = r y'', \quad n = r z''.$$

Da wir r bei reellen Curven stets positiv wählen wollen, so wird jede Zweideutigkeit über die Vorzeichen von λ, μ, ν und l, m, n vermieden.

Wir haben also durch die Festsetzung des Vorzeichens von r zugleich die positiven Richtungen auf der Haupt- und auf der Binormale festgestellt. Auf S. 175 hatten wir vorläufig den positiven Sinn der Hauptnormale noch beliebig gewählt.

Die Richtungscosinus sind durch (5), (9) und (10) als Functionen der Bogenlänge s dargestellt. Jetzt wollen wir ihrer Differentialquotienten nach s berechnen, da wir sie oft gebrauchen müssen. Aus (5) folgt zunächst $\alpha' = x''$, sodass wegen (10) kommt:

$$(11) \qquad \alpha' = \frac{l}{r}, \qquad \beta' = \frac{m}{r}, \qquad \gamma' = \frac{n}{r}.$$

Nach den Formeln II (A) ist ferner:

$$\alpha\lambda + \beta\mu + \gamma\nu = 0,$$
$$\lambda^2 + \mu^2 + \nu^2 = 1.$$

Hieraus folgt durch Differentiation nach s:

$$\alpha\lambda' + \beta\mu' + \gamma\nu' = -(\alpha'\lambda + \beta'\mu + \gamma'\nu)$$
$$\lambda\lambda' + \mu\mu' + \nu\nu' = 0.$$

Nach (11) ist aber die rechte Seite der ersten Gleichung gleich

$$-\frac{1}{r}(l\lambda + m\mu + n\nu)$$

und daher nach II (A) gleich Null. Aus den beiden Gleichungen folgt somit:

$$\lambda' : \mu' : \nu' = (\mu\gamma - \nu\beta) : (\nu\alpha - \lambda\gamma) : (\lambda\beta - \mu\alpha)$$

oder nach II(C):

$$\lambda' : \mu' : \nu' = l : m : n.$$

Wir können deshalb setzen:

$$(12) \qquad \lambda' = \frac{l}{\varrho}, \qquad \mu' = \frac{m}{\varrho}, \qquad \nu' = \frac{n}{\varrho}.$$

Freilich ist die Function ϱ von s vorerst noch unbekannt. Nach II (C) ist nun weiter:

$$l = \mu\gamma - \nu\beta$$

und deshalb:

$$l' = \mu'\gamma - \nu'\beta + \mu\gamma' - \nu\beta'$$

oder nach (11) und (12):

$$l' = \frac{1}{\varrho}(m\gamma - n\beta) + \frac{1}{r}(\mu n - \nu m),$$

woraus wiederum nach II (C) folgt:

$$l' = -\frac{\alpha}{r} - \frac{\lambda}{\varrho}.$$

Wir haben daher noch:

$$(13) \qquad l' = -\frac{\alpha}{r} - \frac{\lambda}{\varrho}, \quad m' = -\frac{\beta}{r} - \frac{\mu}{\varrho}, \quad n' = -\frac{\gamma}{r} - \frac{\nu}{\varrho}.$$

In (11), (12) und (13) liegen nun die Ableitungen der Richtungscosinus nach s vollständig bekannt vor — bis auf die Funktion ϱ. Um diese zu berechnen, differenzieren wir die erste Gleichung (9). Dies giebt wegen (12):

$$\frac{l}{\varrho} = r'(y'z'' - z'y'') + r(y'z''' - z'y''')$$

oder also wieder wegen der ersten Gleichung (9):

$$\frac{l}{\varrho} = \frac{r'}{r}\lambda + r(y'z''' - z'y''').$$

Eine entsprechende Formel besteht für $\frac{m}{\varrho}$ und $\frac{n}{\varrho}$. Wir multiplicieren sie der Reihe nach mit l, m, n und addieren sie darauf. Nach II (A) folgt dann:

$$\frac{1}{\varrho} = r\,\mathbf{S}\,l(y'z''' - z'y''')$$

oder nach (10):

$$\frac{1}{\varrho} = r^2\,\mathbf{S}\,x''(y'z''' - z'y'''),$$

wofür wir auch wegen (8) schreiben können:

$$(14) \qquad \frac{1}{\varrho} = -\frac{\begin{vmatrix} x' & x'' & x''' \\ y' & y'' & y''' \\ z' & z'' & z''' \end{vmatrix}}{x''^2 + y''^2 + z''^2}.$$

Hiermit ist auch ϱ bestimmt, und zwar hat ϱ, wie man sieht, ein von der willkürlichen Festsetzung $r > 0$ unabhängiges Vorzeichen.

Wir können noch eine Reihe von Formeln aufstellen, die wir gelegentlich gebrauchen werden. So folgt aus (11), (13) und (12) wegen der Formeln II (A):

$$(15) \qquad \left\{ \begin{aligned} \alpha'^2 + \beta'^2 + \gamma'^2 &= \frac{1}{r^2}, \\ l'^2 + m'^2 + n'^2 &= \frac{1}{r^2} + \frac{1}{\varrho^2}, \\ \lambda'^2 + \mu'^2 + \nu'^2 &= \frac{1}{\varrho^2}. \end{aligned} \right.$$

Ferner ist nach (10):

$$x'' = \frac{l}{r},$$

daher:

$$x''' = \frac{l'}{r} - \frac{r' l}{r^2}$$

oder nach (13):

(16) $$x''' = -\frac{\alpha}{r^2} - \frac{\lambda}{r \varrho} - \frac{r' l}{r^2},$$

wofür wir auch wegen (5), (9) und (10) schreiben können:

$$x''' = -\frac{x'}{r^2} - \frac{1}{\varrho}(y' z'' - z' y'') - \frac{r'}{r} x''.$$

Analoge Formeln gelten für y''', z'''. Man kann dann (16) abermals differenzieren und so fortfahren. Dadurch erkennt man:

Satz 11: Die Differentialquotienten der Coordinaten x, y, z eines Curvenpunktes nach der Bogenlänge s lassen sich sämtlich durch die Richtungscosinus der Tangente, Haupt- und Binormale, die Functionen $\frac{1}{r}$ und $\frac{1}{\varrho}$ und die Ableitungen dieser beiden Grössen nach s ausdrücken.

Infolge der ersten und letzten Gleichung (15) haben die Functionen $\frac{1}{r}$ und $\frac{1}{\varrho}$ eine geometrische Bedeutung: Wenn zunächst a, b, c die Richtungscosinus einer Geraden, $a + da$, $b + db$, $c + dc$ die einer unendlich benachbarten Geraden sind, so ist es leicht, den Winkel $d\varphi$ zu bestimmen, den beide Geraden miteinander bilden. Wir legen nämlich durch den Anfangspunkt Parallelen zu beiden Geraden und tragen auf ihnen vom Anfangspunkt aus die Einheitsstrecke ab. Die Endpunkte P und P' der Strecke haben dann die Coordinaten a, b, c und $a + da$, $b + db$, $c + dc$. Die unendlich kleine Strecke PP' hat die Länge:

$$PP' = \sqrt{da^2 + db^2 + dc^2}.$$

In dem unendlich schmalen gleichschenkligen Dreieck OPP' tritt nun der fragliche Winkel $d\varphi$ als Winkel an der Spitze O auf, und es ist, da $OP = OP' = 1$ ist, direct $d\varphi = PP'$, also:

(17) $$d\varphi = \sqrt{da^2 + db^2 + dc^2}.$$

Die erste und dritte Formel (15) lassen sich nun so schreiben:

$$d\alpha^2 + d\beta^2 + d\gamma^2 = \frac{ds^2}{r^2},$$

$$d\lambda^2 + d\mu^2 + d\nu^2 = \frac{ds^2}{\varrho^2}.$$

Also ist $\frac{ds}{r}$ der Winkel dT zweier unendlich benachbarter Tangenten der Raumcurve, der sogenannte Contingenzwinkel, und $\frac{ds}{\varrho}$ der Winkel dB zweier unendlich benachbarter Binormalen, oder, was dasselbe ist, der zweier unendlich benachbarter Schmiegungsebenen. Man nennt ihn hin und wieder den Torsionswinkel.[1] Dabei ist ds das zugehörige Bogenelement, von dessen Grösse die Grössen dT und dB wesentlich abhängen. Wir benutzen die Formeln:

$$\frac{dT}{ds} = \frac{1}{r}, \quad \frac{dB}{ds} = \frac{1}{\varrho} \tag{18}$$

zugleich zur Festsetzung des Vorzeichens der beiden Winkel im Fall reeller Curven.

Bewegt sich ein Punkt auf der Curve hin und legt er das Bogenelement ds zurück, so ändern sich also die Richtungen der Tangente und Binormale um solche unendlich kleine Winkel dT und dB, die durch ds dividiert gerade die Grössen $\frac{1}{r}$ und $\frac{1}{\varrho}$ liefern. Man erkennt, dass sich

$$\frac{1}{r} = \frac{dT}{ds}$$

für ebene Curven nach (1), S. 36, gerade auf die Krümmung der Curve reduciert. Wir nennen auch bei Raumcurven $\frac{1}{r}$ die Krümmung an der betreffenden Stelle der Curve. Für die Grösse:

$$\frac{1}{\varrho} = \frac{dB}{ds}$$

haben wir dagegen in der Ebene kein Analogon, denn die Binormalen einer ebenen Curve sind sämtlich zur Ebene der Curve senkrecht, und daher ist bei ebenen Curven $dB = 0$, also $\frac{1}{\varrho} = 0$. Die Ebene einer ebenen Curve ist die constante Schmiegungsebene der Curve. Eine Raumcurve weicht um so mehr also von einer ebenen Curve ab, je grösser der Winkel dB der Schmiegungsebenen zweier unendlich benachbarter Punkte der Curve ist. Es giebt daher $\frac{dB}{ds}$ oder $\frac{1}{\varrho}$ gewissermassen ein Mass für die Abweichung einer Curve von

---

[1] Der Contingenz- und der Torsionswinkel treten bei Lancret (siehe Anm. S. 159) unter den Namen: erste und zweite Flexion auf.

einer Ebene an einer Stelle der Curve an. Man nennt die Grösse die Torsion der Curve an der betreffenden Stelle, hin und wieder auch die zweite Krümmung der Curve; und hieraus leitet sich die moderne Deutung des Namens: Curve doppelter Krümmung für eine Raumcurve ab (siehe oben S. 162).

Die wichtigsten Formeln dieses Paragraphen sind im Anhang in der Tafel III unter (A) bis (H) zusammengestellt. Der Leser wird bald erkennen, dass diese Formeln die eigentliche Grundlage der ganzen Curventheorie ausmachen; wir werden diese Formeln fortwährend benutzen.[1]

Beispiel: Bei der gemeinen Schraubenlinie (S. 165).

$$x = \mathfrak{r}\cos\frac{s}{p}, \quad y = \mathfrak{r}\sin\frac{s}{p}, \quad z = \frac{q}{p}s \quad (\mathfrak{r}^2 + q^2 = p^2)$$

ist nach III (D) und III (E):

$$\frac{1}{r} = \frac{\mathfrak{r}}{p^2}, \qquad \frac{1}{\varrho} = -\frac{q}{p^2}.$$

Daher:

Satz 12: Längs einer gemeinen Schraubenlinie ist Krümmung und Torsion constant.

Wir überlassen es dem Leser, dies durch Ausrechnung für die gemeine Schraubenlinie in ihrer allgemeinen Lage nachzuweisen. Es kommen dabei die Formeln (10) auf S. 165 zur Anwendung.

Wir sahen vorhin: Ist eine Curve eben, so ist ihre Torsion $\frac{1}{\varrho} = 0$. Dies lässt sich umkehren. Wir kommen hierdurch zu dem auf S. 162 versprochenen Merkmal für ebene Curven. Wenn nämlich längs einer Curve $\frac{1}{\varrho} = 0$ ist, so ist nach (14):

$$\begin{vmatrix} x' & x'' & x''' \\ y' & y'' & y''' \\ z' & z'' & z''' \end{vmatrix} = 0$$

für alle Werte von s. Bezeichnen wir die Unterdeterminanten der letzten Reihe mit A, B, C, so folgt hieraus:

$$Ax''' + By''' + Cz''' = 0,$$

---

[1] Die Formeln für die Richtungscosinus der Tangente, Haupt- und Binormale und ihre Differentialquotienten wurden fast zu gleicher Zeit von Frenet „Sur les courbes à double courbure", Thèse, Toulouse 1847, auch im Journal de Mathém. T. XVII (1852), und von J. A. Serret „Mémoire sur quelques formules relatives à la théorie des courbes à double courbure", Journal de Mathém. T. XVI (1851), aufgestellt. Man nennt daher insbesondere die Formeln (C) der Tafel III die Frenet'schen oder Serret'schen Formeln. Bei Serret findet sich auch der Satz 11.

während ausserdem identisch:

$$(19)\qquad \begin{cases} A x' + B y' + C z' = 0, \\ A x'' + B y'' + C z'' = 0 \end{cases}$$

ist. Differenzieren wir (19) nach s, so kommt mit Rücksicht auf die aufgestellten Gleichungen:

$$(20)\qquad \begin{cases} A' x' + B' y' + C' z' = 0, \\ A' x'' + B' y'' + C' z'' = 0. \end{cases}$$

Aus (19) und (20) folgt, dass

$$A : B : C = A' : B' : C'$$

ist. Ist wenigstens eine der drei Grössen A, B, C von Null verschieden, z. B. C, so können wir $A : C$ mit p und $B : C$ mit q bezeichnen, sodass wir haben:

$$(21)\qquad A = Cp, \quad B = Cq, \quad A' = C'p, \quad B' = C'q.$$

Differenzieren wir die beiden ersten Gleichungen, so geben sie mit Rücksicht auf die beiden letzten:

$$Cp' = 0, \qquad Cq' = 0,$$

also $p' = q' = 0$, sodass p und q Constanten sind. Nun giebt die erste Gleichung (19) wegen (21):

$$(22)\qquad p x' + q y' + z' = 0$$

oder:

$$p x + q y + z = \text{Const.}$$

Die Curve liegt somit in der Ebene, die durch diese Gleichung dargestellt wird. Wäre $C = 0$, so hätten wir

$$x' y'' - y' x'' = 0$$

oder:

$$(23)\qquad \frac{y'}{x'} = \text{Const.},$$

d. h.

$$y - \text{Const.}\, x = \text{Const.},$$

also die Gleichung einer zur z-Axe parallelen Ebene.

Satz 13: Eine Curve ist dann und nur dann eben, wenn ihre Torsion gleich Null ist.

Aus dem Verschwinden der obigen dreireihigen Determinante folgte das Bestehen einer Gleichung (22) oder (23), die in x', y', z' linear homogen ist und constante Coeffizienten hat. Wenn wir also x', y', z' mit u, v, w bezeichnen, so geht der folgende analytische Satz hervor:

Satz 14: Dann und nur dann, wenn drei Functionen u, v, w von s die Eigenschaft haben, dass für jeden Wert von s

$$\begin{vmatrix} u & u' & u'' \\ v & v' & v'' \\ w & w' & w'' \end{vmatrix} = 0$$

ist, besteht zwischen ihnen eine lineare homogene Gleichung mit constanten Coefficienten:

$$\text{Const.}\, u + \text{Const.}\, v + \text{Const.}\, w = 0.$$

Es ist vielleicht überflüssig zu bemerken, dass wir thatsächlich von dem Umstande, dass oben überdies $x'^2 + y'^2 + z'^2 = 1$ war, keinen Gebrauch gemacht haben.

Der Satz 14 gilt übrigens analog für beliebig viele Functionen einer Veränderlichen und ist allgemein leicht durch Schluss von n auf $n + 1$ zu beweisen, sodass wir uns damit begnügen können, ihn nur zu formulieren.[1]

Satz 15: Dann und nur dann, wenn n Functionen u_1, $u_2 \ldots u_n$ von s die Eigenschaft haben, dass die Determinante aus ihnen und ihren Ableitungen bis zu den $(n-1)^{\text{ten}}$ für jeden Wert von s gleich Null ist:

$$\begin{vmatrix} u_1 & u_1' & u_1'' & \ldots & u_1^{(n-1)} \\ u_2 & u_2' & u_2'' & \ldots & u_2^{(n-1)} \\ \cdot & \cdot & \cdot & \cdot\;\cdot & \cdot \\ u_n & u_n' & u_n'' & \ldots & u_n^{(n-1)} \end{vmatrix} = 0,$$

besteht zwischen ihnen eine lineare homogene Gleichung mit constanten Coefficienten:

$$\text{Const.}\, u_1 + \text{Const.}\, u_2 + \ldots + \text{Const.}\, u_n = 0.$$

§ 9. Der Krümmungskreis bei einer Raumcurve.

Die zum Schluss des § 6 angekündigte Behandlung der Berührung zwischen Curve und Kreis soll jetzt stattfinden.

---

[1] Siehe Brioschi, „Teorica dei determinanti", Pavia 1854.

Es liege die auf ihre Bogenlänge s bezogene Raumcurve vor:

(1) $$x = \varphi(s), \quad y = \chi(s), \quad z = \psi(s).$$

Soll ein Kreis die Curve im Punkte P oder (s) berühren, so hat er nach Satz 7, S. 170, dort die Curventangente auch zur Tangente. Einer seiner Durchmesser ist also parallel der Curventangente, ein zweiter zu ihr senkrecht. Letzterer geht durch den Curvenpunkt (s). Wir geben dem einen Durchmesser als positiven Sinn den der Tangente, sodass α, β, γ seine Richtungscosinus sind. Dem anderen geben wir als positiven Sinn den vom Curvenpunkt P zum Kreismittelpunkt. Alsdann seien u, v, w seine Richtungscosinus. Nach dem 1. Beispiel, S. 165, haben die Gleichungen des Kreises die Form:

$$\mathfrak{x} = r\left(\alpha \cos\frac{\sigma}{r} + u \sin\frac{\sigma}{r}\right) + a,$$

$$\mathfrak{y} = r\left(\beta \cos\frac{\sigma}{r} + v \sin\frac{\sigma}{r}\right) + b,$$

$$\mathfrak{z} = r\left(\gamma \cos\frac{\sigma}{r} + w \sin\frac{\sigma}{r}\right) + c.$$

Dabei ist r bei reellen Curven eine nach S. 163 positive Grösse, nämlich die Länge des Kreisradius, ferner (a, b, c) der Mittelpunkt und σ die Bogenlänge, gemessen vom Schnittpunkt des ersten positiven Radius aus im Sinn der Drehung nach dem zweiten hin (siehe Fig. 41). $\sigma = -\frac{\pi}{2}.r$ muss also den Curvenpunkt P oder (x, y, z) geben, woraus folgt:

$$x = -ru + a, \quad y = -rv + b,$$
$$z = -rw + c$$

oder:

(2) $$a = x + ru, \quad b = y + rv,$$
$$c = z + rw,$$

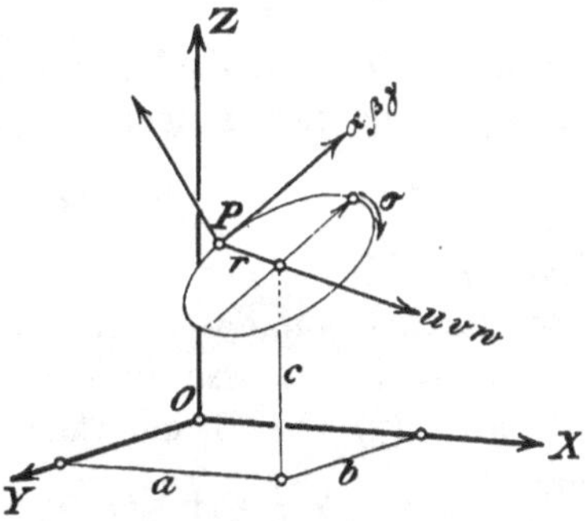

Fig. 41.

was man auch geometrisch leicht erkennt (nach S. 160). Wir führen diese Werte von a, b, c in die Gleichungen des Kreises ein. Ausserdem wollen wir die Bogenlänge auf dem Kreis vom Curvenpunkt (x, y, z) aus im Sinn der positiven Tangente rechnen. Wir führen deshalb statt σ die Bogenlänge

$$\mathfrak{s} = \sigma + \frac{\pi}{2} r$$

ein. Nun sind die Gleichungen des Kreises:

$$(3)\quad \begin{cases} \mathfrak{x} = r\left(\alpha \sin\frac{\mathfrak{s}}{r} - u\cos\frac{\mathfrak{s}}{r} + u\right) + x, \\ \mathfrak{y} = r\left(\beta \sin\frac{\mathfrak{s}}{r} - v\cos\frac{\mathfrak{s}}{r} + v\right) + y, \\ \mathfrak{z} = r\left(\gamma \sin\frac{\mathfrak{s}}{r} - w\cos\frac{\mathfrak{s}}{r} + w\right) + z. \end{cases}$$

Dabei bedeuten also u, v, w die Cosinus einer zur positiven Tangentenrichtung senkrechten Richtung.

Nach Satz 7, S. 170, ist dafür, das der Kreis an der Stelle ($\mathfrak{s} = 0$) die Curve (1) in erster Ordnung berühre, notwendig und hinreichend, dass die ersten Ableitungen von $\mathfrak{x}$, $\mathfrak{y}$, $\mathfrak{z}$ nach $\mathfrak{s}$ für $\mathfrak{s} = 0$ mit x', y', z' übereinstimmen. Dies ist der Fall. Um Berührung zweiter Ordnung zu erzielen, verlangen wir auch Uebereinstimmung in den zweiten Ableitungen. Dies giebt:

$$(4)\quad \frac{u}{r} = x'', \quad \frac{v}{r} = y'', \quad \frac{w}{r} = z''.$$

Da u, v, w Richtungscosinus sind, also $\mathbf{S}\, u^2 = 1$ ist, so folgt hieraus durch Quadrieren und Addieren:

$$(5)\quad \frac{1}{r^2} = x''^2 + y''^2 + z''^2.$$

Nach III (D) ist folglich r die schon früher mit r bezeichnete Grösse. Aus (4) folgt ferner nach III (B), dass:

$$(6)\quad u = l, \quad v = m, \quad w = n$$

ist. Der Mittelpunkt des in zweiter Ordnung berührenden Kreises liegt folglich auf der Hauptnormale des betreffenden Curvenpunktes, der Kreis selbst also in der Schmiegungsebene. Sein Mittelpunkt hat nach (2) und (6) die Coordinaten:

$$(7)\quad a = x + rl, \quad b = y + rm, \quad c = z + rn.$$

Hierfür können wir nach III (B) und III (D) auch schreiben:

$$(8)\quad \begin{gathered} a = x + \frac{x''}{x''^2 + y''^2 + z''^2}, \quad b = y + \frac{y''}{x''^2 + y''^2 + z''^2}, \\ c = z + \frac{z''}{x''^2 + y''^2 + z''^2}. \end{gathered}$$

In dieser Form (8) erkennt man auch analytisch, dass der Mittelpunkt (a, b, c) des Kreises von der Wahl der positiven Richtung der Hauptnormale vollständig unabhängig ist, eine Thatsache, die geometrisch einleuchtet, die aber hier daraus erhellt, dass die Gleichungen (8) kein Wurzelzeichen enthalten. Wenn wir den positiven Sinn der Hauptnormale auf S. 179 dadurch festgesetzt haben, dass wir r bei reellen Curven positiv annahmen, so lehren die Formeln (7), dass diese Feststellung auch so ausgesprochen werden kann: Wir haben diejenige Richtung der Hauptnormale vom Punkte (x, y, z) aus als positiv bezeichnet, auf der der Mittelpunkt (a, b, c) unseres Kreises liegt. Die Werte (8) sind auch unabhängig von dem positiven Sinn, in dem die Curve durchlaufen wird, denn wenn man s durch $-s$ ersetzt, so ändern sich ja die zweiten Ableitungen von x, y, z nach s nicht.

Die Gleichungen (3) des Kreises lauten jetzt wegen (6) so:

$$(9)\quad \left\{\begin{aligned} \mathfrak{x} &= r\left(\alpha \sin\frac{\mathfrak{s}}{r} - l\cos\frac{\mathfrak{s}}{r} + l\right) + x, \\ \mathfrak{y} &= r\left(\beta \sin\frac{\mathfrak{s}}{r} - m\cos\frac{\mathfrak{s}}{r} + m\right) + y, \\ \mathfrak{z} &= r\left(\gamma \sin\frac{\mathfrak{s}}{r} - n\cos\frac{\mathfrak{s}}{r} + n\right) + z. \end{aligned}\right.$$

Der hier bestimmte Kreis heisst der Krümmungskreis des Punktes (x, y, z) der Curve (1), gelegentlich auch der Schmiegungskreis oder Osculationskreis. Ist die Curve (1) eben, z. B. in der xy-Ebene gelegen, so erkennt man leicht, dass der Krümmungskreis ebenderselbe ist, der im 1. Abschnitt, S. 30, eingeführt wurde.[1] Der Mittelpunkt (a, b, c) des Krümmungskreises heisst der Krümungsmittelpunkt des Punktes (x, y, z) der Raumcurve. Der reciproke Wert von r wurde schon auf S. 183 die Krümmmung genannt. Man erkennt hieraus, dass die Definitionen der Krümmung und des Krümmungsradius bei Raumcurven im Besonderen die aus dem ersten Abschnitt bekannten Definitionen derselben Grössen für die ebenen Curven geben.

Zuweilen wird r als Radius der ersten Krümmung und ϱ als Radius der zweiten Krümmung bezeichnet (vgl. S. 184). Doch ist zu beachten, dass es kein geometrisches Gebilde giebt, bei dem ϱ den Radius vorstellt wie r beim Krümmungskreise.

[1] In der Ebene hatten wir r ein Vorzeichen gegeben (S. 37). Dies thun wir nicht mehr, sobald wir eine ebene Curve im Raume betrachten. Der Unterschied liegt darin, dass wir in der ebenen analytischen Geometrie die Ebene immer von einer bestimmten Seite betrachten, im Raume nicht. So sind zwei symmetrische Dreiecke innerhalb der Ebene auch nicht congruent, wohl aber im Raume.

Satz 16: Unter allen Kreisen, die eine Curve an einer Stelle allgemeiner Lage berühren, giebt es einen, der daselbst in zweiter Ordnung berührt. Er liegt in der Schmiegungsebene der Stelle, sein Mittelpunkt auf der Hauptnormalen. Sind die Coordinaten x, y, z des Curvenpunktes als Functionen der Bogenlänge s gegeben, so sind:

$$a = x + \frac{x''}{x''^2 + y''^2 + z''^2}, \quad b = y + \frac{y''}{x''^2 + y''^2 + z''^2},$$
$$c = z + \frac{z''}{x''^2 + y''^2 + z''^2}$$

die Coordinaten des Mittelpunktes dieses Kreises.

Fragen wir uns, wann die Berührung von höherer als zweiter Ordnung ist. Nach (9) ist für $s = 0$:

$$\mathfrak{x}_0''' = -\frac{\alpha}{r^2}, \quad \mathfrak{y}_0''' = -\frac{\beta}{r^2}, \quad \mathfrak{z}_0''' = -\frac{\gamma}{r^2}.$$

Also ist nach Satz 7, S. 170, zu fordern:

$$x''' = -\frac{\alpha}{r^2}, \quad y''' = -\frac{\beta}{r^2}, \quad z''' = -\frac{\gamma}{r^2},$$

d. h. nach III (G):

$$\frac{r'\varrho l + r\lambda}{r\varrho} = 0, \quad \frac{r'\varrho m + r\mu}{r\varrho} = 0, \quad \frac{r'\varrho n + r\nu}{r\varrho} = 0.$$

Multiplicieren wir die Formeln der Reihe nach mit l, m, n oder mit λ, μ, ν und addieren sie nachher, so kommt nach II (A):

$$\frac{r'}{r} = 0, \quad \frac{1}{\varrho} = 0.$$

Umgekehrt, sind diese Bedingungen erfüllt, so sind es auch die drei vorhergehenden, sodass aus III (G) rückwärts die Bedingungen für die Berührung dritter Ordnung folgen.

Sollten alle Krümmungskreise die Curve in dritter Ordnung berühren, so müsste also längs der Curve $r' = 0$ und $\frac{1}{\varrho} = 0$ sein. Nach Satz 13, S. 185, wäre die Curve eben und wegen $r' = 0$ ein Kreis nach Satz 29, S. 41. Dieser Satz gilt daher auch im Raume.

Beispiel: Bei der gemeinen Schraubenlinie (S. 184):

$$x = \mathfrak{r}\cos\frac{s}{p}, \quad y = \mathfrak{r}\sin\frac{s}{p}, \quad z = \frac{q}{p}s$$

sind die Coordinaten des Krümmungsmittelpunktes, da $\mathfrak{r}^2 + q^2 = p^2$ ist:

$$a = -\frac{q^2}{\mathfrak{r}}\cos\frac{s}{p}, \qquad b = -\frac{q^2}{\mathfrak{r}}\sin\frac{s}{p}, \qquad c = \frac{q}{p}s.$$

Z. B. im Punkte ($s = 0$) oder ($\mathfrak{r}, 0, 0$) ist:

$$a = -\frac{q^2}{\mathfrak{r}}, \quad b = 0, \quad c = 0.$$

Die Schmiegungsebene des Punktes ($s = 0$), nämlich:

$$\lambda x + \mu y + \nu z = \lambda \mathfrak{r}$$

hat die Gleichung:

$$q\mathfrak{y} - \mathfrak{r}\mathfrak{z} = 0$$

und enthält also die x-Axe. Sie schneidet den Cylinder (siehe Fig. 42)[1] in einer Ellipse, deren halbe kleine Axe $\mathfrak{r}$ ist, während

$$p = \sqrt{q^2 + \mathfrak{r}^2}$$

die halbe grosse Axe ist. Die Ellipse hat in ihrem Nebenscheitel, der im Punkte ($\mathfrak{r}, 0, 0$) liegt, nach S. 29 den Krümmungsradius $\frac{p^2}{\mathfrak{r}}$. Denselben Wert liefert III (D) für den Krümmungsradius r der Schraubenlinie im Punkte ($\mathfrak{r}, 0, 0$) (siehe S. 184). Dies Ergebnis ist nicht überraschend.

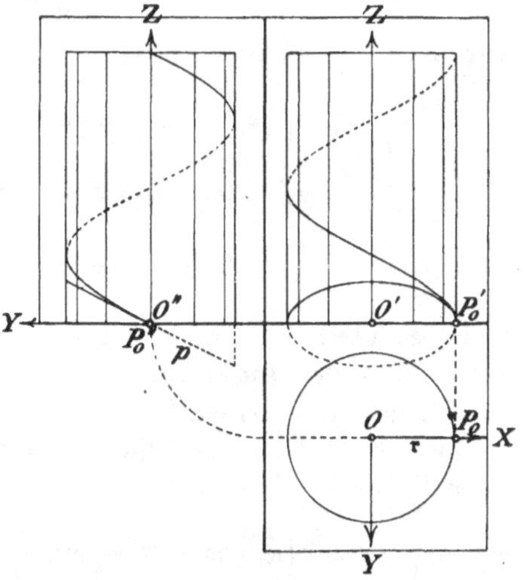

Fig. 42.

§ 10. Osculierende gemeine Schraubenlinien.

Die Kreise können als die Curven definiert werden, deren Krümmung constant und deren Torsion gleich Null ist. Sie sind Specialfälle der gemeinen Schraubenlinien, deren Krümmung und Torsion nach Satz 12, S. 184, constant ist.

Wir wollen nun das Problem des vorigen Paragraphen entsprechend verallgemeinern: Gegeben sei eine Raumcurve und auf ihr ein Punkt. Gesucht werden solche gemeine Schraubenlinien, die mit der Curve an dieser Stelle eine Berührung von möglichst hoher Ordnung eingehen.

Zur Vereinfachung der Formeln wählen wir die Tangente,

[1] In Fig 42 sind der Cylinder und die Schraubenlinie auf die xy-Ebene und zwei solche Ebenen projiciert, die der xz- und yz-Ebene parallel sind.

Hauptnormale und Binormale desjenigen Punktes der Raumcurve, in dem die Berührung stattfinden soll, als Axenkreuz. Für diesen Punkt ist dann

$$\alpha = m = \nu = 1\,, \quad \beta = \gamma = l = n = \lambda = \mu = 0\,,$$

daher nach III (*B*) und III (*G*):

$$(1)\quad \begin{cases} x_0' = 1\,, & x_0'' = 0\,, \quad x_0''' = -\dfrac{1}{r^2}\,, \\ y_0' = 0\,, & y_0'' = \dfrac{1}{r}\,, \quad y_0''' = -\dfrac{r'}{r^2}\,, \\ z_0' = 0\,, & z_0'' = 0\,, \quad z_0''' = -\dfrac{1}{r\varrho}\,. \end{cases}$$

Dabei bedeuten die Accente die Differentiation nach der Bogenlänge s, und der Index Null soll andeuten, dass die Grössen für den Anfangspunkt gelten.

Nach S. 165 lauten die allgemeinen Gleichungen einer gemeinen Schraubenlinie so:

$$(2)\quad \begin{cases} \mathfrak{x} = \mathfrak{r}\left(\alpha_1 \cos\dfrac{\mathfrak{s}}{p} + \alpha_2 \sin\dfrac{\mathfrak{s}}{p}\right) + \alpha_3 \dfrac{q}{p}\,\mathfrak{s} + a\,, \\ \mathfrak{y} = \mathfrak{r}\left(\beta_1 \cos\dfrac{\mathfrak{s}}{p} + \beta_2 \sin\dfrac{\mathfrak{s}}{p}\right) + \beta_3 \dfrac{q}{p}\,\mathfrak{s} + b\,, \\ \mathfrak{z} = \mathfrak{r}\left(\gamma_1 \cos\dfrac{\mathfrak{s}}{p} + \gamma_2 \sin\dfrac{\mathfrak{s}}{p}\right) + \gamma_3 \dfrac{q}{p}\,\mathfrak{s} + c\,. \end{cases}$$

Damals wurde die Bedeutung der hierin auftretenden Constanten angegeben. Der Parameter $\mathfrak{s}$ bezeichnet die Bogenlänge der Schraubenlinie, von irgend einer Stelle an nach irgend einer Richtung hin gemessen. Wir wünschen, dass die Schraubenlinie (2) an ihrer Stelle ($\mathfrak{s} = 0$) mit der Raumcurve im Anfangspunkt eine Berührung eingehe. Es ist also zu verlangen, dass sich $\mathfrak{x}$, $\mathfrak{y}$, $\mathfrak{z}$ für $\mathfrak{s} = 0$ auf Null reducieren, woraus folgt:

$$(3)\quad a = -\mathfrak{r}\alpha_1\,, \quad b = -\mathfrak{r}\beta_1\,, \quad c = -\mathfrak{r}\gamma_1\,.$$

Ferner dürfen wir nach (1) fordern, dass sich die ersten Ableitungen von $\mathfrak{x}$, $\mathfrak{y}$, $\mathfrak{z}$ nach $\mathfrak{s}$ für $\mathfrak{s} = 0$ auf 1, 0, 0 reducieren, also:

$$(4)\quad \mathfrak{r}\alpha_2 + q\alpha_3 = p\,, \quad \mathfrak{r}\beta_2 + q\beta_3 = 0\,, \quad \mathfrak{r}\gamma_2 + q\gamma_3 = 0\,.$$

Soll die Berührung von zweiter Ordnung sein, so ist nach (1) und Satz 7, S. 170, noch zu fordern:

$$\alpha_1 = 0\,, \quad \beta_1 = -\frac{p^2}{\mathfrak{r}r}\,, \quad \gamma_1 = 0.$$

Da α_1, β_1, γ_1 Richtungscosinus sind und also $\alpha_1{}^2 + \beta_1{}^2 + \gamma_1{}^2 = 1$ ist, so folgt hieraus, da wir r bei reellen Curven positiv wählen:

(5) $$\alpha_1 = 0, \quad \beta_1 = -1, \quad \gamma_1 = 0; \quad p^2 = \mathfrak{r} r.$$

Die Richtung $(\alpha_1 : \beta_1 : \gamma_1)$ ist also die negative Richtung der Hauptnormale. Die Richtungen $(\alpha_2 : \beta_2 : \gamma_2)$ und $(\alpha_3 : \beta_3 : \gamma_3)$ sind daher der Ebene der Tangente und Binormale parallel. Wenn wir das Dreikant dieser drei Richtungen mit dem begleitenden Dreikant des Curvenpunktes in der Ecke durch Schiebung ohne Drehung zusammenlegen, wie in Fig. 43, so sehen wir, dass die gegenseitigen Winkel der Geraden der beiden Dreikante alle durch den Winkel ω ausdrückbar sind, den die Richtung $(\alpha_2 : \beta_2 : \gamma_2)$ mit der positiven Tangentenrichtung (x-Axe) bildet. Es folgt hieraus:

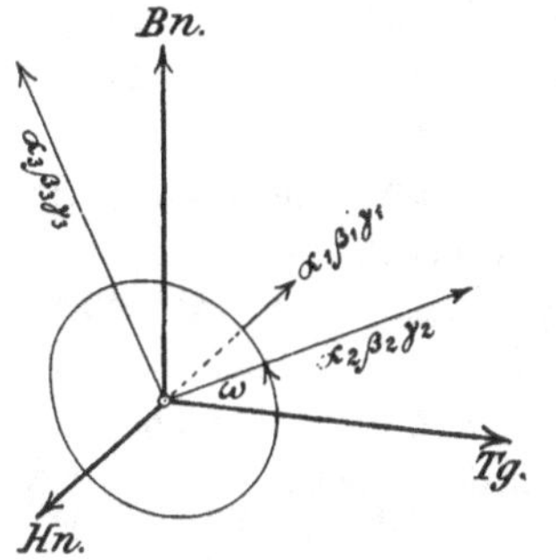

Fig. 43.

(6) $$\begin{cases} \alpha_2 = \cos\omega, & \beta_2 = 0, \quad \gamma_2 = \sin\omega; \\ \alpha_3 = -\sin\omega, & \beta_3 = 0, \quad \gamma_3 = \cos\omega. \end{cases}$$

Auch ist die Bedingung I (F) infolge von (5) und (6) erfüllt.

Nunmehr geben die Bedingungen (4):

$$\mathfrak{r}\cos\omega - q\sin\omega = p, \quad \mathfrak{r}\sin\omega + q\cos\omega = 0,$$

woraus folgt:

$$\mathfrak{r} = p\cos\omega, \quad q = -p\sin\omega,$$

sodass (5) noch

(7) $$p = r\cos\omega$$

und daher:

(8) $$\mathfrak{r} = r\cos^2\omega, \quad q = -r\sin\omega\cos\omega$$

liefert. Setzen wir diese Werte in (3) ein, so kommt wegen (5):

(9) $$a = 0, \quad b = r\cos^2\omega, \quad c = 0.$$

Damit sind alle Constanten in (2) so bestimmt, dass die Schraubenlinie im Anfangspunkt die Raumcurve in zweiter Ordnung berührt: Es kommen nach (2) als Gleichungen der gemeinen Schraubenlinie:

$$(10)\quad \begin{cases} \mathfrak{x} = r\cos^3\omega \sin\dfrac{\mathfrak{s}}{r\cos\omega} + \mathfrak{s}\sin^2\omega\,, \\ \mathfrak{y} = -\,r\cos^2\omega\cos\dfrac{\mathfrak{s}}{r\cos\omega} + r\cos^2\omega\,, \\ \mathfrak{z} = r\cos^2\omega\sin\omega\sin\dfrac{\mathfrak{s}}{r\cos\omega} - \mathfrak{s}\sin\omega\cos\omega \quad (\omega = \text{Const.}). \end{cases}$$

Sie enthalten eine willkürliche Constante, den Winkel ω. Es giebt daher ∞^1 gemeine Schraubenlinien, die eine gegebene Raumcurve an einer gegebenen Stelle in zweiter Ordnung berühren.

Man könnte versuchen, die Constante ω so zu wählen, dass die Schraubenlinie in dritter Ordnung berührt. Dies ist jedoch unmöglich, denn nach Satz 7, S. 170, wäre ja zu fordern, dass die dritten Ableitungen von $\mathfrak{x}$, $\mathfrak{y}$, $\mathfrak{z}$ nach $\mathfrak{s}$ für $\mathfrak{s} = 0$ mit den in (1) angegebenen Werten von x_0''', y_0''', z_0''' übereinstimmen. Dies aber würde geben:

$$\frac{r'}{r^2} = 0\,, \quad \frac{\operatorname{tg}\omega}{r^2} = \frac{1}{r\varrho}\,.$$

Also:

Satz 17: Es giebt ∞^1 gemeine Schraubenlinien, die eine Curve in einem ihrer Punkte in zweiter Ordnung berühren. Unter ihnen giebt es im allgemeinen keine, die in dritter Ordnung berührt. Dies ist vielmehr nur an denjenigen Stellen der Curve der Fall, an denen der Differentialquotient des Krümmungsmasses nach der Bogenlänge gleich Null ist.

Der Punkt (a, b, c) liegt nach S. 166 auf der Axe der durch (2) oder also der durch (10) dargestellten osculierenden Schraubenlinie. Die Axe der Schraubenlinie hat die Richtungscosinus α_3, β_3, γ_3. Nach (6) und (9) sind daher die ∞^1 Axen der osculierenden Schraubenlinien Geraden, die die Hauptnormale des Curvenpunktes senkrecht schneiden und mit der Binormale einen längs der Curve veränderlichen Winkel ω bilden. Die zum Winkel ω gehörige Axe schneidet auf der positiven Hauptnormale das Stück $r\cos^2\omega$ ab. Es sind:

$$(11)\qquad x = -\sin\omega\,.\,t\,, \quad y = r\cos^2\omega\,, \quad z = \cos\omega\,.\,t$$

die Gleichungen dieser Axe, ausgedrückt durch den Parameter t. Dabei stellt der Parameter t die Entfernung des Punktes (x, y, z) der Schraubenaxe von der Hauptnormale dar. Wählen wir t insbesondere gleich r, so erhalten wir in:

$$(12)\qquad x = -\,r\sin\omega\,, \quad y = r\cos^2\omega\,, \quad z = r\cos\omega$$

die Curve, in der alle Schraubenaxen denjenigen Cylinder schneiden, dessen Axe die Hauptnormale und dessen Radius r ist (siehe Fig. 44), sobald wir ω als Parameter auffassen. Die Natur dieser Curve erkennt man leichter, wenn man den Ausgangspunkt um die Strecke $\frac{1}{2}r$ längs der Hauptnormale verschiebt, wodurch wir im neuen Coordinatensystem X, Y, Z erhalten:

$$X = -r\sin\omega, \quad Y = r(\cos^2\omega - \tfrac{1}{2}), \quad Z = r\cos\omega.$$

Es ist nämlich jetzt $Y = \frac{1}{2}r\cos 2\omega$. Die neue XZ-Ebene schneidet den Cylinder in einem Kreis k. Auf ihm sei A der Punkt auf der Winkelhalbierenden der X-Axe und Z-Axe. Der Punkt (X, Y, Z) oder P liegt auf einer Mantellinie, die den Kreis k in Q treffe. Nun ist der Bogen AQ des Kreises gleich $r\left(\omega + \frac{\pi}{4}\right)$, und es kommt:

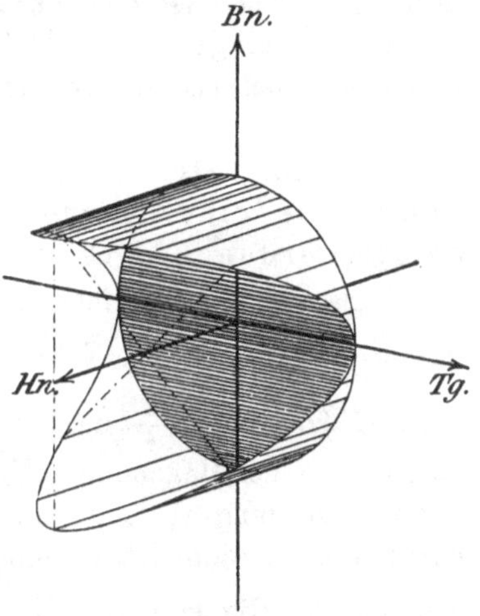

Fig. 44.

$$\frac{\text{Strecke } PQ}{\text{Bogen } AQ} = \frac{Y}{r\left(\omega + \frac{\pi}{4}\right)} = \frac{\cos 2\omega}{2\omega + \frac{\pi}{2}} = \frac{\sin\left(2\omega + \frac{\pi}{2}\right)}{2\omega + \frac{\pi}{2}}.$$

Die Strecke PQ verhält sich also zum zugehörigen Bogen AQ wie der Sinus eines veränderlichen Winkels zu dem Winkel selbst. Durchläuft P die ganze Curve (12), d. h. durchläuft ω alle Werte von 0 bis 2π, so geht der Winkel $2\omega + \frac{\pi}{2}$ von $\frac{\pi}{2}$ bis $4\pi + \frac{\pi}{2}$.

Wickelt man den Cylinder in die Ebene ab, so wird die Curve (12) als eine Sinuslinie (S. 34, Fig. 7) abgewickelt, deren Periode gleich dem halben Umfang des Kreises k ist.

Wir können also jetzt die ∞^1 Schraubenaxen so herstellen: Wir construieren in der Ebene die Sinuslinie mit der Periode πr, deren Höhe über bezw. Tiefe unter ihrer Grundlinie folglich gleich $\frac{1}{2}r$ ist. Ist A ein Punkt (Wendepunkt) der Sinuslinie auf ihrer Grundlinie, von dem aus sie ansteigt, so legen wir die Ebene als Tangentialebene an den Cylinder und zwar so, dass A in den oben mit A bezeichneten Punkt, die positive Ordinatenrichtung von A in die Mantellinie des Cylinderpunktes A in die positive Richtung der

Hauptnormale fällt, und wickeln die Ebene auf den Cylinder auf. Dadurch geht die Sinuslinie in die Curve (12) über. Jeder Kreisschnitt des Cylinders, dessen Abstand vom Kreis $k \leqq \frac{1}{2} r$ ist, trifft die Curve (12) in zwei diametral entgegengesetzten Punkten. Ihre Verbindende ist eine der Schraubenaxen. Die von allen diesen Schraubenaxen gebildete Fläche heisst Cylindroid. Dasselbe Ergebnis lässt sich geometrisch aus den Bemerkungen im Beispiel S. 191 ableiten.

Satz 18: Die Axen derjenigen gemeinen Schraubenlinien, die eine Raumcurve in einem ihrer Punkte in zweiter Ordnung berühren, bilden ein Cylindroid.

Dass die ∞^1 gemeinen Schraubenlinien (10) mit der Raumcurve im Berührungspunkt die Krümmung $\frac{1}{r}$ gemein haben, ist klar, denn nach III(D) hängt $\frac{1}{r}$ nur von den zweiten Ableitungen der Coordinaten nach der Bogenlänge ab. Diese aber stimmen, da Berührung zweiter Ordnung vorliegt, an der Berührungsstelle bei der Raumcurve und bei den Schraubenlinien überein. Anders ist es mit der Torsion $\frac{1}{\varrho}$, die ja nach III (E) auch von den dritten Ableitungen abhängt. Bei der Raumcurve hat sie an der Berührungsstelle den Wert:

$$\frac{1}{\varrho} = -\frac{1}{x_0''^2 + y_0''^2 + z_0''^2} \begin{vmatrix} x_0' & x_0'' & x_0''' \\ y_0' & y_0'' & y_0''' \\ z_0' & z_0'' & z_0''' \end{vmatrix}.$$

Bei der Schraubenlinie (10), die zu einem bestimmten Werte der willkürlichen Constanten ω gehört, soll die Torsion mit $\frac{1}{\varrho_\omega}$ bezeichnet werden. Es ist dann:

$$\frac{1}{\varrho_\omega} = -\frac{1}{x_0''^2 + y_0''^2 + z_0''^2} \begin{vmatrix} x_0' & x_0'' & \mathfrak{x}_0''' \\ y_0' & y_0'' & \mathfrak{y}_0''' \\ z_0' & z_0'' & \mathfrak{z}_0''' \end{vmatrix}.$$

Hierbei bedeuten $\mathfrak{x}_0'''$, $\mathfrak{y}_0'''$, $\mathfrak{z}_0'''$ die Ableitungen der Werte (10) nach $\mathfrak{s}$ für $\mathfrak{s} = 0$. Nach (1) kommt:

$$\frac{1}{\varrho_\omega} = -r\,\mathfrak{z}_0'''.$$

Aber nach (10) ist $\mathfrak{z}_0''' = -\frac{1}{r^2} \operatorname{tg} \omega$, sodass sich ergiebt:

$$\frac{1}{\varrho_\omega} = \frac{\operatorname{tg} \omega}{r}. \tag{13}$$

Mithin stimmt $\frac{1}{\varrho_\omega}$ mit $\frac{1}{\varrho}$ nur bei derjenigen Schraubenlinie überein, bei der

(14) $$\operatorname{tg} \omega = \frac{r}{\varrho},$$

d. h.:

(15) $$\sin \omega = \frac{r}{\sqrt{r^2 + \varrho^2}}, \quad \cos \omega = \frac{\varrho}{\sqrt{r^2 + \varrho^2}}$$

ist. Setzen wir die Werte (15) in (10) ein, so ergiebt sich:

(16) $$\left\{\begin{aligned} \mathfrak{x} &= \frac{r}{r^2 + \varrho^2}\left\{\frac{\varrho^3}{\sqrt{r^2 + \varrho^2}} \sin \frac{\mathfrak{s}\sqrt{r^2 + \varrho^2}}{r\varrho} + r\mathfrak{s}\right\}, \\ \mathfrak{y} &= \frac{r\varrho^2}{r^2 + \varrho^2}\left\{\quad - \quad \cos \frac{\mathfrak{s}\sqrt{r^2 + \varrho^2}}{r\varrho} + 1\right\}, \\ \mathfrak{z} &= \frac{r}{r^2 + \varrho^2}\left\{\frac{r\varrho^2}{\sqrt{r^2 + \varrho^2}} \sin \frac{\mathfrak{s}\sqrt{r^2 + \varrho^2}}{r\varrho} - \varrho\mathfrak{s}\right\}. \end{aligned}\right.$$

Man erkennt, dass es auf das Vorzeichen der Wurzel nicht ankommt, da der Sinus mit der Wurzel das Zeichen wechselt, der Cosinus aber nicht.

Satz 19: Es giebt nur eine gemeine Schraubenlinie, die mit einer gegebenen Curve an einer beliebig gewählten Stelle der Curve eine Berührung zweiter Ordnung eingeht und bei der zugleich die Torsion gleich der Torsion der Curve an der Berührungsstelle ist.

Die Axe dieser Schraubenlinie hat wegen (15) nach (11) im Coordinatensystem des Dreikants die Gleichungen:

(17) $$x = \frac{-rt}{\sqrt{r^2 + \varrho^2}}, \quad y = \frac{r\varrho^2}{r^2 + \varrho^2}, \quad z = \frac{\varrho t}{\sqrt{r^2 + \varrho^2}},$$

geschrieben mit Hülfe eines Parameters t.

§ 11. Unendlich kleine Schraubung des begleitenden Dreikants.

Gehen wir von einem Curvenpunkt P oder (x, y, z) um das Bogenelement ds weiter zum unendlich benachbarten Punkt P' oder $(x + dx,\ y + dy,\ z + dz)$, so wird das Dreikant des ersten Punktes P durch das von ihm unendlich wenig verschiedene Dreikant des zweiten Punktes P' ersetzt. Nach § 4 kann das erste Dreikant vermöge einer unendlich kleinen Schraubung in das zweite verwandelt werden. Diese unendlich kleine Schraubung wollen wir jetzt untersuchen.

Zunächst haben wir die in der damaligen Tabelle S. 155 angegebenen Grössen $A\varepsilon$, $B\varepsilon$, $C\varepsilon$ zu berechnen. Unter der damaligen x-, y-, z-Axe haben wir hier die Tangente, Haupt- und Binormale des ersten Punktes P zu verstehen (wie im vorigen Paragraphen). Es sind dagegen die damaligen $\bar{x}$-, $\bar{y}$-, $\bar{z}$-Axen die Kanten des Dreikants von P'. Jene Tabelle giebt die Cosinus der Winkel dieser Geraden an. Sie sind leicht zu berechnen. Z. B. sind α, β, γ die Richtungscosinus der alten und $\alpha + d\alpha$, $\beta + d\beta$, $\gamma + d\gamma$ oder $\alpha + \alpha' ds$, $\beta + \beta' ds$, $\gamma + \gamma' ds$ die der neuen Tangente. Der Cosinus des Winkels beider Richtungen ist daher:

$$\mathbf{S}\,\alpha(\alpha + \alpha' ds) = \mathbf{S}\,\alpha^2 + \mathbf{S}\,\alpha\alpha' ds = 1\,,$$

denn es ist ja $\mathbf{S}\,\alpha^2 = 1$ und daher auch $\mathbf{S}\,\alpha\alpha' = 0$.

Ferner sind $l + l' ds$, $m + m' ds$, $n + n' ds$ die Richtungscosinus der Hauptnormale von P'. Der Winkel zwischen ihr und der Tangente von P hat also nach II (A) den Cosinus:

$$\mathbf{S}\,\alpha(l + l' ds) = \mathbf{S}\,\alpha l + \mathbf{S}\,\alpha l' ds = \mathbf{S}\,\alpha l' ds$$

oder also nach III (C):

$$-\frac{1}{r}\,\mathbf{S}\,\alpha^2 ds - \frac{1}{\varrho}\,\mathbf{S}\,\alpha\lambda\, ds\,,$$

der sich nach II (A) auf

$$-\frac{ds}{r}$$

reduciert. Dies ist also die in der Tabelle S. 155 auftretende Grösse $C\varepsilon$. Ebenso berechnen wir $A\varepsilon$ und $B\varepsilon$. So finden wir jetzt diese Tafel:

		Erster Punkt:		
		Tang.	Hauptn.	Binorm.
Zweiter Punkt:	Tang.	1	$\frac{ds}{r}$	0
	Hauptn.	$-\frac{ds}{r}$	1	$-\frac{ds}{\varrho}$
	Binorm.	0	$\frac{ds}{\varrho}$	1

Jetzt ist also:

$$(1) \qquad A = \frac{1}{\varrho}, \quad B = 0, \quad C = -\frac{1}{r}, \quad \varepsilon = ds$$

zu setzen.

Es seien nun x, y, z Punktcoordinaten in Bezug auf drei feste Axen im Raume und zwar in Bezug auf diejenigen Axen, in denen vor der Schraubung die Kanten des Dreikants P liegen. Die Schraubung führe irgend einen Punkt (x, y, z), den wir uns mit dem beweglichen Dreikant fest verbunden denken, in den Punkt $(x + \delta x, y + \delta y, z + \delta z)$, bezogen auf jenes feste Axenkreuz, über. Dann bestimmen sich δx, δy, δz aus den Formeln (3) auf S. 153. In ihnen bedeuten $a\varepsilon$, $b\varepsilon$, $c\varepsilon$ die Coordinaten von P' hinsichtlich des festen Axenkreuzes. Da P' auf der Tangente von P liegt, so ist noch wegen $\varepsilon = ds$:

$$a = 1, \quad b = 0, \quad c = 0 \tag{2}$$

zu setzen. Nach (1) und (2) kommt jetzt:

$$\left\{\begin{aligned} \delta x &= \left(-\frac{1}{r}y + 1\right)ds, \\ \delta y &= \left(\frac{1}{\varrho}z + \frac{1}{r}x\right)ds, \\ \delta z &= -\frac{1}{\varrho}y\,ds. \end{aligned}\right. \tag{3}$$

Die Axe dieser unendlich kleinen Schraubung hat nach (5), S. 154, wegen (1) und (2) die Gleichungen:

$$x = \frac{1}{\varrho}\tau, \quad y = \frac{r\varrho^2}{r^2 + \varrho^2}, \quad z = -\frac{1}{r}\tau, \tag{4}$$

geschrieben in dem Parameter τ.

Wenn wir

$$\tau = -\frac{r\varrho}{\sqrt{r^2 + \varrho^2}}t$$

setzen und hierdurch t als Parameter einführen, so kommt:

$$x = \frac{-rt}{\sqrt{r^2 + \varrho^2}}, \quad y = \frac{r\varrho^2}{r^2 + \varrho^2}, \quad z = \frac{\varrho t}{\sqrt{r^2 + \varrho^2}}. \tag{5}$$

Diese Formeln stimmen mit den Formeln (17), S. 197, überein. Die Axe unserer unendlich kleinen Schraubung ist daher die Axe derjenigen gemeinen Schraubenlinie, die die Raumcurve im Punkte P in zweiter Ordnung berührt und dieselbe Torsion wie die Raumcurve an dieser Stelle hat. Man bestätigt auch leicht analytisch, dass die unendlich kleine Schraubung (3) jene gemeine Schraubenlinie, die auf S. 197 in (16) dargestellt wurde, in sich überführt.

Der Schnittpunkt der Axe der Schraubung mit der Hauptnormale von P (der y-Axe) ist:

$$x = 0, \quad y = \frac{r \varrho^2}{r^2 + \varrho^2}, \quad z = 0$$

und liegt auf der positiven Hauptnormale (wie auf S. 194). In Fig. 45 ist die Axe für positive, in Fig. 46 für negative Torsion $\frac{1}{\varrho}$ dargestellt.

Vermöge der unendlich kleinen Schraubung (3) geht der Punkt P mit seiner Tangente, Haupt- und Binormale in den unendlich benachbarten Punkt P' über. Momentan verbleibt er dabei auf der eben erwähnten gemeinen Schraubenlinie. Betrachtet man nun die Figur aus der Richtung der Schraubenaxe — wobei es völlig gleichgültig ist, ob von der einen oder anderen Seite her —, so sieht man, dass die Schraubung im Falle $\frac{1}{\varrho} > 0$ nach links auf den Beschauer zu stattfindet, in Fall $\frac{1}{\varrho} < 0$ nach rechts; die Schraubenlinie ist im ersten Fall linksgewunden, im zweiten rechtsgewunden (siehe S. 158). Da die Schraubenlinie wegen der Berührung zweiter Ordnung auf dem Bogenstück PP' innig mit der Raumcurve zusammenkommt, so kann man auch sagen, dass die Raumcurve selbst an der Stelle P rechts- oder linksgewunden ist, je nachdem die Torsion negativ oder positiv ist. Die Figuren 45 und 46 zeigen, dass man sich auch so ausdrücken kann: Für einen Beobachter, der auf der Schmiegungsebene steht — gleichgültig auf welcher Seite — durchsetzt die Curve die Schmiegungsebene aufsteigend von rechts nach links, wenn die Torsion positiv ist, von links nach rechts, wenn sie negativ ist. Natürlich ist hier von reellen Curven die Rede. Wir haben also:

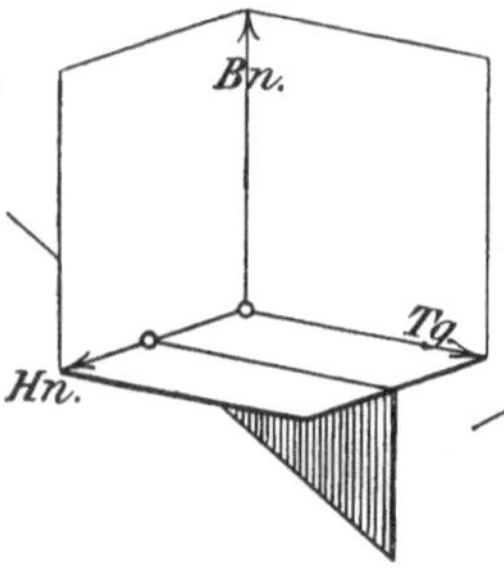

Fig. 45.

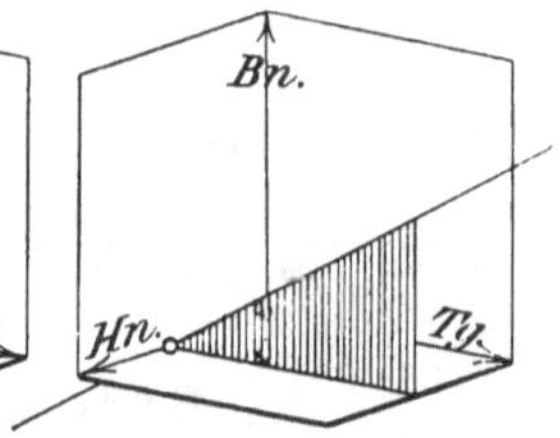

Fig. 46.

Satz 20: Eine reelle Curve ist an einer Stelle links- oder rechtsgewunden, je nachdem die Torsion dort positiv oder negativ ist.

Man sieht, dass dieser Satz von der willkürlichen Festsetzung der positiven Richtung von Tangente und Hauptnormale völlig unabhängig ist.

§ 12. Differentialinvarianten einer Curve im Raume.

Wir erinnern an die einleitenden Bemerkungen in § 8 des ersten Abschnittes. Auch hier stellen wir uns das Problem:

Vorgelegt sei eine Raumcurve:

$$x = \varphi(s), \quad y = \chi(s), \quad z = \psi(s), \tag{1}$$

ausgedrückt durch ihre Bogenlänge s. Gesucht werden diejenigen Functionen von x, y, z und ihren Ableitungen x', y', z', x'' ... nach s, die ungeändert bleiben, wenn man die Curve irgend welchen Bewegungen im Raume unterwirft.

Schon in der Fassung der Aufgabe ist es ausgedrückt, dass wir dabei von den Minimalcurven (S. 164) absehen.

Nach I (A) sind die Gleichungen einer Bewegung, bei der die Punkte (x, y, z) in die Punkte $(\bar{x}, \bar{y}, \bar{z})$ übergehen,[1] von der Form:

$$\left\{\begin{aligned} \bar{x} &= \alpha_1 x + \alpha_2 y + \alpha_3 z + a, \\ \bar{y} &= \beta_1 x + \beta_2 y + \beta_3 z + b, \\ \bar{z} &= \gamma_1 x + \gamma_2 y + \gamma_3 z + c. \end{aligned}\right. \tag{2}$$

Die Curve (1) geht vermöge der Bewegung in die Curve:

$$\begin{gathered} \bar{x} = \alpha_1 \varphi + \alpha_2 \chi + \alpha_3 \psi + a, \quad \bar{y} = \beta_1 \varphi + \beta_2 \chi + \beta_3 \psi + b, \\ \bar{z} = \gamma_1 \varphi + \gamma_2 \chi + \gamma_3 \psi + c \end{gathered} \tag{3}$$

über. Auch hier bedeutet natürlich s die Bogenlänge. Wenn man will, kann man dies leicht verificieren, denn nach Satz 4, S. 164, ist bei der Curve (1):

$$x'^2 + y'^2 + z'^2 = 1 \tag{4}$$

und aus (3) oder (2) folgt durch Differentiation nach s:

$$\left\{\begin{aligned} \bar{x}' &= \alpha_1 x' + \alpha_2 y' + \alpha_3 z', \\ \bar{y}' &= \beta_1 x' + \beta_2 y' + \beta_3 z', \\ \bar{z}' &= \gamma_1 x' + \gamma_2 y' + \gamma_3 z'. \end{aligned}\right. \tag{5}$$

Hieraus aber ergiebt sich wegen I (C) sofort:

$$\bar{x}'^2 + \bar{y}'^2 + \bar{z}'^2 = x'^2 + y'^2 + z'^2,$$

sodass also mit (4) auch:

$$\bar{x}'^2 + \bar{y}'^2 + \bar{z}'^2 = 1$$

[1] Wir wählen hier also die Bezeichnungen der Coordinaten umgekehrt wie in § 3, S. 148.

ist. Weiterhin findet man durch Differentiation nach s aus (5) analoge Formeln für die höheren Differentialquotienten. So kommt allgemein:

$$(6)\qquad \left\{\begin{aligned} \bar{x}^{(i)} &= \alpha_1 x^{(i)} + \alpha_2 y^{(i)} + \alpha_3 z^{(i)}, \\ \bar{y}^{(i)} &= \beta_1 x^{(i)} + \beta_2 y^{(i)} + \beta_3 z^{(i)}, \\ \bar{z}^{(i)} &= \gamma_1 x^{(i)} + \gamma_2 y^{(i)} + \gamma_3 z^{(i)}. \end{aligned}\right.$$

Vermöge der Formeln (2) und (6) werden $\bar{x}$, $\bar{y}$, $\bar{z}$ und ihre Ableitungen nach s als Functionen von x, y, z und deren Ableitungen nach s ausgedrückt. Hat nun eine Function $J(x, y, z, x', y', z', x'' \ldots)$ die Eigenschaft, dass:

$$(7)\qquad J(\bar{x}, \bar{y}, \bar{z}, \bar{x}', \bar{y}', \bar{z}', \bar{x}'' \ldots) = J(x, y, z, x', y', z', x'' \ldots)$$

ist, wie auch die Bewegung (2) beschaffen sein möge, so heisst sie eine Differentialinvariante der Raumcurve hinsichtlich der Bewegungen, und zwar heisst sie eine Differentialinvariante n^{ter} Ordnung, wenn sie die Ableitungen nach s bis zur n^{ten} Ordnung enthält.

Dass die Differentialinvarianten frei von x, y, z selbst sind, erkennt man sofort, wenn man als Bewegung insbesondere die Schiebung wählt:

$$\bar{x} = x + a, \qquad \bar{y} = y + b, \qquad \bar{z} = z + c.$$

Denn dann stimmt jede Ableitung von $\bar{x}$, $\bar{y}$, $\bar{z}$ mit der entsprechenden von x, y, z überein, sodass (7) giebt:

$$J(x + a, y + b, z + c, x', y', z', x'' \ldots) = J(x, y, z, x', y', z', x'' \ldots).$$

Da diese Forderung für alle Werte der Constanten a, b, c erfüllt sein muss, so ist dies nur so denkbar, dass in J die Coordinaten x, y, z selbst überhaupt nicht auftreten. Die Differentialinvarianten enthalten somit nur die Differentialquotienten der Coordinaten, nicht die Coordinaten selbst.

Um zunächst alle Differentialinvarianten zweiter Ordnung zu finden, also alle diejenigen, die nur von x', y', z' und x'', y'', z'' abhängen, bedienen wir uns einer einfachen geometrischen Ueberlegung:

Wenn im Raume zwei beliebige Punkte P_1 und P_2 oder (x_1, y_1, z_1) und (x_2, y_2, z_2) irgend einer solchen Bewegung unterworfen werden, bei der der Anfangspunkt O fest bleibt, so haben wir, da dann in den Bewegungsgleichungen (2) für a, b, c Null zu setzen ist:

$$\bar{x}_1 = \alpha_1 x_1 + \alpha_2 y_1 + \alpha_3 z_1\,, \qquad \bar{x}_2 = \alpha_1 x_2 + \alpha_2 y_2 + \alpha_3 z_2\,,$$
$$\bar{y}_1 = \beta_1 x_1 + \beta_2 y_1 + \beta_3 z_1\,, \qquad \bar{y}_2 = \beta_1 x_2 + \beta_2 y_2 + \beta_3 z_2\,,$$
$$\bar{z}_1 = \gamma_1 x_1 + \gamma_2 y_1 + \gamma_3 z_1\,; \qquad \bar{z}_2 = \gamma_1 x_2 + \gamma_2 y_2 + \gamma_3 z_2\,.$$

Diese Gleichungen geben die Punkte P_1 und P_2 in ihren neuen Lagen $\bar{P}_1$, $\bar{P}_2$ oder $(\bar{x}_1, \bar{y}_1, \bar{z}_1)$ und $(\bar{x}_2, \bar{y}_2, \bar{z}_2)$. Sie drücken die Grössen:

$$\bar{x}_1,\ \bar{y}_1,\ \bar{z}_1 \text{ und } \bar{x}_2,\ \bar{y}_2,\ \bar{z}_2$$

genau so durch die Grössen:

$$x_1,\ y_1,\ z_1 \text{ und } x_2,\ y_2,\ z_2$$

aus, wie sich vermöge (6) die Grössen:

$$\bar{x}',\ \bar{y}',\ \bar{z}' \text{ und } \bar{x}'',\ \bar{y}'',\ \bar{z}''$$

durch die Grössen:

$$x',\ y',\ z' \text{ und } x'',\ y'',\ z''$$

darstellen. Daher deckt sich das Problem, alle Differentialinvarianten zweiter Ordnung zu finden, analytisch mit dem Problem: Man soll alle von zwei Punkten P_1 und P_2 oder (x_1, y_1, z_1) und (x_2, y_2, z_2) abhängigen Functionen bestimmen, die sich nicht ändern, wenn man die Punkte einer beliebigen Bewegung unterwirft, bei der der Anfangspunkt O fest bleibt. Wenn man nämlich in diesen Functionen statt

$$x_1,\ y_1,\ z_1 \text{ und } x_2,\ y_2,\ z_2$$

die Differentialquotienten

$$x',\ y',\ z' \text{ und } x'',\ y'',\ z''$$

setzt, so gehen aus ihnen die gesuchten Differentialinvarianten hervor.

Unser neues geometrisches Problem ist nun schnell zu erledigen: Das Dreieck $O P_1 P_2$ ändert sich bei den Bewegungen mit festem O gestaltlich und in der Grösse nicht. Die einzigen wesentlichen mit dem Dreieck invariant verknüpften Grössen sind also diejenigen, die Grösse und Gestalt des Dreiecks bestimmen. Das Dreieck ist durch $O P_1$, $O P_2$ und $\cos P_1 O P_2$[1] völlig bestimmt. Es ist aber:

---

[1] $\sin P_1 O P_2$ würde nicht ausreichen, denn zu gegebenem Sinus gehört ein spitzer und ein stumpfer Winkel, zu gegebenen Cosinus dagegen nur ein spitzer oder ein stumpfer Winkel.

$$O P_1^2 = x_1^2 + y_1^2 + z_1^2, \quad O P_2^2 = x_2^2 + y_2^2 + z_2^2,$$

$$\cos P_1 O P_2 = \frac{x_1 x_2 + y_1 y_2 + z_1 z_2}{O P_1 \cdot O P_2}.$$

Alle mit dem Dreieck verknüpften Grössen, d. h. Functionen von x_1, y_1, z_1 und x_2, y_2, z_2, die ungeändert bleiben, wenn Bewegungen ausgeübt werden, bei denen O fest bleibt, lassen sich durch diese drei oder also durch:

$$x_1^2 + y_1^2 + z_1^2, \quad x_2^2 + y_2^2 + z_2^2, \quad x_1 x_2 + y_1 y_2 + z_1 z_2$$

ausdrücken, z. B. der Inhalt, die Längen der Höhen u. s. w.

Hieraus schliessen wir nun, indem wir zu unserem eigentlichen Problem zurückkehren:

Jede Differentialinvariante zweiter Ordnung ist eine Function der drei Grössen:

$$x'^2 + y'^2 + z'^2, \quad x''^2 + y''^2 + z''^2, \quad x' x'' + y' y'' + z' z'',$$

und umgekehrt: Jede Function dieser drei Grössen ist eine Differentialinvariante.

Die erste dieser drei Grössen ist aber nach (4) gleich Eins. Durch Differentiation von (4) nach s folgt, dass die dritte Grösse gleich Null ist. Nach III (D) ist die (bei reellen Curven positive) Quadratwurzel aus der zweiten Grösse gleich der Krümmung $\frac{1}{r}$ der Raumcurve. Daraus folgt:

Jede Differentialinvariante von höchstens zweiter Ordnung ist eine Function der Krümmung $\frac{1}{r}$ oder des Krümmungsradius r.

Es giebt also keine Differentialinvariante erster Ordnung, und r ist die einzige wesentliche Differentialinvariante zweiter Ordnung. Denn dass jede Function einer Differentialinvariante wieder eine Differentialinvariante ist, ist ja selbstverständlich.

Ueberhaupt sind analog wie r oder

$$x''^2 + y''^2 + z''^2$$

eine unbegrenzte Anzahl ähnlich gebauter Functionen Differentialinvarianten, nämlich jede solche Function:

$$(8) \qquad \omega_{ik} = x^{(i)} x^{(k)} + y^{(i)} y^{(k)} + z^{(i)} z^{(k)}.$$

In der That, analog (6) haben wir ja:

$$\begin{aligned}\bar{x}^{(k)} &= \alpha_1 x^{(k)} + \alpha_2 y^{(k)} + \alpha_3 z^{(k)},\\ \bar{y}^{(k)} &= \beta_1 x^{(k)} + \beta_2 y^{(k)} + \beta_3 z^{(k)},\\ \bar{z}^{(k)} &= \gamma_1 x^{(k)} + \gamma_2 y^{(k)} + \gamma_3 z^{(k)}.\end{aligned}$$

Hieraus und aus (6) folgt nun:

$$\begin{aligned}\bar{\omega}_{ik} &= \bar{x}^{(i)} \bar{x}^{(k)} + \bar{y}^{(i)} \bar{y}^{(k)} + \bar{z}^{(i)} \bar{z}^{(k)} =\\ &= (\alpha_1 x^{(i)} + \alpha_2 y^{(i)} + \alpha_3 z^{(i)})(\alpha_1 x^{(k)} + \alpha_2 y^{(k)} + \alpha_3 z^{(k)}) + \dots.\end{aligned}$$

Multiplicieren wir dies aus und fassen wir zusammengehörige Glieder zusammen, so folgt aus I (C) rechts einfach

$$x^{(i)} x^{(k)} + y^{(i)} y^{(k)} + z^{(i)} z^{(k)},$$

sodass thatsächlich:

$$\bar{\omega}_{ik} = \omega_{ik}$$

ist. Die durch (8) definierten Functionen ω_{ik} sind also ohne Ausnahme Differentialinvarianten.

Durch solche lässt sich wie r auch die Torsion $\frac{1}{\varrho}$ ausdrücken, denn nach III (E) ist:

$$\frac{1}{\varrho} = -\frac{1}{x''^2 + y''^2 + z''^2} \begin{vmatrix} x' & x'' & x''' \\ y' & y'' & y''' \\ z' & z'' & z''' \end{vmatrix}.$$

Bilden wir das Quadrat hiervon, indem wir die Determinante nach der Multiplicationsregel der Determinanten mit sich selbst multiplicieren, so kommt thatsächlich:

$$\frac{1}{\varrho^2} = \frac{1}{\omega_{22}^2} \begin{vmatrix} \omega_{11} & \omega_{12} & \omega_{13} \\ \omega_{21} & \omega_{22} & \omega_{23} \\ \omega_{31} & \omega_{32} & \omega_{33} \end{vmatrix}.$$

Die Torsion $\frac{1}{\varrho}$ oder also ϱ ist daher eine Differentialinvariante dritter Ordnung. Aber auch $\frac{dr}{ds}$ ist eine, denn wir haben ja nach III (D):

$$r' = \frac{dr}{ds} = -\frac{\omega_{23}}{\sqrt{\omega_{22}}^3}.$$

Nach III (H) lassen sich x''', y''', z''' durch

(9) $$x', y', z'; \quad x'', y'', z''; \quad r; \quad r', \varrho$$

ausdrücken. Differenzieren wir jene Formeln III (H) nochmals nach

s, so finden wir, dass sich x^{IV}, y^{IV}, z^{IV} durch die Grössen (9) und durch x''', y''', z''', r'', ϱ' ausdrücken lassen. Da aber x''', y''', z''' selbst durch die Grössen (9) ausdrückbar sind, so lassen sich mithin x^{IV}, y^{IV}, z^{IV} als Functionen der Grössen (9) und von r'', ϱ' darstellen. Diesen Schluss setzen wir fort. Es zeigt sich (vgl. Satz 11, S. 182):

Die n^{ten} Ableitungen von x, y, z nach s sind darstellbar als Functionen von:

$$(10) \quad x', y', z';\; x'', y'', z'';\; r;\; r', \varrho;\; r'', \varrho';\; r''', \varrho'' \ldots r^{(n-2)}, \varrho^{(n-3)}.$$

Nun sind r, r', ϱ, wie wir sahen, Functionen der ω_{ik}. Differenziert man eine Function ω_{ik} nach s, so gehen wieder Functionen ω_{ik} hervor, denn (8) giebt:

$$\frac{d\,\omega_{ik}}{d\,s} = \omega_{i+1,\,k} + \omega_{i,\,k+1}.$$

Da die ω_{ik} Differentialinvarianten sind, so schliessen wir, dass auch r'', r''' . . . sowie ϱ', ϱ'' . . . Differentialinvarianten sind.

Es sei nun J irgend eine Differentialinvariante n^{ter} Ordnung. Sie lässt sich nach dem Vorhergehenden als Function der in (10) auftretenden Grössen schreiben:

$$(11) \quad J(x', y', z';\; x'', y'', z'';\; r;\; r', \varrho;\; r'', \varrho'; \ldots r^{(n-2)}, \varrho^{(n-3)}).$$

Führen wir irgend eine Bewegung (2) aus, so ändern sich r; r', ϱ; r'', ϱ' . . . $r^{(n-2)}$, $\varrho^{(n-3)}$ nicht, da sie ja sämtlich Differentialinvarianten sind. Es kommt daher die Funktion:

$$(12) \quad J(\bar{x}', \bar{y}', \bar{z}';\; \bar{x}'', \bar{y}'', \bar{z}'';\; r;\; r', \varrho;\; r'', \varrho'; \ldots r^{(n-2)}, \varrho^{(n-3)}).$$

Sie muss, da J eine Differentialinvariante bedeutet, mit der Function (11) übereinstimmen. Setzen wir also (11) und (12) einander gleich, so haben wir eine Forderung, in der die Grössen r; r', ϱ; r'', ϱ' . . . $r^{(n-2)}$, $\varrho^{(n-3)}$ rechts und links in gleicher Weise auftreten. Setzen wir für sie irgend welche Zahlen, so muss daher die Forderung richtig bleiben. Dadurch kommen wir aber zu einer solchen Gleichung:

$$J(x', y', z';\; x'', y'', z'') = J(\bar{x}', \bar{y}', \bar{z}';\; \bar{x}'', \bar{y}'', \bar{z}''),$$

d. h. dann reduciert sich J auf eine Differentialinvariante zweiter Ordnung. Weil wir aber wissen, dass r die einzige wesentliche Differentialinvariante bis zur zweiten Ordnung ist, so erkennen wir: Die Differentialinvariante n^{ter} Ordnung, die sich stets so schreiben lässt:

$$J(x', y', z';\; x'', y'', z'';\; r;\; r', \varrho;\; r'', \varrho' \ldots r^{(n-2)}, \varrho^{(u-3)}),$$

reduciert sich auf eine Function von r allein, sobald man in ihr für $r, r', \varrho \ldots$ irgend welche Zahlen setzt. Mit anderen Worten:

Jede Differentialinvariante n^{ter} Ordnung ist eine Function von

$$r;\ r',\ \varrho;\ r'',\ \varrho';\ \ldots\ r^{(n-2)},\ \varrho^{(n-3)}$$

allein.

Da diese Grössen selbst Differentialinvarianten sind, so hat sich ergeben:

Satz 21: Unterwirft man die durch ihre Bogenlänge s ausgedrückte Curve:

$$x = \varphi(s), \quad y = \chi(s), \quad z = \psi(s)$$

allen Bewegungen im Raume, so ändern sich x, y, z und ihre Ableitungen x', y', z', $x'' \ldots$ nach s. Eine Function dieser Grösse bleibt bei allen Bewegungen dann und nur dann ungeändert, wenn sie eine Function des Krümmungsradius r und des Torsionsradius ϱ und der Ableitungen von r und ϱ nach s ist.

Man sieht noch mehr:

Satz 22: Ist r der Krümmungs- und ϱ der Torsionsradius einer Curve, die keine Minimalcurve ist, so sind die wesentlichen Differentialinvarianten der Curve hinsichtlich aller Bewegungen im Raume durch die Reihe von Functionen gegeben:

$$r;\ r',\ \varrho;\ r'',\ \varrho';\ \ldots .$$

Dabei bedeutet der Strich die Differentiation nach der Bogenlänge.

Natürlich kann man sie auch ausdrücken durch:

$$\frac{1}{r};\quad \frac{d\frac{1}{r}}{ds},\quad \frac{1}{\varrho};\quad \frac{d^2\frac{1}{r}}{ds^2},\quad \frac{d\frac{1}{\varrho}}{ds};\ \ldots,$$

denn alle diese Functionen lassen sich durch jene und umgekehrt ausdrücken. Daher:

Satz 23: Krümmung, Torsion und ihre Differentialquotienten nach der Bogenlänge sind die einzigen wesentlichen Differentialinvarianten einer Curve, die keine Minimalcurve ist, hinsichtlich aller Bewegungen im Raume.

Aus r und ϱ lassen sich alle wesentlichen Differentialinvarianten durch Differentieren nach der Bogenlänge s ausdrücken. Auch ist klar, dass, wenn J irgend eine Differentialinvariante ist, dann auch $\frac{dJ}{ds}$ eine ist, da auch sie nur r, ϱ und ihre Ableitungen nach s enthält. Deshalb heisst die Operation:

$$\frac{dJ}{ds}$$

ein wesentlicher Differentialparameter der Raumcurve, da mit ihrer Hülfe aus nur zwei Differentialinvarianten r, ϱ alle Differentialinvarianten ableitbar sind (siehe S. 48).

§ 13. Ansatz zur Integration der natürlichen Gleichungen einer Curve.

Wir haben gesehen, dass die Differentialinvarianten einer Curve, die keine Minimalcurve ist, sämtlich durch die folgenden:

$$r, \quad \frac{dr}{ds}, \quad \frac{d^2r}{ds^2} \cdots\cdots, \quad \varrho, \quad \frac{d\varrho}{ds} \cdots\cdots$$

ausdrückbar sind. Längs der Curve sind diese Differentialinvarianten Functionen der Bogenlänge s.

Betrachten wir zunächst eine Curve, längs deren die Invariante r nicht constant ist. Auf einer solchen Curve ist umgekehrt s eine Function von r, sodass sich alle Differentialinvarianten als Functionen von r darstellen lassen, so zunächst:

$$(1) \qquad r' = \frac{dr}{ds} = U(r), \qquad \varrho = V(r).$$

Schon vermöge dieser beiden Relationen sind alle übrigen Differentialinvarianten durch r ausgedrückt, denn es kommt ja:

$$\frac{d^2r}{ds^2} = U'(r)\frac{dr}{ds} = U'(r)\,U(r),$$

$$\frac{d\varrho}{ds} = V'(r)\frac{dr}{ds} = V'(r)\,U(r)$$

u. s. w. Sobald also r' und ϱ als Functionen von r bekannt sind, sind überhaupt alle Differentialinvarianten als Functionen von r bekannt.

Liegt eine Curve in irgend einer Parameterdarstellung vor:

$$(2) \qquad x = \varphi(t), \qquad y = \chi(t), \qquad z = \psi(t),$$

so verlangt die Aufstellung der Gleichungen (1) nur Differentiationen und Eliminationen. Denn es ist nach S. 164:

$$\frac{ds}{dt} = \sqrt{\varphi'(t)^2 + \chi'(t)^2 + \psi'(t)^2},$$

sodass die Ableitungen x', y', z' von x, y, z nach s aus denen nach t berechnet werden können. Man erhält dann nach III (D) und III (E) die Grössen r und ϱ als Functionen von t, da z. B.:

$$x'' = \frac{dx'}{ds} = \frac{dx'}{dt} : \frac{ds}{dt}, \qquad x''' = \frac{dx''}{ds} = \frac{dx''}{dt} : \frac{ds}{dt}$$

ist. Eine nochmalige Differentiation giebt alsdann auch $r' = \frac{dr}{dt} : \frac{ds}{dt}$ als Function von t. Die Elimination des Parameters t giebt endlich die Gleichungen (1).

Wenn zwei Curven einander congruent sind, anders ausgesprochen: wenn die eine durch eine Bewegung in die andere übergeführt werden kann, so haben die Differentialinvarianten der einen Curve in irgend einem Punkte dieselben Werte wie die der anderen Curve im homologen Punkte, wenn auch die Bogenlängen bei beiden nicht gerade von homologen Punkten aus gemessen sein sollten. Bei zwei congruenten Curven haben daher die Gleichungen (1) dieselben Formen.

Aus der ersten Gleichung (1) ergiebt sich durch eine Quadratur:

$$\int \frac{dr}{U(r)} = s.$$

Hat man die Quadratur ausgeführt und löst man die hervorgehende Gleichung nach r auf, so ergiebt sich r als Function von s. Eine additive Constante trägt bei der Quadratur nichts zur Allgemeinheit bei, da die Anfangsstelle der Bogenlänge s beliebig gewählt werden kann. Wenn man die gefundene Function r von s noch in die zweite Gleichung (1) einführt, so erhält man schliesslich zwei Gleichungen von der Form:

(3) $$r = F(s), \qquad \varrho = G(s).$$

Ist zweitens längs einer Curve r constant, aber ϱ nicht, so ist ϱ eine Function von s, ebenso ϱ', ϱ'' ... Dagegen sind r', r'' ... sämtlich gleich Null. Wir können umgekehrt s als Function von ϱ auffassen, sodass auch ϱ', ϱ'' ... Functionen von ϱ werden. Kennt man von ihnen nur die erste:

$$\varrho' = U(\varrho),$$

so kennt man auch die übrigen, da:

$$\varrho'' = U'(\varrho)\varrho' = U'(\varrho)\,U(\varrho)$$

u. s. w. ist. Wenn zwei Curven, bei denen r denselben constanten Wert hat, einander congruent sind, so haben sie offenbar dieselben beiden Gleichungen:

$$(4) \qquad r = \text{Const.}, \quad \frac{d\varrho}{ds} = U(\varrho).$$

Durch Quadratur giebt die zweite:

$$\int \frac{d\varrho}{U(\varrho)} = s$$

und hieraus lässt sich ϱ als Function von s berechnen. Wir kommen daher wieder zu zwei Gleichungen von der Form (3), nur ist hier $F(s) = \text{Const.}$

Wenn drittens r und ϱ constant sind, so sind alle höheren Differentialinvarianten $r', r'' \ldots$ und $\varrho', \varrho'' \ldots$ gleich Null. Wenn zwei Curven, längs deren r und ϱ constant sind, mit einander congruent sind, so erfüllen sie dieselben beiden Gleichungen:

$$(5) \qquad r = \text{Const.}, \quad \varrho = \text{Const.},$$

die wieder ein besonderer Fall von (3) sind.

Wir werden nun in diesem und dem nächsten Paragraphen den Beweis dafür bringen, dass umgekehrt zwei Curven, die denselben beiden Gleichungen (1) oder denselben beiden Gleichungen (4) oder denselben beiden Gleichungen (5) genügen, stets mit einander congruent sind.[1] Die Gleichungen (1) bez. (4) bez. (5) charakterisieren daher eine Curve ohne Rücksicht auf ihre zufällige Lage im Raume und auf den zufälligen Anfangspunkt für die Messung der Bogenlänge vollständig hinsichtlich ihrer Gestalt. Deshalb sollen sie die natürlichen Gleichungen der Curve heissen. Alle drei Arten fassen wir so zusammen:

Unter den natürlichen Gleichungen einer Curve verstehen wir diejenigen beiden Gleichungen, die zwischen den niedrigsten Differentialinvarianten aus der Reihe aller Differentialinvarianten hinsichtlich der Bewegungen

$$r; \quad r', \varrho; \quad r'', \varrho'; \ldots$$

[1] Hoppe hat in seinem „Lehrbuch der analytischen Geometrie in zwei Teilen", Leipzig 1880 und 1890, zuerst die inneren Beziehungen einer Curve von ihren äusseren Eigenschaften scharf getrennt. Wir citieren aus dem 1. Teil, S. 61, den Satz: „Die Curventheorie lässt sich zerlegen in eine Theorie der inneren Beziehungen und eine Theorie der Dimensionen, deren erstere sich ohne Rücksicht auf letztere entwickelt und vollendet." Das genannte Buch ist eine Zusammenfassung und zum Teil neue Bearbeitung von einzelnen Aufsätzen, die im Archiv der Math. u. Phys. Bd. 55, 56, 59, 60 erschienen waren.

bestehen, und von denen die eine nicht bloss eine Folge der anderen ist. Aus ihnen findet man, wie wir gesehen haben, durch eine Quadratur und durch Auflösen stets zwei Gleichungen von der Form (3).[1]

Um nun den oben erwähnten Beweis zu erbringen, gehen wir darauf aus, alle Curven zu bestimmen, die zwei vorgelegten Gleichungen (3) genügen. Im nächsten Paragraphen wird sich zeigen, dass alle diese Curven mit einander congruent sind.

Nach (3) nehmen wir also an, dass r und ϱ als Functionen der Bogenlänge s bestimmt gegeben seien. Wenn wir nun einen Blick auf die drei jedesmal in einer Zeile stehenden Formeln III (C) werfen, so bemerken wir, dass diese drei Tripel von Formeln analogen Bau haben. Wenn wir in den ersten drei für α, l, λ die Grössen β, m, μ oder γ, n, ν schreiben, so gehen die nächsten drei bez. letzten drei Formeln hervor. Dies können wir so ausdrücken: Unter u, v, w verstehen wir drei Functionen von s, die den drei Gleichungen genügen:

$$(6) \qquad \frac{du}{ds} = \frac{v}{r}, \qquad \frac{dv}{ds} = -\frac{u}{r} - \frac{w}{\varrho}, \qquad \frac{dw}{ds} = \frac{v}{\varrho}.$$

Wenn wir für u, v, w entweder

$$\alpha, \quad l, \quad \lambda$$

oder

$$\beta, \quad m, \quad \mu$$

oder endlich

$$\gamma, \quad n, \quad \nu$$

setzen, so ergeben sich jedesmal drei der Gleichungen III (C). Nach II (B) muss ausserdem jedesmal die Summe der Quadrate in einer Zeile genannter Richtungscosinus gleich Eins sein. Da uns diese Richtungscosinus als Functionen von s noch unbekannt sind, gehen wir folglich darauf aus, diejenigen Functionen u, v, w von s zu finden, die ausser den Gleichungen (6) auch der Gleichung

$$(7) \qquad u^2 + v^2 + w^2 = 1$$

[1] Gewöhnlich werden die beiden Gleichungen (3) die natürlichen Gleichungen genannt. Aber einerseits sind sie wegen der Wahl der Anfangsstelle der Bogenlänge s noch in gewissem Masse unbestimmt und andererseits erfordert ihre Aufstellung bei gegebenen Curvengleichungen $x = \varphi(t)$, $y = \chi(t)$, $z = \psi(t)$ noch eine Quadratur, während man die oben definierten natürlichen Gleichungen aus den gewöhnlichen Curvengleichungen durch Differentiation und Elimination allein ableiten kann (nach S. 209).

genügen. Diese Gleichung lässt sich so schreiben:

$$(u + iv)(u - iv) = (1 + w)(1 - w). \tag{8}$$

Wenn wir also:

$$\frac{u + iv}{1 - w} = \xi \tag{9}$$

setzen, so ist auch:

$$\frac{u - iv}{1 + w} = \frac{1}{\xi}. \tag{10}$$

Nach (9) ist nun:

$$\frac{d\xi}{ds} = \frac{(u' + iv')(1 - w) + (u + iv)w'}{(1 - w)^2}.$$

Die Striche deuten natürlich die Differentiation nach s an. Setzen wir hierin die Werte der Differentialquotienten u', v', w' aus (6) ein und beachten wir, dass nach (9) und (10):

$$u = \frac{\xi}{2}(1 - w) + \frac{1}{2\xi}(1 + w),$$

$$v = -\frac{i\xi}{2}(1 - w) + \frac{i}{2\xi}(1 + w),$$

ist, so finden wir schliesslich:

$$\frac{d\xi}{ds} = \frac{i}{2\varrho} - \frac{i}{r}\xi - \frac{i}{2\varrho}\xi^2. \tag{11}$$

Hätten wir statt (9) gesetzt:

$$-\frac{u + iv}{1 + w} = \eta, \tag{12}$$

so wäre aus (8) gefolgt:

$$-\frac{u - iv}{1 - w} = \frac{1}{\eta},$$

und ganz analog hätte sich ergeben:

$$\frac{d\eta}{ds} = \frac{i}{2\varrho} - \frac{i}{r}\eta - \frac{i}{2\varrho}\eta^2. \tag{13}$$

Aus (9) und (12) folgt:

$$w = \frac{\xi + \eta}{\xi - \eta}.$$

Setzen wir diesen Wert in (9) und (10) ein, so erhalten wir leicht u und v als Functionen von ξ und η. Es kommt so:

$$u = \frac{1 - \xi\eta}{\xi - \eta}, \quad v = i\frac{1 + \xi\eta}{\xi - \eta}, \quad w = \frac{\xi + \eta}{\xi - \eta}. \tag{14}$$

Wir haben also gefunden: Infolge der Gleichung (7) lassen sich u, v, w in der Form (14) durch n u r z w e i neue Functionen

ξ und η ausdrücken, und diese Functionen ξ und η müssen den Bedingungen (11) und (13) genügen. Wenn sie dies thun, so genügen sicher auch die Functionen u, v, w, die durch (14) bestimmt sind, den Bedingungen (6). Denn z. B. aus der letzten Gleichung (14) folgt:

$$\frac{dw}{ds} = 2\frac{\xi\eta' - \xi'\eta}{(\xi - \eta)^2}$$

oder wegen (11) und (13):

$$\frac{dw}{ds} = \frac{i}{\varrho}\,\frac{1 + \xi\eta}{\xi - \eta},$$

d. h. wegen der zweiten Gleichung (14)

$$\frac{dw}{ds} = \frac{v}{\varrho},$$

wie es die dritte Gleichung (6) verlangt, u. s. w.

Man erkennt hieraus: Es kommt darauf an, in allgemeinster Weise ξ und η so als Functionen von s zu bestimmen, dass sie den Forderungen (11) und (13) genügen. Haben wir sie gefunden, so giebt ihre Substitution in (14) die allgemeinsten Functionen u, v, w von s, die den Bedingungen (6) und (7) genügen.

Die beiden Gleichungen für ξ und η, nämlich (11) und (13), in denen man immer unter r und ϱ gegebene Functionen von s zu verstehen hat, sind zwei gewöhnliche Differentialgleichungen erster Ordnung für ξ bez. η (siehe S. 88), und zwar von genau gleicher Form. Thatsächlich liegt also nur eine gewöhnliche Differentialgleichung erster Ordnung vor, die wir so schreiben:

$$\frac{d\sigma}{ds} = \frac{i}{2\varrho} - \frac{i}{r}\sigma - \frac{i}{2\varrho}\sigma^2, \tag{15}$$

indem wir die unbekannte Function von s mit σ bezeichnen.

Diese Differentialgleichung (15) ordnet sich einer interessanten Klasse von Differentialgleichungen unter: Sie definiert den Differentialquotienten der unbekannten Function σ als eine quadratische Function von σ, deren Coefficienten allerdings in r und ϱ noch die unabhängige Veränderliche s enthalten. Solche Differentialgleichungen heissen Riccati'sche.[1] Die allgemeine Form einer Riccati'schen Gleichung ist also diese:

[1] Riccati betrachtete Differentialgleichungen von der besonderen Form:

$$\frac{d\sigma}{ds} = a\sigma^2 + bs^m \quad (a, b = \text{Const.}).$$

Doch hat man die Bezeichnung: Riccati'sche Differentialgleichungen auf alle

(16) $$\frac{d\sigma}{ds} = A(s) + B(s)\sigma + C(s)\sigma^2.$$

Nach § 14 des 1. Abschnittes giebt es unendlich viele Functionen σ von s, die eine solche Gleichung befriedigen. Aber zwischen ihnen besteht hier eine besonders wichtige Beziehung. Es mögen nämlich P, Q, R drei bestimmte Functionen sein, die — für σ eingesetzt — der Gleichung (16) genügen. Dann ist für alle Werte von s:

(17) $$\left\{\begin{aligned} \frac{dP}{ds} &= A(s) + B(s)P + C(s)P^2, \\ \frac{dQ}{ds} &= A(s) + B(s)Q + C(s)Q^2, \\ \frac{dR}{ds} &= A(s) + B(s)R + C(s)R^2. \end{aligned}\right.$$

Bilden wir nun aus der allgemeinsten Function σ von s, die der Gleichung (16) genügt, und aus diesen drei besonderen (particularen) Lösungen P, Q, R den Ausdruck:

(18) $$\tau = \frac{\sigma - P}{\sigma - R} : \frac{Q - P}{Q - R},$$

den man das Doppelverhältnis der vier Functionen σ, P, Q, R nennt, so findet man, dass er constant ist. Logarithmische Differentiation giebt nämlich:

(19) $$\frac{\tau'}{\tau} = \frac{\sigma' - P'}{\sigma - P} - \frac{\sigma' - R'}{\sigma - R} + \frac{Q' - R'}{Q - R} - \frac{Q' - P'}{Q - P}.$$

Nun ist nach (16) und der ersten Gleichung (17):

$$\frac{\sigma' - P'}{\sigma - P} = B(s) + C(s)(\sigma + P)$$

und analog kommt:

$$\frac{\sigma' - R'}{\sigma - R} = B(s) + C(s)(\sigma + R),$$

$$\frac{Q' - R'}{Q - R} = B(s) + C(s)(Q + R),$$

$$\frac{Q' - P'}{Q - P} = B(s) + C(s)(Q + P).$$

Bilden wir hieraus den in (19) rechts stehenden Ausdruck, so sehen

---

diejenigen gewöhnlichen Differentialgleichungen erster Ordnung ausgedehnt, in denen der Differentialquotient der abhängigen Veränderlichen eine ganze quadratische Function der unabhängigen Veränderlichen ist.

wir, dass er gleich Null, also $\tau' = 0$ oder endlich τ eine Constante ist. Vier beliebige Lösungen σ, P, Q, R einer RICCATI'schen Differentialgleichung (16) haben also stets ein constantes Doppelverhältnis. Wenn wir die Gleichung (18) nach σ auflösen, so finden wir:

$$\sigma = \frac{R(Q-R)\tau - P(Q-P)}{(Q-R)\tau - (Q-P)}. \tag{20}$$

Nun sind P, Q, R drei zwar beliebig, aber bestimmt gewählte specielle Lösungen der Gleichung (16), während die allgemeine Lösung σ nach Satz 59, S. 90, eine willkürliche Constante enthalten muss. Daher muss die Constante τ diese willkürliche Constante sein. Mithin folgt, wenn c statt τ geschrieben wird:

Satz 24: Die allgemeine Lösung σ der RICCATI'schen Differentialgleichung

$$\frac{d\sigma}{ds} = A(s) + B(s)\sigma + C(s)\sigma^2$$

hat die Form:

$$\sigma = \frac{p(s)c + q(s)}{\pi(s)c + \varkappa(s)}$$

mit der willkürlichen Constante c.

§ 14. Endliche Gleichungen einer Curve mit gegebenen natürlichen Gleichungen.

Wir haben gesehen, dass die Auswertung der natürlichen Gleichungen einer Raumcurve vor allem darauf hinaus kommt, die auf S. 213 mit (15) bezeichnete RICCATI'sche Gleichung:

$$\frac{d\sigma}{ds} = \frac{i}{2\varrho} - \frac{i}{r}\sigma - \frac{i}{2\varrho}\sigma^2 \tag{1}$$

zu integrieren, in der r und ϱ die durch (3), S. 209, gegebenen Functionen von s bedeuten.[1]

Nach den letzten Ergebnissen des vorigen Paragraphen wird die allgemeine Lösung σ dieser Gleichung die Form haben:

$$\sigma = \frac{p(s)c + q(s)}{\pi(s)c + \varkappa(s)}. \tag{2}$$

[1] Diese Reduction des Problems auf die RICCATI'sche Gleichung (1) dürfte zuerst von LIE geleistet worden sein: „Bestimmung aller Raumcurven, deren Krümmungsradius, Torsionsradius und Bogenlänge durch eine beliebige Relation verknüpft sind.“ (Videnskabs-Selskabs Forhandlinger, Christiania 1882.)

in der c eine willkürliche Constante ist. Es giebt keine allgemeine Methode zur Lösung der RICCATI'schen Gleichung (1), und man weiss sie nur in einzelnen Fällen zu lösen. Dies ist also eine Schwierigkeit, die hier nicht überwunden werden kann, und wir müssen uns damit begnügen, anzunehmen, dass wir auf irgend einem Wege die allgemeine Lösung gefunden hätten. Sie hat dann sicher die Form (2), in der wir daher jetzt die Functionen p, q, π, $\varkappa$ als bekannte Functionen von s auffassen. Nach (20), S. 215, ist die allgemeine Lösung σ übrigens angebbar, sobald man irgend drei specielle Lösungen P, Q, R kennt. —

Nun waren ξ und η zwei Functionen von s, die — für σ eingesetzt — die RICCATI'sche Gleichung (1) erfüllen, wie die Gleichungen (11) und (13), S. 212, lehrten. Wir geben daher der Constante c in (2) irgend zwei Werte a und b und setzen:

$$\xi = \frac{p\,a + q}{\pi\,a + \varkappa}, \quad \eta = \frac{p\,b + q}{\pi\,b + \varkappa} \quad (a,\ b = \text{Const.}). \tag{3}$$

Wenn wir diese Werte in die Gleichungen (14), S. 212, einsetzen, so erhalten wir die allgemeinsten Functionen u, v, w von s, die den Bedingungen (6) und (7), S. 211, genügen.

Wir bedürfen aber dreier Systeme von Lösungen dieser Gleichungen (6) und (7), denn α, l, λ, ferner β, m, μ und endlich γ, n, ν erfüllen, für u, v, w eingesetzt, die Bedingungen (6) und (7). Daher geben wir den Constanten a und b in (3) je drei Werte a_1, a_2, a_3 und b_1, b_2, b_3 und setzen:

$$(4)\quad \left\{\begin{aligned} \xi_1 &= \frac{p\,a_1 + q}{\pi\,a_1 + \varkappa}, & \xi_2 &= \frac{p\,a_2 + q}{\pi\,a_2 + \varkappa}, & \xi_3 &= \frac{p\,a_3 + q}{\pi\,a_3 + \varkappa};\\ \eta_1 &= \frac{p\,b_1 + q}{\pi\,b_1 + \varkappa}, & \eta_2 &= \frac{p\,b_2 + q}{\pi\,b_2 + \varkappa}, & \eta_3 &= \frac{p\,b_3 + q}{\pi\,b_3 + \varkappa}.\end{aligned}\right.$$

Alsdann setzen wir nach (14) auf S. 212 an:

$$(5)\quad \left\{\begin{aligned} \alpha &= \frac{1 - \xi_1\eta_1}{\xi_1 - \eta_1}, & l &= i\frac{1 + \xi_1\eta_1}{\xi_1 - \eta_1}, & \lambda &= \frac{\xi_1 + \eta_1}{\xi_1 - \eta_1};\\ \beta &= \frac{1 - \xi_2\eta_2}{\xi_2 - \eta_2}, & m &= i\frac{1 + \xi_2\eta_2}{\xi_2 - \eta_2}, & \mu &= \frac{\xi_2 + \eta_2}{\xi_2 - \eta_2};\\ \gamma &= \frac{1 - \xi_3\eta_3}{\xi_3 - \eta_3}, & n &= i\frac{1 + \xi_3\eta_3}{\xi_3 - \eta_3}, & \nu &= \frac{\xi_3 + \eta_3}{\xi_3 - \eta_3}.\end{aligned}\right.$$

Diese Functionen erfüllen nun sicher die Formeln III (C), aus denen wir ja die Forderungen (6) auf S. 211 ableiteten. Auch erfüllen sie wegen (7), S. 211, die Bedingungen, die unter II (B) links stehen. Damit sie nun thatsächlich Richtungscosinus dreier zu einander senkrechter Richtungen bedeuten können, müssen sie noch die unter II (B) rechts stehenden Bedingungen erfüllen, die aussagen, dass die Richtungen ($\alpha : l : \lambda$), ($\beta : m : \mu$), ($\gamma : n : \nu$) paarweis zu einander senkrecht sind. Nach den obigen Formeln (5) aber kommt z. B.:

$$\beta\gamma + mn + \mu\nu = -\frac{(\xi_2 - \xi_3)(\eta_2 - \eta_3) + (\xi_2 - \eta_3)(\eta_2 - \xi_3)}{(\xi_2 - \eta_2)(\xi_3 - \eta_3)}.$$

Dies soll gleich Null sein, d. h. es soll:

$$\frac{\xi_2 - \xi_3}{\xi_2 - \eta_3} : \frac{\eta_2 - \xi_3}{\eta_2 - \eta_3} = -1$$

sein. Wenn wir aber hierin die Werte (4) einsetzen, so kommt die Forderung:

$$\frac{a_2 - a_3}{a_2 - b_3} : \frac{b_2 - a_3}{b_2 - b_3} = -1.$$

Das Doppelverhältnis der vier Constanten a_2, a_3, b_2, b_3 soll also gleich -1 sein. Man sagt (bekanntlich) dafür auch: Das Paar a_2, b_2 soll durch das Paar a_3, b_3 harmonisch getrennt sein. Die beiden anderen in II (B) rechts stehenden Bedingungen liefern analoge Forderungen.

Wir wählen also in allgemeinster Weise drei Constantenpaare

$$a_1,\ b_1;\quad a_2,\ b_2;\quad a_3,\ b_3$$

so, dass jedes Paar jedes andere Paar harmonisch trennt. Alsdann sind die Werte (4) zu bilden und mit ihrer Hülfe die Werte (5). Letztere sind Functionen von s und zwar solche, die den Bedingungen für die Cosinus dreier zu einander senkrechten Richtungen und ausserdem den Gleichungen III (C) genügen. Wenn wir nun noch im Anschluss an die Formeln, die in III (B) links stehen:

$$(6)\qquad x = \int \alpha\, ds, \qquad y = \int \beta\, ds, \qquad z = \int \gamma\, ds$$

setzen, so werden x, y, z als Functionen von s bestimmt.

Die Gleichungen (6) stellen eine Curve in den laufenden Coordinaten x, y, z dar, mit dem Parameter s. Dieser Parameter ist ihre Bogenlänge, denn es ist:

$$dx^2 + dy^2 + dz^2 = (\alpha^2 + \beta^2 + \gamma^2)\, ds^2$$

und $\alpha^2 + \beta^2 + \gamma^2 = 1$, weil α, β, γ Richtungscosinus sind. Daher sind auch α, β, γ insbesondere die Richtungscosinus der Tangente der Curve. Da die Bedingungen III (*C*) erfüllt sind, so folgt aus den drei daselbst links stehenden:

$$\alpha'^2 + \beta'^2 + \gamma'^2 = \frac{1}{r^2}$$

oder also:

$$\frac{1}{r^2} = x''^2 + y''^2 + z''^2,$$

d. h. r ist nach III (*D*) thatsächlich der Krümmungsradius der Curve (6). Nach den eben genannten drei Bedingungen III (*C*) sind deshalb die von uns bestimmten Grössen l, m, n die Richtungscosinus der Hauptnormale der Curve (6), daher auch λ, μ, ν die der Binormale. Aus den in III (*C*) rechts stehenden Gleichungen schliessen wir weiter, dass thatsächlich ϱ der Torsionsradius der Curve (6) ist. Erinnern wir uns nun daran, dass r und ϱ die in (3), S. 209, gegebenen Functionen von s sind, die wir aus den natürlichen Gleichungen ableiteten, so folgt, dass wir in (6) die allgemeinsten endlichen Gleichungen einer Curve vor uns haben, die den gegebenen natürlichen Gleichungen genügt. —

Wenn wir in (5) die Werte (4) der ξ, η einsetzen und darauf die erhaltenen Werte der α, β, γ in (6) substituieren, so kommt für x:

$$x = \frac{1 - a_1 b_1}{a_1 - b_1}\int\frac{(p^2 - \pi^2) - (q^2 - \varkappa^2)}{2(p\varkappa - q\pi)}\,ds + i\,\frac{1 + a_1 b_1}{a_1 - b_1}\int i\,\frac{(p^2 - \pi^2) + (q^2 - \varkappa^2)}{2(p\varkappa - q\pi)}\,ds + {}$$
$$+ \frac{a_1 + b_1}{a_1 - b_1}\int\frac{\pi\varkappa - qp}{p\varkappa - q\pi}\,ds.$$

Die Werte von y und z erhalten wir hieraus, wenn wir a_1, b_1 durch a_2, b_2 bez. a_3, b_3 ersetzen.

Schreiben wir zur Abkürzung:

$$(7)\quad \left\{\begin{aligned} &\mathfrak{x} = \int\frac{(p^2 - \pi^2) - (q^2 - \varkappa^2)}{2(p\varkappa - q\pi)}\,ds, \qquad \mathfrak{y} = \int i\,\frac{(p^2 - \pi^2) + (q^2 - \varkappa^2)}{2(p\varkappa - q\pi)}\,ds,\\ &\mathfrak{z} = \int\frac{\pi\varkappa - qp}{p\varkappa - q\pi}\,ds,\end{aligned}\right.$$

so wird also:

$$x = \frac{1 - a_1 b_1}{a_1 - b_1}\mathfrak{x} + i\,\frac{1 + a_1 b_1}{a_1 - b_1}\mathfrak{y} + \frac{a_1 + b_1}{a_1 - b_1}\mathfrak{z},$$
$$y = \frac{1 - a_2 b_2}{a_2 - b_2}\mathfrak{x} + i\,\frac{1 + a_2 b_2}{a_2 - b_2}\mathfrak{y} + \frac{a_2 + b_2}{a_2 - b_2}\mathfrak{z},$$
$$z = \frac{1 - a_3 b_3}{a_3 - b_3}\mathfrak{x} + i\,\frac{1 + a_3 b_3}{a_3 - b_3}\mathfrak{y} + \frac{a_3 + b_3}{a_3 - b_3}\mathfrak{z}.$$

Die neun Coefficienten von $\mathfrak{x}, \mathfrak{y}, \mathfrak{z}$ hierin haben gerade die Form der Werte (5) — nur in a, b statt in ξ, η geschrieben —.

Da die a, b wie die ξ, η nach S. 217 drei einander harmonisch trennende Paare bilden, so erfüllen diese neun Coefficienten wie die neun Richtungscosinus (5) die Bedingungen für die Richtungscosinus dreier zu einander senkrechter Richtungen. Nach § 3 folgt hieraus, dass die Curve (6) vermöge einer Bewegung aus der Curve (7), die in den laufenden Coordinaten $\mathfrak{x}$, $\mathfrak{y}$, $\mathfrak{z}$ geschrieben ist, hervorgeht, daher mit der Curve (7) congruent ist. Allerdings enthalten die Gleichungen (7) noch drei Integrationsconstanten. Sie treten aber additiv auf und führen also nur zu einer Schiebung der Curve, bei der ihre Gestalt und Grösse nicht geändert wird.

Daher haben wir gefunden:

Satz 25: Alle Curven, die denselben beiden natürlichen Gleichungen genügen, sind miteinander congruent.

Ausserdem:

Satz 26: Giebt man die beiden natürlichen Gleichungen einer Curve, die keine Minimalcurve ist, so findet man aus ihnen durch eine Quadratur die Krümmung $1:r$ und die Torsion $1:\varrho$ als Functionen der Bogenlänge s. Bestimmt man dann die allgemeine Lösung

$$\sigma = \frac{p(s)c + q(s)}{\pi(s)c + \varkappa(s)} \qquad (c = \text{Const.})$$

der RICCATI'schen Differentialgleichung:

$$\frac{d\sigma}{ds} = \frac{i}{2}\cdot\frac{1}{\varrho} - i\cdot\frac{1}{r}\sigma - \frac{i}{2}\cdot\frac{1}{\varrho}\sigma^2,$$

so sind:

$$\mathfrak{x} = \int \frac{(p^2 - \pi^2) - (q^2 - \varkappa^2)}{2(p\varkappa - q\pi)}\,ds, \quad \mathfrak{y} = \int i\,\frac{(p^2 - \pi^2) + (q^2 - \varkappa^2)}{2(p\varkappa - q\pi)}\,ds,$$

$$\mathfrak{z} = \int \frac{\pi\varkappa - qp}{p\varkappa - q\pi}\,ds$$

die endlichen Gleichungen einer Curve mit den gegebenen natürlichen Gleichungen.

§ 15. Beispiele zu den natürlichen Gleichungen einer Curve.

Die natürlichen Gleichungen einer Curve gestatten, vermöge einer Quadratur Krümmung $\frac{1}{r}$ und Torsion $\frac{1}{\varrho}$ als Functionen der Bogenlänge s zu bestimmen. Die Gleichungen, durch die dies geschieht, enthalten die ersten, zweiten und dritten Differentialquotienten von x, y, z nach s. Ihre Integration, d. h. die Bestimmung von x, y, z als Functionen von s, erfordert die Integration der RICCATI'schen Gleichung:

$$(1) \qquad \frac{d\sigma}{ds} = \frac{i}{2} \cdot \frac{1}{\varrho} - i \cdot \frac{1}{r} \sigma - \frac{i}{2} \cdot \frac{1}{\varrho} \sigma^2.$$

Um diese Integrationstheorie zu erläutern, betrachten wir einige Beispiele, indem wir besondere Classen von Curven auf diesem Wege bestimmen. Es soll aber gleich vorweg gesagt werden, dass andere directe Integrationsmethoden in diesen besonderen Fällen meist schneller zum Ziele führen, namentlich die Methoden, die wir in § 18 entwickeln werden.

Wir fragen nach den Curven, deren Torsion gleich Null ist:

$$\frac{1}{\varrho} = 0.$$

Wir haben schon in Satz 13, S. 185, gefunden, dass dies die ebenen Curven sind. Dies soll hier bestätigt werden. Die RICCATI'sche Gleichung lautet jetzt:

$$\frac{d\sigma}{ds} = -\frac{i}{r}\sigma \quad \text{oder:} \quad \frac{d \log \sigma}{ds} = -\frac{i}{r}$$

und giebt:

$$\sigma = c e^{-i\int \frac{ds}{r}}.$$

In der allgemeinen Form:

$$\sigma = \frac{pc + q}{\pi c + \varkappa}$$

der Lösung der RICCATI'schen Gleichung ist hier also etwa anzunehmen:

$$p = e^{-i\int \frac{ds}{r}}, \quad q = 0, \quad \pi = 0, \quad \varkappa = 1$$

sodass die Formel für $\mathfrak{z}$ im Satz 26 giebt: $\mathfrak{z} =$ Const. Die im Satze genannte Curve ist daher eben. Alle anderen, bei denen r dieselbe Function von s und die Torsion gleich Null ist, sind ihr congruent, daher auch eben.

Betrachten wir die Curven, deren Krümmung gleich Null ist:

$$\frac{1}{r} = 0.$$

Hier ist

$$\frac{d\sigma}{ds} = \frac{i}{2\varrho}(1 - \sigma^2) \quad \text{oder:} \quad \frac{d\sigma}{1 - \sigma^2} = \frac{i}{2\varrho} ds$$

die RICCATI'sche Gleichung. Aus ihr folgt durch Quadratur:

$$\sigma = \frac{ce^{i\int\frac{ds}{\varrho}} - 1}{ce^{i\int\frac{ds}{\varrho}} + 1},$$

sodass die Vergleichung mit

$$\sigma = \frac{pc + q}{\pi c + \varkappa}$$

ergiebt, dass wir setzen dürfen:

$$p = e^{i\int\frac{ds}{\varrho}}, \quad q = -1, \quad \pi = e^{i\int\frac{ds}{\varphi}}, \quad \varkappa = 1.$$

Der Satz 26 giebt also

$$\mathfrak{x} = \text{Const.}, \quad \mathfrak{y} = \text{Const.}, \quad \mathfrak{z} = s + \text{Const.},$$

d. h. eine Gerade. Daher:

Satz 27: Die Geraden sind die einzigen Curven von der Krümmung Null.

Fragen wir nach den Curven, bei denen das Verhältnis aus Krümmung und Torsion constant ist, so giebt es zwei Constanten, die, für σ gesetzt, die rechte Seite der Riccati'schen Gleichung (1) gleich Null machen, denn die für u quadratische Gleichung:

$$\frac{i}{2\varrho} - \frac{i}{r}u - \frac{i}{2\varrho}u^2 = 0$$

oder:

(2) $$1 - 2\frac{\varrho}{r}u - u^2 = 0$$

hat, da jetzt $\frac{\varrho}{r}$ constant ist, zwei constante Wurzeln m und n, sodass wir also schreiben können:

(3) $$\begin{cases} \dfrac{dm}{ds} = \dfrac{i}{2\varrho} - \dfrac{i}{r}m - \dfrac{i}{2\varrho}m^2, \\ \dfrac{dn}{ds} = \dfrac{i}{2\varrho} - \dfrac{i}{r}n - \dfrac{i}{2\varrho}n^2. \end{cases}$$

Hieraus folgt, dass $\sigma = m$ und $\sigma = n$ zwei besondere (particulare) Lösungen der Riccati'schen Gleichung (1) sind. Nun besteht zwischen diesen beiden particularen Lösungen m und n und der allgemeinen Lösung σ, für die

(4) $$\frac{d\sigma}{ds} = \frac{i}{2\varrho} - \frac{i}{r}\sigma - \frac{i}{2\varrho}\sigma^2$$

ist, eine einfache Beziehung, die uns gestattet, die allgemeine Lösung σ

zu finden. Denn wenn wir von (4) jedesmal eine der beiden Gleichungen (3) abziehen, so kommt:

$$\frac{d(\sigma - m)}{ds} = -\frac{i}{r}(\sigma - m) - \frac{i}{2\varrho}(\sigma^2 - m^2),$$

$$\frac{d(\sigma - n)}{ds} = -\frac{i}{r}(\sigma - n) - \frac{i}{2\varrho}(\sigma^2 - n^2)$$

oder:

$$\frac{d \log(\sigma - m)}{ds} = -\frac{i}{r} - \frac{i}{2\varrho}(\sigma + m),$$

$$\frac{d \log(\sigma - n)}{ds} = -\frac{i}{r} - \frac{i}{2\varrho}(\sigma + n).$$

Wenn wir diese beiden Gleichungen von einander abziehen, so fällt rechts die Unbekannte σ ganz fort. Es kommt ja:

(5) $$\frac{d}{ds} \log \frac{\sigma - m}{\sigma - n} = -\frac{i}{2\varrho}(m - n).$$

Hieraus folgt:

$$\frac{\sigma - m}{\sigma - n} = -c e^{-i(m-n)\int \frac{ds}{\varrho}} \qquad (c = \text{Const.}).$$

Natürlich ist diese Formel nur dann brauchbar, wenn m von n verschieden ist, da sie sonst frei von σ wäre, also gar nicht zur Bestimmung von σ dienen würde. Den Fall $m = n$ wollen wir nachher behandeln. Aus der Formel folgt durch Auflösung nach σ:

$$\sigma = \frac{c n e^{i n \int \frac{ds}{\varrho}} + m e^{i m \int \frac{ds}{\varrho}}}{c e^{i n \int \frac{ds}{\varrho}} + e^{i m \int \frac{ds}{\varrho}}},$$

sodass die Vergleichung mit

$$\sigma = \frac{p c + q}{\pi c + \varkappa}$$

zeigt, dass wir

(6) $$\begin{cases} p = n e^{i n \int \frac{ds}{\varrho}}, & q = m e^{i m \int \frac{ds}{\varrho}}, \\ \pi = e^{i n \int \frac{ds}{\varrho}}, & \varkappa = e^{i m \int \frac{ds}{\varrho}} \end{cases}$$

setzen dürfen. Satz 26, S. 219, liefert jetzt insbesondere:

$$\mathfrak{z} = \int \frac{1 - nm}{n - m} ds,$$

d. h.

$$\frac{d\mathfrak{z}}{ds} = \frac{1 - nm}{n - m}$$

und daher gleich Constans. Die Curve ($\mathfrak{x}$, $\mathfrak{y}$, $\mathfrak{z}$) des Satzes, mit der alle Curven der hier gesuchten Art congruent sind, hat daher eine Tangente, die mit der $\mathfrak{z}$-Axe oder $\mathfrak{x}\,\mathfrak{y}$-Ebene einen constanten Winkel bildet. Wenn wir durch alle Punkte der Curve die Parallelen zur $\mathfrak{z}$-Axe ziehen, so erhalten wir einen allgemeinen Cylinder, auf dem die Curve liegt. Die Curve durchschneidet die Mantellinien des Cylinders unter constantem Winkel und heisst eine allgemeine Schraubenlinie. Wenn man den Cylindermantel auf die Ebene abwickelt, so werden die Mantellinien augenscheinlich parallele Geraden, die von der abgewickelten Curve unter constantem Winkel durchsetzt werden, sodass die Curve in der Abwickelung auch eine Gerade wird.

Es ist leicht, umgekehrt einzusehen, dass längs jeder Schraubenlinie auf einem beliebigen Cylinder das Verhältnis aus Krümmung und Torsion constant ist. Die Curve mit der Bogenlänge s:

$$x = \varphi(s), \quad y = \chi(s), \quad z = \psi(s)$$

ist nämlich eine Schraubenlinie, sobald ihre Tangenten mit einer festgegebenen Richtung, deren Cosinus etwa a, b, c seien, einen constanten Winkel bilden, d. h. sobald:

$$\mathbf{S}\,a\,\alpha = \text{Const.} \tag{7}$$

ist. Denn wenn wir dann durch die Punkte der Curve die Geraden von jener Richtung $a:b:c$ ziehen, so bilden sie einen Cylinder, dessen Mantellinien von der Curve unter constantem Winkel geschnitten werden. Differentiation der Formel (7) nach s giebt nun nach III (C):

$$\mathbf{S}\,a\,l = 0 \tag{8}$$

und nochmalige Differentiation:

$$\frac{1}{r}\mathbf{S}\,a\,\alpha + \frac{1}{\varrho}\mathbf{S}\,a\,\lambda = 0$$

oder:

$$\frac{\varrho}{r} = -\frac{\mathbf{S}\,a\,\lambda}{\mathbf{S}\,a\,\alpha}. \tag{9}$$

Der Nenner hierin ist nach (7) constant. Aber auch der Zähler, denn es ist nach III (C):

$$\frac{d\,\mathbf{S}\,a\,\lambda}{d\,s} = \frac{1}{\varrho}\mathbf{S}\,a\,l.$$

Dies aber ist nach (8) gleich Null, sodass $\mathbf{S}\,a\,\lambda$ und mithin nach (9) auch $\frac{\varrho}{r}$ constant ist.

Es ergiebt sich also:

Satz 28: Die Schraubenlinien auf beliebigen Cylindern sind die einzigen Curven, bei denen das Verhältnis aus Krümmung und Torsion constant ist.[1])

Allerdings haben wir dies für den besonderen Fall $m = n$ noch nicht nachgewiesen. In diesem Falle, d. h. wenn die quadratische Gleichung (2) für a eine Doppelwurzel hat, muss $\frac{\varrho}{r} = i$ oder $= -i$ sein. Wir dürfen uns natürlich auf die Annahme

$$\frac{\varrho}{r} = i$$

beschränken. Die RICCATI'sche Gleichung lautet dann:

$$\frac{d\sigma}{ds} = \frac{1}{2r}(1 - i\sigma)^2$$

und giebt

$$\int \frac{d\sigma}{(1 - i\sigma)^2} = \frac{1}{2}\int \frac{ds}{r} + \text{Const.}$$

oder:

$$\sigma = \frac{c - i - \int \frac{ds}{r}}{ic - 1 - i\int \frac{ds}{r}} \qquad (c = \text{Const.})$$

Nach Satz 26, S. 219, können wir also:

$$p = 1, \quad q = -i - \int \frac{ds}{r}, \quad \pi = i, \quad \varkappa = -1 - i\int \frac{ds}{r}$$

setzen, sodass sich die imaginäre Curve ergiebt:

$$(10) \qquad \mathfrak{x} = \frac{1}{2}\int \left\{ \left(\int \frac{ds}{r} \right)^2 - 2 \right\} ds, \quad \mathfrak{y} = -\frac{i}{2}\int \left(\int \frac{ds}{r} \right)^2 ds,$$

$$\mathfrak{z} = -\int\int \frac{ds}{r}\, ds.$$

Alle Curven also, bei denen r dieselbe Function von s und $\varrho = ir$ ist, sind durch Bewegungen in diese Curve (10) überführbar. Dass auch diese imaginäre Curve (10) als eine Schraubenlinie aufgefasst werden kann, sodass also der Satz 28 thatsächlich ausnahmslos richtig ist, wollen wir jedoch erst später (im 3. Abschnitt, § 4) beweisen, weil wir sonst hier unnötig ausführlich sein müssten.

---

[1] LANCRET hatte 1802 (siehe Anm. S. 159) erkannt, dass bei den Schraubenlinien das Verhältnis aus Krümmung und Torsion constant ist. Die wichtige Umkehrung bewies BERTRAND, „Sur la courbe dont les deux courbures sont constantes", Journal de Mathém. pures et appl., T. XIII, 1848.

Einen speciellen Fall des allgemeinen Ergebnisses haben wir zu betrachten, wenn wir nach den Curven fragen, bei denen Krümmung und Torsion constant ist. In diesem Falle nämlich kann

$$\int \frac{ds}{\varrho} = \frac{s}{\varrho}$$

gesetzt werden, sodass (6) giebt:

$$p = n e^{\frac{ins}{\varrho}}, \quad q = m e^{\frac{ims}{\varrho}}, \quad \pi = e^{\frac{ins}{\varrho}}, \quad \varkappa = e^{\frac{ims}{\varrho}}.$$

Satz 26, S. 219, liefert nun, da sich die Integrale sofort auswerten lassen, weil ϱ constant ist:

$$(11) \quad \left\{ \begin{aligned} \mathfrak{x} &= \frac{-i\varrho}{2(n-m)^2}\left\{(n^2-1)e^{\frac{i(n-m)s}{\varrho}} + (m^2-1)e^{\frac{i(m-n)s}{\varrho}}\right\}, \\ \mathfrak{y} &= \frac{\varrho}{2(n-m)^2}\left\{(n^2-1)e^{\frac{i(n-m)s}{\varrho}} - (m^2-1)e^{\frac{i(m-n)s}{\varrho}}\right\}, \\ \mathfrak{z} &= \frac{1-nm}{n-m}\, s. \end{aligned} \right.$$

Man erkennt, dass

$$\mathfrak{x}^2 + \mathfrak{y}^2 = \frac{\varrho^2 (n^2-1)(m^2-1)}{(n-m)^4},$$

also constant ist. Die Curve (11) liegt daher auf einem Rotationscylinder, dessen Axe die $\mathfrak{z}$-Axe ist. Da ferner:

$$\frac{d\mathfrak{z}}{ds} = \frac{1-nm}{n-m},$$

also auch constant ist, so haben die Tangenten der Curve constante Neigung zu den Mantellinien des Cylinders. Mithin ist die Curve eine gemeine Schraubenlinie (siehe S. 169).[1] Indem man die in (11) auftretenden imaginären Exponentialfunctionen durch reelle trigonometrische Functionen ausdrückt und beachtet, dass m und n die Wurzeln u der quadratischen Gleichung (2) sind, kann man leicht zu den gebräuchlichen Gleichungen der gemeinen Schraubenlinie gelangen.

[1] Puiseux, „Problème de géométrie", Journ. de Mathém. pures et appl., T. VII, 1842. Hier findet sich der erste analytische Beweis. Später (1848) gab Bertrand in seiner auf der letzten Seite genannten Arbeit einen geometrischen Beweis.

In dem besonderen Fall $n = m$ ergiebt sich, dass die Curven constanter Krümmung r und constanter Torsion $\varrho = i r$ nach (10) mit der imaginären Curve dritter Ordnung[1]

$$(12) \qquad \mathfrak{x} = \frac{s^3}{6 r^2} - s, \quad \mathfrak{y} = -\frac{i s^3}{6 r^2}, \quad \mathfrak{z} = -\frac{s^2}{2 r}$$

congruent sind.

Satz 29: Ausser gewissen imaginären Curven dritter Ordnung sind die Schraubenlinien auf Rotationscylindern die einzigen Curven, bei denen die Krümmung und die Torsion constant ist. Bei den ersteren Curven ist insbesondere das Verhältnis aus Krümmung und Torsion gleich $\pm i$.

§ 16. Berührung zwischen Curve und Fläche.

In § 6 haben wir die Berührung n^{ter} Ordnung zwischen zwei Raumcurven definiert. Obgleich wir uns erst später ausführlich mit den Flächen beschäftigen wollen, müssen wir doch schon hier einige besondere Flächen mit einer Raumcurve in Beziehung bringen. Wir sehen uns daher schon hier genötigt, die Berührung n^{ter} Ordnung zwischen einer Curve und einer Fläche zu definieren. Wir sagen:

Eine Curve c berührt eine Fläche in einem Punkte P in n^{ter} Ordnung, wenn es auf der Fläche eine Curve durch P giebt, die von der Curve c in P in n^{ter} Ordnung berührt wird. Nach § 6 deckt sich diese Definition mit folgender: Ist eine Curve c und eine Fläche F gegeben und haben beide den Punkt P gemein, so wählen wir auf c einen Punkt A so, dass die Strecke PA unendlich klein ist; und zwar soll sie unendlich klein von erster Ordnung heissen. Wenn es nun möglich ist, auf der Fläche einen Punkt $\mathfrak{A}$ so zu finden, dass die Strecke $P\mathfrak{A}$ ebenfalls von erster, dagegen die Strecke $A\mathfrak{A}$ von $(n+1)^{\text{ter}}$ Ordnung unendlich klein ist, so berührt die Curve c die Fläche F in P in n^{ter} Ordnung.

Um nun ein brauchbares analytisches Merkmal für die Berührung zwischen Curve und Fläche abzuleiten, müssen wir einige Bemerkungen über Curven auf einer Fläche vorausschicken: Ist

$$F(\mathfrak{x}, \mathfrak{y}, \mathfrak{z}) = 0$$

[1] Auf diese Curven hat erst Lyon, „Sur les courbes à torsion constante", Annales de l'Enseignement supérieur de Grenoble, T. II, 1890, aufmerksam gemacht.

die Gleichung einer Fläche in den laufenden Coordinaten $\mathfrak{x}$, $\mathfrak{y}$, $\mathfrak{z}$, so erhalten wir eine Curve auf der Fläche in allgemeinster Weise dadurch, dass wir $\mathfrak{x}$, $\mathfrak{y}$, $\mathfrak{z}$ so als Functionen eines Parameters σ wählen, dass sie die Gleichung $F = 0$ für alle Werte von σ erfüllen. Wenn insbesondere $\sigma = 0$ den Punkt $(\mathfrak{x}_0, \mathfrak{y}_0, \mathfrak{z}_0)$ giebt, so lässt sich die Function F, die ja nun eine Function von σ ist, nach Potenzen von σ entwickeln.

Es kommt:

$$F_0 + \frac{1}{1}\left(\frac{dF}{d\sigma}\right)_0 \sigma + \frac{1}{1.2}\left(\frac{d^2F}{d\sigma^2}\right)_0 \sigma^2 + \ldots = 0. \tag{1}$$

Hier ist:

$$\left(\frac{dF}{d\sigma}\right)_0 = \frac{\partial F_0}{\partial \mathfrak{x}_0}\mathfrak{x}_0' + \frac{\partial F_0}{\partial \mathfrak{y}_0}\mathfrak{y}_0' + \frac{\partial F_0}{\partial \mathfrak{z}_0}\mathfrak{z}_0',$$

$$\left(\frac{d^2F}{d\sigma^2}\right)_0 = \frac{\partial F_0}{\partial \mathfrak{x}_0}\mathfrak{x}_0'' + \frac{\partial F_0}{\partial \mathfrak{y}_0}\mathfrak{y}_0'' + \frac{\partial F_0}{\partial \mathfrak{z}_0}\mathfrak{z}_0'' +$$
$$+ \frac{\partial^2 F_0}{\partial \mathfrak{x}_0^2}\mathfrak{x}_0'^2 + 2\frac{\partial^2 F_0}{\partial \mathfrak{x}_0 \partial \mathfrak{y}_0}\mathfrak{x}_0'\mathfrak{y}_0' + \ldots + \frac{\partial^2 F_0}{\partial \mathfrak{z}_0^2}\mathfrak{z}_0'^2$$

u. s. w. Die Entwickelung (1) ist bei hinreichend kleinem σ gültig. Sie lehrt: Wir dürfen, um auf der Fläche eine Curve zu erhalten, die durch den Punkt $(\mathfrak{x}_0, \mathfrak{y}_0, \mathfrak{z}_0)$ geht, ansetzen:

$$\left\{\begin{aligned} \mathfrak{x} &= \mathfrak{x}_0 + \frac{1}{1}\mathfrak{x}_0'\sigma + \frac{1}{1.2}\mathfrak{x}_0''\sigma^2 + \ldots, \\ \mathfrak{y} &= \mathfrak{y}_0 + \frac{1}{1}\mathfrak{y}_0'\sigma + \frac{1}{1.2}\mathfrak{y}_0''\sigma^2 + \ldots, \\ \mathfrak{z} &= \mathfrak{z}_0 + \frac{1}{1}\mathfrak{z}_0'\sigma + \frac{1}{1.2}\mathfrak{z}_0''\sigma^2 + \ldots, \end{aligned}\right. \tag{2}$$

wenn wir darin unter $\mathfrak{x}_0$, $\mathfrak{y}_0$, $\mathfrak{z}_0$, $\mathfrak{x}_0'$, $\mathfrak{y}_0'$, $\mathfrak{z}_0'$, $\mathfrak{x}_0''$ ... solche Constanten verstehen, für die einzeln:

$$\left\{\begin{aligned} 0 &= F_0, \\ 0 &= \frac{\partial F_0}{\partial \mathfrak{x}_0}\mathfrak{x}_0' + \frac{\partial F_0}{\partial \mathfrak{y}_0}\mathfrak{y}_0' + \frac{\partial F_0}{\partial \mathfrak{z}_0}\mathfrak{z}_0', \\ 0 &= \frac{\partial F_0}{\partial \mathfrak{x}_0}\mathfrak{x}_0'' + \frac{\partial F_0}{\partial \mathfrak{y}_0}\mathfrak{y}_0'' + \frac{\partial F_0}{\partial \mathfrak{z}_0}\mathfrak{z}_0'' + \\ &\quad + \frac{\partial^2 F_0}{\partial \mathfrak{x}_0^2}\mathfrak{x}_0'^2 + 2\frac{\partial^2 F_0}{\partial \mathfrak{x}_0 \partial \mathfrak{y}_0}\mathfrak{x}_0'\mathfrak{y}_0' + \ldots + \frac{\partial^2 F_0}{\partial \mathfrak{z}_0^2}\mathfrak{z}_0'^2. \\ &\ldots\ldots\ldots\ldots \end{aligned}\right. \tag{3}$$

ist. Im Uebrigen aber können wir $\mathfrak{x}_0$, $\mathfrak{y}_0$, $\mathfrak{z}_0$, $\mathfrak{x}_0'$, $\mathfrak{y}_0'$, $\mathfrak{z}_0'$, $\mathfrak{x}_0''$ ... beliebig wählen, wenn nur die Reihen (2) bei hinreichend kleinem σ convergieren.

Noch mehr: Die Curve wird eine gewisse Bogenlänge haben, und diese können wir von vornherein als Parameter σ, gemessen vom Punkte $(\mathfrak{x}_0, \mathfrak{y}_0, \mathfrak{z}_0)$ an, einführen. Es muss dann nach Satz 4, S. 164:

$$\mathfrak{x}'^2 + \mathfrak{y}'^2 + \mathfrak{z}'^2 = 1$$

sein, und durch Differentiation nach σ folgen hieraus weitere Gleichungen. Für $\sigma = 0$ ergeben sich daher ausser (3) noch die Forderungen:

$$(4) \quad \begin{cases} \mathfrak{x}_0'^2 + \mathfrak{y}_0'^2 + \mathfrak{z}_0'^2 = 1\,, \\ \mathfrak{x}_0'\mathfrak{x}_0'' + \mathfrak{y}_0'\mathfrak{y}_0'' + \mathfrak{z}_0'\mathfrak{z}_0'' = 0\,, \\ \cdots\cdots\cdots\cdots \end{cases}$$

Angenommen, wir haben alle diejenigen Bedingungen (3) und (4), in denen die Grössen $\mathfrak{x}_0, \mathfrak{y}_0, \mathfrak{z}_0, \mathfrak{x}_0', \mathfrak{y}_0', \mathfrak{z}_0' \ldots$ bis zu $\mathfrak{x}_0^{(n)}, \mathfrak{y}_0^{(n)}, \mathfrak{z}_0^{(n)}$ auftreten, durch passende Wahl dieser Grössen erfüllt. Dann liegt für $\mathfrak{x}_0^{(n+1)}, \mathfrak{y}_0^{(n+1)}, \mathfrak{z}_0^{(n+1)}$ eine lineare Bedingung (3) und eine lineare Bedingung (4) vor, nämlich:

$$(5) \quad \begin{cases} \dfrac{\partial F_0}{\partial \mathfrak{x}_0}\mathfrak{x}_0^{(n+1)} + \dfrac{\partial F_0}{\partial \mathfrak{y}_0}\mathfrak{y}_0^{(n+1)} + \dfrac{\partial F_0}{\partial \mathfrak{z}_0}\mathfrak{z}_0^{(n+1)} + \ldots = 0\,, \\ \mathfrak{x}_0'\mathfrak{x}_0^{(n+1)} + \mathfrak{y}_0'\mathfrak{y}_0^{(n+1)} + \mathfrak{z}_0'\mathfrak{z}_0^{(n+1)} + \ldots = 0\,. \end{cases}$$

Sie könnten einander nur dann widersprechen, wenn $\mathfrak{x}_0', \mathfrak{y}_0', \mathfrak{z}_0'$ den ersten Ableitungen $\dfrac{\partial F_0}{\partial \mathfrak{x}_0}, \dfrac{\partial F_0}{\partial \mathfrak{y}_0}, \dfrac{\partial F_0}{\partial \mathfrak{z}_0}$ proportional wären, aber dies ist wegen der zweiten Gleichung (3) und der ersten Gleichung (4) nicht der Fall, sodass wir also nun weiterhin auch die $(n+1)^{\text{ten}}$ Ableitungen von $\mathfrak{x}, \mathfrak{y}, \mathfrak{z}$ für $\sigma = 0$ gemäss den Bedingungen (3) und (4) wählen können, darauf die $(n+2)^{\text{ten}}$ u. s. w., ohne auf Widersprüche zu stossen.

Allerdings wäre es möglich, dass die erste Gleichung (5) überhaupt frei von den $(n+1)^{\text{ten}}$ Ableitungen wäre. Dies tritt ein, wenn für den Flächenpunkt $(\mathfrak{x}_0, \mathfrak{y}_0, \mathfrak{z}_0)$

$$\frac{\partial F_0}{\partial \mathfrak{x}_0} = 0\,, \quad \frac{\partial F_0}{\partial \mathfrak{y}_0} = 0\,, \quad \frac{\partial F_0}{\partial \mathfrak{z}_0} = 0$$

ist. Solche Punkte der Fläche heissen s i n g u l ä r. In diesem Falle wäre die zweite Gleichung (3) eine Identität und erst die dritte eine Bedingung für $\mathfrak{x}_0', \mathfrak{y}_0', \mathfrak{z}_0'$, die vierte eine für $\mathfrak{x}_0'', \mathfrak{y}_0'', \mathfrak{z}_0''$ u. s. w., sodass also dann in (5) an die Stelle der ersten Gleichung eine andere tritt. Doch wollen wir hier auf diesen Fall nicht näher

eingehen; wir erwähnen ihn nur, weil er gelegentlich (in § 20) vorkommen wird. —

Es liege ausser der Fläche eine Curve vor, und es seien die Coordinaten x, y, z ihrer Punkte als Functionen ihrer Bogenlänge s gegeben. Geht die Curve durch den Punkt ($\mathfrak{x}_0$, $\mathfrak{y}_0$, $\mathfrak{z}_0$) der Fläche, so haben die Coordinaten x, y, z etwa für $s = s_0$ die Werte $\mathfrak{x}_0$, $\mathfrak{y}_0$, $\mathfrak{z}_0$. Nach der an die Spitze dieses Paragraphen gestellten Definition und nach Satz 7, S. 170, folgt nun, dass die Curve die Fläche an der Stelle ($\mathfrak{x}_0$, $\mathfrak{y}_0$, $\mathfrak{z}_0$) in n^{ter} Ordnung berührt, sobald die Ableitungen von x, y, z nach s für $s = s_0$ mit den Ableitungen von $\mathfrak{x}$, $\mathfrak{y}$, $\mathfrak{z}$ nach σ für $\sigma = 0$ bis zur n^{ten} Ordnung übereinstimmen; besser gesagt, da die Curve auf der Fläche ja von vornherein nicht gegeben ist: sobald x, y, z und die Ableitungen von x, y, z nach s für $s = s_0$ solche Werte haben, die — für $\mathfrak{x}_0$, $\mathfrak{y}_0$, $\mathfrak{z}_0$, $\mathfrak{x}_0'$, $\mathfrak{y}_0'$, $\mathfrak{z}_0' \cdots$ eingesetzt — diejenigen Bedingungen (3) und (4) erfüllen, die keine höheren als die n^{ten} Ableitungen enthalten.

Aber da s die Bogenlänge der Raumcurve ist, so ist nach Satz 4, S. 164:

$$x'^2 + y'^2 + z'^2 = 1,$$

woraus folgt, dass alle Bedingungen (4) ohne Weiteres erfüllt bleiben, wenn man darin statt $\mathfrak{x}$, $\mathfrak{y}$, $\mathfrak{z}$ die Zeichen x, y, z schreibt. Daher bleibt folgendes Kennzeichen für die Berührung n^{ter} Ordnung zwischen Curve und Fläche übrig:

Satz 30: Die notwendigen und hinreichenden Bedingungen dafür, dass eine Curve mit den Punktcoordinaten x, y, z und der Bogenlänge s die Fläche

$$F(\mathfrak{x}, \mathfrak{y}, \mathfrak{z}) = 0$$

in ihrem Punkte ($s = s_0$) in n^{ter} Ordnung berührt, erhält man so: Man fasst $\mathfrak{x}$, $\mathfrak{y}$, $\mathfrak{z}$ als Functionen eines Parameters auf und differenziert die Gleichung $F = 0$ wiederholt nach dem Parameter. In denjenigen Gleichungen, die keine höheren als die n^{ten} Ableitungen von $\mathfrak{x}$, $\mathfrak{y}$, $\mathfrak{z}$ enthalten, setzt man überall statt $\mathfrak{x}$, $\mathfrak{y}$, $\mathfrak{z}$ und ihrer Ableitungen die Grössen x, y, z und ihre Ableitungen nach s für $s = s_0$. So erhält man sämtliche Bedingungen für die Berührung n^{ter} Ordnung.

Wenden wir dies Kennzeichen auf eine Gerade und eine Fläche an. Die Gerade habe die Richtungscosinus α, β, γ und gehe vom Punkte $\mathfrak{x}_0$, $\mathfrak{y}_0$, $\mathfrak{z}_0$ der Fläche

$$F(\mathfrak{x}, \mathfrak{y}, \mathfrak{z}) = 0$$

aus. Ihre Gleichungen lauten dann nach S. 160:

$$x = \mathfrak{x}_0 + \alpha s\,, \quad y = \mathfrak{y}_0 + \beta s\,, \quad z = \mathfrak{z}_0 + \gamma s\,, \tag{6}$$

sodass

$$x' = \alpha\,, \quad y' = \beta\,, \quad z' = \gamma$$

ist. Die Gerade berührt die Fläche im Punkte $(\mathfrak{x}_0, \mathfrak{y}_0, \mathfrak{z}_0)$ in erster Ordnung, sobald nach (3):

$$\frac{\partial F_0}{\partial \mathfrak{x}_0}\alpha + \frac{\partial F_0}{\partial \mathfrak{y}_0}\beta + \frac{\partial F_0}{\partial \mathfrak{z}_0}\gamma = 0 \tag{7}$$

ist. Alsdann heisst sie Tangente der Fläche im Punkte $(\mathfrak{x}_0, \mathfrak{y}_0, \mathfrak{z}_0)$.

Nach (6) ist:

$$\alpha = \frac{x - \mathfrak{x}_0}{s}\,, \quad \beta = \frac{y - \mathfrak{y}_0}{s}\,, \quad \gamma = \frac{z - \mathfrak{z}_0}{s}\,. \tag{8}$$

Setzen wir diese Werte in (7) ein, so folgt, dass die Gleichung:

$$\frac{\partial F_0}{\partial \mathfrak{x}_0}(x - \mathfrak{x}_0) + \frac{\partial F_0}{\partial \mathfrak{y}_0}(y - \mathfrak{y}_0) + \frac{\partial F_0}{\partial \mathfrak{z}_0}(z - \mathfrak{z}_0) = 0 \tag{9}$$

von allen Tangenten der Fläche im Punkte $(\mathfrak{x}_0, \mathfrak{y}_0, \mathfrak{z}_0)$ erfüllt wird. Da sie linear in x, y, z ist, so kommt:

Satz 31: Die Tangenten der Fläche

$$F(\mathfrak{x}, \mathfrak{y}, \mathfrak{z}) = 0$$

im Flächenpunkte $(\mathfrak{x}_0, \mathfrak{y}_0, \mathfrak{z}_0)$ erfüllen eine Ebene:

$$\frac{\partial F_0}{\partial \mathfrak{x}_0}(x - \mathfrak{x}_0) + \frac{\partial F_0}{\partial \mathfrak{y}_0}(y - \mathfrak{y}_0) + \frac{\partial F_0}{\partial \mathfrak{z}_0}(z - \mathfrak{z}_0) = 0$$

in den laufenden Coordinaten x, y, z, sobald $\frac{\partial F_0}{\partial \mathfrak{x}_0}$, $\frac{\partial F_0}{\partial \mathfrak{y}_0}$, $\frac{\partial F_0}{\partial \mathfrak{z}_0}$ nicht sämtlich gleich Null sind.

Im letzteren Falle nämlich, d. h., wenn $(\mathfrak{x}_0, \mathfrak{y}_0, \mathfrak{z}_0)$ nach S. 228 ein singulärer Punkt der Fläche ist, tritt an die Stelle der zweiten Gleichung (3) die dritte. Sie giebt für die Richtungscosinus α, β, γ der Tangente die Bedingung:

$$\frac{\partial^2 F_0}{\partial \mathfrak{x}_0^2}\alpha^2 + 2\frac{\partial^2 F_0}{\partial \mathfrak{x}_0\, \partial \mathfrak{y}_0}\alpha\beta + \ldots + \frac{\partial^2 F_0}{\partial \mathfrak{z}_0^2}\gamma^2 = 0\,,$$

die nach Substitution der Werte (8) eine quadratische homogene Gleichung in $x - \mathfrak{x}_0$, $y - \mathfrak{y}_0$, $z - \mathfrak{z}_0$ wird, woraus wir schliessen:

Satz 32: Die Tangenten der Fläche

$$F(\mathfrak{x}, \mathfrak{y}, \mathfrak{z}) = 0$$

in einem singulären Punkte $(\mathfrak{x}_0, \mathfrak{y}_0, \mathfrak{z}_0)$, für den also:

$$\frac{\partial F_0}{\partial \mathfrak{x}_0} = \frac{\partial F_0}{\partial \mathfrak{y}_0} = \frac{\partial F_0}{\partial \mathfrak{z}_0} = 0$$

ist, erfüllen im Allgemeinen einen Kegel zweiten Grades mit der Spitze $(\mathfrak{x}_0, \mathfrak{y}_0, \mathfrak{z}_0)$.

Die Worte „im Allgemeinen" sind hier eingefügt worden, weil unter Umständen noch höhere Singularitäten eintreten können, wenn nämlich auch die dritte Gleichung (3) eine Identität wird dadurch, dass auch alle zweiten Ableitungen von F für den Punkt $(\mathfrak{x}_0, \mathfrak{y}_0, \mathfrak{z}_0)$ gleich Null sind.

In einem nicht singulären Flächenpunkte aber bilden die Tangenten, wie wir oben sahen, eine Ebene. Sie heisst die Tangentenebene oder Tangentialebene des Flächenpunktes.

Eine andere Anwendung von unserem Satz 30 machen wir auf eine Ebene und eine Curve. Liegt die Ebene vor:

$$A(\mathfrak{x} - x) + B(\mathfrak{y} - y) + C(\mathfrak{z} - z) = 0,$$

die durch den festgedachten Punkt (x, y, z) geht und die laufenden Coordinaten $\mathfrak{x}$, $\mathfrak{y}$, $\mathfrak{z}$ hat, so wird sie eine durch den Punkt (x, y, z) gehende Curve in zweiter Ordnung berühren, wenn die Gleichungen:

$$A\mathfrak{x}' + B\mathfrak{y}' + C\mathfrak{z}' = 0,$$
$$A\mathfrak{x}'' + B\mathfrak{y}'' + C\mathfrak{z}'' = 0$$

durch die Ableitungen der Coordinaten der Curve nach s für den Punkt (x, y, z) erfüllt werden. Also ist, wenn wir A, B, C eliminieren:

$$\begin{vmatrix} \mathfrak{x} - x & x' & x'' \\ \mathfrak{y} - y & y' & y'' \\ \mathfrak{z} - z & z' & z'' \end{vmatrix} = 0,$$

in den laufenden Coordinaten $\mathfrak{x}$, $\mathfrak{y}$, $\mathfrak{z}$ die Gleichung derjenigen Ebene, die eine Curve in einem ihrer Punkte (x, y, z) in zweiter Ordnung berührt. Dabei sind x', y', z' und x'', y'', z'' die Ableitungen von x, y, z nach der Bogenlänge s der Curve. Diese Ebene ist nach (3), S. 173, nichts anderes als die Schmiegungsebene der Curve.

Satz 33: Die Schmiegungsebene einer Curve kann auch

als diejenige Ebene definiert werden, die mit der Curve an einer Stelle eine Berührung zweiter Ordnung eingeht.

Wir können, nebenbei bemerkt, die Tangenten einer Fläche

$$F(\mathfrak{x}, \mathfrak{y}, \mathfrak{z}) = 0$$

im Flächenpunkte $(\mathfrak{x}_0, \mathfrak{y}_0, \mathfrak{z}_0)$ als diejenigen Geraden definieren, die diesen Punkt mit einem unendlich benachbarten Punkt der Fläche verbinden. In der That, ist $(\mathfrak{x}_1, \mathfrak{y}_1, \mathfrak{z}_1)$ ein zweiter Punkt der Fläche, also auch:

$$F(\mathfrak{x}_1, \mathfrak{y}_1, \mathfrak{z}_1) = 0,$$

so sind:

(10) $$\frac{x - \mathfrak{x}_0}{\mathfrak{x}_1 - \mathfrak{x}_0} = \frac{y - \mathfrak{y}_0}{\mathfrak{y}_1 - \mathfrak{y}_0} = \frac{z - \mathfrak{z}_0}{\mathfrak{z}_1 - \mathfrak{z}_0}$$

die Gleichungen der Geraden durch beide Punkte, geschrieben in den laufenden Coordinaten x, y, z. Wenn nun der Punkt $(\mathfrak{x}_1, \mathfrak{y}_1, \mathfrak{z}_1)$ unendlich nahe beim Punkte $(\mathfrak{x}_0, \mathfrak{y}_0, \mathfrak{z}_0)$ liegt, so ist

(11) $$\mathfrak{x}_1 = \mathfrak{x}_0 + d\mathfrak{x}, \quad \mathfrak{y}_1 = \mathfrak{y}_0 + d\mathfrak{y}, \quad \mathfrak{z}_1 = \mathfrak{z}_0 + d\mathfrak{z}$$

zu setzen, und es kommt:

$$F(\mathfrak{x}_0 + d\mathfrak{x}, \quad \mathfrak{y}_0 + d\mathfrak{y}, \quad \mathfrak{z}_0 + d\mathfrak{z}) = 0$$

oder, da $F(\mathfrak{x}_0, \mathfrak{y}_0, \mathfrak{z}_0) = 0$ ist:

$$\frac{\partial F_0}{\partial \mathfrak{x}_0} d\mathfrak{x} + \frac{\partial F_0}{\partial \mathfrak{y}_0} d\mathfrak{y} + \frac{\partial F_0}{\partial \mathfrak{z}_0} d\mathfrak{z} + \ldots = 0.$$

Hierin dürfen die höheren, nur durch Punkte angedeuteten Glieder vernachlässigt werden, sobald nicht alle Glieder erster Ordnung gleich Null sind, d. h. sobald der Punkt $(\mathfrak{x}_0, \mathfrak{y}_0, \mathfrak{z}_0)$ nicht singulär ist. In (10) treten nach (11) in den Nennern die Grössen $d\mathfrak{x}$, $d\mathfrak{y}$, $d\mathfrak{z}$ auf, die also den Grössen $x - \mathfrak{x}_0$, $y - \mathfrak{y}_0$, $z - \mathfrak{z}_0$ proportional sind, sodass kommt:

$$\frac{\partial F_0}{\partial \mathfrak{x}_0}(x - \mathfrak{x}_0) + \frac{\partial F_0}{\partial \mathfrak{y}_0}(y - \mathfrak{y}_0) + \frac{\partial F_0}{\partial \mathfrak{z}_0}(z - \mathfrak{z}_0) = 0.$$

Dies ist aber wieder die Gleichung (9). Die Geraden also, die den nicht singulären Flächenpunkt $(\mathfrak{x}_0, \mathfrak{y}_0, \mathfrak{z}_0)$ mit unendlich benachbarten Punkten der Fläche verbinden, liegen in der Tangentenebene der Fläche und sind deshalb die oben anders definierten Tangenten des Punktes $(\mathfrak{x}_0, \mathfrak{y}_0, \mathfrak{z}_0)$.

§ 17. Die Schmiegungskugel bei einer Curve.

Unser Hauptzweck bei der Einschaltung, die § 16 darstellt, ist der, die Mittel zu gewinnen, um die Berührung höherer Ordnung zwischen einer Curve und einer Kugel zu untersuchen.

Es ist

$$(\mathfrak{x}-A)^2+(\mathfrak{y}-B)^2+(\mathfrak{z}-C)^2=R^2 \tag{1}$$

die Gleichung einer Kugel in den laufenden Coordinaten $\mathfrak{x}, \mathfrak{y}, \mathfrak{z}$. Dabei sind A, B, C die Coordinaten des Kugelmittelpunktes. R bedeutet den Radius der Kugel. Wir versuchen, die verfügbaren Constanten A, B, C, R so zu wählen, dass die Kugel eine gegebene Curve, bei der wir die bisher immer angewandten Bezeichnungen wieder aufnehmen, in ihrem Punkte (x, y, z) in möglichst hoher Ordnung berührt. Nach Satz 30, S. 229, differenzieren wir die Gleichung (1) wiederholt:

$$\left\{\begin{aligned}&(\mathfrak{x}-A)\mathfrak{x}'+(\mathfrak{y}-B)\mathfrak{y}'+(\mathfrak{z}-C)\mathfrak{z}'=0,\\&(\mathfrak{x}-A)\mathfrak{x}''+(\mathfrak{y}-B)\mathfrak{y}''+(\mathfrak{z}-C)\mathfrak{z}''+\mathfrak{x}'^2+\mathfrak{y}'^2+\mathfrak{z}'^2=0,\\&(\mathfrak{x}-A)\mathfrak{x}'''+(\mathfrak{y}-B)\mathfrak{y}'''+(\mathfrak{z}-C)\mathfrak{z}'''+3(\mathfrak{x}'\mathfrak{x}''+\mathfrak{y}'\mathfrak{y}''+\mathfrak{z}'\mathfrak{z}'')=0\end{aligned}\right. \tag{2}$$

u. s. w. Um eine Berührung dritter Ordnung zu erzielen, haben wir nach jenem Satze zu verlangen, dass die Gleichungen (1) und (2) erfüllt werden, wenn wir darin statt $\mathfrak{x}, \mathfrak{y}, \mathfrak{z}$ überall x, y, z schreiben. Da $\mathbf{S}\,x'^2=1$, $\mathbf{S}\,x'x''=0$ ist (S. 178), so kommt:

$$\begin{aligned}\mathbf{S}(x-A)^2&=R^2,\\\mathbf{S}(x-A)x'&=0,\\\mathbf{S}(x-A)x''&=-1,\\\mathbf{S}(x-A)x'''&=0\end{aligned}$$

oder nach III (B) und III (G):

$$\begin{aligned}\mathbf{S}(x-A)^2&=R^2,\\\mathbf{S}(x-A)\alpha&=0,\\\mathbf{S}(x-A)\,l&=-r,\end{aligned}$$

$$\mathbf{S}(x-A)\left(\frac{\alpha}{r^2}+\frac{r'}{r^2}l+\frac{\lambda}{r\varrho}\right)=0.$$

Die letzte Gleichung reduciert sich wegen der zweiten und dritten auf diese:

$$\mathbf{S}(x-A)\,\lambda=\varrho\,r'.$$

Die drei Bedingungen:

(3) $\mathsf{S}(x - A)\alpha = 0\,, \quad \mathsf{S}(x - A)l = -r\,, \quad \mathsf{S}(x - A)\lambda = \varrho r'$

dienen zur Bestimmung von A, B, C, und alsdann giebt die Bedingung

(4) $$\mathsf{S}(x - A)^2 = R^2$$

noch der Radius R.

Multiplicieren wir die Gleichungen (3) der Reihe nach mit α, l, λ und addieren sie, so kommt nach II (B):

$$x - A = -r\,l + \varrho r' \lambda\,.$$

Hieraus ergiebt sich sofort A. Ähnlich ergeben sich B und C. Es kommt:

(5) $A = x + r\,l - \varrho r' \lambda\,, \quad B = y + r\,m - \varrho r' \mu\,, \quad C = z + r\,n - \varrho r' \nu.$

Nach (4) und (5) ist nun:

$$R^2 = \mathsf{S}(-r\,l + \varrho r' \lambda)^2 = r^2 \mathsf{S}\,l^2 - 2\,r\,r' \varrho\,\mathsf{S}\,l\lambda + \varrho^2 r'^2 \mathsf{S}\,\lambda^2$$

oder nach II (A):

(6) $$R^2 = r^2 + \varrho^2 r'^2.$$

Satz 34: Es giebt eine Kugel, die eine gegebene Curve in einem gegebenen Punkte (x, y, z) in dritter Ordnung berührt. Es sind

$$x + r\,l - \varrho r' \lambda, \quad y + r\,m - \varrho r' \mu, \quad z + r\,n - \varrho r' \nu$$

die Coordinaten des Mittelpunktes der Kugel, und es ist

$$R^2 = r^2 + \varrho^2 r'^2$$

das Quadrat ihres Radius.

Diese Kugel heisst die Schmiegungskugel oder Osculationskugel der Curve im Punkte (x, y, z).[1]

Uebrigens ist die Berührung im Allgemeinen von nicht höherer als dritter Ordnung, denn die nächste auf die Gleichung (2) folgende Gleichung lautet:

$$(\mathfrak{x} - A)\,\mathfrak{x}^{\mathrm{IV}} + (\mathfrak{y} - B)\,\mathfrak{y}^{\mathrm{IV}} + (\mathfrak{z} - C)\,\mathfrak{z}^{\mathrm{IV}} +$$
$$+ 4(\mathfrak{x}'\mathfrak{x}''' + \mathfrak{y}'\mathfrak{y}''' + \mathfrak{z}'\mathfrak{z}''') + 3(\mathfrak{x}''^2 + \mathfrak{y}''^2 + \mathfrak{z}''^2) = 0$$

[1] Die Schmiegungskugel wurde schon 1771 von Monge (vgl. die Anm. zu Seite 159) analytisch untersucht, aber die obigen einfachen Formeln für ihre Mitte und ihren Radius hat erst de Saint-Venant 1844 aufgestellt.

und giebt daher für Berührung in vierter Ordnung wegen (5) noch die Bedingung:

$$\mathbf{S}(-rl+\varrho r'\lambda)x^{\mathrm{IV}}+4\,\mathbf{S}\,x'x'''+3\,\mathbf{S}\,x''^2=0$$

oder wegen III (*B*) und III (*G*):

(7) $$\mathbf{S}(-rl+\varrho r'\lambda)\,x^{\mathrm{IV}}-4\,\mathbf{S}\left(\frac{\alpha^2}{r^2}+\frac{r'}{r^3}\alpha l+\frac{\alpha\lambda}{r\varrho}\right)+\frac{3}{r^2}\mathbf{S}\,l^2=0.$$

Nach III (*G*) ist aber wegen III (*C*):

(8) $$x^{\mathrm{IV}}=3\frac{r'}{r^3}\alpha+\left(\frac{2r'^2-rr''-1}{r^3}-\frac{1}{r\varrho^2}\right)l+\left(\frac{2r'}{r^2\varrho}+\frac{\varrho'}{r\varrho^2}\right)\lambda.$$

Setzen wir dies in (7) ein, so kommt wegen II (*A*):

$$-\frac{2r'^2-rr''-1}{r^2}+\frac{1}{\varrho^2}+\frac{2r'^2}{r^2}+\frac{r'\varrho'}{r\varrho}-\frac{4}{r^2}+\frac{3}{r^2}=0,$$

d. h.

(9) $$\frac{1}{r\varrho}\left(\frac{r}{\varrho}+r'\varrho'+r''\varrho\right)=0.$$

Also nur an solchen Curvenstellen, an denen die Gleichung (9) erfüllt ist, berührt die Schmiegungskugel in vierter Ordnung.

Wir fragen uns, ob es Curven giebt, bei denen diese Bedingung (9) für alle Punkte erfüllt ist. Nach (5) sind *A*, *B*, *C* Functionen von *s*, für die wegen III (*B*) und III (*C*):

(10) $$\begin{cases}\dfrac{dA}{ds}=-\lambda\left(\dfrac{r}{\varrho}+r'\varrho'+r''\varrho\right),\\[2ex] \dfrac{dB}{ds}=-\mu\left(\dfrac{r}{\varrho}+r'\varrho'+r''\varrho\right),\\[2ex] \dfrac{dC}{ds}=-\nu\left(\dfrac{r}{\varrho}+r'\varrho'+r''\varrho\right)\end{cases}$$

ist. Wenn nun die Bedingung (9) für alle Punkte der Curve dadurch erfüllt ist, dass der in (9) in Klammern stehende Ausdruck für alle Werte von *s* verschwindet, so lehren die Formeln (10), dass *A*, *B*, *C* frei von *s* sind. Dann also haben alle Schmiegungskugeln denselben Mittelpunkt (*A*, *B*, *C*). Aus (6) folgt ferner:

$$\frac{dR^2}{ds}=2r'\varrho\left(\frac{r}{\varrho}+r'\varrho'+r''\varrho\right),$$

sodass auch der Radius der Schmiegungskugel für alle Punkte derselbe ist. Mithin liegt dann die Curve auf einer bestimmten

Kugel und ist also eine sphärische Curve. Die Bedingung (9) kann aber auch durch $\frac{1}{r} = 0$ oder $\frac{1}{\varrho} = 0$ erfüllt werden. Erstere Annahme giebt nach Satz 27, S. 221, Geraden und letztere nach Satz 13, S. 185, ebene Curven. Beide sind Ausartungen von sphärischen Curven, sodass folgt:

Satz 35: Ausser den sphärischen Curven giebt es keine Curven, die von allen ihren Schmiegungskugeln in höherer als dritter Ordnung berührt würden.

Zugleich hat sich ergeben:

Satz 36: Die natürliche Gleichung:

$$\frac{1}{r\varrho}\left(\frac{r}{\varrho} + r'\varrho' + r''\varrho\right) = 0$$

ist charakteristisch für die sphärischen Curven. —

Wir betrachten jetzt wieder eine beliebige Raumcurve und ihre Schmiegungskugel im Punkte (x, y, z). Der Mittelpunkt der Kugel hat die durch (5) bestimmten Coordinaten A, B, C. Erinnern wir uns nun daran, dass nach (7), S. 188, der Mittelpunkt des Krümmungskreises, der in der Schmiegungsebene liegt, die Coordinaten:

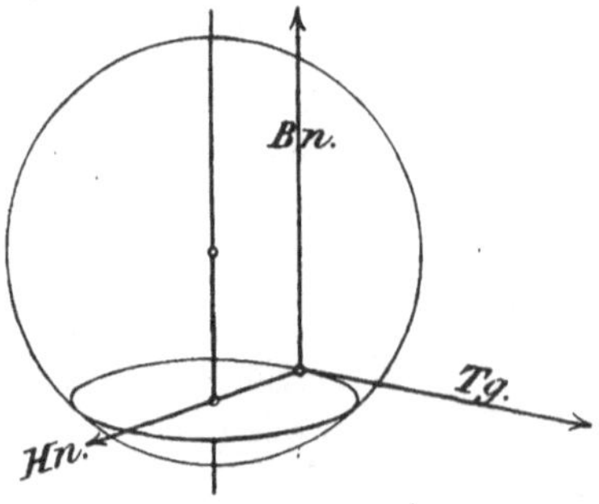

Fig. 47.

$$(11) \quad a = x + rl, \quad b = y + rm, \quad c = z + rn$$

hat, so erkennen wir sofort, dass der Mittelpunkt (A, B, C) der Schmiegungskugel auf dem Lote liegt, das man im Krümmungsmittelpunkt (a, b, c) auf die Schmiegungsebene errichten kann (siehe Fig. 47). Denn λ, μ, ν sind ja die Richtungscosinus des Lotes und daher:

$$\mathfrak{x} = a + \lambda\sigma, \quad \mathfrak{y} = b + \mu\sigma, \quad \mathfrak{z} = c + \nu\sigma$$

oder:

$$(12) \quad \mathfrak{x} = x + rl + \lambda\sigma, \quad \mathfrak{y} = y + rm + \mu\sigma, \quad \mathfrak{z} = z + rn + \nu\sigma$$

die Gleichungen des Lotes, ausgedrückt durch den Parameter σ, der die Strecke vom Punkte (a, b, c) bis zum Punkte $(\mathfrak{x}, \mathfrak{y}, \mathfrak{z})$ dar-

stellt, und zwar im Sinne der positiven Binormale positiv gemessen. Die Gleichungen (12) aber ergeben für

$$\sigma = -\varrho r'$$

die Werte (5) von A, B, C. Ausserdem ist nach (6)

$$(\varrho r')^2 + r^2 = R^2,$$

d. h. der Krümmungskreis liegt auf der Schmiegungskugel. Die Tangente des Winkels, den der vom Curvenpunkte ausgehende Radius der Schmiegungskugel mit dem des Krümmungskreises bildet, ist gleich $\sigma : r$ oder $-r'\varrho : r$.[1]

Das Lot (12) heisst die Krümmungsaxe oder Polargerade oder kurz Polare des Punktes (x, y, z) der Curve. Diese Gerade ist also parallel der Binormale und geht durch den Krümmungsmittelpunkt und durch den Mittelpunkt der Schmiegungskugel.

Die Krümmungsaxe kann auch so gefunden werden: Es ist in den laufenden Coordinaten $\mathfrak{x}$, $\mathfrak{y}$, $\mathfrak{z}$:

$$\alpha(\mathfrak{x} - x) + \beta(\mathfrak{y} - y) + \gamma(\mathfrak{z} - z) = 0 \tag{13}$$

die Gleichung der Normalebene des Curvenpunktes (x, y, z). Die Normalebene des unendlich benachbarten Curvenpunktes $(x + dx,$ $y + dy,$ $z + dz)$ oder $(x + x'ds,$ $y + y'ds,$ $z + z'ds)$ hat daher die Gleichung:

$$\mathsf{S}(\alpha + \alpha' ds)(\mathfrak{x} - x - x' ds) = 0$$

oder nach III (C) und III (B):

$$\mathsf{S}\left(\alpha + \frac{l}{r} ds\right)(\mathfrak{x} - x - \alpha ds) = 0$$

oder nach II (A)

$$\mathsf{S}\,\alpha(\mathfrak{x} - x) + \frac{1}{r}\mathsf{S}\,l(\mathfrak{x} - x)ds - ds = 0. \tag{14}$$

Die Schnittlinie beider Normalebenen (13) und (14) muss beide Gleichungen erfüllen, sodass sich für sie die zweite Gleichung infolge der ersten bedeutend vereinfacht. Die Schnittlinie ist hiernach die Gerade mit den Gleichungen:

$$\left\{\begin{aligned} \alpha(\mathfrak{x} - x) + \beta(\mathfrak{y} - y) + \gamma(\mathfrak{z} - z) &= 0, \\ l(\mathfrak{x} - x) + m(\mathfrak{y} - y) + n(\mathfrak{z} - z) &= r. \end{aligned}\right. \tag{15}$$

Diese Gleichungen werden durch die Werte (12) erfüllt. Also:

[1] Auch diesen Wert hat DE SAINT-VENANT 1844 zum ersten Mal angegeben.

Satz 37: Die Schnittlinie der Normalebene eines Curvenpunktes und einer unendlich benachbarten Normalebene ist die Krümmungsaxe oder Polare, auf der der Krümmungsmittelpunkt und der Mittelpunkt der Schmiegungskugel jenes Curvenpunktes liegen.

Nun wollen wir den Schnittpunkt von drei unendlich benachbarten Normalebenen bestimmen. Die beiden ersten haben die Schnittlinie (15), die zweite und dritte daher die Schnittlinie, deren Gleichungen aus (15) hervorgehen, wenn wir darin s durch $s + ds$ ersetzen. Die erste Gleichung, die sich so ergiebt, ist wieder (14), die sich wegen (15) auf die zweite Gleichung (15) reduciert. Die zweite noch aufzustellende Gleichung ist nun:

$$\mathsf{S}(l + l'ds)(\mathfrak{x} - x - x'ds) = r + r'ds$$

oder nach III (C) und III (B):

$$\mathsf{S}\left[l - \left(\frac{\alpha}{r} + \frac{\lambda}{\varrho}\right)ds\right]\left[\mathfrak{x} - x - \alpha\, ds\right] = r + r'ds$$

oder wegen II (A):

$$\mathsf{S}\, l(\mathfrak{x} - x) - \mathsf{S}\left(\frac{\alpha}{r} + \frac{\lambda}{\varrho}\right)(\mathfrak{x} - x)\,ds - \frac{1}{r}ds^2 = r + r'ds.$$

Wegen der zweiten Gleichung (15) darf hierin für den gesuchten Schnittpunkt das erste Glied gegen r rechts gestrichen werden. Das dritte Glied links ist unendlich klein von zweiter Ordnung und fällt daher auch fort. Der Schnittpunkt dreier unendlich benachbarter Normalebenen erfüllt somit ausser den beiden Gleichungen (15) noch die Gleichung:

$$\mathsf{S}\left(\frac{\alpha}{r} + \frac{\lambda}{\varrho}\right)(\mathfrak{x} - x) = -r',$$

die sich wegen der ersten Gleichung (15) auf

$$\mathsf{S}\,\lambda(\mathfrak{x} - x) = -r'\varrho$$

reduciert. Schreiben wir in dieser und den beiden Gleichungen (15) für $\mathfrak{x}$, $\mathfrak{y}$, $\mathfrak{z}$ die Zeichen A, B, C, so gehen die drei Gleichungen (3) hervor. Hieraus folgt:

Satz 38: Der Mittelpunkt der Schmiegungskugel eines Curvenpunktes kann definiert werden als der Schnittpunkt der Normalebene des Punktes mit zwei unendlich benachbarten Normalebenen der Curve oder auch als der Schnittpunkt der Krümmungsaxe des Punktes und einer unendlich benachbarten Krümmungsaxe.

Thatsächlich kann man die Schmiegungskugel ähnlich wie früher die Schmiegungsebene (S. 174) dadurch herleiten, dass man die Kugel durch vier Curvenpunkte legt und darauf die Curvenpunkte einander unendlich nah rücken lässt.

Da ferner der Krümmungskreis in der Schmiegungsebene und auf der Schmiegungskugel liegt, so kann er als der Kreis definiert werden, der durch drei unendlich benachbarte Curvenpunkte geht. Doch gehen wir hierauf nicht näher ein.

Es ist aber sehr nützlich, sich die hier angegebenen Beziehungen zwischen Schmiegungskugel, Krümmungskreis u. s. w. an einem einfachen Modell klar zu machen, indem man wie auf S. 175 die Curve durch ein Polygon ersetzt. Man zeichne wie in Fig. 48 in der Ebene einen gebrochenen Linienzug $P_1 P_2 P_3 P_4$ und construiere die Mittellote von $P_1 P_2$ und $P_2 P_3$, die einander in K_1 treffen mögen, während K_2 der Schnittpunkt des Mittellotes von $P_2 P_3$ mit dem von $P_3 P_4$ sei. Nun denke man sich die Ebene doppelt, sodass beide Ebenen längs $P_2 P_3$ zusammenhängen und P_1, P_2, P_3, K_1 der einen Ebene angehören, während P_2, P_3, P_4, K_2 in der zweiten liegen. Man drehe die zweite Ebene um $P_2 P_3$ in eine neue Lage, sodass K_2 einen Kreis um die Mitte A von $P_2 P_3$ beschreibt. Der Querschnitt $A K_1 K_2$ ist in der Figur oben dargestellt. Jetzt werden die in K_1 und K_2 auf die beiden Ebenen errichteten Lote einander in einem Punkte M treffen. M hat von P_1, P_2, P_3, P_4 gleiche Entfernung, ist also der Mittelpunkt derjenigen Kugel, die durch die vier Punkte P_1, P_2, P_3, P_4 des nunmehr räumlichen Polygons geht. Nun ist, wenn wir $A K_1 M$ auf $A K_2$ projicieren und den Winkel beider Ebenen mit φ bezeichnen:

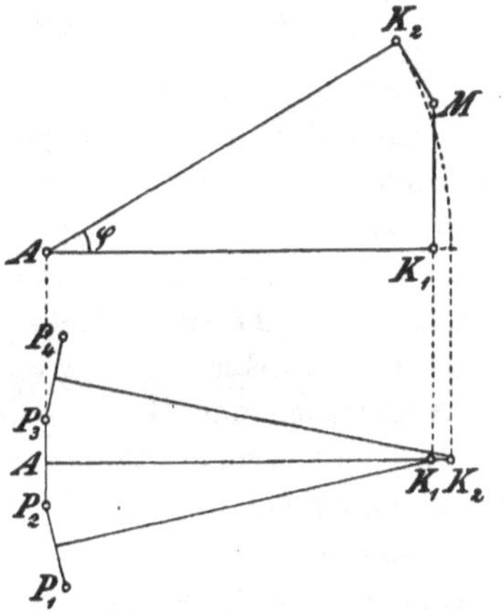

Fig. 48.

$$A K_1 \cos\varphi + K_1 M \sin\varphi = A K_2 .$$

Ist der Winkel φ sehr klein, gleich dB, so kommt, wenn $A K_1 = r$ und $A K_2 = r + dr$ auch sehr wenig von einander abweichen:

$$r + K_1 M \cdot dB = r + dr$$

oder:

$$K_1 M = \frac{dr}{dB},$$

also:

$$AM^2 = AK_1^2 + K_1M^2 = r^2 + \left(\frac{dr}{dB}\right)^2.$$

Weicht $P_1 P_2 P_3 P_4$ unendlich wenig von einem unendlich kurzen Curvenbogen ab, so darf $AK_1 = r$ als Radius eines Krümmungskreises, $AK_2 = r + dr$ als der eines benachbarten und AM als Radius der Schmiegungskugel aufgefasst werden. Zugleich ist dB der Torsionswinkel $\frac{ds}{\varrho}$, nach III (E). Somit liefert die letzte Formel den Wert (6) von R^2.

§ 18. Sphärische Abbildung der Curven.

Sind die endlichen Gleichungen einer Curve gegeben, so kann man nach § 8 die Richtungscosinus ihrer Tangenten, Haupt- und Binormalen und ihre Krümmung und Torsion berechnen. Sind ihre natürlichen Gleichungen gegeben, so hat man nach § 14 einige Quadraturen und die Integration einer RICCATI'schen Gleichung auszuführen, um zu demselben Ziel zu gelangen. In diesem Falle findet man zunächst durch eine Quadratur Krümmung und Torsion als Functionen der Bogenlänge, sodass wir also auch das Problem erledigt haben, eine Raumcurve aus gegebener Krümmung und Torsion zu bestimmen.

Andere ähnliche Probleme bieten sich dar: Wir können z. B. annehmen, die Richtungen aller Tangenten seien bekannt, gesucht werde die Curve. Diese Aufgabe lässt sich so einkleiden: Wir ziehen durch einen festen Punkt, etwa durch den Anfangspunkt O, Parallelen zu allen Tangenten und erhalten so einen Kegel mit der Spitze O. Die Aufgabe wäre nun diese: Gegeben ist ein solcher Kegel, gesucht werden alle Curven, deren Tangenten den Mantellinien des Kegels parallel sind. Andere Aufgaben gehen hervor, wenn man die Tangenten durch die Haupt- oder durch die Binormalen ersetzt.

Diese Aufgaben können noch etwas anders formuliert werden: Wir legen um O als Mittelpunkt eine Kugel vom Radius Eins. Indem wir zu jeder Tangente der Raumcurve — und zwar immer in ihrem positiven Sinne — den parallelen Strahl von O aus ziehen und diesen Strahl mit der Kugel zum Schnitt bringen, ordnen wir jedem Punkte der Raumcurve einen Punkt auf der Kugel zu (siehe Fig. 49). Wir sagen: Die Raumcurve wird vermöge Paralleler zu ihren Tangenten sphärisch abgebildet. Die Bildcurve

heisst die sphärische Indicatrix der Tangenten. Das Problem ist jetzt: Gegeben ist die sphärische Indicatrix der Tangenten, gesucht werden die zugehörigen Raumcurven. In analoger Weise sprechen wir von einer sphärischen Abbildung der Curve vermöge Paralleler zu ihren Haupt- und zu ihren Binormalen und also von der sphärischen Indicatrix der Hauptnormalen wie auch von der sphärischen Indicatrix der Binormalen. Jedesmal ist die Aufgabe die: Aus der gegebenen sphärischen Indicatrix die zugehörigen Raumcurven abzuleiten.

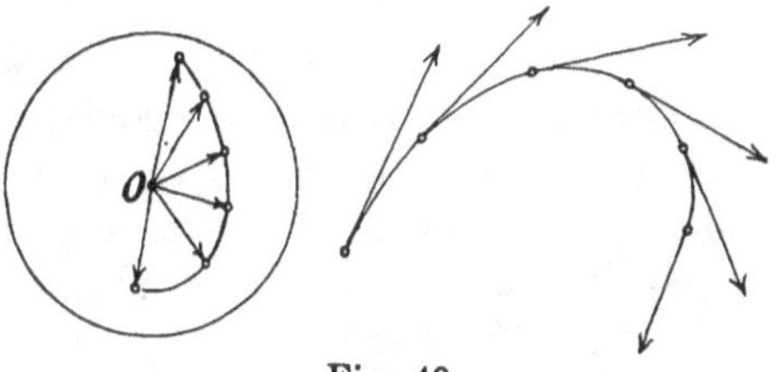

Fig. 49.

Um eine beliebige Curve auf der Einheitskugel analytisch darzustellen, haben wir die Coordinaten ihrer Punkte, die mit $\bar{x}$, $\bar{y}$, $\bar{z}$ bezeichnet seien, so als Functionen eines Parameters zu wählen, dass

$$\bar{x}^2 + \bar{y}^2 + \bar{z}^2 = 1$$

ist. Zugleich sind $\bar{x}$, $\bar{y}$, $\bar{z}$ die Richtungscosinus des zugehörigen Kugelradius. Wenn wir insbesondere mittels einer Quadratur nach S. 164 die Bogenlänge $\bar{s}$ der sphärischen Curve als Parameter einführen, so ist ausserdem:

$$\bar{x}'^2 + \bar{y}'^2 + \bar{z}'^2 = 1,$$

wobei der Accent die Differentiation nach der Bogenlänge $\bar{s}$ andeutet. Das Bogenelement $d\bar{s}$ ist, da der Kugelradius gleich Eins ist, zugleich der Winkel der Radien nach zwei unendlich benachbarten Punkten der sphärischen Curve. Ist z. B. die sphärische Curve die Indicatrix der Tangenten einer Raumcurve, so ist $\bar{x} = \alpha$, $\bar{y} = \beta$, $\bar{z} = \gamma$ zu setzen; das Bogenelement $d\bar{s}$ der sphärischen Curve ist dann $\sqrt{d\alpha^2 + d\beta^2 + d\gamma^2}$ und bedeutet den Winkel dT unendlich benachbarter Tangenten der Raumcurve (siehe S. 183). Zu jedem Bogenelement ds der Raumcurve gehört ein Bogenelement der sphärischen Indicatrix. Es ist nach III (F):

$$(1) \qquad dT = \frac{ds}{r},$$

wenn wir den Contingenzwinkel dT der Tangenten der Raumcurve mit wachsender Bogenlänge positiv rechnen. Analog ist nach III (F):

$$(2) \qquad dH = ds\sqrt{\frac{1}{r^2} + \frac{1}{\varrho^2}}$$

das Bogenelement der sphärischen Indicatrix der Hauptnormalen und

(3) $$dB = \frac{ds}{\varrho}$$

das der sphärischen Indicatrix der Binormalen. Hier ist der Torsionswinkel dB zweier aufeinander folgender Binormalen positiv oder negativ bei positiven ds, je nachdem die Curve nach Satz 20, S. 200, links- oder rechtsgewunden ist. Wenn die Raumcurve imaginär ist, sollen die vorstehenden Formeln direct die Definitionen der Winkel dT und dB sein. Beim Winkel dH aufeinander folgender Hauptnormalen wählen wir das Vorzeichen der Quadratwurzel irgendwie.

Nach dem Obigen liegen nun analytisch drei Probleme vor. In jedem sind die Coordinaten $\bar{x}$, $\bar{y}$, $\bar{z}$ einer sphärischen Curve als Functionen ihrer Bogenlänge $\bar{s}$ gegeben, sodass:

(4) $$\bar{x}^2 + \bar{y}^2 + \bar{z}^2 = 1\,, \quad \bar{x}'^2 + \bar{y}'^2 + \bar{z}'^2 = 1$$

ist. Im ersten Problem ist:

(5) $$\bar{x} = \alpha\,, \quad \bar{y} = \beta\,, \quad \bar{z} = \gamma\,, \quad d\bar{s} = dT,$$

im zweiten:

(6) $$\bar{x} = l\,, \quad \bar{y} = m\,, \quad \bar{z} = n\,, \quad d\bar{s} = dH\,,$$

im dritten:

(7) $$\bar{x} = \lambda\,, \quad \bar{y} = \mu\,, \quad \bar{z} = \nu\,, \quad d\bar{s} = dB\,.$$

Dabei beziehen sich die nicht überstrichenen Buchstaben auf eine noch unbekannte Raumcurve. Gewisse Elemente dieser Curve sind also jedesmal gegeben, aber nicht als Functionen der Bogenlänge s der Curve, sondern als Functionen der Bogenlänge $\bar{s}$ ihrer sphärischen Indicatrix. Gesucht wird die Raumcurve.

Wir wollen in diesem Paragraphen durch Accente immer die Differentiation nach der Bogenlänge $\bar{s}$ der sphärischen Curve andeuten. Die auf die sphärische Curve bezüglichen Elemente sollen mit überstrichenen Buchstaben bezeichnet werden, sodass z. B. $\bar{\alpha}$, $\bar{\beta}$, $\bar{\gamma}$ die Richtungscosinus der Tangente der sphärischen Curve bedeuten.

Im gegenwärtigen Paragraphen wollen wir die drei Probleme rein analytisch behandeln, damit die Formeln möglichst übersichtlich hervortreten. Geometrische Deutungen machen wir erst im nächsten Paragraphen.

Erstes Problem: Gegeben die sphärische Indicatrix der Tangenten.

Hier ist nach (5):

$$\bar{x} = \alpha, \quad \bar{y} = \beta, \quad \bar{z} = \gamma, \quad d\bar{s} = dT.$$

Wegen (1) ist:

$$\frac{dx}{ds} = \frac{dx}{dT}\frac{dT}{ds} = \frac{1}{r}\frac{dx}{dT},$$

daher nach III (B):

$$\frac{dx}{dT} = r\frac{dx}{ds} = r\alpha = r\bar{x}.$$

Hieraus folgt, da ähnliche Formeln für y und z gelten:

$$(8) \qquad x = \int r\bar{x}\,dT, \quad y = \int r\bar{y}\,dT, \quad z = \int r\bar{z}\,dT.$$

Wir behaupten nun: Wenn r irgend eine beliebige Function von T bedeutet, so sind dies die Gleichungen einer Raumcurve mit der gegebenen sphärischen Indicatrix. Zum Beweis ist zu zeigen, dass $\bar{x}$, $\bar{y}$, $\bar{z}$ die Richtungscosinus der Tangente dieser Curve (8) sind. In der That ist nach (8):

$$\frac{dx}{dT} = r\bar{x}, \quad \frac{dy}{dT} = r\bar{y}, \quad \frac{dz}{dT} = r\bar{z},$$

und hieraus folgt durch Quadrieren und Addieren wegen (4):

$$\frac{ds}{dT} = r,$$

daher:

$$\alpha = \frac{dx}{ds} = \frac{dx}{dT} : \frac{ds}{dT} = r\bar{x} : r = \bar{x}$$

u. s. w. Daher folgt aus (8):

Satz 39: Sind α, β, γ drei solche Functionen von T, die den Bedingungen

$$\alpha^2 + \beta^2 + \gamma^2 = 1, \quad \alpha'^2 + \beta'^2 + \gamma'^2 = 1$$

genügen und ist r irgend eine Function von T, so sind

$$x = \int r\alpha\,dT, \quad y = \int r\beta\,dT, \quad z = \int r\gamma\,dT$$

die allgemeinen Gleichungen einer Curve, deren Tangenten die Richtungscosinus α, β, γ haben, und r ist dabei der Krümmungsradius.

Nach III (C) und (1) kommt noch, wenn man darauf achtet,

dass jetzt der Accent die Differentiation nach $\bar{s}$ oder T andeutet, während er in Tafel III die nach s vorstellt:

$$l = r\frac{d\alpha}{ds} = r\frac{d\alpha}{dT} : \frac{ds}{dT} = \alpha' = \bar{x}', \quad m = \bar{y}', \quad n = \bar{z}'.$$

Nach II (C) ist:

$$\lambda = \beta n - \gamma m = \bar{y}\bar{z}' - \bar{z}\bar{y}' = \bar{\gamma}\bar{y} - \bar{\beta}\bar{z}$$

u. s. w. Nach (8) und (1) ist:

$$\frac{dx}{ds} = \bar{x}, \quad \frac{d^2x}{ds^2} = \frac{\bar{x}'}{r}, \quad \frac{d^3x}{ds^3} = \frac{\bar{x}''}{r^2} - \frac{\bar{x}'r'}{r^3},$$

sodass III (E) ergiebt:

$$\frac{r}{\varrho} = -\begin{vmatrix} \bar{x} & \bar{x}' & \bar{x}'' \\ \bar{y} & \bar{y}' & \bar{y}'' \\ \bar{z} & \bar{z}' & \bar{z}'' \end{vmatrix}.$$

Wegen III (B) können wir hierfür schreiben:

$$\frac{r}{\varrho} = -\frac{1}{\bar{r}}\begin{vmatrix} \bar{x} & \bar{\alpha} & \bar{l} \\ \bar{y} & \bar{\beta} & \bar{m} \\ \bar{z} & \bar{\gamma} & \bar{n} \end{vmatrix}$$

oder wegen II (C):

$$\frac{r}{\varrho} = -\frac{\bar{\lambda}\bar{x} + \bar{\mu}\bar{y} + \bar{\nu}\bar{z}}{\bar{r}}.$$

Zweites Problem: Gegeben die sphärische Indicatrix der Hauptnormalen.

Hier ist nach (6):

$$\bar{x} = l, \quad \bar{y} = m, \quad \bar{z} = n, \quad d\bar{s} = dH.$$

Die Formel (2) ist dabei im Auge zu behalten. Es ist bequem, jetzt eine Grösse ω einzuführen, die wir definieren durch:

(9) $$\cos\omega = \frac{\varrho}{\sqrt{r^2+\varrho^2}}, \quad \sin\omega = \frac{r}{\sqrt{r^2+\varrho^2}},$$

sodass

(10) $$\operatorname{tg}\omega = \frac{r}{\varrho}, \quad \frac{ds}{dH} = \varrho\sin\omega = r\cos\omega$$

ist. Nach III (C) kommt nun:

$$l' = \frac{dl}{ds}\frac{ds}{dH} = -\left(\frac{\alpha}{r} + \frac{\lambda}{\varrho}\right)\frac{ds}{dH}.$$

Multiplicieren wir dies aus und benutzen wir die beiden in (10) angegebenen Werte von $\frac{ds}{dH}$, so kommt:

$$l' = -\alpha \cos\omega - \lambda \sin\omega\,. \tag{11}$$

Analog ergiebt sich m' und n'. Hiernach ist:

$$m n' - n m' = m(-\gamma\cos\omega - \nu\sin\omega) + n(\beta\cos\omega + \mu\sin\omega)$$

oder nach II (C):

$$m n' - n m' = \lambda\cos\omega - \alpha\sin\omega\,. \tag{12}$$

Aus (11) und (12) folgt nun durch Auflösen nach α und λ:

$$\left\{\begin{aligned} \alpha &= -\,l'\cos\omega - (m n' - n m')\sin\omega\,,\\ \lambda &= -\,l'\sin\omega + (m n' - n m')\cos\omega\,. \end{aligned}\right. \tag{13}$$

Da l, m, n als Functionen von H gegeben sind, so würden wir hiernach auch α, β, γ und λ, μ, ν kennen, wenn auch ω als Function von H bekannt wäre. Um ω zu finden, bilden wir noch l''. Es ist nach (11):

$$l'' = -\alpha'\cos\omega - \lambda'\sin\omega + (\alpha\sin\omega - \lambda\cos\omega)\,\omega'\,. \tag{14}$$

Nun ist aber nach III (C) und (10):

$$\alpha' = \frac{d\alpha}{ds}\,\frac{ds}{dH} = l\cos\omega\,,$$

$$\lambda' = \frac{d\lambda}{ds}\,\frac{ds}{dH} = l\sin\omega\,,$$

sodass (14) liefert:

$$l'' = -\,l + (\alpha\sin\omega - \lambda\cos\omega)\,\omega'\,.$$

Wenn wir diese und die beiden entsprechenden Formeln für m'', n'' der Reihe nach mit α, β, γ bez. λ, μ, ν multiplicieren und dann addieren, so kommt nach II (A):

$$\omega'\sin\omega = \mathbf{S}\,l''\alpha\,, \qquad \omega'\cos\omega = -\,\mathbf{S}\,l''\lambda\,.$$

Multiplication der ersten Formeln mit $\sin\omega$, der zweiten mit $\cos\omega$ und Addition giebt:

$$\omega' = \mathbf{S}\,l''(\alpha\sin\omega - \lambda\cos\omega)$$

oder nach (12):

$$\omega' = -\begin{vmatrix} l & l' & l'' \\ m & m' & m'' \\ n & n' & n'' \end{vmatrix}.$$

Hieraus folgt durch eine Quadratur:

$$\omega = -\int \begin{vmatrix} l & l' & l'' \\ m & m' & m'' \\ n & n' & n'' \end{vmatrix} d H. \tag{15}$$

Uebrigens lässt sich der Ausdruck für ω' noch kürzer, wenn auch weniger symmetrisch schreiben. Wenn wir nämlich die Zeilen der Determinante der Reihe nach mit l', m', n' multiplicieren und dann ihre Summe als erste Zeile benutzen, so geht das l'-fache der Determinante hervor, sodass

$$\omega' = -\frac{1}{l'} \begin{vmatrix} \mathbf{S}\, l l' & \mathbf{S}\, l'^2 & \mathbf{S}\, l' l'' \\ m & m' & m'' \\ n & n' & n'' \end{vmatrix}$$

ist. Aber nach (4) ist $\mathbf{S}\, l^2 = \mathbf{S}\, l'^2 = 1$, also $\mathbf{S}\, l l' = 0$, $\mathbf{S}\, l' l'' = 0$, sodass bleibt:

$$\omega' = \frac{m n'' - n m''}{l'} = \frac{n l'' - l n''}{m'} = \frac{l m'' - m l''}{n'}. \tag{16}$$

Wir kennen jetzt von der gesuchten Raumcurve auch die Richtungscosinus α, β, γ und λ, μ, ν der Tangente und Binormale, denn in (13) stehen rechts nur bekannte Functionen von H. Wegen:

$$\frac{dx}{ds} = \alpha$$

könnten wir durch Integration x und entsprechend y und z finden, wenn α, β, γ als Functionen von s statt von H bekannt wären. Aber es ist nach (10):

$$\frac{dx}{dH} = \frac{dx}{ds}\frac{ds}{dH} = \alpha\, r \cos\omega.$$

Aus der ersten Formel (13) folgt also:

$$\left\{ \begin{aligned} x &= -\int r \cos\omega \left\{ l' \cos\omega + (m n' - n m') \sin\omega \right\} dH, \\ y &= -\int r \cos\omega \left\{ m' \cos\omega + (n l' - l n') \sin\omega \right\} dH, \\ z &= -\int r \cos\omega \left\{ n' \cos\omega + (l m' - m l') \sin\omega \right\} dH. \end{aligned} \right. \tag{17}$$

Wir behaupten nun, dass wir hierin r als eine beliebige Function von H annehmen können, d. h. dass diese Gleichungen (17) stets eine Curve darstellen, deren Hauptnormale die gegebenen Grössen l, m, n zu Richtungscosinus hat.

In der That, liegen die Gleichungen (17) vor, so ziehen wir aus ihnen zunächst $\frac{dx}{dH}, \frac{dy}{dH}, \frac{dz}{dH}$ und finden das Bogenelement ds, wenn wir die Summe der Quadrate bilden. So kommt für die Curve (17):

$$\left(\frac{ds}{dH}\right)^2 = r^2 \cos^2\omega \left\{\mathbf{S}\, l'^2 \cos^2\omega + \mathbf{S}\,(m n' - n m')^2 \sin^2\omega\right\},$$

denn es ist $\mathbf{S}\, l'(m n' - n m') = 0$. Aber nach (4) ist $\mathbf{S}\, l'^2 = 1$ und nach bekannter Regel (siehe Anm. S. 146) sowie nach (4):

$$\mathbf{S}\,(m n' - n m')^2 = \mathbf{S}\, l^2 . \mathbf{S}\, l'^2 - (\mathbf{S}\, l l')^2 = 1,$$

sodass bleibt:

$$\left(\frac{ds}{dH}\right)^2 = r^2 \cos^2\omega .$$

Wir dürfen daher bei der Curve (17) setzen:

$$\frac{ds}{dH} = r \cos\omega .$$

Nun ist bei der Curve (17):

$$\frac{dx}{ds} = \frac{dx}{dH} : \frac{ds}{dH} = -\, l' \cos\omega - (m n' - n m') \sin\omega,$$

und analoge Werte gehen für $\frac{dy}{ds}$ und $\frac{dz}{ds}$ hervor. Hiermit sind die Richtungscosinus α, β, γ der Tangente der Curve (17) berechnet. Sie stehen in Uebereinstimmung mit der ersten Formel (13). Die Richtungscosinus der Hauptnormale finden wir nach III (B), wenn wir zunächst die zweiten Ableitungen nach s berechnen. Es ist:

$$\frac{d^2x}{ds^2} = \frac{d\frac{dx}{ds}}{dH} : \frac{ds}{dH} = \Big[-\, l'' \cos\omega - (m n'' - n m'') \sin\omega +$$
$$+ \left\{l' \sin\omega - (m n' - n m') \cos\omega\right\} \omega'\Big] \frac{1}{r\cos\omega} .$$

Bedenken wir aber, dass nach (16):

$$l' \omega' = m n'' - n m''$$

ist, so bleibt:

$$\frac{d^2x}{ds^2} = -\frac{1}{r}\left[l'' + (m n' - n m')\, \omega'\right].$$

Hierin setzen wir die aus (16) folgenden Werte von $n'\omega'$ und $m'\omega'$ ein, wodurch sich ergiebt:

$$\frac{d^2x}{ds^2} = -\frac{1}{r}\left[l''(1 - \mathbf{S}\, l^2) + l\, \mathbf{S}\, l l''\right]$$

oder also:

$$\frac{d^2 x}{d s^2} = \frac{l}{r},$$

da nach (4) $\mathbf{S}\, l l'' = -1$ ist. Diese Formel steht in Einklang mit III (B) und lehrt, dass thatsächlich l, m, n die Richtungscosinus der Hauptnormale der Curve (17) sind, da ja auch $\mathbf{S}\, l^2 = 1$ ist.

Satz 40: Sind l, m, n drei solche Functionen von H, die den Bedingungen

$$l^2 + m^2 + n^2 = 1, \quad l'^2 + m'^2 + n'^2 = 1$$

genügen und setzt man:

$$\omega = -\int \begin{vmatrix} l & l' & l'' \\ m & m' & m'' \\ n & n' & n'' \end{vmatrix} d H,$$

so sind, wenn unter r irgend eine Function von H verstanden wird:

$$x = -\int r \cos\omega \left\{ l' \cos\omega + (m n' - n m') \sin\omega \right\} d H,$$

$$y = -\int r \cos\omega \left\{ m' \cos\omega + (n l' - l n') \sin\omega \right\} d H,$$

$$z = -\int r \cos\omega \left\{ n' \cos\omega + (l m' - m l') \sin\omega \right\} d H$$

die allgemeinen Gleichungen einer Curve, deren Hauptnormale die Richtungcosinus l, m, n hat. r bedeutet dabei den Krümmungsradius und

$$\varrho = r \operatorname{ctg} \omega$$

den Torsionsradius.

Bei der sphärischen Indicatrix der Hauptnormalen ist hier:

$$\bar{x} = l, \quad \bar{y} = m, \quad \bar{z} = n,$$

ferner:

$$\bar{\alpha} = l', \quad \bar{\beta} = m', \quad \bar{\gamma} = n',$$

also nach III (C)

$$\frac{\bar{l}}{\bar{r}} = l'', \quad \frac{\bar{m}}{\bar{r}} = m'', \quad \frac{\bar{n}}{\bar{r}} = n''.$$

Nach (15) ist somit:

$$\omega = -\int \frac{1}{\bar{r}} \begin{vmatrix} \bar{x} & \bar{\alpha} & \bar{l} \\ \bar{y} & \bar{\beta} & \bar{m} \\ \bar{z} & \bar{\gamma} & \bar{n} \end{vmatrix} d H$$

oder nach II (C):

$$\omega = -\int \frac{\bar\lambda \bar x + \bar\mu \bar y + \bar\nu \bar z}{\bar r} dH,$$

also nach (10):

$$\frac{r}{\varrho} = -\operatorname{tg} \int \frac{\bar\lambda \bar x + \bar\mu \bar y + \bar\nu \bar z}{\bar r} dH.$$

Ferner giebt (13):

$$\alpha = -\bar\alpha \cos\omega + (\bar\beta \bar z - \bar\gamma \bar y) \sin\omega,$$
$$\lambda = -\bar\alpha \sin\omega - (\bar\beta \bar z - \bar\gamma \bar y) \cos\omega.$$

Drittes Problem: Gegeben die sphärische Indicatrix der Binormalen.

Nach (7) ist jetzt:

$$\bar x = \lambda, \quad \bar y = \mu, \quad \bar z = \nu, \quad d\bar s = dB.$$

Ausserdem ist nach (3):

$$\frac{dB}{ds} = \frac{1}{\varrho}.$$

Aus III (C) folgt:

$$\frac{l}{\varrho} = \frac{d\lambda}{ds} = \frac{d\lambda}{dB} \cdot \frac{dB}{ds} = \frac{1}{\varrho} \lambda',$$

also

(18) $$l = \lambda', \quad m = \mu', \quad n = \nu'.$$

Nun giebt II (C):

(19) $$\alpha = \mu'\nu - \nu'\mu, \quad \beta = \nu'\lambda - \lambda'\nu, \quad \gamma = \lambda'\mu - \mu'\lambda.$$

Daher ist:

(20) $$\frac{dx}{dB} = \frac{dx}{ds} : \frac{dB}{ds} = \alpha\varrho = \varrho(\mu'\nu - \nu'\mu).$$

Mithin haben wir:

(21) $$x = \int \varrho(\mu'\nu - \nu'\mu)\, dB, \quad y = \int \varrho(\nu'\lambda - \lambda'\nu)\, dB,$$
$$z = \int \varrho(\lambda'\mu - \mu'\lambda)\, dB.$$

Wir behaupten, dass diese Gleichungen, wie auch ϱ als Function von B gewählt sein mag, stets eine Curve vorstellen, deren Binormale die Richtungscosinus λ, μ, ν hat. In der That finden wir vorerst hieraus rückwärts (20). Das Summieren der Quadrate giebt:

$$\left(\frac{ds}{dB}\right)^2 = \varrho^2 \mathbf{S} (\mu'\nu - \nu'\mu)^2 = \varrho^2 [\mathbf{S} \lambda^2 . \mathbf{S} \lambda'^2 - (\mathbf{S} \lambda \lambda')^2].$$

Aber wegen (4) ist $\mathbf{S}\,\lambda^2 = \mathbf{S}\,\lambda'^2 = 1$, $\mathbf{S}\,\lambda\,\lambda' = 0$, sodass wir setzen können:

$$\frac{d\,s}{d\,B} = \varrho\,,$$

wie es thatsächlich oben geschah. Nun ist bei der Curve (21) der Richtungscosinus der Tangente und x-Axe:

$$\alpha = \frac{d\,x}{d\,s} = \frac{d\,x}{d\,B} : \frac{d\,s}{d\,B} = \mu'\,\nu - \nu'\,\mu$$

u. s. w. Ferner folgt:

$$\frac{d^2\,x}{d\,s^2} = \frac{d\frac{d\,x}{d\,s}}{d\,B} : \frac{d\,s}{d\,B} = \frac{\mu''\,\nu - \nu''\,\mu}{\varrho}.$$

Aehnliche Werte ergeben sich für die Ableitungen von y und z nach s, sodass wir finden:

$$\frac{d\,y}{d\,s}\,\frac{d^2 z}{d\,s^2} - \frac{d\,z}{d\,s}\,\frac{d^2 y}{d\,s^2} = \frac{\lambda}{\varrho}\begin{vmatrix} \lambda & \lambda' & \lambda'' \\ \mu & \mu' & \mu'' \\ \nu & \nu' & \nu'' \end{vmatrix}.$$

Nach III (B) aber ist der links stehende Ausdruck gleich dem Richtungscosinus der Binormale dividiert durch r. Daher sind die Richtungscosinus der Binormale proportional λ, μ, ν. Da $\mathbf{S}\,\lambda^2 = 1$ ist, können wir sie direct gleich λ, μ, ν setzen, was zu beweisen war. Insbesondere finden wir noch, wenn r den Krümmungsradius der Curve (21) bezeichnet:

(22)
$$\frac{\varrho}{r} = \begin{vmatrix} \lambda & \lambda' & \lambda'' \\ \mu & \mu' & \mu'' \\ \nu & \nu' & \nu'' \end{vmatrix}.$$

Satz 41: Sind λ, μ, ν drei solche Functionen von B, für die:

$$\lambda^2 + \mu^2 + \nu^2 = 1\,, \qquad \lambda'^2 + \mu'^2 + \nu'^2 = 1$$

ist, und bedeutet ϱ irgend eine Function von B, so sind:

$$x = \int \varrho\,(\mu'\,\nu - \nu'\,\mu)\,d\,B\,, \qquad y = \int \varrho\,(\nu'\,\lambda - \lambda'\,\nu)\,d\,B\,,$$

$$z = \int \varrho\,(\lambda'\,\mu - \mu'\,\lambda)\,d\,B$$

die allgemeinen Gleichungen einer Curve, deren Binormale die Grössen λ, μ, ν zu Richtungscosinus hat, und ϱ ist dabei der Torsionsradius.

Bei der sphärischen Indicatrix der Binormalen ist:

$$\bar{\alpha} = \lambda', \quad \bar{\beta} = \mu', \quad \bar{\gamma} = \nu'$$

und nach (18) also:

$$l = \bar{\alpha}, \quad m = \bar{\beta}, \quad n = \bar{\gamma}.$$

Aus (19) folgt ferner:

$$\alpha = \bar{\beta}\bar{z} - \bar{\gamma}\bar{y}, \quad \beta = \bar{\gamma}\bar{x} - \bar{\alpha}\bar{z}, \quad \gamma = \bar{\alpha}\bar{y} - \bar{\beta}\bar{x}.$$

Da noch:

$$\lambda'' = \frac{d\lambda'}{dB} = \frac{d\bar{\alpha}}{dB} = \frac{\bar{l}}{\bar{r}}$$

nach III (C) ist, so giebt (22):

$$\frac{\varrho}{r} = \frac{1}{\bar{r}} \begin{vmatrix} \bar{x} & \bar{\alpha} & \bar{l} \\ \bar{y} & \bar{\beta} & \bar{m} \\ \bar{z} & \bar{\gamma} & \bar{n} \end{vmatrix}$$

oder wegen II (C):

$$\frac{\varrho}{r} = \frac{\bar{\lambda}\bar{x} + \bar{\mu}\bar{y} + \bar{\nu}\bar{z}}{\bar{r}}.$$

In den Tafeln IV, V, VI am Schluss dieses Bandes sind die Formeln, die zur Ableitung einer Curve aus einer ihrer sphärischen Indicatricen dienen, übersichtlich zusammengestellt.

§ 19. **Folgerungen aus der sphärischen Abbildung der Curven.**

Aus den Ergebnissen des vorigen Paragraphen wollen wir nun einige Schlüsse ziehen.

Vor allem erhellt, dass das erste und dritte Problem im Ganzen in ähnlicher Weise zu erledigen sind, während das zweite erheblichere Schwierigkeiten macht. Wie hier, so bemerkt man überhaupt oft in der Theorie der Curven, dass die Hauptnormalen gegenüber den Tangenten und Binormalen eine besondere Stellung einnehmen.

In den drei Problemen bestehen zwischen entsprechenden Bogenelementen ds und $d\bar{s}$ der Raumcurve und ihrer Indicatrix die Beziehungen:

$$ds = r\,d\bar{s}, \quad ds = \frac{r\varrho}{\sqrt{r^2 + \varrho^2}}\,d\bar{s}, \quad ds = \varrho\,d\bar{s}.$$

Im ersten und dritten durfte r bez. ϱ beliebig als Function von $\bar{s}$ gewählt werden. Entsprechendes gilt auch im zweiten. Hier wählten wir zwar r beliebig, aber es war

$$\sin\omega = \frac{\varrho}{\sqrt{r^2 + \varrho^2}}$$

eine nach V (*C*) bestimmte Function von $\bar{s}$, und statt r können wir ebenso:

$$r \sin \omega = \frac{r \varrho}{\sqrt{r^2 + \varrho^2}} = t$$

als die beliebig zu wählende Function auffassen. Dann ist natürlich $r = t : \sin \omega$ in die Formeln der Tafel V einzusetzen.

Hieraus folgt, dass wir leicht diejenigen Curven des Raumes bestimmen können, bei denen r oder t oder ϱ einen constanten Wert hat. So schliessen wir zunächst aus IV (*C*):

Satz 42: Die Gleichungen einer allgemeinen Curve constanter Krümmung $\frac{1}{r}$ haben die Form:

$$x = r \int \bar{x} \, d\bar{s}, \quad y = r \int \bar{y} \, d\bar{s}, \quad z = r \int \bar{z} \, d\bar{s}.$$

Dabei bedeuten $\bar{x}$, $\bar{y}$, $\bar{z}$ irgend drei solche Functionen von $\bar{s}$, für die:

$$\bar{x}^2 + \bar{y}^2 + \bar{z}^2 = 1, \quad \bar{x}'^2 + \bar{y}'^2 + \bar{z}'^2 = 1$$

ist.

Analog folgt aus VI (*C*) und, weil $\bar{\alpha} = \frac{d\bar{x}}{d\bar{s}}$ u. s. w. ist:

Satz 43: Die Gleichungen einer allgemeinen Curve constanter Torsion $\frac{1}{\varrho}$ haben die Form:

$$x = \varrho \int \left(\bar{z} \frac{d\bar{y}}{d\bar{s}} - \bar{y} \frac{d\bar{z}}{d\bar{s}} \right) d\bar{s}, \quad y = \varrho \int \left(\bar{x} \frac{d\bar{z}}{d\bar{s}} - \bar{z} \frac{d\bar{x}}{d\bar{s}} \right) d\bar{s},$$

$$z = \varrho \int \left(\bar{y} \frac{d\bar{x}}{d\bar{s}} - \bar{x} \frac{d\bar{y}}{d\bar{s}} \right) d\bar{s}.$$

Dabei bedeuten $\bar{x}$, $\bar{y}$, $\bar{z}$ irgend drei solche Functionen von $\bar{s}$, für die

$$\bar{x}^2 + \bar{y}^2 + \bar{z}^2 = 1, \quad \bar{x}'^2 + \bar{y}'^2 + \bar{z}'^2 = 1$$

ist.

Ein ähnlicher Satz folgt aus Tafel V für die Curven, bei denen

$$t = \frac{r \varrho}{\sqrt{r^2 + \varrho^2}}$$

oder also

$$\frac{1}{r^2} + \frac{1}{\varrho^2} = \frac{1}{t^2}$$

constant ist. In V (*D*) ist $r = \frac{t}{\sin \omega}$ einzusetzen, sodass kommt:

Satz 44: Die Gleichungen einer Curve, bei der die Summe der Quadrate von Krümmung und Torsion:

$$\frac{1}{r^2} + \frac{1}{\varrho^2} = \frac{1}{t^2}$$

constant ist, haben die Form:

$$x = t\int \operatorname{ctg}\omega \left\{ -\frac{d\bar{x}}{d\bar{s}}\cos\omega + \left(\bar{z}\frac{d\bar{y}}{d\bar{s}} - \bar{y}\frac{d\bar{z}}{d\bar{s}}\right)\sin\omega \right\} d\bar{s},$$

$$y = t\int \operatorname{ctg}\omega \left\{ -\frac{d\bar{y}}{d\bar{s}}\cos\omega + \left(\bar{x}\frac{d\bar{z}}{d\bar{s}} - \bar{z}\frac{d\bar{x}}{d\bar{s}}\right)\sin\omega \right\} d\bar{s},$$

$$z = t\int \operatorname{ctg}\omega \left\{ -\frac{d\bar{z}}{d\bar{s}}\cos\omega + \left(\bar{y}\frac{d\bar{x}}{d\bar{s}} - \bar{x}\frac{d\bar{y}}{d\bar{s}}\right)\sin\omega \right\} d\bar{s}.$$

Dabei bedeuten $\bar{x}$, $\bar{y}$, $\bar{z}$ irgend drei solche Functionen von $\bar{s}$, für die:

$$\bar{x}^2 + \bar{y}^2 + \bar{z}^2 = 1, \qquad \bar{x}'^2 + \bar{y}'^2 + \bar{z}'^2 = 1$$

ist, und ausserdem ist:

$$\omega = -\int \begin{vmatrix} \bar{x} & \bar{x}' & \bar{x}'' \\ \bar{y} & \bar{y}' & \bar{y}'' \\ \bar{z} & \bar{z}' & \bar{z}'' \end{vmatrix} d\bar{s}.$$

Wir haben bei der Formulierung dieses Satzes auf die in (15), S. 246, angegebene Form von ω zurückgegriffen, in der ja $l = \bar{x}$, $m = \bar{y}$, $n = \bar{z}$ und $H = \bar{s}$ ist.

Der letzte Satz aber versagt, wenn $t = \infty$ ist, d. h. wenn $\varrho = \pm ir$ ist. Dieser Fall wurde schon auf S. 224 erledigt. Der Fall $t = 0$, in dem r oder ϱ gleich Null ist, führt nach Satz 27, S. 221, und Satz 13, S. 185, zu den ebenen Curven.

Im Problem der sphärischen Indicatrix der Tangenten hat sich nach IV (E) ergeben, dass die Tangenten der Indicatrix den Hauptnormalen der Raumcurve parallel sind. Dies hätten wir auch geometrisch folgern können, denn die Schmiegungsebene der Raumcurve ist die Ebene zweier unendlich benachbarter Tangenten der Raumcurve und daher parallel der Ebene zweier unendlich benachbarter Radien vom Kugelmittelpunkt zur sphärischen Curve. Diese Ebene aber enthält die Tangente der Indicatrix und zwar als Senkrechte zum Radius, während jene Schmiegungsebene die Hauptnormale der Raumcurve als Senkrechte zur Tangente enthält.

Im Problem der sphärischen Indicatrix der Binormalen fanden wir nach VI (E) ebenfalls, dass die Tangente der Indicatrix der Hauptnormale der Raumcurve parallel ist. Auch dies kann geometrisch abgeleitet werden: Wir betrachten zwei unendlich benachbarte Binormalen der Raumcurve. Die beiden zu ihnen senkrechten Schmiegungsebenen schneiden einander in einer Tangente der Raumcurve. Bei der sphärischen Abbildung ergiebt sich daher, dass die Ebene zweier unendlich benachbarter Radien der Indicatrix auf der

Tangente der Raumcurve senkrecht steht, d. h. der Normalebene der Raumcurve parallel ist. Da die Hauptnormale der Raumcurve in der Normalebene liegt, so folgt, dass sie parallel der Ebene zweier unendlich benachbarter Radien der Indicatrix ist. Andererseits ist sie senkrecht zu einer Binormale, also senkrecht zu einem Radius und deshalb parallel zur Tangente der Indicatrix.

Im ersten und dritten Problem hat sich ergeben, dass $\frac{r}{\varrho}$ eine Function von

$$\frac{\bar{\lambda}\bar{x} + \bar{\mu}\bar{y} + \bar{\nu}\bar{z}}{\bar{r}}$$

allein ist. Nun aber sind $\bar{\lambda}$, $\bar{\mu}$, $\bar{\nu}$ die Richtungscosinus der Binormalen der Indicatrix. Die Schmiegungsebene der Indicatrix hat daher in den laufenden Coordinaten $\mathfrak{x}$, $\mathfrak{y}$, $\mathfrak{z}$ die Gleichung:

$$\bar{\lambda}(\mathfrak{x} - \bar{x}) + \bar{\mu}(\mathfrak{y} - \bar{y}) + \bar{\nu}(\mathfrak{z} - \bar{z}) = 0,$$

und daher ist

$$\bar{\lambda}\bar{x} + \bar{\mu}\bar{y} + \bar{\nu}\bar{z}$$

der Abstand dieser Schmiegungsebene von der Kugelmitte. In beiden Problemen also hängt das Verhältnis aus Krümmung und Torsion der Raumcurve nur vom Verhältnis des Abstandes der Schmiegungsebene der Indicatrix von der Kugelmitte zum Krümmungsradius der Indicatrix ab.

Mit der sphärischen Indicatrix der Tangenten steht derjenige Rotationskegel in engem Zusammenhang, von dem drei unendlich benachbarte Mantellinien drei aufeinanderfolgenden Tangenten der Raumcurve parallel sind. Wählen wir nämlich die Kugelmitte O als Spitze des Kegels, so enthält der Kegel drei unendlich benachbarte Radien der sphärischen Indicatrix der Tangenten. Da er die Bildkugel in einem Kreise schneidet, so handelt es sich also darum, den Kreis zu bestimmen, der durch drei unendlich benachbarte Punkte der Indicatrix geht. Dieser Kreis liegt nach S. 174 in der Schmiegungsebene der Indicatrix. Ausserdem liegt er auf der Bildkugel, die für die Indicatrix Schmiegungskugel ist. Daher ist er nach S. 237 der Krümmungskreis der Indicatrix (siehe Fig. 50).

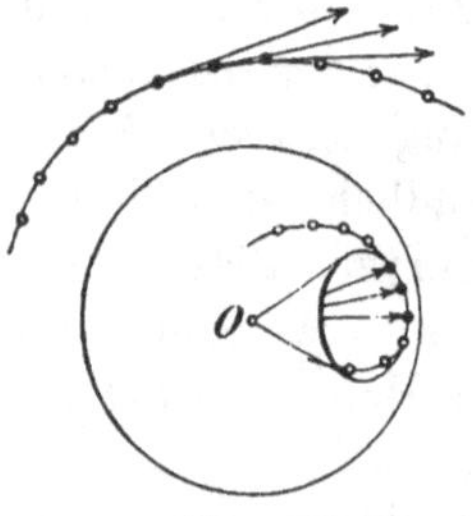

Fig. 50.

Nach (7), S. 188, sind die Coordinaten seines Mittelpunktes:

(1) $$\bar{a} = \bar{x} + \bar{r}\bar{l}, \quad \bar{b} = \bar{y} + \bar{r}\bar{m}, \quad \bar{c} = \bar{z} + \bar{r}\bar{n}.$$

Nun aber ist:

$$\bar{x} = \alpha, \quad \bar{y} = \beta, \quad \bar{z} = \gamma.$$

Nach IV (*E*) ist ferner $\bar{\alpha} = l$, also nach III (*C*) und IV (*B*):

$$\bar{l} = \bar{r}\frac{d\bar{\alpha}}{d\bar{s}} = \bar{r}\frac{d\,l}{d\,s}\,\frac{d\,s}{d\,\bar{s}} = \bar{r}\left(-\frac{\alpha}{r} - \frac{\lambda}{\varrho}\right)r.$$

Analog ergiebt sich $\bar{m}$ und $\bar{n}$. Bilden wir $\mathsf{S}\,\bar{l}^2 = 1$, so kommt wegen II (*A*):

$$1 = \bar{r}^2 r^2 \left(\frac{1}{r^2} + \frac{1}{\varrho^2}\right),$$

mithin:

$$\bar{r} = \frac{\varrho}{\sqrt{r^2 + \varrho^2}}.$$

Daher auch:

$$\bar{r}\,\bar{l} = \bar{r}^2\left(-\alpha - \frac{\lambda r}{\varrho}\right) = -(\alpha\varrho + \lambda r)\frac{\varrho}{r^2 + \varrho^2}.$$

Nach (1) sind mithin:

(2) $$\bar{a} = \frac{r}{r^2 + \varrho^2}(\alpha r - \lambda\varrho), \quad \bar{b} = \frac{r}{r^2 + \varrho^2}(\beta r - \mu\varrho),$$

$$\bar{c} = \frac{r}{r^2 + \varrho^2}(\gamma r - \nu\varrho)$$

die Coordinaten des Krümmungsmittelpunktes der sphärischen Indicatrix. Da nun nach (2) und II (*A*)

$$\mathsf{S}\,\bar{a}^2 = \frac{r^2}{r^2 + \varrho^2}$$

ist, so sind

(3) $$u = \frac{\alpha r - \lambda\varrho}{\sqrt{r^2 + \varrho^2}}, \quad v = \frac{\beta r - \mu\varrho}{\sqrt{r^2 + \varrho^2}}, \quad w = \frac{\gamma r - \nu\varrho}{\sqrt{r^2 + \varrho^2}}$$

die Richtungscosinus der Axe jenes Kegels. Wählen wir die Quadratwurzel bei reellen Curven positiv, so ist diese Axe in der Richtung vom Kugelmittelpunkte nach dem Krümmungsmittelpunkte $(\bar{a}, \bar{b}, \bar{c})$ hin orientiert. Ist φ der Winkel der Axe des Kegels mit seinen Mantellinien, z. B. mit der Mantellinie nach dem Punkte $(\bar{x}, \bar{y}, \bar{z})$ hin, so ist, da $\bar{x}$, $\bar{y}$, $\bar{z}$ oder α, β, γ die Richtungscosinus dieser Mantellinie sind, nach II (*A*):

$$\cos\varphi = \mathsf{S}\,\alpha u = \frac{r}{\sqrt{r^2 + \varrho^2}},$$

also

$$\operatorname{tg}\varphi = \frac{\varrho}{r}.$$

Satz 45: Der Rotationskegel, von dem eine Mantellinie der Tangente einer Curve im Punkte *P* und zwei andere Mantellinien zwei zur Tangente von *P* unendlich benachbarten Tangenten der Curve parallel sind, hat zur Axe die Richtung mit den Cosinus:

$$\frac{\alpha r - \lambda \varrho}{\sqrt{r^2 + \varrho^2}}, \quad \frac{\beta r - \mu \varrho}{\sqrt{r^2 + \varrho^2}}, \quad \frac{\gamma r - \nu \varrho}{\sqrt{r^2 + \varrho^2}}.$$

Die Tangente des Winkels der Axe mit den Mantellinien ist gleich $\varrho : r$. Dabei beziehen sich die Grössen sämtlich auf den Punkt P der Curve.

Bei den Curven, für die $\varrho : r$ constant ist, hat also der Kegel constante Öffnung. Nach Satz 28, S. 224, sind dies die allgemeinen Schraubenlinien.

Wählen wir das Dreikant des Punktes (x, y, z) der Raumcurve als Axenkreuz, so ist $\alpha = m = \nu = 1$ und jeder andere Richtungscosinus gleich Null, sodass (3) giebt:

$$u = \frac{r}{\sqrt{r^2 + \varrho^2}}, \quad v = 0, \quad w = \frac{-\varrho}{\sqrt{r^2 + \varrho^2}}.$$

Nach (17), S. 197, folgt hieraus:

Satz 46: Die Axe des Rotationskegels, von dem drei Mantellinien drei unendlich benachbarten Tangenten einer Curve parallel sind, hat die Richtung der Axe derjenigen gemeinen Schraubenlinie, die mit der Curve an der betreffenden Stelle eine Berührung zweiter Ordnung eingeht und mit ihr dort auch in der Torsion übereinstimmt.

Dies Ergebnis war zu vermuten: Denn die Axe jener Schraubenlinie ist nach S. 199 die Axe der unendlich kleinen Schraubung, die den Punkt der Curve momentan so wie auf der Curve weiterführt, sodass also seine Tangente bei der Schraubung in zwei unendlich benachbarte Tangenten übergeht. Bei der Schraubung behält aber eine Gerade denselben Winkel gegen die Axe der Schraubung. Wenn wir also durch einen Punkt der Axe der Schraubung zu drei unendlich benachbarten Tangenten der Curve die Parallelen ziehen, so werden sie mit der Axe denselben Winkel bilden; also wird der gesuchte Kegel die Schraubenaxe auch zur Axe haben.

Die Binormale der Curve steht auf der Tangente und Hauptnormale senkrecht, daher nach IV (D) und IV (E) auch auf der Ebene durch den Radius und die Tangente der Indicatrix der Tangenten. Daraus folgt, dass diese Ebene der Schmiegungsebene der Raumcurve parallel ist. Da wir nun den Kegel durch drei unendlich benachbarte Punkte der Indicatrix gelegt haben, so folgt noch:

Satz 47: Der in Satz 45 und 46 erwähnte Kegel kann auch definiert werden als Rotationskegel, von dem drei Tangentialebenen drei unendlich benachbarten Schmiegungsebenen der Curve parallel sind.

§ 20. Osculierender Rotationskegel.

Der zum Schluss des vorigen Paragraphen besprochene Kegel darf nicht mit demjenigen Rotationskegel verwechselt werden, dessen Spitze der Punkt P der Curve ist und der die Curve in P in möglichst hoher Ordnung berührt. Indem wir jetzt diesen osculierenden Kegel bestimmen, erkennen wir, dass er thatsächlich von jenem Kegel verschieden ist.

Wir müssen die allgemeine Gleichung eines Rotationskegels aufstellen. Zu diesem Zwecke betrachten wir zunächst den Rotationskegel, dessen Spitze der Anfangspunkt und dessen Axe die z-Axe ist, die mit den Mantellinien den Winkel φ bildet. Seine Gleichung lautet:

$$(1) \qquad x^2 + y^2 - \operatorname{tg}^2 \varphi \cdot z^2 = 0 .$$

Um hieraus die Gleichung eines allgemein gelegenen Rotationskegels mit der Spitze (a, b, c) und demselben Winkel φ zu erhalten, dessen Axe die Richtungscosinus u, v, w hat, führen wir eine Bewegung aus, die den zuerst in O gelegenen Punkt nach (a, b, c) bringt und die zuerst in der z-Axe gelegene Gerade in die Gerade durch (a, b, c) mit den Richtungscosinus u, v, w überführt. Dabei verstehen wir unter u_1, v_1, w_1 und u_2, v_2, w_2 die Cosinus zweier Richtungen, die aufeinander und auf der Richtung $(u : v : w)$ senkrecht stehen, sodass alle drei so gegeneinander orientiert sind wie die Axen des Coordinatensystems. Wenn wir mit $\mathfrak{x}, \mathfrak{y}, \mathfrak{z}$ die Coordinaten eines Punktes (x, y, z) nach stattgehabter Bewegung bezeichnen, so haben wir nach § 3 die Formeln der Tafel I zu benutzen, in denen statt x, y, z und $\bar{x}, \bar{y}, \bar{z}$ jetzt $\mathfrak{x}, \mathfrak{y}, \mathfrak{z}$ und x, y, z (nach S. 148) und statt der Richtungscosinus:

$$\begin{matrix} \alpha_1 & \beta_1 & \gamma_1 \\ \alpha_2 & \beta_2 & \gamma_2 \\ \alpha_3 & \beta_3 & \gamma_3 \end{matrix}$$

die Richtungscosinus:

$$\begin{matrix} u_1 & v_1 & w_1 \\ u_2 & v_2 & w_2 \\ u & v & w \end{matrix}$$

zu setzen sind, sodass zwischen diesen die aus Tafel I abzulesenden Beziehungen bestehen. Die Grössen a, b, c sind dieselben wie in Tafel I. Nach I (B) ist also:

$$\begin{aligned} x &= u_1(\mathfrak{x}-a)+v_1(\mathfrak{y}-b)+w_1(\mathfrak{z}-c), \\ y &= u_2(\mathfrak{x}-a)+v_2(\mathfrak{y}-b)+w_2(\mathfrak{z}-c), \\ z &= u\ (\mathfrak{x}-a)+v\ (\mathfrak{y}-b)+w\ (\mathfrak{z}-c), \end{aligned}$$

sodass

$$x^2+y^2=(u_1^2+u_2^2)(\mathfrak{x}-a)^2+\ldots+2(v_1w_1+v_2w_2)(\mathfrak{y}-b)(\mathfrak{z}-c)+\ldots$$

wird. Nach I (D) aber ist

$$u_1^2+u_2^2=1-u^2, \qquad v_1w_1+v_2w_2=-vw,$$

sodass wir haben:

$$x^2+y^2=(1-u^2)(\mathfrak{x}-a)^2+\ldots-2vw(\mathfrak{y}-b)(\mathfrak{z}-c)-\ldots$$

An die Stelle von (1) tritt daher die Gleichung:

$$\begin{aligned} &\mathbf{S}(1-u^2)(\mathfrak{x}-a)^2-2\,\mathbf{S}\,vw(\mathfrak{y}-b)(\mathfrak{z}-c)- \\ &-\operatorname{tg}^2 w\{\mathbf{S}\,u^2(\mathfrak{x}-a)^2+2\,\mathbf{S}\,vw(\mathfrak{y}-b)(\mathfrak{z}-c)\}=0 \end{aligned}$$

oder:

$$(2)\quad \left\{\begin{aligned} &(u^2-\cos^2\varphi)(\mathfrak{x}-a)^2+(v^2-\cos^2\varphi)(\mathfrak{y}-b)^2+(w^2-\cos^2\varphi)(\mathfrak{z}-c)^2+ \\ &+2vw(\mathfrak{y}-b)(\mathfrak{z}-c)+2wu(\mathfrak{z}-c)(\mathfrak{x}-a)+2uv(\mathfrak{x}-a)(\mathfrak{y}-b)=0 \end{aligned}\right.$$

als Gleichung des Rotationskegels von der Öffnung 2φ mit der Spitze (a, b, c), dessen Axe die Richtungscosinus u, v, w hat.

Jetzt wollen wir diesen Kegel mit der Raumcurve in eine Berührung von möglichst hoher Ordnung bringen. Nach Satz 30, S. 229, haben wir die Gleichung (2) mehrfach total, d. h. so zu differenzieren, als ob $\mathfrak{x}$, $\mathfrak{y}$, $\mathfrak{z}$ Functionen eines Parameters wären. Es kommt:

$$(3)\quad \left\{\begin{aligned} &\mathbf{S}(u^2-\cos^2\varphi)(\mathfrak{x}-a)\mathfrak{x}'+\mathbf{S}\,vw\{(\mathfrak{y}-b)\mathfrak{z}'+(\mathfrak{z}-c)\mathfrak{y}'\}=0, \\ &\mathbf{S}(u^2-\cos^2\varphi)\{\mathfrak{x}'^2+(\mathfrak{x}-a)\mathfrak{x}''\}+ \\ &\qquad+\mathbf{S}\,vw\{2\mathfrak{y}'\mathfrak{z}'+(\mathfrak{y}-b)\mathfrak{z}''+(\mathfrak{z}-c)\mathfrak{y}''\}=0, \\ &\mathbf{S}(u^2-\cos^2\varphi)\{3\mathfrak{x}'\mathfrak{x}''+(\mathfrak{x}-a)\mathfrak{x}'''\}+ \\ &\qquad+\mathbf{S}\,vw\{3\mathfrak{y}''\mathfrak{z}'+3\mathfrak{y}'\mathfrak{z}''+(\mathfrak{y}-b)\mathfrak{z}'''+(\mathfrak{z}-c)\mathfrak{y}'''\}=0, \\ &\mathbf{S}(u^2-\cos^2\varphi)\{3\mathfrak{x}''^2+4\mathfrak{x}'\mathfrak{x}'''+(\mathfrak{x}-a)\mathfrak{x}^{\mathrm{IV}}\}+ \\ &\qquad+\mathbf{S}\,vw\{4\mathfrak{y}'''\mathfrak{z}'+4\mathfrak{y}'\mathfrak{z}'''+6\mathfrak{y}''\mathfrak{z}''+(\mathfrak{y}-b)\mathfrak{z}^{\mathrm{IV}}+(\mathfrak{z}-c)\mathfrak{y}^{\mathrm{IV}}\}=0 \end{aligned}\right.$$

u. s. w.

Zur Vereinfachung können wir annehmen, das Coordinatenkreuz sei das Dreikant desjenigen Punktes P der Raumcurve, in dem wir die Berührung zwischen Curve und Kegel herstellen wollen. Dann ist für diesen Punkt:

$$x = y = z = 0, \quad \alpha = m = v = 1,$$

während alle anderen Richtungscosinus für ihn gleich Null sind. Nach III (B) und III (G) ist also für diesen Punkt bei der Curve:

$$(4) \quad \begin{cases} x' = 1, & y' = 0, & z' = 0; \\ x'' = 0, & y'' = \frac{1}{r}, & z'' = 0; \\ x''' = -\frac{1}{r^2}, & y''' = -\frac{r'}{r^2}, & z''' = -\frac{1}{r\varrho}; \end{cases}$$

Formeln, die wir schon auf S. 192 unter (1) gelegentlich aufstellten.

Da die Berührung in der Spitze des Kegels stattfinden soll, so ist nach Satz 30 in den Gleichungen (2) und (3) für $\mathfrak{x}$, $\mathfrak{y}$, $\mathfrak{z}$ und a, b, c überall Null zu setzen. Die Gleichung (2) wird dann zur Identität, ebenso die erste Gleichung (3), während sich die drei anderen Gleichungen (3) auf:

$$\mathbf{S}(u^2 - \cos^2\varphi)\mathfrak{x}'^2 + 2\,\mathbf{S}\,v\,w\,\mathfrak{y}'\mathfrak{z}' = 0,$$

$$\mathbf{S}(u^2 - \cos^2\varphi)\mathfrak{x}'\mathfrak{x}'' + \mathbf{S}\,v\,w(\mathfrak{y}''\mathfrak{z}' + \mathfrak{y}'\mathfrak{z}'') = 0,$$

$$\mathbf{S}(u^2 - \cos^2\varphi)(3\mathfrak{x}''^2 + 4\mathfrak{x}'\mathfrak{x}''') + \mathbf{S}\,vw(4\mathfrak{y}'''\mathfrak{z}' + 4\mathfrak{y}'\mathfrak{z}''' + 6\mathfrak{y}''\mathfrak{z}'') = 0$$

reducieren, also die Ableitungen bis zur dritten Ordnung enthalten. Die nächstfolgende Gleichung würde in den vierten Ableitungen linear sein, u. s. w.[1] Hierin haben wir nun, wenn wir die Bedingungen für die Berührung dritter Ordnung aufstellen wollen, für die Ableitungen von $\mathfrak{x}$, $\mathfrak{y}$, $\mathfrak{z}$ die Werte (4) einzusetzen. Dann kommt:

$$u^2 - \cos^2\varphi = 0,$$

$$\frac{1}{r}\,u\,v = 0,$$

$$-(u^2 - \cos^2\varphi)\frac{4}{r^2} + (v^2 - \cos^2\varphi)\frac{3}{r^2} - 4\frac{w\,u}{r\,\varrho} - 4\,\frac{u\,v\,r'}{r^2} = 0.$$

Die erste Gleichung giebt $u = \pm\cos\varphi$, die zweite $v = 0$ und die dritte

$$3\,\varrho\,u + 4\,r\,w = 0.$$

---

[1] Die Kegelspitze ist für den Kegel singulär, daher muss viermal differenziert werden, ehe die Bedingungen für die dritten Ableitungen hervorgehen. Eine Curve auf dem Kegel, die durch die Spitze geht, braucht aber in diesem Punkte nicht auch singulär zu sein. Siehe die Bemerkung auf S. 228—229.

Nun ist aber $u^2 + v^2 + w^2 = 1$, also jetzt:

$$u^2 + w^2 = 1.$$

Daher ergiebt sich:

$$(5)\qquad u = \frac{4r}{\sqrt{16r^2 + 9\varrho^2}}, \qquad v = 0, \qquad w = \frac{-3\varrho}{\sqrt{16r^2 + 9\varrho^2}}$$

und aus $u = \pm \cos\varphi$:

$$\operatorname{tg}\varphi = \pm \frac{3}{4}\,\frac{\varrho}{r}.$$

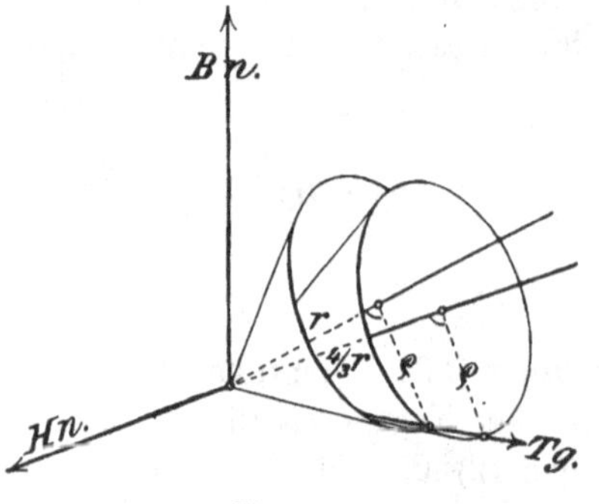

Fig. 51.

Auf das Vorzeichen kommt es hier nicht an, da die Kegelaxe mit den Mantellinien zwei Winkel φ und $\pi - \varphi$ bildet.

Satz 48: Derjenige Rotationskegel, dessen Spitze der Punkt P einer Curve ist und der daselbst die Curve in dritter Ordnung berührt, hat zur Axe diejenige Gerade durch P, die in dem Dreikant des Punktes P die Richtungscosinus:

$$u = \frac{4r}{\sqrt{16r^2 + 9\varrho^2}}, \qquad v = 0, \qquad w = -\frac{3\varrho}{\sqrt{16r^2 + 9\varrho^2}}$$

hat.

Er unterscheidet sich also wesentlich von dem Kegel der Sätze 45—47, S. 255—257, bei dem im Dreikant die Richtungcosinus diese sind:

$$u = \frac{r}{\sqrt{r^2 + \varrho^2}}, \qquad v = 0, \qquad w = \frac{-\varrho}{\sqrt{r^2 + \varrho^2}}.$$

In Fig. 51 sind beide Kegel dargestellt.

Dritter Abschnitt.

Curven und abwickelbare Flächen.

§ 1. Die Tangentenfläche einer Curve.

Im gegenwärtigen Abschnitt untersuchen wir solche Flächen und Curven, die zu einer gegebenen Curve in so enger Beziehung stehen, dass erst durch ihr Studium die Theorie der Raumcurven zu einem Abschluss gelangt. Zugleich dient dieser Abschnitt als Vorbereitung zur allgemeinen Flächentheorie, da wir einige besondere Flächenarten schon hier besprechen.

Zunächst soll uns die Fläche beschäftigen, die von den Tangenten einer Raumcurve gebildet wird.[1] Wir behalten dabei die uns aus dem zweiten Abschnitt vertrauten Bezeichnungen für die Elemente der Curve bei.

Gegeben sei eine Curve c in Parameterdarstellung:

(1) $$x = \varphi(t), \quad y = \chi(t), \quad z = \psi(t).$$

Die Tangente des Punktes (t) oder (φ, χ, ψ) geht durch diesen Punkt selbst und hat Richtungscosinus proportional φ', χ', ψ', sodass ihre laufenden Coordinaten $\mathfrak{x}, \mathfrak{y}, \mathfrak{z}$ mittels eines Parameters τ so dargestellt werden können:

(2) $$\mathfrak{x} = \varphi(t) + \tau\varphi'(t), \quad \mathfrak{y} = \chi(t) + \tau\chi'(t), \quad \mathfrak{z} + \psi(t) + \tau\psi'(t).$$

(Siehe (3), S. 141.) Giebt man t nach und nach verschiedene Werte, so heisst dies, dass man nach und nach verschiedene Tangenten ins Auge fasst. Dabei beschreibt der Punkt $(\mathfrak{x}, \mathfrak{y}, \mathfrak{z})$ jedesmal die betreffende Tangente, wenn τ alle Werte durchläuft. Giebt man t und τ irgend welche bestimmte Werte, so bedeutet dies, dass man einen bestimmten Punkt $(\mathfrak{x}, \mathfrak{y}, \mathfrak{z})$ auf einer bestimmten Tangente der

[1] Solche Flächen wurden 1771 zuerst von Euler, „De solidis quorum superficiem in planum explicare licet", Novi Commentarii Acad. Petropolitanae, a. 1771, T. XVI, Petersburg 1772, und von Monge in seiner in der Anm. zu S. 171 angegebenen Arbeit betrachtet, alsdann 1774 von Tinseau (siehe Anm. S. 174).

Curve (1) betrachtet. Die Gleichungen (2) stellen mithin, sobald man t und τ als zwei beliebige Veränderliche auffasst, die Gesamtheit aller derjenigen Punkte $(\mathfrak{x}, \mathfrak{y}, \mathfrak{z})$ analytisch dar, die auf den ∞^1 Tangenten der Curve (1) liegen. Es ist dies, da $\mathfrak{x}$, $\mathfrak{y}$, $\mathfrak{z}$ stetige Functionen von t und τ sind, eine stetige Gesamtheit von ∞^2 Punkten, die folglich eine Fläche erfüllen. Diese Fläche, deren analytischer Ausdruck die Gleichungen (2) sind, heisst die Tangentenfläche der Curve c.

Will man die Fläche durch eine einzige Gleichung zwischen $\mathfrak{x}$, $\mathfrak{y}$, $\mathfrak{z}$ allein darstellen, so muss man die Parameter t und τ aus den drei Gleichungen (2) eliminieren. τ ist leicht zu entfernen; es bleiben die beiden Gleichungen:

$$\frac{\mathfrak{x} - \varphi(t)}{\varphi'(t)} = \frac{\mathfrak{y} - \chi(t)}{\chi'(t)} = \frac{\mathfrak{z} - \psi(t)}{\psi'(t)}.$$

Hieraus wäre noch t zu entfernen, indem man mittels einer der Gleichungen t als Function von $\mathfrak{x}$, $\mathfrak{y}$, $\mathfrak{z}$ berechnete und in die andere einsetzte. So würde eine Gleichung $F(\mathfrak{x}, \mathfrak{y}, \mathfrak{z}) = 0$ hervorgehen. Aber die Darstellungsform (2) der Tangentenfläche ist viel bequemer.

Ist insbesondere der in den Gleichungen (1) der Raumcurve c auftretende Parameter t die Bogenlänge s:

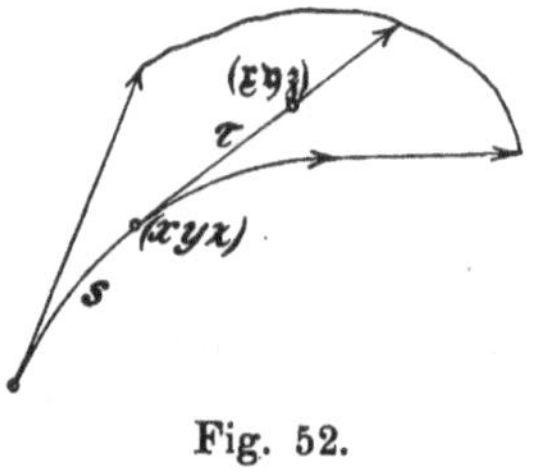

Fig. 52.

(3) $$x = \varphi(s), \quad y = \chi(s), \quad z = \psi(s),$$

so sind die Ableitungen von x, y, z nach s direct die Richtungscosinus α, β, γ der Tangente des Punktes (s). Ist nun $(\mathfrak{x}, \mathfrak{y}, \mathfrak{z})$ derjenige Punkt der Tangente, der vom Berührungspunkt den Abstand τ hat, und rechnet man — bei reellen Curven — diesen Abstand positiv oder negativ, je nachdem der Punkt $(\mathfrak{x}, \mathfrak{y}, \mathfrak{z})$ auf dem positiven oder negativen Stück der Tangente liegt, so ist:

(4) $$\mathfrak{x} = x + \alpha\tau, \quad \mathfrak{y} = y + \beta\tau, \quad \mathfrak{z} = z + \gamma\tau.$$

Hierin sind x, y, z die durch (3) bestimmten Functionen von s und α, β, γ ihre Ableitungen nach s. Wiederum stellen die Gleichungen (4), wenn s und τ variieren, alle möglichen Punkte $(\mathfrak{x}, \mathfrak{y}, \mathfrak{z})$ der Tangentenfläche dar. Jetzt aber haben die Hülfsveränderlichen s und τ eine einfache geometrische Bedeutung (siehe Fig. 52).

Wir wollen nun den Parametern s und τ zuerst zwei bestimmte Werte beilegen, also einen bestimmten Punkt $(\mathfrak{x}, \mathfrak{y}, \mathfrak{z})$ der Tangentenfläche annehmen, und darauf s und τ um unendlich wenig ändern, um ds und $d\tau$, sodass der neue Punkt $(\mathfrak{x} + d\mathfrak{x},\ \mathfrak{y} + d\mathfrak{y},\ \mathfrak{z} + d\mathfrak{z})$ auf einer der ersten Tangente unendlich benachbarten Tangente unendlich nahe beim alten Punkt liegt (siehe Fig. 53). Der Ab-

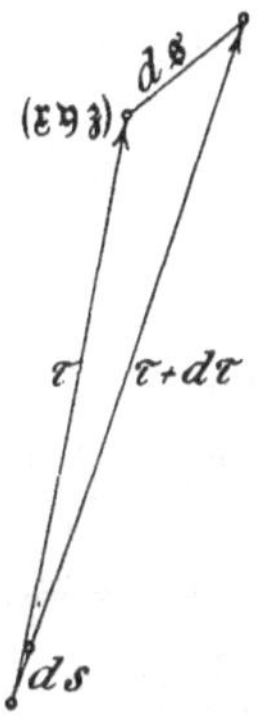

Fig. 53.

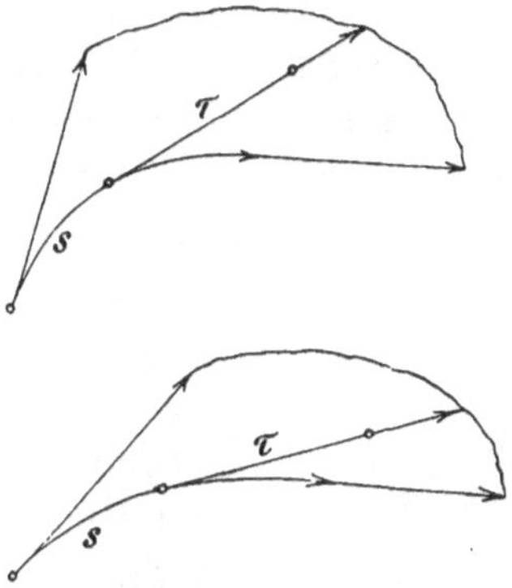

Fig. 54.

stand beider Punkte voneinander heisst das Bogenelement $d\mathfrak{s}$ der Tangentenfläche. Sein Quadrat ist leicht zu berechnen. Denn es ist:

(5) $$d\mathfrak{s}^2 = d\mathfrak{x}^2 + d\mathfrak{y}^2 + d\mathfrak{z}^2.$$

Nach (4) aber ist:

$$d\mathfrak{x} = \frac{\partial (x + \alpha\tau)}{\partial s} ds + \alpha\, d\tau = \left(\frac{dx}{ds} + \frac{d\alpha}{ds}\tau\right) ds + \alpha\, d\tau$$

oder nach III (C)

$$d\mathfrak{x} = \left(\alpha + \frac{l}{r}\tau\right) ds + \alpha\, d\tau.$$

Aehnlich ergiebt sich $d\mathfrak{y}$ und $d\mathfrak{z}$, sodass nach (5) und II (A) folgt:

(6) $$\begin{cases} d\mathfrak{s}^2 = \left(1 + \dfrac{\tau^2}{r^2}\right) ds^2 + 2\, ds\, d\tau + d\tau^2 \\ \quad\;\; = (ds + d\tau)^2 + \dfrac{\tau^2}{r^2} ds^2. \end{cases}$$

Betrachten wir nun irgend eine zweite Raumcurve $\mathfrak{c}$, auf der ebenfalls s die Bogenlänge bedeute, während τ auch dort die auf der Tangente gemessene Strecke darstelle, so entspricht jedem Punkte (s, τ) der Tangentenfläche von c ein bestimmter Punkt (s, τ) der Tangentenfläche von $\mathfrak{c}$, wenn wir eben diejenigen Punkte auf beide Flächen einander zuordnen, die demselben Wertepaar s, τ zugehören (siehe Fig. 54). Wenn dann bei beiden Curven c und $\mathfrak{c}$ überdies der Krümmungsradius r, der in (6) auftritt, dieselbe Function von s ist, so stimmt die Entfernung $d\mathfrak{s}$ zweier unendlich benachbarter Punkte der ersten Tangentenfläche nach (6) mit der Entfernung der ihnen auf der zweiten Fläche zugeordneten Punkte völlig überein. Wenn ein Punkt irgend eine Curve auf der ersten Tangentenfläche durchläuft, so wird der ihm zugeordnete Punkt auf der zweiten Fläche ebenfalls eine gewisse Curve beschreiben; und bei beiden Curven stimmen die Bogenelemente ds, also auch die Gesamtlängen überein. Daher:

Satz 1: Haben zwei Raumcurven die Eigenschaft, dass bei beiden der Krümmungsradius dieselbe Function der Bogenlänge ist, so kann man die Tangentenflächen beider Curven einander Punkt für Punkt derart zuordnen, dass jeder Curve auf der einen Fläche eine Curve von gleicher Länge auf der anderen Fläche entspricht.

Insbesondere können wir eine ebene Curve $\mathfrak{c}$ construieren, längs deren der Krümmungsradius r dieselbe Function der Bogenlänge s ist wie längs der Raumcurve c. Denn nach Satz 31, S. 42, und Satz 24, S. 38, sind ja in der Ebene $z = 0$

$$(7) \qquad x = \int \cos \int \frac{ds}{r} ds, \quad y = \int \sin \int \frac{ds}{r} ds, \quad z = 0$$

die allgemeinen Gleichungen einer solchen Curve. Benutzen wir diese Gleichungen als die der Curve $\mathfrak{c}$ anstelle der Gleichungen (3), so erhalten wir analog (4) als Gleichungen der Tangentenfläche von $\mathfrak{c}$:

$$(8) \qquad \left\{ \begin{aligned} \mathfrak{x} &= \int \cos \int \frac{ds}{r} ds + \tau \cos \int \frac{ds}{r}, \\ \mathfrak{y} &= \int \sin \int \frac{ds}{r} ds + \tau \sin \int \frac{ds}{r}, \quad \mathfrak{z} = 0. \end{aligned} \right.$$

Natürlich ist diese Tangentenfläche einer ebenen Curve $\mathfrak{c}$ die Ebene $\mathfrak{z} = 0$ der Curve. Zu jedem Wertepaar s, τ gehört also ein Punkt $(\mathfrak{x}, \mathfrak{y}, \mathfrak{z})$ der Tangentenfläche (4) von c und ein Punkt $(\mathfrak{x}, \mathfrak{y}, 0)$ der Ebene $\mathfrak{z} = 0$ vermöge der Gleichungen (8), und zwar so, dass eine beliebige Curve, die ein Punkt auf der Tangentenfläche (4) von c beschreibt, stets gerade so lang ist wie die Curve, die der Bildpunkt in der Ebene $\mathfrak{z} = 0$ beschreibt.

Denken wir uns die Tangentenfläche (4) materiell durch eine völlig biegsame, aber nirgends dehnbare unendlich dünne Haut hergestellt, so können wir sie also durch Verbiegen derart auf die Ebene ausbreiten,[1] dass der Punkt $(\mathfrak{x}, \mathfrak{y}, \mathfrak{z})$ der Fläche in den durch (8) bestimmten Punkt zu liegen kommt.

Hierbei ist noch Einiges anzumerken:

Es erleichtert das Verstehen, wenn man wie auf S. 175 statt der Curve c vorerst ein räumliches Polygon $P_1 P_2 P_3 P_4 \ldots$ betrachtet (siehe Fig. 55), und zwar ein Polygon, dessen Seiten geradlinig und verhältnismässig kurz sind und bei dem jede Seite in ihrer Richtung nur sehr wenig von der vorhergehenden Seite abweicht. Die Polygonseiten $P_1 P_2$, $P_2 P_3$, $P_3 P_4 \ldots$ verlängern wir nach der einen Richtung hin, sagen wir über P_2, P_3, $P_4 \ldots$ hinaus, beliebig weit. Da je zwei aufeinanderfolgende Seiten einander schneiden, so bilden sie eine Ebene (Schmiegungsebene), und die verlängerten Seiten sind die Schenkel einer Reihe aufeinanderfolgender verhältnismässig kleiner spitzer Winkel. Es seien E_{123}, E_{234}, $E_{345} \ldots$ die Winkelfelder. Wir denken uns diese Winkelfelder um ihre gemeinsamen Schenkel $P_2 P_3$, $P_3 P_4$, $P_4 P_5 \ldots$ drehbar, aber im Uebrigen starr. Zeichnen wir auf die Winkelfelder irgend eine gebrochene Linie $A_1 A_2 A_3 \ldots$, so wird ihre Länge durch die Drehung der Winkelfelder gegeneinander nicht geändert.

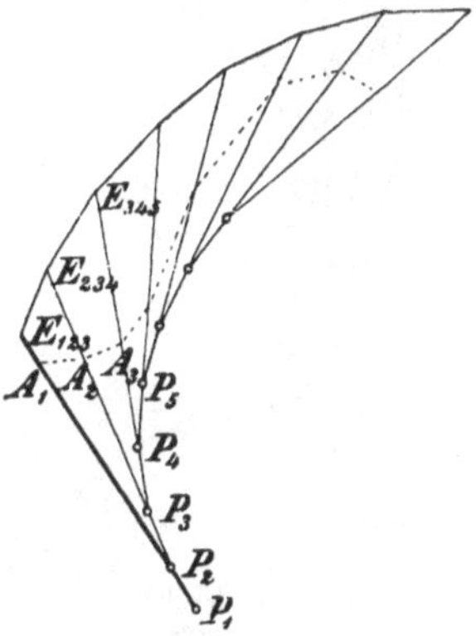

Fig. 55.

Legen wir das erste Winkelfeld E_{123} auf die Ebene $\mathfrak{z} = 0$, so können wir das übrige Modell insgesamt soweit um $P_2 P_3$ drehen, bis auch das Winkelfeld E_{234} in der Ebene $\mathfrak{z} = 0$ liegt. Den ganzen Rest des Modells drehen wir alsdann wiederum um $P_3 P_4$ so weit, bis auch das Feld E_{345} in der Ebene $\mathfrak{z} = 0$ liegt, u. s. w. Das aus den Winkelfeldern E_{123}, E_{234}, $E_{345} \ldots$ bestehende räumliche Gebilde wird so auf die Ebene $\mathfrak{z} = 0$ ausgebreitet. Die eingezeichnete gebrochene Linie $A_1 A_2 A_3 A_4 \ldots$ ist dabei in eine gebrochene Linie in der Ebene $\mathfrak{z} = 0$ übergegangen, ohne ihre Länge geändert zu haben. Das räumliche Gebilde ist also ohne Dehnung auf die Ebene abgewickelt worden.[2]

---

[1] Euler und Monge waren die Ersten, die (1771) erkannten, dass es ausser den Kegeln und Cylindern noch andere Flächen giebt, die ohne Dehnung auf die Ebene ausgebreitet werden können.

[2] Das in der Anmerkung zu S. 176 erwähnte Modell ist durch das umgekehrte Verfahren hergestellt worden.

Aber noch mehr: Jedes Winkelfeld E_{123}, E_{234}, E_{345} ... hat ein Scheitel-Winkelfeld E'_{123}, E'_{234}, E'_{345} ... Diese Scheitelfelder erzeugen zusammen ein räumliches Gebilde, das ebenfalls bei jenem Verfahren in ein ebenes Gebilde übergeht; siehe Fig. 56. Das räumliche Polygon $P_1 P_2 P_3 P_4$ ... ist jetzt in ein ebenes Polygon $P_1 P_2 P_3 P_4$ ... verwandelt worden, und zwar so, dass die Ebene $\mathfrak{z} = 0$ auf der **convexen** Seite des Polygons **doppelt** mit den Winkelfeldern E_{123}, E_{234}, E_{345} ... und E'_{123}, E'_{234}, E'_{345} ... überdeckt ist.

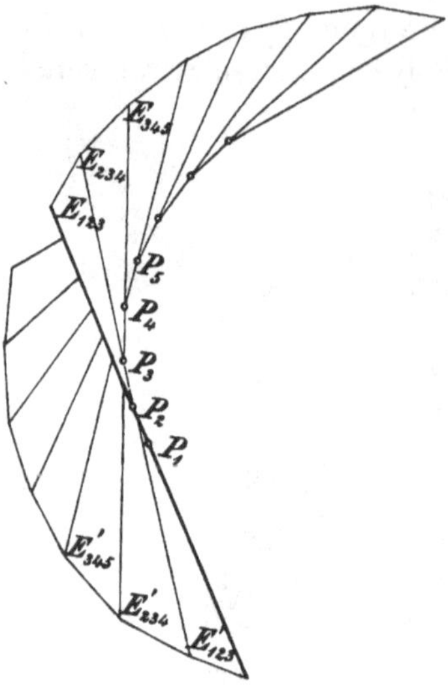

Fig. 56.

Man kann nun gedanklich den Grenzübergang ausführen, der das gegebene Polygon $P_1 P_2 P_3 P_4$ ... in eine Raumcurve c verwandelt. Das aus den Winkelfeldern E_{123}, E_{234}, E_{345} ... bestehende Gebilde geht dabei in die Fläche über, die von den nach einer Seite, etwa nach der positiven, gezogenen Tangenten der Curve c erzeugt wird. Die Winkelfelder E'_{123}, E'_{234}, E'_{345} ... dagegen liefern die Fläche, die von den negativen Teilen der Tangenten von c erzeugt wird.

Die Tangentenfläche der Raumcurve c hat also zwei Mäntel, die längs der Curve c einander treffen.

Bei der Ausbreitung der Tangentenfläche in die Ebene geht eine reell gedachte Curve c in eine ebene Curve $\mathfrak{c}$ über, und die beiden Mäntel der Tangentenfläche überdecken dabei denjenigen Teil der Ebene doppelt, der auf der convexen Seite der ebenen Curve $\mathfrak{c}$ liegt.

Der Umstand, der für die Möglichkeit dieser Ausbreitung der Tangentenfläche in die Ebene ohne jede Dehnung wesentlich ist, ist nach der obigen Polygonbetrachtung der, dass jede Tangente der Raumcurve die unendlich benachbarte Tangente schneidet, denn wir machten beständig Gebrauch davon, dass die Winkelfelder eben waren.

Unsere Ergebnisse mögen so formuliert werden:

Satz 2: Die Fläche der Tangenten einer Raumcurve besteht aus zwei Mänteln und lässt sich ohne Dehnung durch Biegung allein derart auf die Ebene ausbreiten, dass ihr reeller Teil die convexe Seite einer gewissen ebenen Curve doppelt überdeckt, indem sich dort die beiden Mäntel übereinander legen. Die Länge von beliebigen Curven auf der Tangentenfläche wird bei diesem Verfahren nicht geändert (siehe Fig. 57).[1]

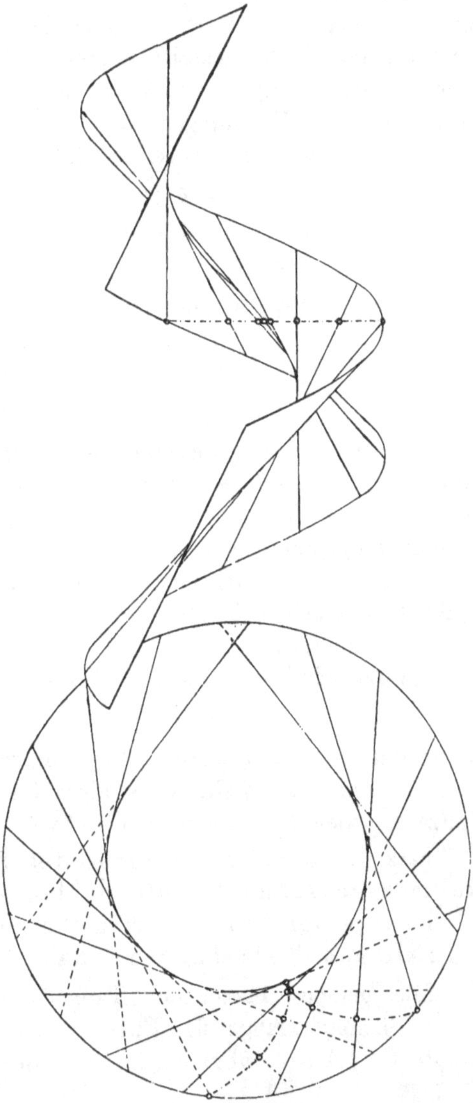

Fig. 57.

Eine Fläche nun, die sich ohne Dehnung durch Biegung allein auf die Ebene ausbreiten lässt, heisst eine **abwickelbare Fläche** oder eine **developpabele Fläche**. Anders ausgesprochen: Eine Fläche heisst abwickelbar, wenn man jedem Punkt der Fläche einen Punkt der Ebene derart zuordnen kann, dass jede beliebige Curve auf der Fläche dieselbe Länge hat wie ihre Bildcurve in der Ebene.

Später (in § 3) werden wir erkennen, dass *jede* abwickelbare Fläche die Tangentenfläche einer Raumcurve ist.

[1] Die Figur stellt die Tangentenfläche einer gemeinen Schraubenlinie dar, bei der der Krümmungsradius r nach Satz 12, S. 184, constant ist, sodass die Curve bei der Abwickelung in die Ebene nach Satz 29, S. 41, zum Kreis wird. Die Tangenten sind sämtlich gleichlang begrenzt worden. Die Abwickelung

Jetzt wollen wir analytisch untersuchen, welche Rolle die Curve c für die längs der Curve aneinander grenzenden beiden Mäntel der Tangentenfläche gestaltlich spielt. Wir wählen das begleitende Dreikant eines allgemeinen Punktes der Raumcurve als Axenkreuz, sodass wir die Gleichungen der Curve wie in (7) auf S. 176 mit einem Parameter t so schreiben können:

$$\begin{aligned} x &= a_1 t + b_1 t^2 + c_1 t^3 + \dots \quad (a_1 \neq 0), \\ y &= \qquad\; b_2 t^2 + c_2 t^3 + \dots \quad (b_2 \neq 0), \\ z &= \qquad\qquad\quad c_3 t^3 + \dots \end{aligned}$$

Nach (2) sind nun die Gleichungen der Tangentenfläche:

$$\begin{aligned} \mathfrak{x} &= (a_1 t + \dots) + (a_1 + \dots)\tau, \\ \mathfrak{y} &= (b_2 t^2 + \dots) + (2 b_2 t + \dots)\tau, \\ \mathfrak{z} &= (c_3 t^3 + \dots) + (3 c_3 t^2 + \dots)\tau. \end{aligned}$$

Ihr Schnitt mit der Normalebene $\mathfrak{x} = 0$ hat in der Nähe des gewählten Curvenpunktes (Anfangspunktes) eine besondere Eigentümlichkeit: Wir erhalten nämlich einen Punkt der Fläche nahe beim Anfangspunkt, sobald wir t und τ hinreichend klein wählen, sodass nur die niedrigsten wirklich auftretenden Potenzen von t und τ in Betracht kommen. Insbesondere ist dann $\mathfrak{x} = 0$, wenn wir $\tau = -t$ annehmen. Mithin ist in hinreichender Nähe des Anfangspunktes die Schnittcurve mit der Normalebene $\mathfrak{x} = 0$ durch die Curve:

$$\mathfrak{y} = -b_2 t^2, \quad \mathfrak{z} = -2 c_3 t^3$$

zu ersetzen. Geht t durch Null hindurch, so wechselt nur $\mathfrak{z}$ das Zeichen, und man sieht, dass diese Curve im Anfangspunkte eine Spitze mit den Hauptnormalen ($\mathfrak{y}$-Axe) als Tangente hat. Daher:

Satz 3: Die Normalebene des Punktes P einer reellen Raumcurve schneidet die beiden Mäntel der Tangentenfläche in einer Curve, die in P eine Spitze mit der Hauptnormale von P als Tangente hat.

Die beiden Mäntel der Tangentenfläche einer reellen Curve bilden demnach längs der Curve einen scharfen Grat, eine sogenannte Gratlinie, obgleich sie einander längs der Curve berühren.[1]

giebt daher zwei congruente Kreisringe, die unten in die Figur eingezeichnet sind. Auf der Fläche und ihrer Abwickelung ist noch eine Curve angegeben, die zur Erläuterung eines späteren Satzes dienen soll.

[1] Monge nannte diese Curve „l'arête de rebroussement". Aus dieser Bezeichnung geht schon hervor, dass er den Satz 3 kannte, während de Saint-Venant diesen Satz für sich in Anspruch nahm (in seinem „Mémoire" von 1844). Allerdings fügte de Saint-Venant hinzu, dass überhaupt jeder ebene Schnitt der Tangentenfläche, der keine Tangente enthält, eine Spitze liefert.

Da die Tangentenfläche ohne Dehnung in die Ebene ausgebreitet werden kann, so folgert man leicht, dass der Winkel, unter dem zwei Curven auf der Fläche einander schneiden, bei der Abwickelung ungeändert bleibt. Um dies aber streng analytisch zu beweisen, betrachten wir irgend eine Curve C auf der Tangentenfläche. Wir erhalten sie, indem wir auf jeder Tangente der Curve c eine Strecke τ abtragen, die sich von Tangente zu Tangente stetig ändert, also eine Function der Bogenlänge s von c ist. Wenn wir also in (4) unter τ irgend eine Function von s verstehen:

$$\tau = \omega(s),$$

so stellen die hervorgehenden Gleichungen:

$$\mathfrak{x} = x + \alpha\,\omega(s), \quad \mathfrak{y} = y + \beta\,\omega(s), \quad \mathfrak{z} = z + \gamma\,\omega(s), \tag{9}$$

die rechts in x, y, z, α, β, γ und ω ja nur eine Veränderliche s enthalten, eine Curve C auf der Tangentenfläche dar, und zwar mittels des Parameters s, der aber nicht die Bogenlänge der Curve C bedeutet. Ist $\mathfrak{s}$ die Bogenlänge von C, so ist vielmehr:

$$d\mathfrak{s}^2 = d\mathfrak{x}^2 + d\mathfrak{y}^2 + d\mathfrak{z}^2, \tag{10}$$

und nach (9) und III (C) ist:

$$\frac{d\mathfrak{x}}{ds} = \alpha + \frac{l}{r}\omega + \alpha\omega'$$

u. s. w., sodass (10) und II (A) ergiebt (siehe auch (6) oben):

$$\left(\frac{d\mathfrak{s}}{ds}\right)^2 = (1 + \omega')^2 + \frac{\omega^2}{r^2}.$$

Die Richtungscosinus $\bar{\alpha}$, $\bar{\beta}$, $\bar{\gamma}$ der Tangente von C sind die Differentialquotienten von $\mathfrak{x}$, $\mathfrak{y}$, $\mathfrak{z}$ nach $\mathfrak{s}$, daher ist:

$$\bar{\alpha} = \frac{(1 + \omega')\alpha + \frac{\omega}{r} l}{\sqrt{(1 + \omega')^2 + \frac{\omega^2}{r^2}}},$$

und analoge Werte ergeben sich für $\bar{\beta}$ und $\bar{\gamma}$. Der Winkel Θ der Tangente von C im Punkte ($\mathfrak{x}$, $\mathfrak{y}$, $\mathfrak{z}$) oder ($\mathfrak{s}$) mit der durch diesen Punkt gehenden Tangente von c hat folglich nach II (A) den Cosinus:

$$\cos\Theta = \mathbf{S}\,\alpha\bar{\alpha} = \frac{1 + \omega'}{\sqrt{(1 + \omega')^2 + \frac{\omega^2}{r^2}}}.$$

Da der Krümmungradius r und die Bogenlänge s bei der Verbiegung ungeändert bleiben, so gilt dasselbe mithin vom Winkel Θ, und hieraus folgt:

Satz 4: Bei der Abwickelung der Fläche der Tangenten einer Raumcurve in die Ebene bleiben die Winkel, unter denen Curven auf der Fläche einander schneiden, ungeändert.

Man hätte dies auch daraus folgern können, dass bei der Abwickelung die Bogenelemente nicht geändert werden und daher jedes unendlich kleine Dreieck auf der Fläche mit sich congruent bleibt.

Werden auf einem Mantel der Tangentenfläche von c zwei Punkte P_0 und P gegeben und soll man sie durch diejenige Curve auf der Fläche verbinden, die von allen möglichen Curven auf der Fläche die kürzeste von P_0 bis P ist, so wird man die Fläche in die Ebene abwickeln, wodurch P_0 und P in zwei Punkte P_0' und P' übergehen und darauf P_0' und P' durch die Gerade G' verbinden. Verbiegen wir die Ebene wieder in die Tangentenfläche, so geht G' in die gesuchte kürzeste Linie G von P_0 bis P über. Aus Gründen, die erst später erläutert werden können, gebrauchen wir statt der Bezeichnung: kürzeste Linien einer Fläche die Bezeichnung: geodätische Linien der Fläche.

§ 2. Einiges über geradlinige Flächen.

Ausser den Tangentenflächen von Raumcurven giebt es noch manche andere Fläche, bei der wie bei diesen durch jeden Punkt eine Gerade geht, die vollständig auf der Fläche liegt, z. B. das einschalige Hyperboloid und das hyperbolische Paraboloid. Die Eigenheiten der Tangentenflächen treten daher erst dann klar hervor, wenn wir überhaupt geradlinige Flächen allgemein betrachten.

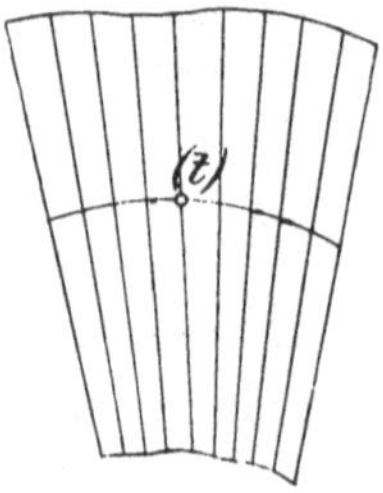

Fig. 58.

Eine Fläche heisst eine geradlinige Fläche oder Regelfläche, wenn durch jeden ihrer Punkte eine Gerade geht, die ganz auf ihr liegt, oder: wenn sie ∞^1 Geraden enthält. Wird auf der Fläche irgend eine Curve gezogen (siehe Fig. 58)

(1) $$x = \varphi(t), \quad y = \chi(t), \quad z = \psi(t),$$

so geht durch jeden Punkt (t) der Curve eine Gerade der Fläche. Die Richtungscosinus dieser Geraden werden für verschiedene Punkte (t) verschieden sein. Sie verhalten sich also zu einander wie drei Functionen $f(t)$, $g(t)$, $h(t)$ von t, sodass die Gerade, die zum Punkte (t) gehört, die laufenden Coordinaten hat:

$$(2)\quad \mathfrak{x} = \varphi(t) + \tau f(t), \quad \mathfrak{y} = \chi(t) + \tau g(t), \quad \mathfrak{z} = \psi(t) + \tau h(t),$$

ausgedrückt durch den Parameter τ. Geben wir nun auch t alle möglichen Werte, so liefern uns die Gleichungen (2) mit den beiden Parametern t und τ alle ∞^2 Punkte $(\mathfrak{x}, \mathfrak{y}, \mathfrak{z})$ der geradlinigen Fläche.

Umgekehrt: Liegen drei Gleichungen von der Form (2) vor, so stellen sie für jeden bestimmten Wert von t eine Gerade durch einen Punkt (1) dar. Sie geben also den Inbegriff von gewissen ∞^1 Geraden durch die Punkte der Curve (1), d. h. eine geradlinige Fläche, auf der die Curve (1) verläuft.

Die Gleichungen (2) sind also die allgemeine Darstellungsform einer geradlinigen Fläche. Die Geraden auf der Fläche heissen die Erzeugenden der Fläche.

Wenn jede der ∞^1 Geraden der Fläche jede unter ihnen schnitte, so würde folgen: Entweder liegen sie alle in einer Ebene, d. h. die Fläche ist die Ebene selbst, oder sie gehen alle durch einen Punkt, bilden also eine Kegelfläche. Als Ausartung gehört hierzu der Fall, dass sie alle einander parallel sind, also einen Cylinder bilden. Von diesen einfachen Flächen sehen wir zunächst ab.

Es ist nun aber denkbar, dass jede Erzeugende der Fläche eine unendlich benachbarte Erzeugende schneidet, wie dies ja bei den Tangentenflächen der Raumcurven nach S. 266 der Fall ist. Wir wollen die analytische Bedingung hierfür aufstellen, vorher aber den Begriff des Schneidens unendlich benachbarter Geraden überhaupt besprechen: Zwei Geraden sind unendlich benachbart, wenn zu jedem Punkte der einen ein Punkt der anderen unendlich benachbart ist, woraus folgt, dass sich ihre Richtungscosinus nur unendlich wenig voneinander unterscheiden. Die der ersten Geraden seien α, β, γ, die der zweiten $\alpha + d\alpha$, $\beta + d\beta$, $\gamma + d\gamma$. Ferner seien (x, y, z) und $(x + dx, y + dy, z + dz)$ zwei unendlich benachbarte Punkte auf den beiden Geraden. Da $d\alpha$, $d\beta$, $d\gamma$ und dx, dy, dz unendlich kleine Grössen bedeuten sollen, so können wir setzen:

$$d\alpha = a\varepsilon, \quad d\beta = b\varepsilon, \quad d\gamma = c\varepsilon$$

und

$$dx = \xi\varepsilon, \quad dy = \eta\varepsilon, \quad dz = \zeta\varepsilon,$$

indem wir unter ε eine unendlich kleine Grösse verstehen, während a, b, c, ξ, η, ζ nun sechs Grössen bedeuten, von denen jedenfalls eine wenigstens endlich sein soll. Irgend ein Punkt $(\mathfrak{x}_1, \mathfrak{y}_1, \mathfrak{z}_1)$ der ersten Geraden wird gegeben durch:

$$(3) \qquad \mathfrak{x}_1 = x + \alpha\tau, \quad \mathfrak{y}_1 = y + \beta\tau, \quad \mathfrak{z}_1 = z + \gamma\tau,$$

irgend ein Punkt $(\mathfrak{x}_2, \mathfrak{y}_2, \mathfrak{z}_2)$ der anderen durch:

$$\mathfrak{x}_2 = x + \xi\varepsilon + (\alpha + a\varepsilon)\sigma,$$
$$\mathfrak{y}_2 = y + \eta\varepsilon + (\beta + b\varepsilon)\sigma,$$
$$\mathfrak{z}_2 = z + \zeta\varepsilon + (\gamma + c\varepsilon)\sigma.$$

Werden die Parameter τ und σ unendlich wenig verschieden voneinander gewählt, so sind die Punkte $(\mathfrak{x}_1, \mathfrak{y}_1, \mathfrak{z}_1)$ und $(\mathfrak{x}_2, \mathfrak{y}_2, \mathfrak{z}_2)$ thatsächlich unendlich benachbart, denn der Abstand beider Punkte voneinander hat das Quadrat:

$$\mathbf{S}\,[\xi\varepsilon + \alpha(\sigma - \tau) + a\varepsilon\sigma]^2$$

und ist, wenn ω eine endliche Grösse bedeutet, für

$$\sigma = \tau + \omega\varepsilon$$

unendlich klein; dann hat das Abstands-Quadrat den Ausdruck:

$$\varepsilon^2 . \mathbf{S}\,(\xi + \alpha\omega + a\tau)^2 + \ldots\ldots,$$

in dem die unendlich kleinen Glieder von höherer als zweiter Ordnung hinsichtlich ε nur durch Punkte angedeutet sind. Der Abstand ist im Allgemeinen von derselben Ordnung unendlich klein wie ε. Dies ist nur dann nicht der Fall, wenn einzeln die Ausdrücke:

$$(4) \qquad \xi + \alpha\omega + a\tau, \quad \eta + \beta\omega + b\tau, \quad \zeta + \gamma\omega + c\tau$$

sämtlich unendlich klein sind, denn sie stellen die Projectionen des Abstandes auf die Axen dar. Vorausgesetzt ist hierbei allerdings, dass der Abstand nicht auf einer Minimalgeraden liegt (siehe die Anmerkung zu S. 19). Da die Coefficienten dieser in ω und τ linearen Ausdrücke (4) nicht sämtlich gleich Null sind, können die drei Ausdrücke nur dann unendlich klein sein, wenn ω und τ nur unendlich wenig von solchen Werten abweichen, für die alle drei Ausdrücke gleich Null sind. Solche Werte giebt es aber nur dann, wenn die Determinante

$$(5) \qquad \begin{vmatrix} \xi & \alpha & a \\ \eta & \beta & b \\ \zeta & \gamma & c \end{vmatrix} = 0$$

ist. In diesem Fall also giebt es einen Abstand zwischen beiden Geraden, der von höherer Ordnung als ε unendlich klein ist, also von höherer Ordnung als der Abstand zwischen irgend zwei unendlich benachbarten Punkten der beiden Geraden. Und nur in diesem Falle sagen wir, dass die beiden unendlich benachbarten Geraden einander schneiden. Den Schnittpunkt erhalten wir, wenn wir — unter der Voraussetzung (5) — ω und τ so bestimmen, dass die Werte (4) gleich Null werden, und den gefundenen Wert von τ in (3) eintragen.

Diese Betrachtungen gelten augenscheinlich auch dann, wenn α, β, γ und $\alpha + d\alpha$, $\beta + d\beta$, $\gamma + d\gamma$ nicht direct die Richtungscosinus beider Geraden, sondern nur zu ihnen proportionale Grössen sind. Es kann ferner vorkommen, dass die Verbindungslinie zweier Punkte auf zwei Geraden eine Minimalgerade ist. Obgleich sie dann die Länge Null hat, sagen wir doch nur im Fall (5), dass die beiden Geraden einander schneiden.[1]

Wir wenden dies auf zwei unendlich benachbarte Erzeugende der geradlinigen Fläche (2) an. Die Gleichungen (2) stellen eine Erzeugende (t) mittels des Parameters τ dar, sobald darin t bestimmt gewählt wird. Ersetzen wir t durch $t + \varepsilon$, so liegt eine unendlich benachbarte Erzeugende ($t + \varepsilon$) vor. Die Erzeugende (t) geht durch den Punkt (φ, χ, ψ) und hat Richtungscosinus proportional $f(t)$, $g(t)$, $h(t)$. Die Erzeugende ($t + \varepsilon$) geht durch den Punkt ($\varphi + \varphi'\varepsilon$, $\chi + \chi'\varepsilon$, $\psi + \psi'\varepsilon$) und hat Richtungscosinus proportional $f + f'\varepsilon$, $g + g'\varepsilon$, $h + h'\varepsilon$. Hier ist also

$$\xi = \varphi', \quad \eta = \chi', \quad \zeta = \psi'; \quad \alpha = f, \quad \beta = g, \quad \gamma = h; \quad a = f', \quad b = g', \quad c = h'$$

zu setzen, sodass die Bedingung des Schneidens nach (5) lautet:

$$(6) \qquad \begin{vmatrix} \varphi' & f & f' \\ \chi' & g & g' \\ \psi' & h & h' \end{vmatrix} = 0 .$$

Ist sie erfüllt, so kann man nach (4) aus:

$$(7) \qquad \begin{cases} f'\tau + f\omega + \varphi' = 0, \\ g'\tau + g\omega + \chi' = 0, \\ h'\tau + h\omega + \psi' = 0 \end{cases}$$

τ berechnen. Setzen wir den Wert von τ in (2) ein, so erhalten

[1] Es ist dies naturgemäss, denn auch, wenn zwei endlich verschiedene und zu einander windschiefe Geraden gegeben sind, gehen durch jeden Punkt der einen Geraden sogar zwei Minimalgeraden, die die andere Gerade treffen, sodass die Entfernung auf diesen Minimalgeraden gemessen gleich Null ist. Trotzdem aber wird man doch nicht sagen, dass die Geraden einander schneiden.

wir den Schnittpunkt. Daher folgt, wenn wir noch ω aus (7) eliminieren:

Satz 5: Auf der geradlinigen Fläche

$$\mathfrak{x} = \varphi(t) + \tau f(t), \quad \mathfrak{y} = \chi(t) + \tau g(t), \quad \mathfrak{z} = \psi(t) + \tau h(t)$$

schneiden unendlich benachbarte Erzeugende einander nur dann, wenn für alle Werte von t

$$\begin{vmatrix} \varphi'(t) & f(t) & f'(t) \\ \chi'(t) & g(t) & g'(t) \\ \psi'(t) & h(t) & h'(t) \end{vmatrix} = 0$$

ist. Der Ort der Schnittpunkte ergiebt sich alsdann, wenn man τ so als Function von t berechnet, dass

$$\frac{\varphi' + f'\tau}{f} = \frac{\chi' + g'\tau}{g} = \frac{\psi' + h'\tau}{h}$$

ist, und den gefundenen Wert in die Gleichungen der Fläche einsetzt.

Eine Anwendung hiervon ist diese: Liegt die Curve

$$x = \varphi(s), \quad y = \chi(s), \quad z = \psi(s)$$

mit der Bogenlänge s vor, so sind

$$\mathfrak{x} = x + \tau l, \quad \mathfrak{y} = y + \tau m, \quad \mathfrak{z} = z + \tau n$$

für jeden Wert von τ die Coordinaten eines Punktes auf einer Hauptnormalen der Curve. Diese Gleichungen, in denen die beiden Parameter s und τ auftreten, stellen also auch die geradlinige Fläche aller Hauptnormalen der gegebenen Curve dar. Die Determinante des Satzes 5 ist jetzt, da s an die Stelle von t tritt:

$$\begin{vmatrix} \frac{dx}{ds} & l & \frac{dl}{ds} \\ \frac{dy}{ds} & m & \frac{dm}{ds} \\ \frac{dz}{ds} & n & \frac{dn}{ds} \end{vmatrix}$$

und also nach III (B) und (C) und II (D) gleich $-\frac{1}{\varrho}$. Ist die Torsion $\frac{1}{\varrho} = 0$, so ist die Curve nach Satz 13, S. 185, eben. Unendlich benachbarte Hauptnormalen einer Curve schneiden einander also nur dann, wenn die Curve eben ist. Natürlich ist dann der Ort der Schnittpunkte die Evolute.

Für die Fläche der Binormalen ergiebt sich genau ebenso, indem l, m, n durch λ, μ, ν zu ersetzen sind, als Wert der Determinante $-\frac{1}{\varrho}$. Das obige Ergebnis gilt also auch für die Binormalen einer Curve.

Zu Anfang des Paragraphen gingen wir von einer beliebigen Curve (1) auf der geradlinigen Fläche aus. Wenn nun die Bedingung des Schneidens je zweier unendlich benachbarter Erzeugenden erfüllt ist, so können wir insbesondere den Ort der Schnittpunkte als die Curve (1) benutzen. Dann müssen die Gleichungen in Satz 5 für τ den Wert Null ergeben, denn nur für $\tau = 0$ liefern die Gleichungen (2) die Curve (1). Dann ist also:

$$\frac{\varphi'}{f} = \frac{\chi'}{g} = \frac{\psi'}{h}.$$

Die Richtungscosinus der Erzeugenden (t) der Fläche sind also dann proportional φ', χ', ψ', d. h. proportional denen der Tangente der Curve (1) im Punkte (t), nach S. 168. Die Geraden der Fläche sind also jetzt die Tangenten der Curve (1). Wenn daher auf einer geradlinigen Fläche unendlich benachbarte Erzeugende einander schneiden, so sind die Erzeugenden die Tangenten des Ortes der Schnittpunkte, was ja auch geometrisch einleuchtet.

Satz 6: Die Tangentenflächen der Curven, die Kegel- und Cylinderflächen sind die einzigen geradlinigen Flächen, auf denen je zwei unendlich benachbarte Erzeugende einander schneiden.

Die Kegel nämlich ergeben sich, wenn sich der Ort der Schnittpunkte auf einen Punkt reduciert, und die Cylinder sind wieder Ausartungen von Kegeln. Künftig wollen wir daher zur Vereinfachung des Ausdruckes die Kegel und Cylinder mit zu den Tangentenflächen von Curven rechnen.

Kehren wir wieder zur Betrachtung irgend einer geradlinigen Fläche zurück. Zur Vereinfachung der Rechnung können wir annehmen, dass der Parameter t in den Gleichungen der auf der Fläche gezogenen Curve (1) die Bogenlänge s dieser Curve sei:

(8) $$x = \varphi(s), \quad y = \chi(s), \quad z = \psi(s).$$

Ferner seien die Richtungscosinus der Erzeugenden, die durch den Punkt (s) der Curve geht, als Functionen u, v, w von s gegeben, sodass

(9) $$\mathfrak{x} = \varphi(s) + \tau\, u(s), \quad \mathfrak{y} = \chi(s) + \tau\, v(s), \quad \mathfrak{z} = \psi(s) + \tau\, w(s)$$

die Gleichungen der geradlinigen Fläche sind. Derjenige Punkt $(\mathfrak{x}, \mathfrak{y}, \mathfrak{z})$ der Fläche, der dem Wertepaar (s, τ) zugehört, liegt auf der Geraden durch den Punkt (s) der Curve (8) und hat von diesem Punkte nach S. 160 den Abstand τ. Dabei ist τ bei reellen Flächen positiv oder negativ, je nachdem der Punkt $(\mathfrak{x}, \mathfrak{y}, \mathfrak{z})$ auf der einen oder anderen Hälfte der Geraden, vom Punkte (x, y, z) aus, gelegen ist.

Nach Satz 31, S. 230, ist der Ort der Tangenten eines Flächenpunktes im Allgemeinen eine Ebene. Diese Tangentenebene soll nun für den Punkt $(\mathfrak{x}, \mathfrak{y}, \mathfrak{z})$ oder (s, τ) der geradlinigen Fläche berechnet werden. Zu diesem Zweck verbinden wir den Punkt (s, τ) der Fläche nach S. 232 mit einem unendlich benachbarten Punkt $(s + ds, \tau + d\tau)$ der Fläche. Letzterer Punkt hat Coordinaten, die sich von denen des Punktes (s, τ) unterscheiden um

$$(\varphi' + \tau u')ds + u\,d\tau, \quad (\chi' + \tau v')ds + v\,d\tau, \quad (\psi' + \tau w')ds + w\,d\tau,$$

sodass die Richtungscosinus der Verbindenden beider Punkte, die eine Tangente des Punktes (s, τ) ist, diesen drei Grössen proportional sind. Wenn wir $d\tau : ds$ mit $\varkappa$ bezeichnen, sind sie den Grössen proportional:

$$\varphi' + \tau u' + u\varkappa, \quad \chi' + \tau v' + v\varkappa, \quad \psi' + \tau w' + w\varkappa.$$

Die Gleichungen der Tangente sind demnach — ausgedrückt mittels eines Parameters t — diese:

$$(10) \quad \begin{cases} X = \varphi + \tau u + t(\varphi' + \tau u' + u\varkappa), \\ Y = \chi + \tau v + t(\chi' + \tau v' + v\varkappa), \\ Z = \psi + \tau w + t(\psi' + \tau w' + w\varkappa). \end{cases}$$

Hierin sind, da wir einen bestimmten Punkt (s, τ) der Fläche (9) gewählt haben, alle Grössen mit Ausnahme von t und $\varkappa = d\tau : ds$ bestimmt. Nämlich $\varkappa$ hängt davon ab, zu welchem unendlich benachbarten Punkte der Fläche wir übergehen. Geben wir t und $\varkappa$ alle möglichen Werte, so stellen die Gleichungen (10) die Coordinaten X, Y, Z aller Punkte auf den Tangenten der Fläche an der Stelle (s, τ) dar. Diese Punkte erfüllen eben die gesuchte Tangentenebene. Ihre Coordinaten genügen insbesondere der durch Elimination von t und $\varkappa$ aus (10) hervorgehenden Gleichung, die, weil das System (10) in t und $\tau + t\varkappa$ linear ist, einfach so lautet:

$$(11) \quad \begin{vmatrix} X - \varphi & \varphi' + \tau u' & u \\ Y - \chi & \chi' + \tau v' & v \\ Z - \psi & \psi' + \tau w' & w \end{vmatrix} = 0.$$

Dies also ist die Gleichung der Tangentenebene des Punktes (s, τ) oder $(\mathfrak{x}, \mathfrak{y}, \mathfrak{z})$ der geradlinigen Fläche, und zwar geschrieben in den laufenden Coordinaten X, Y, Z. Natürlich enthält die Ebene insbesondere die durch den Punkt (s, τ) gehende Erzeugende der Fläche. In der That wird (11) erfüllt, wenn man darin für X, Y, Z die Werte $\mathfrak{x}, \mathfrak{y}, \mathfrak{z}$ aus (9) einsetzt.

Betrachten wir jetzt verschiedene Punkte (s, τ) einer Erzeugenden und ihre Tangentenebenen. Die Punkte einer Erzeugenden haben dasselbe s, aber verschiedenes τ. Da τ in (11) auftritt, so folgt, was ja vorauszusehen war, dass verschiedene Punkte einer Erzeugenden verschiedene Tangentenebenen haben. Da alle diese Tangentenebenen die Erzeugende selbst enthalten, so können wir sagen: Durchläuft ein Punkt (s, τ) eine Erzeugende der geradlinigen Fläche, so dreht sich seine Tangentenebene um diese Erzeugende, und zwar nach einem gewissen Gesetze, das wir hier noch nicht genauer untersuchen wollen.

Dagegen wollen wir uns fragen, wann es vorkommt, dass alle Punkte einer Erzeugenden dieselbe Tangentenebene haben. Analytisch ausgesprochen: Unter welcher Bedingung enthält die Gleichung (11) nur scheinbar die längs der Erzeugenden veränderliche Grösse τ? Da die Gleichung so geschrieben werden kann:

$$\begin{vmatrix} X-\varphi & \varphi' & u \\ Y-\chi & \chi' & v \\ Z-\psi & \psi' & w \end{vmatrix} + \tau \begin{vmatrix} X-\varphi & u' & u \\ Y-\chi & v' & v \\ Z-\psi & w' & w \end{vmatrix} = 0,$$

so enthält sie τ nur dann bloss scheinbar, wenn die beiden Determinanten einzeln gleich Null gesetzt dieselbe Gleichung in $X-\varphi$, $Y-\chi$, $Z-\psi$ ergeben, d. h. wenn

$$\begin{vmatrix} \varphi' & u & u' \\ \chi' & v & v' \\ \psi' & w & w' \end{vmatrix} = 0$$

ist. Nach Satz 5 und 6 tritt dies nur für die Tangentenflächen der Raumcurven ein, zu denen wir, wie gesagt, auch die Kegel und Cylinder rechnen. Also:

Satz 7: Die Tangentenflächen der Curven sind die einzigen geradlinigen Flächen, bei denen die Tangentenebene in allen Punkten einer Erzeugenden dieselbe ist.

Oder auch:

Satz 8: Die Tangentenflächen der Curven sind die

einzigen Flächen, die von jeder ihrer Tangentenebenen längs einer Geraden berührt werden.

Aus leicht ersichtlichem Grunde konnte in diesem Satze von „Flächen" statt von „geradlinigen Flächen" gesprochen werden.

Dies Ergebnis hätten wir auch geometrisch ableiten können, denn wenn längs einer Erzeugenden der geradlinigen Fläche die Tangentenebene überall dieselbe ist, so heisst dies, dass die Erzeugende mit allen ihr unendlich benachbarten Punkten der Fläche, also mit der unendlich benachbarten Erzeugenden in einer Ebene liegt, die Erzeugenden also die Tangenten einer Curve sind.

Die Tangentenebenen einer Tangentenfläche enthalten je zwei unendlich benachbarte Tangenten der Curve und werden daher Schmiegungsebenen sein, nach S. 174. Zum Ueberfluss sei dies analytisch bestätigt: Wenn die Erzeugenden die Tangenten der Curve (8) sind, so sind ihre Richtungscosinus u, v, w gleich φ', χ', ψ', sodass sich die Gleichung (11) der Tangentenebene auf

$$\begin{vmatrix} X-\varphi & \varphi'' & \varphi' \\ Y-\chi & \chi'' & \chi' \\ Z-\psi & \psi'' & \psi' \end{vmatrix} = 0$$

reduciert. Hiermit vergleiche man die Gleichung (3) der Schmiegungsebene auf S. 173.

Satz 9: Die Tangentenfläche einer Curve hat zu Tangentenebenen die Schmiegungsebenen der Curve.

§ 3. Abwickelbare Flächen.

In § 1 erkannten wir, dass die Tangentenflächen von Curven ohne Dehnung auf die Ebene abgewickelt werden können. Dies bewiesen wir dadurch, dass wir die Tangentenfläche Punkt für Punkt auf die Ebene so abbildeten, dass der unendlich kleine Abstand zweier unendlich benachbarter Punkte der Fläche gleich dem Abstand ihrer Bildpunkte war. Daraus konnten wir schliessen, dass jede Curve auf der Fläche gerade so lang wie ihre Bildcurve ist.

Wir gehen nun darauf aus, die wichtige Umkehrung zu beweisen, die wir schon auf S. 267 andeuteten.

Wir nehmen an, eine Fläche im Raume sei punktweise nach irgend einem Gesetz auf die Ebene abgebildet, sodass jedem Punkt $x, y, z)$ der Fläche ein Punkt $(\mathfrak{x}, \mathfrak{y})$ einer $\mathfrak{x}\mathfrak{y}$-Ebene entspricht.

Analytisch wird eine solche Abbildung dadurch hergestellt, dass man x, y, z als Functionen von $\mathfrak{x}$, $\mathfrak{y}$ giebt:

$$(1)\qquad x = \varphi(\mathfrak{x}, \mathfrak{y}), \quad y = \chi(\mathfrak{x}, \mathfrak{y}), \quad z = \psi(\mathfrak{x}, \mathfrak{y}).$$

Jedem Punkt $(\mathfrak{x}, \mathfrak{y})$ der Ebene entspricht hierdurch ein Punkt (x, y, z) im Raume. Alle diese Punkte (x, y, z) erfüllen eine Fläche, denn wenn man $\mathfrak{x}$ und $\mathfrak{y}$ aus (1) eliminiert, so geht eine Gleichung $F(x, y, z) = 0$ hervor.

Es ist der Abstand $d\mathfrak{s}$ zweier unendlich benachbarter Punkte $(\mathfrak{x}, \mathfrak{y})$ und $(\mathfrak{x} + d\mathfrak{x}, \mathfrak{y} + d\mathfrak{y})$ in der Ebene gegeben durch:

$$(2)\qquad d\mathfrak{s}^2 = d\mathfrak{x}^2 + d\mathfrak{y}^2.$$

Dem Punkt $(\mathfrak{x}, \mathfrak{y})$ entspricht auf der Fläche der Punkt (x, y, z) oder (1), dem Punkte $(\mathfrak{x} + d\mathfrak{x}, \mathfrak{y} + d\mathfrak{y})$ der Punkt mit den Coordinaten:

$$(3)\qquad \begin{cases} x + dx = \varphi + \varphi_{\mathfrak{x}}\, d\mathfrak{x} + \varphi_{\mathfrak{y}}\, d\mathfrak{y}, \\ y + dy = \chi + \chi_{\mathfrak{x}}\, d\mathfrak{x} + \chi_{\mathfrak{y}}\, d\mathfrak{y}, \\ z + dz = \psi + \psi_{\mathfrak{x}}\, d\mathfrak{x} + \psi_{\mathfrak{y}}\, d\mathfrak{y}. \end{cases}$$

Der Abstand dieser beiden unendlich benachbarten Punkte auf der Fläche hat das Quadrat:

$$(4)\qquad \begin{cases} ds^2 = \mathbf{S}\, dx^2 = \mathbf{S}\,(\varphi_{\mathfrak{x}}\, d\mathfrak{x} + \varphi_{\mathfrak{y}}\, d\mathfrak{y})^2 = (\varphi_{\mathfrak{x}}^2 + \chi_{\mathfrak{x}}^2 + \psi_{\mathfrak{x}}^2)\, d\mathfrak{x}^2 + \\ \quad + 2\,(\varphi_{\mathfrak{x}}\varphi_{\mathfrak{y}} + \chi_{\mathfrak{x}}\chi_{\mathfrak{y}} + \psi_{\mathfrak{x}}\psi_{\mathfrak{y}})\, d\mathfrak{x}\, d\mathfrak{y} + (\varphi_{\mathfrak{y}}^2 + \chi_{\mathfrak{y}}^2 + \psi_{\mathfrak{y}}^2)\, d\mathfrak{y}^2. \end{cases}$$

Wir wollen nun eine solche punktweise Abbildung der Fläche auf die Ebene ins Auge fassen, bei der jede Curve auf der Fläche dieselbe Länge wie die Bildcurve in der Ebene hat, bei der also das Bogenelement ds auf der Fläche mit dem Bogenelement $d\mathfrak{s}$ in der Ebene übereinstimmt.

Damit aber die Werte (2) und (4) übereinstimmen, wie auch $d\mathfrak{x}$ und $d\mathfrak{y}$ gewählt sein mögen, müssen die drei Gleichungen bestehen:

$$(5)\qquad \begin{cases} \varphi_{\mathfrak{x}}^2 + \chi_{\mathfrak{x}}^2 + \psi_{\mathfrak{x}}^2 = 1, \\ \varphi_{\mathfrak{x}}\varphi_{\mathfrak{y}} + \chi_{\mathfrak{x}}\chi_{\mathfrak{y}} + \psi_{\mathfrak{x}}\psi_{\mathfrak{y}} = 0, \\ \varphi_{\mathfrak{y}}^2 + \chi_{\mathfrak{y}}^2 + \psi_{\mathfrak{y}}^2 = 1. \end{cases}$$

Wir setzen also voraus, dass φ, χ, ψ drei solche Functionen von $\mathfrak{x}$ und $\mathfrak{y}$ seien, die diese Bedingungen (5) für beliebige Wertepaare $\mathfrak{x}$, $\mathfrak{y}$ befriedigen.

Um aus dieser Voraussetzung Schlüsse zu ziehen, differenzieren wir die Gleichungen (5) partiell nach $\mathfrak{x}$ und partiell nach $\mathfrak{y}$:

$$\mathbf{S}\,\varphi_{\mathfrak{x}}\varphi_{\mathfrak{x}\mathfrak{x}} = 0\,, \qquad \mathbf{S}\,\varphi_{\mathfrak{x}}\varphi_{\mathfrak{x}\mathfrak{y}} = 0\,,$$

$$\mathbf{S}\,\varphi_{\mathfrak{y}}\varphi_{\mathfrak{x}\mathfrak{x}} + \mathbf{S}\,\varphi_{\mathfrak{x}}\varphi_{\mathfrak{x}\mathfrak{y}} = 0\,, \qquad \mathbf{S}\,\varphi_{\mathfrak{x}}\varphi_{\mathfrak{y}\mathfrak{y}} + \mathbf{S}\,\varphi_{\mathfrak{y}}\varphi_{\mathfrak{x}\mathfrak{y}} = 0\,,$$

$$\mathbf{S}\,\varphi_{\mathfrak{y}}\varphi_{\mathfrak{x}\mathfrak{y}} = 0\,, \qquad \mathbf{S}\,\varphi_{\mathfrak{y}}\varphi_{\mathfrak{y}\mathfrak{y}} = 0\,.$$

Die Symbole $\mathbf{S}$ beziehen sich auf φ, χ, ψ, während die Indices $\mathfrak{x}$ und $\mathfrak{y}$ jedesmal in allen drei Gliedern der Summen dieselben sind. Die Gleichungen lassen sich offenbar vereinfachen:

$$\mathbf{S}\,\varphi_{\mathfrak{x}}\varphi_{\mathfrak{x}\mathfrak{x}} = 0\,, \quad \mathbf{S}\,\varphi_{\mathfrak{x}}\varphi_{\mathfrak{x}\mathfrak{y}} = 0\,, \quad \mathbf{S}\,\varphi_{\mathfrak{x}}\varphi_{\mathfrak{y}\mathfrak{y}} = 0;$$

$$\mathbf{S}\,\varphi_{\mathfrak{y}}\varphi_{\mathfrak{x}\mathfrak{x}} = 0\,, \quad \mathbf{S}\,\varphi_{\mathfrak{y}}\varphi_{\mathfrak{x}\mathfrak{y}} = 0\,, \quad \mathbf{S}\,\varphi_{\mathfrak{y}}\varphi_{\mathfrak{y}\mathfrak{y}} = 0.$$

Die beiden links stehenden Gleichungen zeigen, dass sich $\varphi_{\mathfrak{x}\mathfrak{x}}$, $\chi_{\mathfrak{x}\mathfrak{x}}$, $\psi_{\mathfrak{x}\mathfrak{x}}$ wie die Determinanten

$$\chi_{\mathfrak{x}}\psi_{\mathfrak{y}} - \psi_{\mathfrak{x}}\chi_{\mathfrak{y}}\,, \qquad \psi_{\mathfrak{x}}\varphi_{\mathfrak{y}} - \varphi_{\mathfrak{x}}\psi_{\mathfrak{y}}\,, \qquad \varphi_{\mathfrak{x}}\chi_{\mathfrak{y}} - \chi_{\mathfrak{x}}\varphi_{\mathfrak{y}}$$

zu einander verhalten. Dasselbe lehrt das mittlere Paar für $\varphi_{\mathfrak{x}\mathfrak{y}}$, $\chi_{\mathfrak{x}\mathfrak{y}}$, $\psi_{\mathfrak{x}\mathfrak{y}}$ und das rechte Paar für $\varphi_{\mathfrak{y}\mathfrak{y}}$, $\chi_{\mathfrak{y}\mathfrak{y}}$, $\psi_{\mathfrak{y}\mathfrak{y}}$. Hieraus folgt, dass die Functionaldeterminante von $\varphi_{\mathfrak{x}}$ und $\chi_{\mathfrak{x}}$, ebenso die von $\chi_{\mathfrak{x}}$ und $\psi_{\mathfrak{x}}$ und drittens die von $\psi_{\mathfrak{x}}$ und $\varphi_{\mathfrak{x}}$, aber auch die von $\varphi_{\mathfrak{y}}$ und $\chi_{\mathfrak{y}}$, die von $\chi_{\mathfrak{y}}$ und $\psi_{\mathfrak{y}}$ sowie die von $\psi_{\mathfrak{y}}$ und $\varphi_{\mathfrak{y}}$ für beliebige Wertepaare $\mathfrak{x}$, $\mathfrak{y}$ gleich Null ist. Aus Satz 54, S. 82, folgt also:

Die drei Ableitungen $\varphi_{\mathfrak{x}}$, $\chi_{\mathfrak{x}}$, $\psi_{\mathfrak{x}}$ sind Functionen von einer einzigen Function $\varrho(\mathfrak{x}, \mathfrak{y})$ und die drei Ableitungen $\varphi_{\mathfrak{y}}$, $\chi_{\mathfrak{y}}$, $\psi_{\mathfrak{y}}$ ebenfalls Functionen von einer einzigen Function $\sigma(\mathfrak{x}, \mathfrak{y})$.

Nach der zweiten Gleichung (5) besteht folglich, da alle Grössen hierin nur ϱ bez. σ enthalten, eine Gleichung zwischen ϱ und σ. Die Function σ ist demnach eine Function von ϱ, sodass wir finden:

Alle sechs partiellen Ableitungen von φ, χ, ψ sind Functionen einer einzigen Function $\varrho(\mathfrak{x}, \mathfrak{y})$, etwa so:

$$(6) \qquad \begin{cases} \varphi_{\mathfrak{x}} = A_1(\varrho)\,, & \chi_{\mathfrak{x}} = B_1(\varrho)\,, & \psi_{\mathfrak{x}} = C_1(\varrho)\,, \\ \varphi_{\mathfrak{y}} = A_2(\varrho)\,, & \chi_{\mathfrak{y}} = B_2(\varrho)\,, & \psi_{\mathfrak{y}} = C_2(\varrho)\,. \end{cases}$$

Da $\varphi_{\mathfrak{x}\mathfrak{y}} = \varphi_{\mathfrak{y}\mathfrak{x}}$ ist, so folgt hieraus noch:

$$A_1'(\varrho)\,\varrho_{\mathfrak{y}} = A_2'(\varrho)\,\varrho_{\mathfrak{x}}$$

und analoge Formeln mit B oder C statt A. Also:

$$(7) \qquad \frac{\varrho_{\mathfrak{y}}}{\varrho_{\mathfrak{x}}} = \frac{A_2'(\varrho)}{A_1'(\varrho)} = \frac{B_2'(\varrho)}{B_1'(\varrho)} = \frac{C_2'(\varrho)}{C_1'(\varrho)}\,.$$

Wir erkennen hieraus, dass in der $(\mathfrak{x}\,\mathfrak{y})$-Ebene die Curven

$$\rho(\mathfrak{x}, \mathfrak{y}) = \text{Const.} \tag{8}$$

Geraden sind, denn längs einer solchen Curve ist:

$$\rho_{\mathfrak{x}}\, d\,\mathfrak{x} + \rho_{\mathfrak{y}}\, d\,\mathfrak{y} = 0\,;$$

nach (7) ist also längs der Curve $d\,\mathfrak{y} : d\,\mathfrak{x}$ eine Function von ρ, mithin wegen (8) constant. Den ∞^1 Geraden $\rho = \text{Const.}$ entsprechen nun auch auf der Fläche Geraden. In der That: Beschreibt der Punkt $(\mathfrak{x}, \mathfrak{y})$ eine Curve (8) in der Ebene, so beschreibt der ihm vermöge (1) zugeordnete Punkt (x, y, z) eine Curve auf der Fläche, längs deren:

$$dx : dy : dz = (\varphi_{\mathfrak{x}}\, d\,\mathfrak{x} + \varphi_{\mathfrak{y}}\, d\,\mathfrak{y}) : (\chi_{\mathfrak{x}}\, d\,\mathfrak{x} + \chi_{\mathfrak{y}}\, d\,\mathfrak{y}) : (\psi_{\mathfrak{x}}\, d\,\mathfrak{x} + \psi_{\mathfrak{y}}\, d\,\mathfrak{y})$$

ist. Aber hierin sind die Ableitungen von φ, χ, ψ nach (6) Functionen von ρ, also wegen (8) constant, und dasselbe gilt, wie gesagt, für $d\,\mathfrak{y} : d\,\mathfrak{x}$. Also sind auch die Verhältnisse $dx : dy : dz$ constant, sobald der Bildpunkt des Punktes (x, y, z) eine Gerade $\rho = \text{Const.}$ in der Ebene beschreibt. In der Ebene giebt es somit ∞^1 Geraden, denen auf der Fläche wieder ∞^1 Geraden entsprechen.

Die ∞^1 Geraden in der Ebene umhüllen eine Curve, deren Gleichungen in den laufenden Coordinaten $\mathfrak{x}_0$, $\mathfrak{y}_0$ seien:

$$\mathfrak{x}_0 = u(t), \quad \mathfrak{y}_0 = v(t), \tag{9}$$

ausgedrückt durch einen Parameter t. Zu jedem Wert von t gehört eine Tangente der Curve, d. h. eine Gerade $\rho = \text{Const.}$ Es ist daher ρ eine Function von t, ja wir können direct $\rho = t$ setzen, da die obigen Betrachtungen ausnahmslos richtig bleiben, wenn wir ρ durch eine Function von ρ ersetzen. Die Tangenten der Curve (9) haben nun die Gleichungen:

$$\mathfrak{x} = u(\rho) + u'(\rho)\tau, \quad \mathfrak{y} = v(\rho) + v'(\rho)\tau, \tag{10}$$

ausgedrückt durch einen Parameter τ. Jeder Punkt $(\mathfrak{x}, \mathfrak{y})$ der Ebene liegt auf einer solchen Tangente (10). Infolge von (1) und (10) sind die Coordinaten der Flächenpunkte (x, y, z) Functionen von ρ und τ. Für diese Functionen ist nach (10):

$$\frac{\partial x}{\partial \tau} = \frac{\partial x}{\partial \mathfrak{x}} u'(\rho) + \frac{\partial x}{\partial \mathfrak{y}} v'(\rho) = \varphi_{\mathfrak{x}} u'(\rho) + \varphi_{\mathfrak{y}} v'(\rho) \tag{11}$$

u. s. w., d. h. nach (6) sind die partiellen Ableitungen von x, y, z

nach τ nur von ϱ abhängig, mit anderen Worten: x, y, z drücken sich linear in τ aus:

$$(12)\quad x = \Phi(\varrho) + U(\varrho)\tau, \quad y = \mathrm{X}(\varrho) + V(\varrho)\tau, \quad z = \Psi(\varrho) + W(\varrho)\tau.$$

Weil nun nach (10):

$$\frac{\partial x}{\partial \varrho} = \frac{\partial x}{\partial \mathfrak{x}}(u' + u''\tau) + \frac{\partial x}{\partial \mathfrak{y}}(v' + v''\tau)$$

ist, so folgt, sobald man hiervon die Gleichung (11) abzieht:

$$\frac{\partial x}{\partial \varrho} - \frac{\partial x}{\partial \tau} = \left(\frac{\partial x}{\partial \mathfrak{x}}u'' + \frac{\partial x}{\partial \mathfrak{y}}v''\right)\tau$$

oder wegen (12):

$$\Phi' + U'\tau - U = \left(\frac{\partial x}{\partial \mathfrak{x}}u'' + \frac{\partial x}{\partial \mathfrak{y}}v''\right)\tau.$$

Hierin aber sind $\frac{\partial x}{\partial \mathfrak{x}}$ und $\frac{\partial x}{\partial \mathfrak{y}}$ oder $\varphi_{\mathfrak{x}}$ und $\varphi_{\mathfrak{y}}$ nach (6) Functionen von ϱ allein. Ausser ϱ tritt in dieser Gleichung τ nur linear rechts und links auf. Daher muss $\Phi' = U$ sein. Ebenso kommt $\mathrm{X}' = V$, $\Psi' = W$, sodass wir statt (12) haben:

$$x = \Phi(\varrho) + \Phi'(\varrho)\tau, \quad y = \mathrm{X}(\varrho) + \mathrm{X}'(\varrho)\tau, \quad z = \Psi(\varrho) + \Psi'(\varrho)\tau.$$

Dies aber sind die Gleichungen der Tangentenfläche der Raumcurve mit den laufenden Coordinaten x_0, y_0, z_0, die durch

$$x_0 = \Phi(\varrho), \quad y_0 = \mathrm{X}(\varrho), \quad z_0 = \Psi(\varrho)$$

dargestellt ist, ausgedrückt durch den Parameter ϱ.

Die Fläche im Raume muss demnach die Tangentenfläche einer Curve sein.

Die Betrachtungen des § 1 werden mithin ergänzt durch ihre Umkehrung:[1]

Satz 10: Eine Fläche lässt sich nur dann in der Art punktweise auf die Ebene beziehen, dass jeder Curve der Fläche eine gleichlange Curve in der Ebene entspricht, wenn sie von den Tangenten einer Curve gebildet wird.

Oder auch:

Satz 11: Die Tangentenflächen von Curven sind die einzigen in die Ebene ohne Dehnung abwickelbaren Flächen.

[1] Diese Umkehrung wurde zuerst von Bonnet bewiesen: „Recherche des surfaces que l'on peut représenter sur un plan", Annali di Matem. serie II, t. VII (1875).

Wir erwähnten schon auf S. 267, dass eine auf die Ebene ohne Dehnung abwickelbare Fläche kurz eine abwickelbare oder developpabele Fläche heisst. Die Benennungen: abwickelbare Fläche und Tangentenfläche einer Curve bedeuten also dasselbe.

Wir können das Ergebnis auch so aussprechen:

Satz 12: Verbiegt man die Ebene — oder ein Stück von ihr — ohne Dehnung, so geht durch jeden Punkt der entstehenden Fläche eine Gerade, die vollständig auf der Fläche liegt, und alle diese Geraden sind die Tangenten einer Curve.

Beispiel: Ist längs einer Curve c der Krümmungsradius r constant, so ist die bei der Abwickelung in die Ebene hervorgehende ebene Curve c' ein Kreis, nach S. 264 und Satz 29, S. 41. Man kann daher umgekehrt alle Raumcurven von constanter Krümmung, die wir in Satz 42, S. 252, analytisch darstellten, mechanisch so erzeugen: Man legt zwei Blätter Papier aufeinander und schneidet aus beiden denselben Kreis c' aus (siehe Fig. 59). Alsdann befestigt man beide Blätter längs des Kreises aneinander, schneidet aber an einer Stelle beide Blätter vom Aussenrande bis zum Kreis durch. Biegt man nun die Fläche auseinander, so geht der Kreis in eine Raumcurve constanter Krümmung über. Es ist nützlich, auf beiden Blättern in einem Punkte P' die Tangenten des Kreises zu zeichnen. Man erkennt bei der Verbiegung, dass auf dem einen Blatt der eine, auf dem anderen der andere Teil der Tangente geradlinig bleibt. Insbesondere kann man das Modell so verbiegen, dass die Gratlinie eine gemeine Schraubenlinie wird, da die gemeine Schraubenlinie nach S. 184 constante Krümmung hat. Diese Tangentenfläche einer gemeinen Schraubenlinie ist in Fig. 57, S. 267, dargestellt.

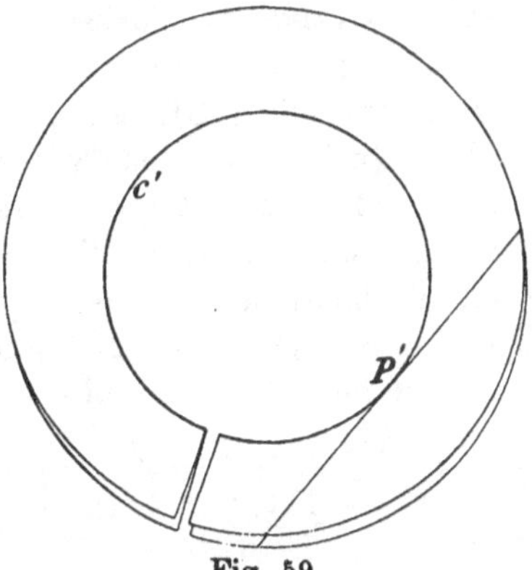

Fig. 59.

§ 4. Allgemeine Definition der Schraubenlinien.

Zu den abwickelbaren Flächen gehören insbesondere die Cylinderflächen. Bei der Abwickelung gehen ihre Mantellinien in parallele Geraden über. Als Schraubenlinien definierten wir auf S. 223 diejenigen Curven auf den Cylinderflächen, die alle Mantellinien unter demselben Winkel schneiden. Bei der Abwickelung gehen sie offenbar in Geraden über. Man sieht, dass wir die

Schraubenlinien auch als diejenigen Curven auf Cylinderflächen definieren können, die bei der Abwickelung in die Ebene in Geraden übergehen, d. h. als die geodätischen Linien der Cylinder (siehe S. 270).

Beide Definitionen decken sich nun keineswegs vollständig, die letztere ist vielmehr die umfassendere. In der That: Bei der ersten Definition spielt der Winkel, unter dem die Mantellinien von der Curve geschnitten werden, die Hauptrolle. Es giebt aber Cylinder, bei denen man von solchen Winkeln gar nicht reden kann. Es sind dies die Cylinder, deren Mantellinien Minimalgerade sind (S. 142). Eine Minimalgerade hat keine Richtungscosinus, und wir können ihren Winkel mit irgend einer gegebenen Richtung nicht bestimmen. Die bisherige Definition der Schraubenlinien versagt daher für die Cylinder, deren Mantellinien Minimalgeraden sind. Wir werden aber sehen, dass die zweite Definition wirklich zu Curven auf solchen Cylindern führt, und daher ist es angebracht, überhaupt die Schraubenlinien als die geodätischen Linien der Cylinder zu definieren.

Thatsächlich wurden wir in § 15 des zweiten Abschnittes, S. 224, zu imaginären Curven geführt, die in diesem Sinne Schraubenlinien sind, und indem wir dies zeigen, geben wir den damals zurückgestellten Nachweis. Es handelte sich damals um die Curven, bei denen das Verhältnis aus Krümmung und Torsion gleich i ist. Wir hatten gefunden, dass sie alle mit der imaginären Curve:

$$(1) \qquad x = \frac{1}{2}\int\left\{\left(\int\frac{ds}{r}\right)^2 - 2\right\} ds, \quad y = -\frac{i}{2}\int\left(\int\frac{ds}{r}\right)^2 ds,$$
$$z = -\int\int\frac{ds}{r}\, ds$$

congruent sind. Wir legen nun durch die Punkte dieser Curve, deren Bogenlänge s und Krümmungsradius r ist, Minimalgeraden, nämlich diejenigen, die der Minimalgeraden

$$(2) \qquad x - iy = 0, \quad z = 0$$

parallel sind. Dadurch geht ein imaginärer Cylinder hervor.

Längs einer Geraden, die der Geraden (2) parallel ist, wachsen die Coordinaten proportional mit i, 1, 0. Gehen wir also von einem Punkt (x, y, z) der Curve (1) aus längs der hindurchgehenden Mantellinie des Cylinders, so werden x, y, z etwa um it, t, 0 wachsen, wobei dann t eine beliebige Grösse ist. Die Punkte des Cylinders werden deshalb analytisch gegeben durch die Gleichungen:

$$(3)\quad x = \frac{1}{2}\int\left\{\left(\int\frac{d\,s}{r}\right)^2 - 2\right\}d\,s + i\,t, \qquad y = -\frac{i}{2}\int\left(\int\frac{d\,s}{r}\right)^2 d\,s + t,$$

$$z = -\int\!\!\int\frac{d\,s}{r}\,d\,s.$$

Jedem Wertepaar s, t entspricht ein Punkt der Cylinderfläche, nämlich ein Punkt auf derjenigen Mantellinie, die durch den Punkt (s) der Curve (1) geht. Setzen wir nun:

$$s - it = \mathfrak{x}, \qquad t = \mathfrak{y}$$

oder also:

$$(4)\qquad s = \mathfrak{x} + i\mathfrak{y}, \qquad t = \mathfrak{y}$$

so wird jedem Punkte (s, t) des Cylinders (3) ein Punkt $(\mathfrak{x}, \mathfrak{y})$ in einer $\mathfrak{x}\mathfrak{y}$-Ebene zugeordnet, und umgekehrt. Betrachten wir z. B. einen bestimmten Punkt $(\mathfrak{x}, \mathfrak{y})$ dieser Ebene, d. h. wählen wir $\mathfrak{x}$, $\mathfrak{y}$ bestimmt so giebt (4) Werte für s und t und (3) den zugehörigen Punkt (x, y, z) des Cylinders.

Wenn wir s und t als die durch (4) definierten Functionen von $\mathfrak{x}$ und $\mathfrak{y}$ auffassen, so sind durch (3) auch x, y, z als Funktionen von $\mathfrak{x}$ und $\mathfrak{y}$ gegeben, so dass wir zu Gleichungen kommen, wie sie zu Anfang des vorigen Paragraphen in (1), S. 279, vorlagen. Wir lassen nun $\mathfrak{x}$ und $\mathfrak{y}$ um beliebige Incremente $d\mathfrak{x}$ und $d\mathfrak{y}$ wachsen. Dabei beschreibt der Bildpunkt $(\mathfrak{x}, \mathfrak{y})$ ein Bogenelement, dessen Quadrat gleich

$$d\mathfrak{x}^2 + d\mathfrak{y}^2$$

ist. Nach (4) wachsen dann s und t um:

$$d\,s = d\mathfrak{x} + i\,d\mathfrak{y}, \qquad d\,t = d\mathfrak{y},$$

sodass nach (3) auch x, y, z wachsen, nämlich um:

$$d\,x = \frac{1}{2}\left\{\left(\int\frac{d\,s}{r}\right)^2 - 2\right\}\left\{d\mathfrak{x} + i\,d\mathfrak{y}\right\} + i\,d\mathfrak{y},$$

$$d\,y = -\frac{i}{2}\left(\int\frac{d\,s}{r}\right)^2\left\{d\mathfrak{x} + i\,d\mathfrak{y}\right\} + d\mathfrak{y}$$

$$d\,z = -\int\frac{ds}{r}\left\{d\mathfrak{x} + i\,d\mathfrak{y}\right\}.$$

Der Punkt (x, y, z) beschreibt also auf dem Cylinder (3) ein Bogenelement, dessen Quadrat sich so berechnet:

$$d\,x^2 + d\,y^2 + d\,z^2 = \{d\mathfrak{x} + i\,d\mathfrak{y}\}^2 - 2\,i\{d\mathfrak{x} + i\,d\mathfrak{y}\}\,d\mathfrak{y} =$$
$$= \{d\mathfrak{x} + i\,d\mathfrak{y}\}\{d\mathfrak{x} - i\,d\mathfrak{y}\} = d\mathfrak{x}^2 + d\mathfrak{y}^2.$$

Also folgt: Der imaginäre Cylinder (3) ist vermöge (4) punktweise in der Art auf die $\mathfrak{x}\mathfrak{y}$-Ebene abgebildet, dass jedes Bogenelement auf dem Cylinder im Bilde in derselben Länge erscheint. Mit anderen Worten: **Der imaginäre Cylinder (3) ist auf die $\mathfrak{x}\mathfrak{y}$-Ebene abgewickelt worden.** Die Gleichungen (3) geben insbesondere für $t = 0$ die Curve (1). Das Bild dieser Curve in der $\mathfrak{x}\mathfrak{y}$-Ebene ist nach (4) die Curve, für die $\mathfrak{y} = 0$ ist, d. h. die $\mathfrak{x}$-Axe. **Bei der Abwickelung geht mithin die Curve (1) in eine Gerade über.**

Die Curven also, bei denen das Verhältnis aus Krümmung und Torsion gleich i ist, sind geodätische Linien auf Cylindern, deren Mantellinien Minimalgeraden sind, und dürfen infolge dessen als Schraubenlinien bezeichnet werden.

Hiermit ist aber die Lücke auf S. 224 noch nicht vollständig ausgefüllt. Um nämlich den damaligen Satz 28 zu beweisen, mussten wir noch umgekehrt zeigen, dass bei jeder Schraubenlinie das Verhältnis aus Krümmung und Torsion constant ist. Dabei machten wir damals davon Gebrauch, dass eine Curve, deren Tangente die Richtungscosinus α, β, γ hat, eine Schraubenlinie ist, wenn es eine Richtung mit constanten Cosinus a, b, c derart giebt, dass längs der Curve

$$\mathbf{S}\, a\alpha = \text{Const.}$$

ist (siehe (7) auf S. 223). Im jetzigen Fall aber ist diese Richtung als Richtung einer Minimalgeraden anzunehmen, und daher ist jetzt von Richtungscosinus a, b, c keine Rede. Wir werden aber zeigen, dass auch bei den Schraubenlinien auf Cylindern von Minimalgeraden eine solche Relation besteht, sodass die Schlussfolgerung auf S. 223 richtig bleibt.

Es sei

$$x = \varphi(s), \quad y = \chi(s), \quad z = \psi(s) \tag{5}$$

irgend eine Curve mit der Bogenlänge s. Durch ihre Punkte legen wir parallele Minimalgeraden, längs deren also die Coordinaten um Grössen zunehmen, die drei solchen imaginären Constanten a, b, c proportional sind, für die:

$$a^2 + b^2 + c^2 = 0 \tag{6}$$

ist. Alsdann geht der Cylinder hervor:

$$x = \varphi(s) + at, \quad y = \chi(s) + bt, \quad z = \psi(s) + ct. \tag{7}$$

Lassen wir s und t um ds und dt wachsen, so beschreibt der Punkt

(x, y, z) auf der Fläche ein Bogenelement, dessen Quadrat wegen (6) den Wert hat:

$$dx^2 + dy^2 + dz^2 = \mathbf{S}(\varphi' ds + a\,dt)^2 = \mathbf{S}\,\varphi'^2 ds^2 + 2\,\mathbf{S}\,a\varphi' ds\,dt$$

oder, wenn wir die Richtungscosinus der Tangente der Curve (5) mit α, β, γ bezeichnen:

$$dx^2 + dy^2 + dz^2 = ds^2 + 2\,\mathbf{S}\,a\alpha\,ds\,dt = ds(ds + 2\,\mathbf{S}\,a\alpha\,dt).$$

In der $\mathfrak{x}\mathfrak{y}$-Ebene ist nun das Quadrat des Bogenelementes:

$$d\mathfrak{x}^2 + d\mathfrak{y}^2 = (d\mathfrak{x} + i\,d\mathfrak{y})(d\mathfrak{x} - i\,d\mathfrak{y}).$$

Wollen wir den Cylinder (7) in die Ebene abwickeln, d. h. punktweise so abbilden, dass die Bogenelemente für entsprechende Punkte übereinstimmen, so müssen wir also die in (7) auftretenden Parameter s und t so als Functionen von $\mathfrak{x}$ und $\mathfrak{y}$ bestimmen oder, was dasselbe ist, $\mathfrak{x}$ und $\mathfrak{y}$ so als Functionen von s und t bestimmen, dass:

$$(d\mathfrak{x} + i\,d\mathfrak{y})(d\mathfrak{x} - i\,d\mathfrak{y}) = ds(ds + 2\,\mathbf{S}\,a\alpha\,dt)$$

wird. Führen wir noch eine Function $\omega(s, t)$ ein, so muss also einzeln:

$$d\mathfrak{x} + i\,d\mathfrak{y} = \omega\,ds$$

$$d\mathfrak{x} - i\,d\mathfrak{y} = \frac{1}{\omega}(ds + 2\,\mathbf{S}\,a\alpha\,dt)$$

sein, woraus folgt:

$$d\mathfrak{x} = \frac{1}{2}\left(\omega + \frac{1}{\omega}\right)ds + \frac{1}{\omega}\,\mathbf{S}\,a\alpha\,dt,$$

$$d\mathfrak{y} = \frac{-i}{2}\left(\omega - \frac{1}{\omega}\right)ds + \frac{i}{\omega}\,\mathbf{S}\,a\alpha\,dt.$$

Es muss also einzeln sein:

$$(8)\qquad \left\{\begin{aligned} \frac{\partial\mathfrak{x}}{\partial s} &= \frac{1}{2}\left(\omega + \frac{1}{\omega}\right), & \frac{\partial\mathfrak{x}}{\partial t} &= \frac{1}{\omega}\,\mathbf{S}\,a\alpha, \\ \frac{\partial\mathfrak{y}}{\partial s} &= \frac{-i}{2}\left(\omega - \frac{1}{\omega}\right), & \frac{\partial\mathfrak{y}}{\partial t} &= \frac{i}{\omega}\,\mathbf{S}\,a\alpha. \end{aligned}\right.$$

Bekanntlich lassen sich zwei Functionen $\mathfrak{x}$ und $\mathfrak{y}$ von s und t hieraus nur dann bestimmen, wenn die Bedingungen erfüllt sind:

$$\frac{\partial}{\partial t}\frac{\partial\mathfrak{x}}{\partial s} = \frac{\partial}{\partial s}\frac{\partial\mathfrak{x}}{\partial t}, \qquad \frac{\partial}{\partial t}\frac{\partial\mathfrak{y}}{\partial s} = \frac{\partial}{\partial s}\frac{\partial\mathfrak{y}}{\partial t}.$$

Sie liefern, wenn man bedenkt, dass α, β, γ von s abhängen:

$$\frac{1}{2}\left(1-\frac{1}{\omega^2}\right)\frac{\partial \omega}{\partial t} = -\frac{1}{\omega^2}\frac{\partial \omega}{\partial s}\mathbf{S}\,a\,\alpha + \frac{1}{\omega}\mathbf{S}\,a\,\alpha',$$

$$\frac{-i}{2}\left(1+\frac{1}{\omega^2}\right)\frac{\partial \omega}{\partial t} = -\frac{i}{\omega^2}\frac{\partial \omega}{\partial s}\mathbf{S}\,a\,\alpha + \frac{i}{\omega}\mathbf{S}\,a\,\alpha'.$$

Addieren wir das i-fache der zweiten Gleichung zur ersten, so folgt, dass $\frac{\partial \omega}{\partial t} = 0$, also ω eine Function von s allein sein muss, sodass bleibt:

$$\frac{1}{\omega}\frac{d\omega}{ds} = \frac{\mathbf{S}\,a\,\alpha'}{\mathbf{S}\,a\,\alpha}.$$

Hieraus folgt:

$$\omega = A\,\mathbf{S}\,a\,\alpha \qquad (A = \text{Const.}).$$

Wählen wir also ω in dieser Weise als Function von s, so können wir aus (8) die Function $\mathfrak{x}$ und $\mathfrak{y}$ von s und t durch Quadratur bestimmen. Alsdann entspricht jedem Punkt (x, y, z) oder (s, t) des aus Minimalgeraden bestehenden Cylinders (7) ein Punkt $(\mathfrak{x}, \mathfrak{y})$ der Ebene in der Art, dass entsprechende Bogenelemente auf dem Cylinder und in der Ebene einander gleich sind. Der imaginäre Cylinder (7) ist dadurch auf die Ebene abgewickelt. Insbesondere können wir die Constante $A = 1$ annehmen, also

(9) $$\omega = \mathbf{S}\,a\,\alpha$$

setzen.

Nun wollen wir aber voraussetzen, die Curve (5) sei eine Schraubenlinie auf dem Cylinder (7), d. h. eine geodätische Linie, deren Abwickelung in der Ebene eine Gerade ist. Die Gleichungen (7) geben diese Curve, wenn $t = 0$ gesetzt wird. Mithin ist zu verlangen, dass die Functionen $\mathfrak{x}$ und $\mathfrak{y}$ von s und t, die durch (8) bestimmt sind, so beschaffen seien, dass sie für $t = 0$ eine Parameterdarstellung einer Geraden — mit dem Parameter s — ergeben, dass also für $t = 0$ das Verhältnis:

$$\frac{\partial \mathfrak{y}}{\partial s} : \frac{\partial \mathfrak{x}}{\partial s} = -i\,\frac{\omega - \frac{1}{\omega}}{\omega + \frac{1}{\omega}}$$

constant, frei von s, sei. Da dies nach (9) nur von s abhängt, so kommt dies darauf hinaus, dass

$$\mathbf{S}\,a\,\alpha = \text{Const.}$$

sein muss.

Die Curve (5) ist also dann eine geodätische Linie (Schraubenlinie) des imaginären Cylinders (7), wenn

(10) $$\mathbf{S}\,a\,\alpha = C,$$

einer Constanten, ist.

Es besteht also wie auf S. 223 in (7) eine Gleichung, aus der wie damals in (8) und (9) folgt:

(11) $$\mathbf{S}\, a\, l = 0,$$

(12) $$\frac{\varrho}{r} = -\frac{\mathbf{S}\, a\, \lambda}{\mathbf{S}\, a\, \alpha}.$$

Auch folgt wie dort

(13) $$\mathbf{S}\, a\, \lambda = \text{Const.} = B,$$

sodass (12) giebt:

(14) $$\frac{\varrho}{r} = -\frac{B}{C}.$$

Nun ist nach (10) und (13):

$$B^2 + C^2 = (\mathbf{S}\, a\, \alpha)^2 + (\mathbf{S}\, a\, \lambda)^2,$$

und hierfür können wir nach II (*B*) und (6) schreiben:

$$B^2 + C^2 = -\mathbf{S}\, a^2 l^2 - 2\,\mathbf{S}\, a\, b\, l\, m = -(\mathbf{S}\, a\, l)^2,$$

sodass nach (11)

$$B^2 + C^2 = 0$$

und nach (14)

$$\frac{\varrho}{r} = \pm i$$

ist.

Wir haben also gefunden:

Satz 13: Eine Curve ist Schraubenlinie (geodätische Linie) auf einem Cylinder von Minimalgeraden, wenn zwischen den Richtungscosinus α, β, γ ihrer Tangente eine lineare Gleichung mit constanten Coefficienten besteht:

$$a\alpha + b\beta + c\gamma = \text{Const.},$$

in der a, b, c der Bedingung:

$$a^2 + b^2 + c^2 = 0$$

genügen. Das Verhältnis aus Krümmung und Torsion ist längs der Curve gleich $\pm i$. Die Mantellinien des Cylinders sind der Minimalgeraden:

$$x : y : z = a : b : c$$

parallel.

Hiermit ist die Lücke auf S. 224 vollständig ausgefüllt.

§ 5. **Eingehüllte einer Ebenenschar.**

Wir wissen, dass die Tangentenfläche einer Raumcurve die ∞^1 Schmiegungsebenen der Curve zu Tangentenebenen hat (nach Satz 9, S. 278).

Jetzt wollen wir umgekehrt von einer einfach unendlichen Schar von Ebenen ausgehen und die von ihnen eingehüllte Fläche untersuchen.

Eine Ebene wird durch eine in x, y, z lineare Gleichung dargestellt. Eine Schar von ∞^1 Ebenen also wird durch eine solche in x, y, z lineare Gleichung:

$$u(t)x + v(t)y + w(t)z = \omega(t) \tag{1}$$

dargestellt, deren Coefficienten u, v, w, ω Functionen eines Parameters t sind. Zu jedem Werte von t gehört eine bestimmte Ebene (1), die wir als die Ebene (t) bezeichnen können. Von dem trivialen Fall, dass alle ∞^1 Ebenen (1) durch einen Punkt gehen und also einen Kegel umhüllen oder alle einer Geraden parallel sind und also einen Cylinder umhüllen, sehen wir ab.

Zwei unendlich benachbarte Ebenen (t) und ($t + dt$) der Schar sind die Ebene (1) und die Ebene:

$$(u + u'dt)x + (v + v'dt)y + (w + w'dt)z = \omega + \omega'dt. \tag{2}$$

Die Schnittgerade beider Ebenen erfüllt beide Gleichungen. Die zweite vereinfacht sich wegen der ersten:

$$u'x + v'y + w'z = \omega'.$$

Die beiden Gleichungen:

$$\left\{\begin{aligned} u\,x + v\,y + w\,z &= \omega, \\ u'x + v'y + w'z &= \omega' \end{aligned}\right. \tag{3}$$

stellen also die Schnittgerade der Ebenen (t) und ($t + dt$) dar. Zu jedem Werte (t) gehört eine bestimmte Gerade (3). Es liegen also ∞^1 Geraden (3) vor. Sie bilden eine geradlinige Fläche, und wir behaupten, dass dies eine abwickelbare Fläche ist, mit anderen Worten, dass je zwei unendlich benachbarte Geraden der Schar (3) einander schneiden. Dies folgt geometrisch sofort daraus, dass, wenn E_1, E_2, E_3 drei unendlich benachbarte Ebenen der Schar (1) sind, die Schnittgerade von E_1 und E_2 mit der Schnittgeraden von E_2 und E_3 in einer Ebene E_2 liegt. Es soll aber auch analytisch bestätigt werden. Die der Geraden (3) unendlich benachbarte Gerade ergiebt sich, wenn wir in (3) den Wert t durch $t + dt$ ersetzen. So kommen zwei Gleichungen. Die erste ist die Gleichung (2). Sie aber ist eine Folge der beiden Gleichungen (3). Also kommt nur noch eine neue Gleichung hinzu, nämlich:

$$(u' + u''dt)x + (v' + v''dt)y + (w' + w''dt)z = \omega' + \omega''dt,$$

die sich wegen der zweiten Gleichung (3) reduciert auf:

$$u'' x + v'' y + w'' z = \omega''.$$

Mithin muss der eventuell vorhandene Schnittpunkt (x, y, z) der beiden Geraden nur die drei Gleichungen erfüllen:

$$(4) \qquad \begin{cases} u\, x + v\, y + w\, z = \omega, \\ u' x + v' y + w' z = \omega', \\ u'' x + v'' y + w'' z = \omega''. \end{cases}$$

Dies aber sind drei in x, y, z lineare Gleichungen. Wäre ihre Determinante

$$\begin{vmatrix} u & v & w \\ u' & v' & w' \\ u'' & v'' & w'' \end{vmatrix}$$

gleich Null, so würde es nach Satz 14, S. 186, drei Constanten a, b, c — frei von t — geben, für die

$$au + bv + cw = 0$$

wäre. Dies würde aussagen, dass alle ∞^1 Ebenen (1) Geraden von der Richtung $(a:b:c)$ enthielten und daher einen Cylinder umhüllten, was wir ausgeschlossen haben. Die Determinante ist folglich von Null verschieden. Wenn ferner die rechten Seiten in (4) gleich Null wären, so wäre $\omega = 0$, d. h. alle Ebenen (1) enthielten den Anfangspunkt und umhüllten einen Kegel, was wir ebenfalls ausgeschlossen haben.

In (4) liegen also drei nicht homogene lineare Gleichungen für x, y, z mit nicht verschwindender Determinante vor. Sie besitzen daher für beliebige Werte von t bestimmte Auflösungen x, y, z, die im allgemeinen Functionen von t sein werden:

$$(5) \qquad x = \varphi(t), \qquad y = \chi(t), \qquad z = \psi(t).$$

Wären sie frei von t, so würde wieder folgen, dass alle Ebenen (1) einen Punkt gemein hätten, was ausgeschlossen ist. Somit stellen die Gleichungen (5) eine Curve dar. Die Punkte der Curve sind die Schnittpunkte je zweier unendlich benachbarter Geraden (3) oder je dreier unendlich benachbarter Ebenen (1).

Dass die Curve (5) die Ebenen (1) zu Schmiegungsebenen hat, könnte man offenbar rein geometrisch folgern. Denn wenn P_1, P_2, P_3 drei unendlich benachbarte Punkte der Curve (5) sind, so ist P_1 der Schnittpunkt dreier unendlich benachbarter Ebenen E_1, E_2, E_3

der Schar (1), ferner P_2 der Schnittpunkt der Ebenen E_2, E_3 mit einer vierten unendlich benachbarten Ebene E_4 der Schar und P_3 der Schnittpunkt der Ebenen E_3, E_4 mit einer fünften unendlich benachbarten Ebene der Schar (1). Die Ebene E_3 also enthält P_1, P_2 und P_3 und ist daher nach S. 174 eine Schmiegungsebene der Curve (5). Aber dies soll auch analytisch dargethan werden.

Bedeuten x, y, z die Functionen (5) von t, die den Gleichungen (4) genügen, so werden die Gleichungen (4) für alle Werte t richtig sein, sodass sie total nach t differenziert werden können. Die erste giebt:

$$u' x + v' y + w' z + u x' + v y' + w z' = \omega'$$

oder wegen der zweiten:

$$(6) \qquad u x' + v y' + w z' = 0 .$$

Ebenso giebt die zweite mit Rücksicht auf die dritte:

$$u' x' + v' y' + w' z' = 0 .$$

Nun giebt (6) nach t differenziert mit Rücksicht auf die eben gefundene Gleichung:

$$u x'' + v y'' + w z'' = 0 .$$

Hieraus und aus (6) folgt:

$$u : v : w = (y' z'' - z' y'') : (z' x'' - x' z'') : (x' y'' - y' x'') ,$$

d. h. die Richtungscosinus der Ebene (1) sind nach S. 174 die der Schmiegungsebene der Curve (5). Wir haben somit den

Satz 14: Eine Schar von ∞^1 Ebenen:

$$u(t) x + v(t) y + w(t) z = \omega(t) ,$$

die nicht sämtlich durch einen Punkt gehen oder sämtlich einer Geraden parallel sind, kann stets aufgefasst werden als die Schar der Schmiegungsebenen einer Curve. Die Coordinaten x, y, z sind längs der Curve solche Functionen des Parameters t, die den Gleichungen genügen:

$$u\ x + v\ y + w\ z = \omega ,$$
$$u' x + v' y + w' z = \omega' ,$$
$$u'' x + v'' y + w'' z = \omega'' .$$

Die Tangenten der Curve sind die Geraden, die durch die beiden Gleichungen:

$$u x + v y + w z = \omega,$$
$$u' x + v' y + w' z = \omega'$$

dargestellt werden.

Denn die Schnittgeraden (3) der Schmiegungsebenen (1) sind ja die Tangenten der Curve.

Man drückt das Ergebnis auch so aus:

Satz 15: Eine Schar von ∞^1 Ebenen

$$u(t) x + v(t) y + w(t) z = \omega(t)$$

umhüllt oder erzeugt eine Curve oder auch die Tangentenfläche dieser Curve. Die Ebenen der Schar sind die Schmiegungsebenen der Curve und die Tangentenebenen der Tangentenfläche.

Beispiel: Wir betrachten ∞^1 Ebenen, die mit der xy-Ebene den constanten Winkel ϑ bilden. In der Gleichung einer solchen Ebene:

$$u x + v y + w z = \omega$$

muss der Richtungscosinus

$$\frac{w}{\sqrt{u^2 + v^2 + w^2}} = \cos \vartheta$$

sein. Wir können ausserdem $\omega = 1$ annehmen. Setzen wir noch:

$$u = \frac{1}{t} \cos p, \quad v = \frac{1}{t} \sin p,$$

so dürfen wir schreiben:

$$w = \frac{\operatorname{ctg} \vartheta}{t}.$$

Also ist:

(7) $$\cos p \,.\, x + \sin p \,.\, y + \operatorname{ctg} \vartheta \,.\, z = t$$

die Gleichung einer beliebigen Ebene E, die mit der xy-Ebene den Winkel ϑ bildet. Sie hängt noch von zwei Constanten t und p ab. Wenn wir p als irgend eine gegebene Function von t auffassen:

$$p = P(t),$$

so enthält (7) nur eine willkürliche Constante, den Parameter t, und stellt daher ∞^1 Ebenen E constanter Neigung dar. Die von ihnen umhüllte Tangentenfläche oder abwickelbare Fläche heisst eine Böschungsfläche. Die Erzeugenden g der Fläche erfüllen die Gleichung (7) und die durch Differentiation nach t hervorgehende Gleichung:

(8) $$- p' \sin p \,.\, x + p' \cos p \,.\, y = 1.$$

Diese Gleichung allein stellt eine zur xy-Ebene senkrechte Ebene dar, die augenscheinlich auch auf der Ebene (7) senkrecht steht. Sie ist also die Ebene N, vermöge deren die Erzeugende g der Fläche auf die xy-Ebene projiciert wird (siehe Fig. 60). Die Ebenen E schneiden die xy-Ebene in den Tangenten h einer Curve k, und die Tangenten h stehen auf den Ebenen N ebenfalls senkrecht, sodass also die Ebenen N die xy-Ebene in den Normalen n der Curve k schneiden. Die Geraden g umhüllen die Gratlinie c der Böschungsfläche. Da die Geraden n die Projectionen der Geraden g sind und da die

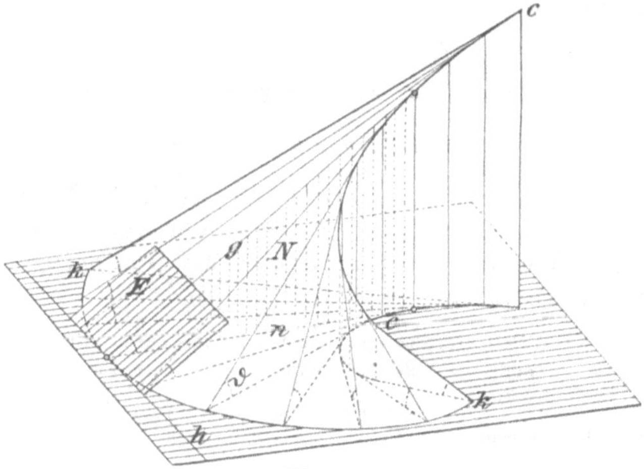

Fig. 60.

Geraden n als Normalen von k die Evolute von k umhüllen (nach S. 61 und 65), so **hat** die Gratlinie der Böschungsfläche zur Projection auf der xy-Ebene die Evolute der Schnittlinie k der Fläche mit der xy-Ebene. Dies Ergebnis bleibt dasselbe, wenn die xy-Ebene parallel verschoben wird. Die Gratlinie der Böschungsfläche erfüllt die Gleichungen (7), (8) und die durch nochmalige Differentiation nach t aus (8) hervorgehende Gleichung. Man erkennt auch, dass die Gratlinie der Böschungsfläche eine Schraubenlinie auf dem Cylinder ist, dessen senkrechter Querschnitt die Evolute der Curve k ist. Die Böschungsflächen sind mithin identisch mit den Tangentenflächen der Schraubenlinien.

§ 6. **Filarevolventen.**

Ist eine Curve eben, so ist ihre Tangentenfläche die Ebene der Curve. In dieser Ebene haben wir seinerzeit (in § 11 des ersten Abschnittes) die Evolventen der Curve construiert. Wollen wir den Evolventenbegriff auch für Raumcurven bilden, so werden wir naturgemäss an die Stelle der Ebene die Tangentenfläche der Raumcurve treten lassen und also unter den Evolventen der Raumcurve diejenigen Curven in ihrer Tangentenfläche verstehen, die alle Tangenten der Raumcurve senkrecht schneiden.

Sind

(1) $$x = \varphi(s), \quad y = \chi(s), \quad z = \psi(s)$$

die Gleichungen einer Raumcurve c, ausgedrückt durch die Bogenlänge s, so sind:

(2) $$\bar{x} = x + \alpha\tau, \quad \bar{y} = y + \beta\tau, \quad \bar{z} = z + \gamma\tau$$

die Coordinaten eines Punktes auf der Tangente der Stelle (s) oder (x, y, z) der Curve (1), und τ bedeutet dabei die mit Vorzeichen versehene Entfernung des Punktes $(\bar{x}, \bar{y}, \bar{z})$ vom Berührungspunkt (x, y, z).

Schreiben wir vor, dass τ eine Function von s sein soll, so beschreibt der Punkt $(\bar{x}, \bar{y}, \bar{z})$ bei variierendem s eine Curve auf der Tangentenfläche der gegebenen Curve c — wie auf S. 269. Die Richtungscosinus der Tangente dieser neuen Curve sind proportional:

$$\frac{d\bar{x}}{ds}, \quad \frac{d\bar{y}}{ds}, \quad \frac{d\bar{z}}{ds},$$

d. h. nach III (C) oder S. 269 proportional:

(3) $$\left\{\begin{aligned} &\frac{d\bar{x}}{ds} = \alpha + \frac{l}{r}\tau + \alpha\tau', \quad \frac{d\bar{y}}{ds} = \beta + \frac{m}{r}\tau + \beta\tau', \\ &\frac{d\bar{z}}{ds} = \gamma + \frac{n}{r}\tau + \gamma\tau'. \end{aligned}\right.$$

Soll nun die neue Curve die Tangenten der gegebenen Curve c senkrecht schneiden, so muss:

$$\mathbf{S}\,\frac{d\bar{x}}{ds}\,\alpha = 0$$

sein. Diese Forderung giebt nach II (A) einfach:

$$1 + \tau' = 0,$$

d. h.

$$\tau = a - s \quad (a = \text{Const.}).$$

Man beachte die Analogie mit der Betrachtung auf S. 63. Setzen wir diesen Wert τ in (2) ein, so folgt, dass:

(4) $$\bar{x} = x + \alpha(a - s), \quad \bar{y} = y + \beta(a - s), \quad \bar{z} = z + \gamma(a - s)$$

die Gleichungen der orthogonalen Trajectorien aller Tangenten der gegebenen Curve c sind, ausgedrückt mittels des Parameters s. Es giebt — entsprechend den ∞^1 Werten der willkürlichen Constanten a — insgesamt ∞^1 orthogonale Trajectorien. Wegen der geometrischen Bedeutung von τ als Strecke vom Punkte (x, y, z) auf c bis zum Punkte $(\bar{x}, \bar{y}, \bar{z})$ auf der Tangente des ersteren Punktes folgt aus $\tau = a - s$ gerade so wie in der Ebene auf S. 64, dass die Curven (4) mechanisch durch Abwickelung eines unausdehnbaren völlig biegsamen Fadens von der Curve c erzeugt werden können. Solche Curven aber heissen Filarevolventen[1] der gegebenen Curve c. Daher:

Satz 16: Die orthogonalen Trajectorien der Tangenten einer Curve sind die Filarevolventen der Curve.

Wir können sie auch so erzeugen: Wir lassen eine starre Gerade ohne Gleiten längs der Curve c rollen, sodass sie stets Tangente von c ist. Ein beliebiger Punkt der Geraden beschreibt eine Filarevolvente von c.

Bei der Abwickelung der Tangentenfläche von c in die Ebene, bei der die Curve c in eine ebene Curve c' übergeht, werden die Filarevolventen die Evolventen der Curve c'.

Liegt eine reelle Curve c vor und ist a reell gewählt, so ändert der Abschnitt $\tau = a - s$ der Filarevolvente auf der Tangente von c sein Zeichen, sobald $s = a$ ist, d. h. dann geht die Filarevolvente von dem einen Mantel der Tangentenfläche auf den anderen über.

Die auf eine Filarevolvente bezüglichen Grössen seien durch überstrichene Buchstaben bezeichnet. Da nach (3) wegen $\tau = a - s$

$$\frac{d\bar{x}}{ds} = \frac{l}{r}(a - s), \quad \frac{d\bar{y}}{ds} = \frac{m}{r}(a - s), \quad \frac{d\bar{z}}{ds} = \frac{n}{r}(a - s)$$

ist, so ist nach II (A):

(5)
$$\left(\frac{d\bar{s}}{ds}\right)^2 = \left(\frac{a - s}{r}\right)^2.$$

Wollen wir bei einer reellen Curve c den Sinn einer reellen Filarevolvente durchgehend entsprechend dem Sinn der Curve c wählen, also das Bogenelement $d\bar{s}$ der Filarevolvente mit ds positiv annehmen, so müssen wir setzen:

(6)
$$\frac{d\bar{s}}{ds} = \varepsilon \frac{s - a}{r},$$

wobei $\varepsilon = \pm 1$ ist, je nachdem die betrachtete Stelle der Filarevolvente auf dem negativen oder positiven Mantel der Tangentenfläche von c liegt, je nachdem also $s \gtreqless a$ ist. Für die Richtungs-

[1] Die Filarevolventen wurden von Monge 1771 (siehe Anm. S. 171) betrachtet. Im Raume darf für diese Curven nicht schlechtweg der Name Evolventen gebraucht werden, weil die Raumcurven noch eine andere Art von Evolventen haben, die sogenannten Planevolventen, von denen wir weiter unten, in § 7, sprechen werden.

cosinus $\bar{\alpha}$, $\bar{\gamma}$, $\bar{\beta}$ der Tangente der Filarevolvente ergiebt sich nun nach III (B):

$$\bar{\alpha} = \frac{d\bar{x}}{d\bar{s}} = \frac{d\bar{x}}{ds} : \frac{d\bar{s}}{ds}$$

u. s. w., d. h.:

$$(7) \qquad \bar{\alpha} = -\varepsilon l, \quad \bar{\beta} = -\varepsilon m, \quad \bar{\gamma} = -\varepsilon n.$$

Geometrisch erhellt dies (abgesehen vom Vorzeichen) ohne Weiteres, da die Tangente der Filarevolvente in der Schmiegungsebene von c senkrecht zur Tangente von c, d. h. parallel zur Hauptnormalen $(l:m:n)$ von c ist. Aus (7) folgt ferner nach III (C) und (6):

$$(8) \qquad \frac{\bar{l}}{\bar{r}} = \frac{d\bar{\alpha}}{d\bar{s}} = \frac{d\bar{\alpha}}{ds} : \frac{d\bar{s}}{ds} = \left(\frac{\alpha}{r} + \frac{\lambda}{\varrho}\right)\frac{r}{s-a}.$$

Analog geht $\bar{m}:\bar{r}$ und $\bar{n}:\bar{r}$ hervor. Hieraus folgt nun nach II (A):

$$\mathbf{S}\left(\frac{\bar{l}}{\bar{r}}\right)^2 = \frac{1}{\bar{r}^2} = \left(\frac{1}{r^2} + \frac{1}{\varrho^2}\right)\frac{r^2}{(s-a)^2}.$$

Wählen wir die Quadratwurzel von $r^2 + \varrho^2$ bei reeller Curve c positiv, so ist, da $\bar{r}$ stets positiv sein soll (nach S. 179), zu setzen:

$$(9) \qquad \bar{r} = \frac{\varepsilon\varepsilon'\varrho(s-a)}{\sqrt{r^2+\varrho^2}}.$$

Dabei ist $\varepsilon' = \pm 1$, je nachdem $\varrho \gtrless 0$ ist. Aus (8) folgt nun:

$$(10) \qquad \bar{l} = \varepsilon\varepsilon'\frac{\alpha\varrho + \lambda r}{\sqrt{r^2+\varrho^2}}, \quad \bar{m} = \varepsilon\varepsilon'\frac{\beta\varrho + \mu r}{\sqrt{r^2+\varrho^2}}, \quad \bar{n} = \varepsilon\varepsilon'\frac{\gamma\varrho + \nu r}{\sqrt{r^2+\varrho^2}}.$$

Endlich giebt II (C) wegen (7) und (10):

$$(11) \qquad \bar{\lambda} = \varepsilon'\frac{\lambda\varrho - \alpha r}{\sqrt{r^2+\varrho^2}}, \quad \bar{\mu} = \varepsilon'\frac{\mu\varrho - \beta r}{\sqrt{r^2+\varrho^2}}, \quad \bar{\nu} = \varepsilon'\frac{\nu\varrho - \gamma r}{\sqrt{r^2+\varrho^2}}.$$

Hieraus schliessen wir nach Satz 45, S. 255, und Satz 46, S. 256:

Satz 17: Die Binormale einer Filarevolvente einer Curve c ist parallel der Axe derjenigen gemeinen Schraubenlinie, von der die Curve c an der zugehörigen Stelle mit übereinstimmender Torsion in zweiter Ordnung berührt wird, oder also parallel der Axe desjenigen Rotationskegels, der drei unendlich benachbarten Tangenten von c parallel ist.

Auch folgt aus (10) und (11):

Satz 18: Die Normalebenen der Filarevolventen einer Curve c sind die Ebenen der Tangenten und Binormalen der Curve c.

Nach III (C) ist noch wegen (11) und (6):

$$\frac{\bar{l}}{\bar{\varrho}} = \frac{d\bar{\lambda}}{d\bar{s}} = \frac{d\bar{\lambda}}{ds} : \frac{d\bar{s}}{ds} = \varepsilon\,\varepsilon'\,\frac{(\alpha\,\varrho + \lambda\,r)(\varrho' r - r'\varrho)}{\sqrt{r^2 + \varrho^2}^3} \cdot \frac{r}{s - a},$$

sodass nach (10):

$$(12) \qquad \bar{\varrho} = \frac{(r^2 + \varrho^2)(s - a)}{r(\varrho' r - r'\varrho)}$$

ist. Man sieht, dass hier die Factoren ε und ε' fehlen. In der That ist ja das Vorzeichen der Torsion einer Curve nach S. 200 unabhängig von allen willkürlichen Vorzeichenbestimmungen. Man sieht, dass $\bar{\varrho}$ im Allgemeinen das Zeichen wechselt, wenn s durch den Wert a hindurchgeht. Daher folgt:

Satz 19: Eine Filarevolvente ändert beim Uebergang von dem einen Mantel der Tangentenfläche in den anderen Mantel im Allgemeinen die Art ihrer Windung.

Die Torsion $\frac{1}{\bar{\varrho}}$ der Filarevolvente ist längs der ganzen Curve gleich Null, d. h. die Evolvente selbst ist nach Satz 13, S. 185, eben, wenn nach (12) entweder $r = 0$ oder $\varrho' r - r'\varrho = 0$ ist. Ist $r = 0$, so ist die ursprüngliche Curve eine Gerade, nach Satz 27, S. 221, und hat überhaupt keine Evolventen. Ist $\varrho' r - r'\varrho = 0$, so ist $r : \varrho = \text{Const.}$, also die ursprüngliche Curve nach Satz 28, S. 224, eine Schraubenlinie. In der Fig. 57 auf S. 267 ist eine Filarevolvente für die Tangentenfläche einer gemeinen Schraubenlinie construiert. Die Fläche ist dort auf eine zu ihrer Axe parallele Ebene senkrecht projiciert worden, und die Filarevolute erscheint im Bilde als Gerade, da ihre Ebene zur Schraubenaxe senkrecht ist.

Wir haben in diesem Paragraphen die Filarevolventen einer gegebenen Curve, die man im Einklang mit der Bezeichnung in der Ebene (S. 65) die Filarevolute nennen wird, untersucht. Man kann umgekehrt die Frage stellen, ob jede gegebene Curve eine Filarevolute hat, d. h. ob jede Curve als Filarevolvente einer gesuchten Curve aufgefasst werden kann. Diese Frage werden wir in § 8 bejahend beantworten.

Die auf die Berechnung der Filarevolventen bezüglichen Formeln sind am Schlusse dieses Bandes in Tafel VII zusammengestellt.

§ 7. Planevolventen und Planevoluten.

Betrachten wir statt der Curve zunächst einmal ein räumliches Polygon $P_1 P_2 P_3 \ldots$, wie schon früher auf S. 175. An die Stelle der Schmiegungsebenen treten die Ebenen je dreier aufeinanderfolgender Polygonecken, so die Ebene E_{123} der drei Punkte P_1, P_2, P_3 u. s. w. Die Ebene E_{123} hat mit der Ebene E_{234} die Polygonseite $P_2 P_3$ gemein. Durch Drehung um diese geht sie in die Ebene E_{234} über. Diese bringen wir durch Drehung um die Polygonseite $P_3 P_4$ in die Lage E_{345} u. s. w. Durch eine Folge von Drehungen, deren Axen die aufeinanderfolgenden Polygonseiten sind, können wir also eine Ebene nach und nach in alle einzelnen Ebenen $E_{123}, E_{234}, E_{345} \ldots$ überführen. Sind die Polygonseiten sehr kurz und bilden sie paarweis fast gestreckte Winkel miteinander, so wird diese unstetige Bewegung nur wenig von einer stetigen abweichen, und wir können sie dann als ein Rollen der Ebene längs des Polygons bezeichnen. Dieses Rollen findet ohne Gleiten statt, wenn wir, wie geschehen, nur Drehungen um die Axen $P_2 P_3$, $P_3 P_4 \ldots$, nicht aber gleichzeitig Schiebungen längs der Axen, also Schraubungen, vornehmen. Ein beliebiger Punkt der rollenden Ebene wird eine Bahn beschreiben, die aus lauter kleinen Kreisbogen besteht, deren jeder in einer Ebene senkrecht zur Drehaxe liegt und seinen Mittelpunkt auf der Drehaxe hat. Diese Kreisbogen gehen senkrecht von den Ebenen $E_{123}, E_{234} \ldots$ aus.

Machen wir nun den Grenzübergang, indem wir das Polygon durch eine Curve c ersetzen, so kommen wir zu dem Begriff des Rollens einer Ebene längs einer Curve c. Die Ebene geht stetig in die wechselnden Schmiegungsebenen der Curve c über, und ein Punkt der Ebene beschreibt eine stetige Curve, die alle Schmiegungsebenen senkrecht durchsetzt. Eine solche Curve heisst eine Planevolvente der Curve c, die selbst die zugehörige Planevolute genannt wird.[1] Planevolventen heissen also die orthogonalen Trajectorien der Schmiegungsebenen der Planevolute. Unsere Aufgabe ist jetzt die, die Planevolventen einer gegebenen Curve zu bestimmen. Vorher heben wir noch hervor, dass jede Curve des Raumes als eine Planevolvente aufgefasst werden kann. In der That: Wir construieren die Normalebenen der Curve. Sie bilden eine Schar von ∞^1 Ebenen, die nach Satz 15, S. 293, die Schmiegungsebenen

[1] Die Planevolventen wurden von Lancret 1805 eingeführt. Siehe sein auf S. 159 genanntes „Mémoire“.

einer anderen Curve sind. Also ist die ursprüngliche Curve eine Planevolvente der letzteren Curve.

Nach Satz 38, S. 238, folgt daher:

Satz 20: Jede Curve kann als Planevolvente aufgefasst werden, nämlich als Planevolvente des Ortes der Mitten ihrer Schmiegungskugeln.

Nun sei die Planevolute c gegeben. x, y, z seien die Coordinaten ihrer Punkte, s sei ihre Bogenlänge. Gesucht werden die Planevolventen $\bar{c}$, d. h. die orthogonalen Trajectorien der Schmiegungsebenen der gegebenen Curve c.

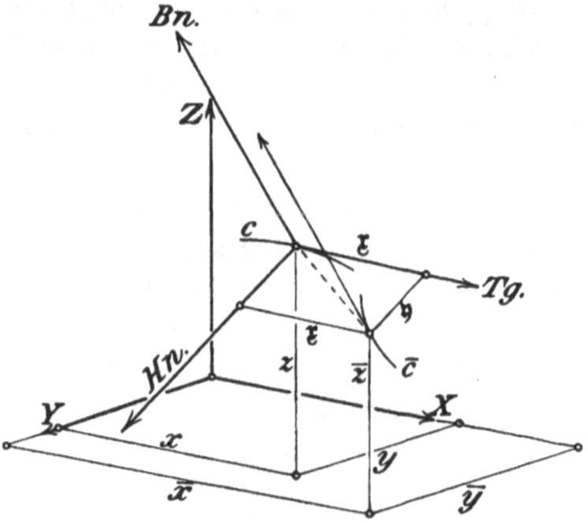

Fig. 61.

Es seien mit $\mathfrak{x}$ und $\mathfrak{y}$ die rechtwinkligen Coordinaten desjenigen Punktes bezeichnet, in dem eine solche orthogonale Trajectorie $\bar{c}$ die zum Punkte (s) gehörige Schmiegungsebene von c schneidet, und zwar bezogen auf das durch die Tangente und Hauptnormale des Punktes (s) gebildete Axenkreuz (siehe Fig. 61). Im Raume seien $\bar{x}$, $\bar{y}$, $\bar{z}$ die Coordinaten dieses Punktes von $\bar{c}$. Wenn wir die Strecke vom Punkte (x, y, z) nach dem Punkte $(\bar{x}, \bar{y}, \bar{z})$ auf die x-Axe projicieren, so ergiebt sich $\bar{x} - x$. Dieselbe Projection muss der aus $\mathfrak{x}$ und $\mathfrak{y}$ gebildete gebrochene Linienzug haben. Da $\mathfrak{x}$ gegen die x-Axe den Richtungscosinus α, $\mathfrak{y}$ den Richtungscosius l hat, so ist folglich:

$$\bar{x} - x = \alpha\mathfrak{x} + l\mathfrak{y},$$

also:

$$(1) \quad \bar{x} = x + \alpha\mathfrak{x} + l\mathfrak{y}, \quad \bar{y} = y + \beta\mathfrak{x} + m\mathfrak{y}, \quad \bar{z} = z + \gamma\mathfrak{x} + n\mathfrak{y}.$$

Da in der Schmiegungsebene des Punktes (s) ein bestimmter Punkt $(\bar{x}, \bar{y}, \bar{z})$ der Trajectorie $\bar{c}$ liegen muss, so müssen $\mathfrak{x}$ und $\mathfrak{y}$ Functionen von s sein, wie die in (1) auftretenden Grössen $x, y, z, \alpha, \beta, \gamma, l, m, n$. Es handelt sich also darum, $\mathfrak{x}$ und $\mathfrak{y}$ so als Functionen von s zu bestimmen, dass die durch (1) mittels des Parameters s dargestellte Curve die Schmiegungsebenen der Curve c senkrecht schneidet.

Nun sind die Richtungscosinus der Tangente von $\bar{c}$ proportional den Ableitungen von $\bar{x}$, $\bar{y}$, $\bar{z}$ nach s. Es ist aber nach (1) und III (B):

$$\frac{d\bar{x}}{ds} = \alpha + \frac{l}{r}\mathfrak{x} - \left(\frac{\alpha}{r} + \frac{\lambda}{\varrho}\right)\mathfrak{y} + \alpha\frac{d\mathfrak{x}}{ds} + l\frac{d\mathfrak{y}}{ds}. \tag{2}$$

Da die Tangente von $\bar{c}$ auf der Schmiegungsebene von c senkrecht stehen soll, so muss

$$\mathbf{S}\,\alpha\frac{d\bar{x}}{ds} = o, \qquad \mathbf{S}\,l\frac{d\bar{x}}{ds} = o$$

sein. Dies liefert nach II (A):

$$1 - \frac{1}{r}\mathfrak{y} + \frac{d\mathfrak{x}}{ds} = 0, \qquad \frac{1}{r}\mathfrak{x} + \frac{d\mathfrak{y}}{ds} = 0$$

oder:

$$\frac{d\mathfrak{x}}{ds} = \frac{1}{r}\mathfrak{y} - 1, \qquad \frac{d\mathfrak{y}}{ds} = -\frac{1}{r}\mathfrak{x} \tag{3}$$

als Bedingungen für die gesuchten Functionen $\mathfrak{x}$ und $\mathfrak{y}$ von s. Es ist dies ein System von zwei gewöhnlichen Differentialgleichungen, das sich vereinfacht, wenn wir statt s die Veränderliche T einführen, die durch

$$T = \int\frac{ds}{r} \tag{4}$$

definiert ist, nämlich die Bogenlänge der sphärischen Indicatrix der Tangenten (siehe S. 241). In der That ist nach (3)

$$\frac{d\mathfrak{x}}{dT} = \mathfrak{y} - r, \qquad \frac{d\mathfrak{y}}{dT} = -\mathfrak{x}. \tag{5}$$

Das Missliche an diesen beiden Differentialgleichungen ist, dass jede die **beiden** gesuchten Functionen $\mathfrak{x}$, $\mathfrak{y}$ enthält. Aber diesen Übelstand beseitigen wir, indem wir zunächst:

$$X = \mathfrak{x} + i\mathfrak{y}, \qquad Y = \mathfrak{x} - i\mathfrak{y} \tag{6}$$

zu bestimmen suchen. Es ist ja nach (5):

$$\frac{dX}{dT} = -iX - r, \qquad \frac{dY}{dT} = iY - r. \tag{7}$$

Jetzt enthält jede Differentialgleichung nur eine unbekannte Function X bez. Y. Die erste ist leicht zu integrieren, denn e^{-iT} giebt differenziert $-ie^{-iT}$, und diese Bemerkung führt dazu, zu versuchen, eine Grösse u so zu bestimmen, dass

$$X = u e^{-iT}$$

wird. Es muss dann:

$$\frac{dX}{dT} = \frac{du}{dT}e^{-iT} - iue^{-iT}$$

sein. Dies soll nach der ersten Gleichung (7) gleich $-iue^{-iT}-r$ sein, also fordern wir:

$$\frac{du}{dT} = -re^{iT},$$

woraus folgt:

$$u = -\int re^{iT}\,dT,$$

also:

$$X = -e^{-iT}\int re^{iT}\,dT.$$

Die zweite Gleichung (7) giebt analog:

$$Y = -e^{iT}\int re^{-iT}\,dT.$$

Da $e^{iT} = \cos T + i\sin T$ ist, so können wir X und Y in je zwei Teile zerlegen. Dies giebt für X den Wert:

$$X = -\cos T\int r\cos T\,dT - \sin T\int r\sin T\,dT +$$
$$+ i\left[\sin T\int r\cos T\,dT - \cos T\int r\sin T\,dT\right]$$

und für Y den conjugierten Wert, sodass aus (6) schliesslich folgt:

$$(8)\quad \begin{cases} \mathfrak{x} = -\cos T\int r\cos T\,dT - \sin T\int r\sin T\,dT, \\ \mathfrak{y} = \quad \sin T\int r\cos T\,dT - \cos T\int r\sin T\,dT. \end{cases}$$

Hiermit sind die allgemeinen Lösungen der Differentialgleichungen (5) gefunden.

Nach (1) sind demnach:

$$(9)\quad \begin{cases} \bar{x} = x - (\alpha\cos T - l\sin T)\int r\cos T\,dT - (\alpha\sin T + l\cos T)\int r\sin T\,dT, \\ \bar{y} = y - (\beta\cos T - m\sin T)\int r\cos T\,dT - (\beta\sin T + m\cos T)\int r\sin T\,dT, \\ \bar{z} = z - (\gamma\cos T - n\sin T)\int r\cos T\,dT - (\gamma\sin T + n\cos T)\int r\sin T\,dT \end{cases}$$

die Gleichungen der Planevolventen. Sie enthalten die beiden Integrale:

$$\int r\cos T\,dT, \quad \int r\sin T\,dT,$$

deren jedes eine willkürliche Constante liefert, sodass thatsächlich ∞^2 Planevolventen vorliegen. Da nach (4)

$$r\,dT = ds$$

ist, so können wir die Gleichungen auch so schreiben:

$$(10)\quad \begin{cases} \bar{x} = x - (\alpha\cos T - l\sin T)\int\cos T\,ds - (\alpha\sin T + l\cos T)\int\sin T\,ds\,, \\ \bar{y} = y - (\beta\cos T - m\sin T)\int\cos T\,ds - (\beta\sin T + m\cos T)\int\sin T\,ds\,, \\ \bar{z} = z - (\gamma\cos T - n\sin T)\int\cos T\,ds - (\gamma\sin T + n\cos T)\int\sin T\,ds\,, \end{cases}$$

wobei dann T die durch

$$T = \int\frac{ds}{r}$$

definierte Function von s ist. In § 8 werden wir erkennen, wie man die Planevolventen einer gegebenen Curve auf mechanischem Wege finden kann (siehe S. 316).

Die ∞^2 Planevolventen (10) einer Curve c durchbohren die Schmiegungsebenen der Curve c senkrecht. Daher haben, wie schon oben gesagt, die ∞^2 Planevolventen sämtlich dieselben Normalebenen. Man erkennt hieraus, dass auch ein anderes Problem zu den Planevolventen einer Curve führt: Es sei eine Curve C gegeben; gesucht werden die orthogonalen Trajectorien ihrer Normalebenen. Nach Satz 20 sind sie zusammen mit C die Planevolventen des Ortes der Mitten der Schmiegungskugeln von C, und alle diese Planevolventen haben dieselben Schmiegungskugelmittelpunkte.

Wir wollen — um auch das jetzige Problem analytisch zu behandeln — unter x, y, z die Coordinaten längs der gegebenen Curve C verstehen. Es handelt sich um die Bestimmung der orthogonalen Trajectorien $(\bar{x}, \bar{y}, \bar{z})$ der Normalebenen von C. Analog wie auf S. 300 wollen wir unter $\mathfrak{x}$, $\mathfrak{y}$ die rechtwinkligen Coordinaten desjenigen Punktes verstehen, in dem eine gesuchte Trajectorie die Normalebene von C durchbohrt, bezogen auf die Haupt- und Binormale von C als Axen. Dann können wir in Analogie mit (1) setzen:

$$(11)\quad \bar{x} = x + l\mathfrak{x} + \lambda\mathfrak{y}, \quad \bar{y} = y + m\mathfrak{x} + \mu\mathfrak{y}, \quad \bar{z} = z + n\mathfrak{x} + \nu\mathfrak{y}.$$

Nun sind $\mathfrak{x}$, $\mathfrak{y}$ so als Functionen der Bogenlänge (s) von C zu bestimmen, dass die Curve (11) wirklich die Normalebene von C senkrecht durchbohrt, d. h. dass:

$$\mathbf{S}\, l\frac{d\bar{x}}{ds} = 0, \quad \mathbf{S}\,\lambda\frac{d\bar{x}}{ds} = 0$$

ist. Nach (11) ist aber wegen III (B):

$$\frac{d\bar{x}}{ds} = \alpha - \left(\frac{\alpha}{r} + \frac{\lambda}{\varrho}\right)\mathfrak{x} + \frac{l}{\varrho}\mathfrak{y} + l\frac{d\mathfrak{x}}{ds} + \lambda\frac{d\mathfrak{y}}{ds},$$

sodass nach II (A) zu fordern ist:

$$\frac{\mathfrak{y}}{\varrho} + \frac{d\mathfrak{x}}{ds} = 0, \quad -\frac{\mathfrak{x}}{\varrho} + \frac{d\mathfrak{y}}{ds} = 0$$

oder:

(12)
$$\frac{d\mathfrak{x}}{ds} = -\frac{\mathfrak{y}}{\varrho}, \quad \frac{d\mathfrak{y}}{ds} = \frac{\mathfrak{x}}{\varrho}.$$

Führen wir die Bogenlänge B der sphärischen Indicatrix der Binormalen von C nach S. 242 als unabhängige Veränderliche statt s ein:

(13)
$$B = \int \frac{ds}{\varrho},$$

so kommt:

(14)
$$\frac{d\mathfrak{x}}{dB} = -\mathfrak{y}, \quad \frac{d\mathfrak{y}}{ds} = \mathfrak{x}.$$

Diese Differentialgleichungen sind noch einfacher als (5) und lassen sich nach derselben Methode wie die Gleichungen (5) integrieren. Sie geben:

(15)
$$\mathfrak{x} = \mathfrak{a}\cos B - \mathfrak{b}\sin B, \quad \mathfrak{y} = \mathfrak{a}\sin B + \mathfrak{b}\cos B.$$

Dabei sind $\mathfrak{a}$ und $\mathfrak{b}$ beliebige Constanten. Nach (11) sind also wegen (13):

(16)
$$\left\{\begin{aligned} \bar{x} &= x + (\mathfrak{a}\,l + \mathfrak{b}\,\lambda)\cos\int\frac{ds}{\varrho} - (\mathfrak{b}\,l - \mathfrak{a}\,\lambda)\sin\int\frac{ds}{\varrho}, \\ \bar{y} &= y + (\mathfrak{a}\,m + \mathfrak{b}\,\mu)\cos\int\frac{ds}{\varrho} - (\mathfrak{b}\,m - \mathfrak{a}\,\mu)\sin\int\frac{ds}{\varrho}, \\ \bar{z} &= z + (\mathfrak{a}\,n + \mathfrak{b}\,\nu)\cos\int\frac{ds}{\varrho} - (\mathfrak{b}\,n - \mathfrak{a}\,\nu)\sin\int\frac{ds}{\varrho} \end{aligned}\right.$$

die Gleichungen der ∞^2 orthogonalen Trajectorien der Normalebenen der gegebenen Curve (x, y, z).

In entsprechenden Punkten, d. h. für denselben Wert von s, haben alle ∞^2 Curven (16) dieselbe Tangentenrichtung, nämlich $(\alpha : \beta : \gamma)$. Diese ∞^2 Curven sind daher als Parallelcurven zu bezeichnen, zumal auch nach (11), (15) und II (A):

$$\mathbf{S}(\bar{x} - x)^2 = \mathfrak{x}^2 + \mathfrak{y}^2 = \mathfrak{a}^2 + \mathfrak{b}^2$$

ist. Entsprechende Punkte P und $\bar{P}$ der Curve C und einer Curve (16) haben nämlich hiernach constanten Abstand voneinander.

Noch mehr: Der Punkt $\bar{P}$ hat in der Normalebene von P die rechtwinkligen Coordinaten $\mathfrak{x}$, $\mathfrak{y}$, bezogen auf das Axenkreuz der Haupt- und Binormale von P. Diese Coordinaten $\mathfrak{x}$, $\mathfrak{y}$ ändern sich in Gemässheit von (15) mit s, d. h. wenn P längs der Curve C hinwandert. Nach (1), S. 8, stellen die Gleichungen (15) eine Drehung um den Anfangspunkt P des $\mathfrak{x}\mathfrak{y}$-Systems dar. Wächst s um ds, so wachsen $\mathfrak{x}$ und $\mathfrak{y}$ nach (14) um:

$$d\mathfrak{x} = -\mathfrak{y}\,dB, \quad d\mathfrak{y} = \mathfrak{x}\,dB.$$

Der unendlich kleine Drehwinkel ist dabei also gleich dem Torsionswinkel dB.

Satz 21: Die Parallelcurven zu einer gegebenen Curve C können dadurch erzeugt werden, dass man eine Ebene E so in Bewegung setzt, dass einer ihrer Punkte P die Curve C beschreibt, sie selbst dabei beständig die Normalebene dieses Punktes der Curve ist und jede von P ausgehende Gerade in der Ebene E im Sinne der Drehung von der Hauptnormale zur Binormale so um P dreht, dass ihr Winkel mit der Hauptnormale, wenn P längs C um das Bogenelement ds fortschreitet, als Zuwachs den Torsionswinkel dB hat. Jeder Punkt der Ebene E beschreibt alsdann eine Parallelcurve zu C. Alle Parallelcurven haben denselben Ort der Mitten der Schmiegungskugeln und sind zusammen mit C die Planevolventen dieses Ortes.

Aus (16) folgt durch Differentiation nach s wegen III (C):

$$\frac{d\bar{x}}{ds} = \alpha\left[1 - \frac{\mathfrak{a}}{r}\cos\int\frac{ds}{\varrho} + \frac{\mathfrak{b}}{r}\sin\int\frac{ds}{\varrho}\right].$$

Wenn wir mit überstrichenen Buchstaben die auf die Parallelcurven (16) bezüglichen Grössen bezeichnen, so folgt hieraus, da $d\bar{s}^2 = d\bar{x}^2 + d\bar{y}^2 + d\bar{z}^2$ ist:

$$\left(\frac{d\bar{s}}{ds}\right)^2 = \left[1 - \frac{\mathfrak{a}}{r}\cos\int\frac{ds}{\varrho} + \frac{\mathfrak{b}}{r}\sin\int\frac{ds}{\varrho}\right]^2.$$

Wir wollen die Parallelcurven im selben Sinn wie die Curve C durchlaufen, d. h. $d\bar{s}$ mit ds positiv auffassen. Dann ist zu setzen:

$$(17)\qquad \frac{d\bar{s}}{ds} = \varepsilon\left[1 - \frac{\mathfrak{a}}{r}\cos\int\frac{ds}{\varrho} + \frac{\mathfrak{b}}{r}\sin\int\frac{ds}{\varrho}\right],$$

wobei $\varepsilon = \pm 1$ ist, je nachdem der Ausdruck:

$$(18)\qquad p = 1 - \frac{\mathfrak{a}}{r}\cos\int\frac{ds}{\varrho} + \frac{\mathfrak{b}}{r}\sin\int\frac{ds}{\varrho} \gtrless 0$$

ist. Nun kommt:

$$(19)\qquad \bar{\alpha} = \frac{d\bar{x}}{d\bar{s}} = \frac{d\bar{x}}{ds} : \frac{d\bar{s}}{ds} = \varepsilon\alpha, \quad \bar{\beta} = \varepsilon\beta, \quad \bar{\gamma} = \varepsilon\gamma.$$

Nach III (C) ist ferner:

$$\frac{\bar{l}}{\bar{r}} = \frac{d\bar{\alpha}}{d\bar{s}} = \frac{d\bar{\alpha}}{ds} : \frac{d\bar{s}}{ds} = \varepsilon\frac{d\alpha}{ds} : \frac{d\bar{s}}{ds} = \varepsilon\frac{l}{r} : \frac{d\bar{s}}{ds}$$

oder, da nach (17) und (18):

(20)
$$\frac{d\bar{s}}{ds} = \varepsilon p$$
ist:
$$\frac{\bar{l}}{\bar{r}} = \frac{l}{rp}.$$
Nun ist:
$$\frac{1}{\bar{r}^2} = \mathbf{S}\left(\frac{\bar{l}}{\bar{r}}\right)^2 = \frac{1}{r^2 p^2}$$

und daher, da $\bar{r}$ positiv sein soll:

(21)
$$\bar{r} = \varepsilon r p.$$
Ausserdem ergiebt sich:

(22)
$$\bar{l} = \bar{r}\frac{l}{rp} = \varepsilon l, \quad \bar{m} = \varepsilon m, \quad \bar{n} = \varepsilon n.$$

Nach (19) und (22) ist wegen II (C):

(23)
$$\bar{\lambda} = \lambda, \quad \bar{\mu} = \mu, \quad \bar{\nu} = \nu.$$
Nun giebt III (C):
$$\frac{\bar{l}}{\bar{\varrho}} = \frac{d\bar{\lambda}}{d\bar{s}} = \frac{d\lambda}{ds} : \frac{d\bar{s}}{ds} = \frac{l\varepsilon}{\varrho p},$$
daher nach (22):

(24)
$$\bar{\varrho} = \varrho p.$$

Hiermit sind die auf die Parallelcurven bezüglichen Elemente berechnet. Zu bemerken ist noch, dass das Integral
$$B = \int \frac{ds}{\varrho}$$
einen völlig bestimmten Wert hat, da es von $s = 0$ an zu rechnen ist. Die Formeln (20) und (21) zeigen auch, dass
$$d\bar{T} = \frac{d\bar{s}}{\bar{r}} = \frac{ds}{r} = dT$$
ist, also zu entsprechenden Bogenelementen gleiche Contingenzwinkel gehören, was allerdings geometrisch sofort einleuchtet. Die auf die Parallelcurven bezüglichen Formeln sind in Tafel VIII im Anhang zusammengestellt.

Ist $r:\varrho$ constant, d. h. liegen Schraubenlinien vor (nach Satz 28, S. 224), so ist nach (21) und (24) auch $\bar{r}:\bar{\varrho} = \pm r:\varrho$ constant.

Satz 22: Die Parallelcurven einer Schraubenlinie sind wieder Schraubenlinien.

Insgesamt aber lehren die Formeln (19), (22) und (23):

Satz 23: Die begleitenden Dreikante sind bei Parallelcurven — abgesehen von der Orientierung — immer in entsprechenden Punkten einander parallel.

Mit den orthogonalen Trajectorien der Normalebenen einer Curve C, d. h. also mit den Parallelcurven von C, dürfen gewisse andere Curven nicht verwechselt werden, von denen man vielleicht bei flüchtiger Ueberlegung glauben möchte, dass sie mit jenen identisch seien: Bewegen wir nämlich eine Ebene E entlang C so, dass ein in ihr festes Axenkreuz beständig das Kreuz der Haupt- und Binormale der Curve C bildet, so beschreibt jeder mit dem Axenkreuz fest verbundene Punkt eine Curve. Sie wird durch (11) dargestellt, wenn darin $\mathfrak{x}$ und $\mathfrak{y}$ Constanten bedeuten, und hat also die Gleichungen:

$$(25)\quad \bar{x} = x + \mathfrak{a}\, l + \mathfrak{b}\, \lambda, \qquad \bar{y} = y + \mathfrak{a}\, m + \mathfrak{b}\, \mu, \qquad \bar{z} = z + \mathfrak{a}\, n + \mathfrak{b}\, \nu,$$

die von den Gleichungen (16) der Parallelcurven wesentlich verschieden sind.

Die Parallelcurven von C sind nur dann Curven der letzteren Art, wenn auch bei ihnen $\mathfrak{x}$ und $\mathfrak{y}$ constant sind, was nach (12) nur dann eintritt, wenn $\frac{1}{\varrho} = 0$, also C eben ist (nach Satz 13, S. 185).

§ 8. **Die Polarfläche einer Curve.**

Wir sahen auf S. 300, dass jede Curve als Planevolvente aufgefasst werden kann. Es folgte dies daraus, dass die Normalebenen einer beliebigen Curve c nach Satz 15, S. 293, die Schmiegungsebenen einer anderen Curve sind, die nach Satz 38, S. 238, der Ort der Mitten der Schmiegungskugeln von c ist. Dieser Ort $\bar{c}$ soll uns jetzt beschäftigen.

Da zwei unendlich benachbarte Normalebenen der Curve c einander nach Satz 37, S. 238, in einer Krümmungsaxe oder Polaren von c schneiden, so ist es klar, dass die Krümmungsaxen von c die Tangenten von $\bar{c}$ sind. Die Tangentenfläche des Ortes $\bar{c}$ der Mitten der Schmiegungskugeln von c ist also der Ort der Krümmungsaxen oder Polaren von c und heisst die Polarfläche der Curve c, auf der die Curve $\bar{c}$ der Grat ist.[1]

---

[1] Die Polarfläche erhielt ihren Namen und wurde zuerst untersucht von MONGE in seiner Arbeit von 1771 (siehe Anm. S. 171).

Nach Satz 34, S. 234, sind:

(1) $\bar{x} = x + rl - \varrho r'\lambda, \quad \bar{y} = y + rm - \varrho r'\mu, \quad \bar{z} = z + rn - \varrho r'\nu$

die Coordinaten der Mitte $(\bar{x}, \bar{y}, \bar{z})$ derjenigen Kugel, die sich im Punkte (x, y, z) an die Curve c anschmiegt. Sie sind hierdurch als Functionen von s, der Bogenlänge von c, dargestellt. Es liegt demnach in (1) eine Parameterdarstellung der Curve $\bar{c}$ vor. Die auf die Curve $\bar{c}$ bezüglichen Grössen seien wieder durch überstrichene Buchstaben bezeichnet. Die Werte $\frac{d\bar{x}}{ds}$, $\frac{d\bar{y}}{ds}$, $\frac{d\bar{z}}{ds}$ wurden schon unter (10) auf S. 235 berechnet. Dort ist A, B, C statt $\bar{x}$, $\bar{y}$, $\bar{z}$ geschrieben worden. Es ist:

$$\frac{d\bar{x}}{ds} = -\lambda\left(\frac{r}{\varrho} + r'\varrho' + r''\varrho\right).$$

Hieraus folgt:

$$\left(\frac{d\bar{s}}{ds}\right)^2 = \left(\frac{r}{\varrho} + r'\varrho' + r''\varrho\right)^2.$$

Wenn wir dem Ort $\bar{c}$ der Mitten der Schmiegungskugeln denselben Fortschreitungssinn wie der Curve c selbst geben wollen, so haben wir also:

(2)
$$\frac{d\bar{s}}{ds} = \varepsilon\left(\frac{r}{\varrho} + r'\varrho' + r''\varrho\right) = \varepsilon p$$

zu setzen, wenn wir unter ε die Zahl ± 1 verstehen, je nachdem

(3)
$$p = \frac{r}{\varrho} + r'\varrho' + r''\varrho \gtreqless 0$$

ist. Mithin ist nun auch:

(4)
$$\bar{\alpha} = \frac{d\bar{x}}{ds} : \frac{d\bar{s}}{ds} = -\varepsilon\lambda, \quad \bar{\beta} = -\varepsilon\mu, \quad \bar{\gamma} = -\varepsilon\nu.$$

Weiter kommt nach III (C):

$$\frac{\bar{l}}{\bar{r}} = \frac{d\bar{\alpha}}{ds} : \frac{d\bar{s}}{ds} = -\frac{l}{\varrho p}, \quad \frac{\bar{m}}{\bar{r}} = -\frac{m}{\varrho p}, \quad \frac{\bar{n}}{\bar{r}} = -\frac{n}{\varrho p},$$

sodass die Summe der Quadrate giebt:

$$\frac{1}{\bar{r}^2} = \frac{1}{\varrho^2 p^2}.$$

Verstehen wir unter ε' die Zahl ± 1, je nachdem $\varrho \gtreqless 0$ ist, so ist also, da $\bar{r}$ positiv sein soll (nach S. 179):

(5)
$$\bar{r} = \varepsilon\varepsilon'\varrho p.$$

Nun kommt ausserdem:

(6)
$$\bar{l} = -\varepsilon\varepsilon' l, \quad \bar{m} = -\varepsilon\varepsilon' m, \quad \bar{n} = -\varepsilon\varepsilon' n.$$

Nach II (C) folgt aus (4) und (6):

$$(7) \qquad \bar{\lambda} = -\varepsilon'\alpha, \quad \bar{\mu} = -\varepsilon'\beta, \quad \bar{\nu} = -\varepsilon'\gamma.$$

Um noch $\bar{\varrho}$ zu berechnen, differenzieren wir die erste Formel nach $\bar{s}$ und erhalten wegen III (C):

$$\frac{\bar{l}}{\bar{\varrho}} = -\varepsilon'\frac{d\alpha}{ds} : \frac{d\bar{s}}{ds} = -\varepsilon\varepsilon'\frac{l}{rp}$$

oder wegen (6):

$$(8) \qquad \bar{\varrho} = rp.$$

Aus (4), (6) und (7) folgt:

Satz 24: Eine Curve und der Ort der Mitten ihrer Schmiegungskugeln haben parallele Hauptnormalen, während die Tangenten einer der beiden Curven zu den Binormalen der anderen in entsprechenden Punkten parallel sind.

Wegen III (D) und (E) ergiebt sich:

$$d\bar{T} = \varepsilon' dB, \quad d\bar{B} = \varepsilon\, dT,$$

sodass insbesondere noch der Satz gilt:

Satz 25: Abgesehen von den Vorzeichen ist der Contingenzwinkel bez. Torsionswinkel einer Curve gleich dem Torsionswinkel bez. Contingenzwinkel der Curve der Mitten ihrer Schmiegungskugeln.[1]

Hat die Curve c constante Krümmung, so fällt der Ort (1) der Mitten ihrer Schmiegungskugeln mit dem Orte

$$\mathfrak{x} = x + rl, \quad \mathfrak{y} = y + rm, \quad \mathfrak{z} = z + rn$$

der Krümmungsmittelpunkte (siehe (7), S. 188) zusammen, da dann $r' = 0$ ist. Nach (3) ist dann $p = r : \varrho$ und also nach (5) auch $\bar{r} = r$. Die Curve $\bar{c}$ hat somit in diesem Falle dieselbe constante Krümmung wie die Curve c.

Umgekehrt: Die Mitten der Schmiegungskugeln fallen mit den Mitten der Krümmungskreise nur dann zusammen, wenn $\varrho r' = 0$ ist. Der Fall $r' = 0$ liefert die Curven constanter Krümmung, der Fall $\varrho = 0$ nach III (E) und (D) die Curven, für die $\frac{1}{r} = 0$ ist, also nach Satz 27, S. 221, die Geraden, die Curven von der Krümmung Null. Daher:

Satz 26: Die Mitten der Schmiegungskugeln einer Curve

---

[1] Satz von Lancret 1802 (siehe Anm. S. 159).

fallen nur dann mit den Mitten der Krümmungskreise zusammen, wenn die Curve constante Krümmung hat. Alsdann hat der Ort der Mitten dieselbe constante Krümmung.

Die Polarfläche, der Ort der Krümmungsaxen von c, stellt sich nach (12), S. 236, so dar:

$$(9) \quad X = x + r l + \lambda \sigma, \quad Y = y + r m + \mu \sigma, \quad Z = z + r n + \nu \sigma,$$

ausgedrückt durch die Parameter s und σ. Insbesondere giebt die Annahme

$$\sigma = -\varrho r'$$

die Gratlinie dieser abwickelbaren Fläche, nämlich den Ort (1) der Mitten der Schmiegungskugeln von c.

Die Polarfläche (9) hat nun auch für die Filarevoluten eine Bedeutung. Wir wollen nämlich jetzt die früher, S. 298, aufgeworfene Frage beantworten, ob eine gegebene Curve c stets als Filarevolvente einer anderen, gesuchten Curve C aufgefasst werden kann. Nach S. 295 muss die gesuchte Curve C zu Tangenten solche Geraden haben, die die gegebene Curve c senkrecht schneiden, also Normalen von c sind. Sind nun P und P' zwei unendlich benachbarte Punkte von c, so schneiden sich zwei Normalen von P und P', wenn sie nicht überhaupt windschief sind, nur auf der Schnittlinie der Normalebenen von P und P', d. h. auf einer Krümmungsaxe oder Polaren oder Erzeugenden der Polarfläche (9). Die gesuchte Curve C muss also auf der Polarfläche liegen (siehe Fig. 62).

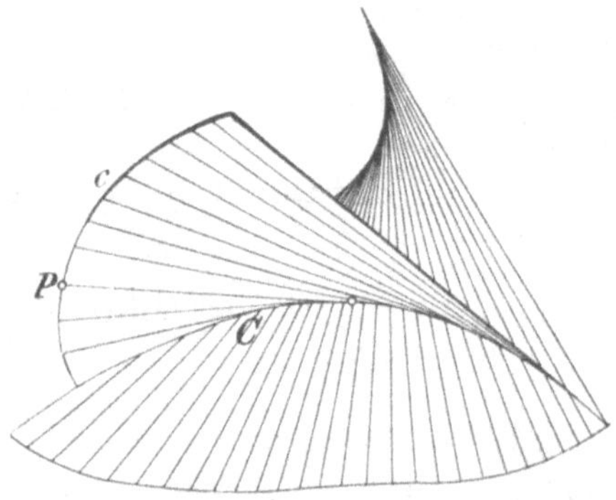

Fig. 62.

Unsere Aufgabe ist daher, auf der Polarfläche eine Curve C so zu bestimmen, dass ihre Tangenten die Curve c senkrecht schneiden. Wenn überhaupt eine Tangente der Polarfläche die Curve c trifft, so ist sie ohne weiteres auch Normale von c. Wir brauchen also nur das Eine zu verlangen, dass die Tangenten der Curve C die Curve c schneiden.

Die Grösse σ in (9) ist (nach S. 236) die Strecke auf der Krümmungsaxe des Punktes (x, y, z) von c, gemessen vom Krümmungsmittelpunkt $(x + r l,\ y + r m,\ z + r n)$ bis zum Punkte (X, Y, Z). Wenn also der Punkt (X, Y, Z) eine Curve auf der Polarfläche beschreiben soll, so muss diese Strecke σ mit fortschreitendem Punkte (x, y, z) oder (s) variieren, also eine Function von s sein. Fassen wir mithin σ als irgend eine Function von s auf, so geben die Gleichungen (9) eine Curve C auf der Polarfläche, dargestellt mittels des Parameters s. Wir verlangen, dass die Tangente dieser Curve den Punkt (x, y, z) von c enthalte, d. h. dass sich die totalen Differentialquotienten

$$\frac{dX}{ds}, \quad \frac{dY}{ds}, \quad \frac{dZ}{ds},$$

die ja den Richtungscosinus der Tangente von C proportional sind, zu einander verhalten wie $X - x,\ Y - y,\ Z - z$. Nun aber ist nach (9) und III (A):

$$\frac{dX}{ds} = \left(r' + \frac{\sigma}{\varrho}\right) l + \left(- \frac{r}{\varrho} + \sigma'\right) \lambda.$$

Andererseits ist:

$$X - x = r l + \sigma \lambda.$$

Die Bedingung der Proportionalität liefert somit:

$$\frac{r' + \frac{\sigma}{\varrho}}{r} = \frac{- \frac{r}{\varrho} + \sigma'}{\sigma}$$

oder:

$$\frac{d\sigma}{ds} = \frac{r}{\varrho} + \frac{r'}{r} \sigma + \frac{1}{r \varrho} \sigma^2. \tag{10}$$

Dies ist eine Riccati'sche **Gleichung** für σ (nach S. 213). Sie lässt sich aber sofort integrieren, nämlich dadurch, dass man statt σ zunächst die Grösse:

$$u = \frac{\sigma}{r}$$

zu bestimmen versucht. Wegen $\sigma = r u$ und

$$\frac{d\sigma}{ds} = r' u + r \frac{du}{ds}$$

giebt sic für u die Bedingung:

$$\frac{du}{1 + u^2} = \frac{ds}{\varrho}$$

oder:

$$\operatorname{arc\,tg} u = \int \frac{ds}{\varrho} + a \qquad (a = \text{Const.}),$$

woraus folgt:

$$u = \operatorname{tg}\left(\int \frac{d s}{\varrho} + a\right)$$

und:

(11) $$\sigma = r \operatorname{tg}\left(\int \frac{d s}{\varrho} + a\right).$$

Dies ist die allgemeine Lösung σ der Riccati'schen Gleichung (10). Setzen wir sie in (9) ein, so kommt:

(12) $$\begin{cases} X = x + r l + r \lambda \operatorname{tg}\left(\int \frac{d s}{\varrho} + a\right), \\ Y = y + r m + r \mu \operatorname{tg}\left(\int \frac{d s}{\varrho} + a\right), \\ Z = z + r n + r \nu \operatorname{tg}\left(\int \frac{d s}{\varrho} + a\right). \end{cases}$$

Diese Gleichungen stellen eine Curve C dar, ausgedrückt durch den Parameter s, und diese Curve C ist eine Filarevolute der gegebenen Curve c. Da die Constante a beliebig gewählt werden kann, so folgt, dass jede Curve ∞^1 Filarevoluten hat.[1]

Wir hätten die Filarevoluten auch dadurch ableiten können, dass wir die Strecken τ bestimmten, die von ihnen auf den Tangenten der Gratlinie (1) der Polarfläche abgeschnitten werden. Rückwärts können wir mit Hülfe von (12) die Länge dieser Strecken bestimmen. Da nämlich $\bar{\alpha}, \bar{\beta}, \bar{\gamma}$ die Richtungscosinus der Tangente der Curve (1) sind, so muss:

(13) $$X = \bar{x} + \bar{\alpha} \tau, \quad Y = \bar{y} + \bar{\beta} \tau, \quad Z = \bar{z} + \bar{\gamma} \tau$$

sein. Setzen wir hierin die Werte (12), (1) und (4) ein, so kommt leicht als Länge der Strecke τ:

(14) $$\tau = -\varepsilon\left[\varrho r' + r \operatorname{tg}\left(\int \frac{d s}{\varrho} + a\right)\right].$$

Eine deutliche Vorstellung von der Lage der Curven C gewinnen wir, wenn wir die Curve c zunächst durch ein Polygon $p_1 p_2 p_3 p_4 \ldots$ ersetzen, das verhältnismässig wenig von einer stetigen Curve abweicht (S. 313, Fig. 63 oben). Als Normalebene N_1 von p_1 können wir dann die Ebene auffassen, die in p_1 auf $p_1 p_2$ senkrecht steht, u. s. w. Die Schnittlinie von N_1 und N_2 ist die Krümmungsaxe k_1 von p_1 u. s. w. Die Krümmungsaxen k_1 und k_2 oder also die drei Normal-

[1] Die Filarevoluten wurden von Lancret 1802 (siehe Anm. auf S. 159) durch Quadratur bestimmt, nachdem Monge 1785 ihre Differentialgleichungen aufgestellt hatte, ohne sich mit ihrer Integration zu beschäftigen (in den Mémoires des Savants étrangers de l'Inst. T. X).

ebenen N_1, N_2, N_3 treffen sich in einem Punkte $\bar{p}_1$, der die Rolle des Mittelpunktes der Schmiegungskugel für p_1 spielt. Entsprechend ergeben sich $\bar{p}_2$, $\bar{p}_3$ .... Das Polygon $\bar{p}_1 \bar{p}_2 \bar{p}_3$ ... ersetzt uns die Gratlinie $\bar{c}$ der Polarfläche. Die Polarfläche selbst ist durch das Gebilde dargestellt, das aus den spitzen Winkelfeldern N_1, N_2, N_3 ... besteht. Wir wählen nun auf k_1 irgend einen Punkt P_1 und ziehen $P_1 p_1$. Diese Gerade ist eine Normale von p_1, denn sie liegt in der Ebene N_1. Die Gerade $P_1 p_2$ liegt in der Ebene N_2 und ist also Normale von p_2. Sie treffe k_2 in P_2. Die Gerade $P_2 p_3$ liegt nun in der Ebene N_3 und ist daher Normale von p_3. Sie wird k_3 etwa in P_3 treffen u. s. w. So construieren wir ein solches Polygon $P_1 P_2 P_3$ ... auf der Polarfläche, dessen Seiten Normalen von p_1, p_2, p_3 ... sind. Gehen wir statt von P_1 von einem anderen Punkte Q_1 auf k_1 aus, so liefert dieselbe Construction ein anderes derartiges Polygon $Q_1 Q_2 Q_3$ .... Man beachte, dass die Constructionen nur innerhalb der Ebenen N_1, N_2, N_3 ... ausgeführt werden. Die verschiedenen Polygone $P_1 P_2 P_3$ ..., $Q_1 Q_2 Q_3$ ... ersetzen uns Curven, ihre Seiten die Tangenten der Curven, und da die Seiten Normalen von p_1, p_2, p_3 ... sind, so sind die Polygone $P_1 P_2 P_3$ ..., $Q_1 Q_2 Q_3$ ... als Filarevoluten des Polygons $p_1 p_2 p_3$ ... zu bezeichnen. Sie ersetzen uns also die Curven C.

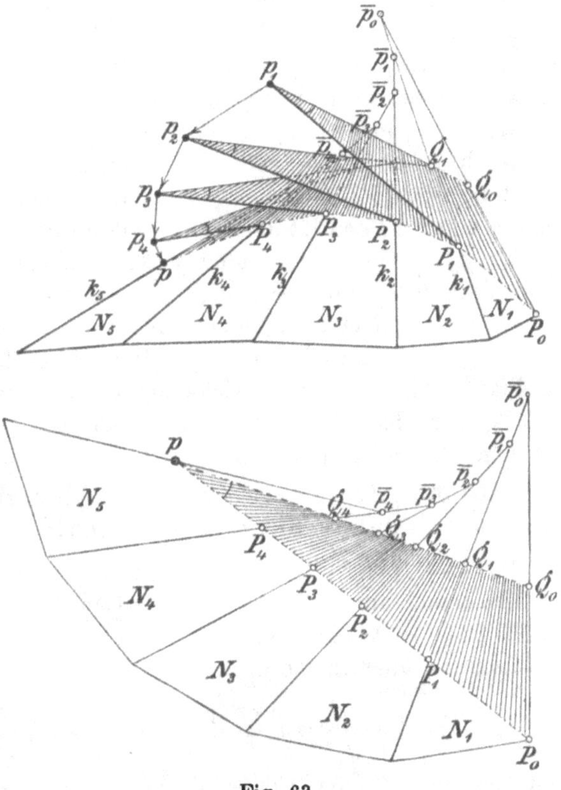

Fig. 63.

Wir denken uns nun p_1 durch $p_1 P_1$ und $p_1 Q_1$ mit der Ebene N_1 starr verbunden, ebenso p_2 durch $p_2 P_2$ und $p_2 Q_2$ mit der Ebene N_2

u. s. w., nicht aber p_1 mit p_2, p_2 mit p_3 u. s. w., und breiten die Polarfläche $N_1 N_2 N_3 \ldots$ auf die Ebene aus (Fig. 63 unten). Um N_1 und N_2 in eine Ebene zu bringen, müssen wir N_1 um einen kleinen Winkel um k_1 drehen, sodass p_1 einen kleinen Kreisbogen beschreibt, der in p_1 auf N_1 senkrecht steht. Da $p_1 p_2$ auch auf N_1 senkrecht steht, so folgt, dass p_1 nach p_2 rückt, sobald N_1 soweit um k_1 gedreht wird, bis N_1 und N_2 eine Ebene bilden. Derselbe Schluss wiederholt sich: Wir drehen jetzt die Ebene $N_1 N_2$ um k_2 soweit, bis sie mit N_3 keine Kante mehr bildet; dabei rückt der Punkt p_2 (oder p_1) nach p_3 u. s. w. Man erkennt, dass schliesslich, wenn die ganze Polarfläche in die Ebene ausgebreitet ist, alle Punkte $p_1, p_2, p_3 \ldots$ in einem Punkt p zusammenliegen. Auch erkennt man, dass $p_1 P_1$ mit $p_2 P_2$, $p_3 P_3 \ldots$ zur Deckung kommt, ebenso $p_1 Q_1$ mit $p_2 Q_2$, $p_3 Q_3 \ldots$, sodass wir also zwei Geraden $P_1 P_2 P_3 \ldots$ und $Q_1 Q_2 Q_3 \ldots$ durch p erhalten. Die Filarevoluten von $p_1 p_2 p_3 \ldots$ werden mithin bei der Abwickelung zu Geraden, sodass wir nach S. 270 zunächst durch diese geometrische Betrachtung zu dem Satze geführt werden:

Satz 27: Jede Curve hat ∞^1 Filarevoluten. Sie sind von einem Punkte ausgehende geodätische Linien auf der Polarfläche der Curve.

Dies soll nun auch streng analytisch bewiesen werden. Nach (7), S. 264, geht die Gratlinie $\bar{c}$ oder (1) der Polarfläche bei der Abwickelung über in die ebene Curve:

$$\mathfrak{x} = \int \cos \int \frac{d\bar{s}}{\bar{r}}\, d\bar{s}, \quad \mathfrak{y} = \int \sin \int \frac{d\bar{s}}{\bar{r}}\, d\bar{s}$$

und die Curve C oder (13) nach (8), ebenda, in die ebene Curve:

$$\mathfrak{X} = \int \cos \int \frac{d\bar{s}}{\bar{r}}\, d\bar{s} + \tau \cos \int \frac{d\bar{s}}{\bar{r}}, \quad \mathfrak{Y} = \int \sin \int \frac{d\bar{s}}{\bar{r}}\, d\bar{s} + \tau \sin \int \frac{d\bar{s}}{\bar{r}},$$

wobei τ den Wert (14) hat, sodass wegen (2) und (5) kommt:

$$\mathfrak{X} = \varepsilon \int p \cos \int \frac{ds}{\varrho}\, ds - \varepsilon \left\{\varrho r' + r \operatorname{tg}\left(\int \frac{ds}{\varrho} + a\right)\right\} \cos \int \frac{ds}{\varrho},$$

$$\mathfrak{Y} = \varepsilon \varepsilon' \int p \sin \int \frac{ds}{\varrho}\, ds - \varepsilon \varepsilon' \left\{\varrho r' + r \operatorname{tg}\left(\int \frac{ds}{\varrho} + a\right)\right\} \sin \int \frac{ds}{\varrho}.$$

Mit Rücksicht auf (3) findet man nun durch Differentiation:

$$\frac{d\mathfrak{Y}}{ds} : \frac{d\mathfrak{X}}{ds} = \varepsilon' \operatorname{ctg} a.$$

Dies ist constant; die Curven $(\mathfrak{X}, \mathfrak{Y})$ also, die bei der Abwickelung der Polarfläche von c in die Ebene aus den Filarevoluten C von c hervorgehen, sind Geraden, was zu beweisen war. Trifft die Curve c ihre Polarfläche in p, so gehen alle Filarevoluten C durch p, und dies gilt auch nach der Abwickelung.

Wenn wir wie in Fig. 63 zwei Filarevoluten $P_1 P_2 P_3 \dots$ und $Q_1 Q_2 Q_3 \dots$ von c betrachten, so sehen wir, dass die Winkel $Q_1 p_1 P_1$, $Q_2 p_2 P_2, \dots$ einander gleich sind, da sie bei der Abwickelung mit einander zur Deckung kommen. Hieraus folgt:

Satz 28: Sind C_1 und C_2 zwei Filarevoluten einer Curve c, so bilden diejenigen beiden Normalen eines Punktes p von c, die nach C_1 und C_2 gehen und also Tangenten von C_1 und C_2 sind, längs der ganzen Curve c einen constanten Winkel mit einander.

Um auch dies analytisch zu bestätigen, suchen wir die Richtungscosinus A, B, Γ der Tangente der Filarevolute C. Da diese Tangente Normale von c ist, so sind die Cosinus proportional $X-x$, $Y-y$, $Z-z$. Nach (12) aber ist:

$$X - x = r\,l + r\,\lambda \operatorname{tg}\left(\int \frac{ds}{\varrho} + a\right),$$

sodass

$$\mathsf{S}(X-x)^2 = \frac{r^2}{\cos^2\left(\int \frac{ds}{\varrho} + a\right)}$$

ist und also kommt:

$$A = \pm \left\{ l \cos\left(\int \frac{ds}{\varrho} + a\right) + \lambda \sin\left(\int \frac{ds}{\varrho} + a\right)\right\}.$$

Analoge Werte gehen für B und Γ hervor. Bei allen dreien gilt entweder durchweg das obere oder durchweg das untere Vorzeichen. Die Tangente von C liegt in der Normalebene von c und bildet mit der Hauptnormalen $(l:m:n)$ von c einen Winkel, dessen Cosinus ist:

$$\cos\omega = \mathsf{S}\,A\,l = \pm \cos\left(\int \frac{ds}{\varrho} + a\right).$$

Giebt man also der Constante a zwei Werte a_1 und a_2, so erhält man zwei Winkel ω_1 und ω_2, deren Differenz constant ist, was zu beweisen war.

Man kann das Ergebnis noch etwas anders aussprechen: Wir wählen eine beliebige Curve C im Raume und construieren eine orthogonale Trajectorie c ihrer Tangenten, sodass C eine Filarevolute von c ist. Die Normalen von c nun, die eine andere Filarwolute von c berühren, bilden mit denen, die C umhüllen, nach dem letzten Satze einen constanten, aber beliebigen Winkel. Daher:

Satz 29: Construiert man auf einer abwickelbaren Fläche eine orthogonale Trajectorie c ihrer Erzeugenden und dreht danach alle Erzeugenden um denselben, aber beliebigen Winkel um ihre Schnittpunkte mit c so, dass sie dabei senkrecht zu c bleiben, so bilden sie auch nach der Drehung eine abwickelbare Fläche. Die Gratlinien aller so hervorgehenden abwickelbaren Flächen sind die ∞^1 Filarevoluten der Curve c.

Die in diesem Satze genannten abwickelbaren Flächen sind, wenn wir zu der Annäherungsfigur 63 auf S. 313 zurückkehren, dort die Flächen der Geraden $P_1 p_1$, $P_2 p_2$, $P_3 p_3 \ldots$ bez. $Q_1 p_1$, $Q_2 p_2$, $Q_3 p_3 \ldots$ Diese Figur lehrte uns noch Einiges über die Abwickelung einer abwickelbaren Fläche: Wenn wir in der Ebene der Abwickelung, d. h. in der unteren Figur, irgend einen Punkt p markieren, so können wir uns vorstellen, dass er einzeln mit den aufeinanderfolgenden in die Ebene zusammengeklappten Schmiegungsebenen der Gratlinie $\bar{c}$ starr verbunden sei. Wickeln wir dann die Ebene wieder zur Fläche auf, so liefert der Punkt p eine Curve $p_1 p_2 p_3 \ldots$ im Raume. Jeder Punkt p der Ebene giebt daher eine Curve c im Raume. So ergeben sich ∞^2 Raumcurven c, die alle die Schmiegungsebenen von $\bar{c}$ zu Normalebenen haben, also die Mittelpunkte ihrer Schmiegungskugeln auf der Curve $\bar{c}$ haben. Hiermit ist auf mechanischem Wege die Aufgabe gelöst, zu einer gegebenen Curve $\bar{c}$ im Raume alle ∞^2 Curven zu finden, die ihre Schmiegungskugelmittelpunkte auf $\bar{c}$ haben oder also alle ∞^2 Curven zu finden, die eine gegebene Polarfläche haben. Man beachte, dass wir dieselbe Aufgabe schon in § 7 analytisch erledigt haben: Die gesuchten ∞^2 Curven sind nämlich die orthogonalen Trajectorien der Schmiegungsebenen der Curve $\bar{c}$ und daher die Planevolventen von $\bar{c}$. In den Formeln (10), S. 303, sind alle Planevolventen einer gegebenen Curve — die damals mit c statt mit $\bar{c}$ bezeichnet wurde — angegeben.

Liegt eine ebene Curve c vor, so arten ihre Schmiegungskugeln allerdings in die Ebene aus. Aber trotzdem giebt es eine Polarfläche. Denn zunächst wird ja die ebene Evolute k von c, die wir auf S. 65 betrachteten, von allen denjenigen Normalen von c umhüllt, die in der Ebene von c liegen, und ist daher eine Filarevolute von c. Die Normalebenen von c und mithin auch die Krümmungsaxen von c stehen längs k auf der Ebene von k senkrecht, sodass also die Polarfläche ein Cylinder ist. Nach Satz 28 sind die übrigen Filarevoluten der ebenen Curve c solche Curven auf dem Cylinder, deren Tangenten eine constante Neigung zur Ebene von c haben. Sie sind Schraubenlinien auf dem Cylinder oder auch nach S. 294 die Gratlinien der zur Curve c gehörigen Böschungsflächen.

Ist die Curve c ein Kreis, so reducieren sich die Filarevoluten auf die Punkte der im Mittelpunkt auf die Kreisebene errichteten Senkrechten.

Schliesslich sei noch ausdrücklich erwähnt, dass bei einer nicht ebenen Curve c der Ort der Krümmungsmittelpunkte nicht zu den Filarevoluten gehört, denn die Hauptnormalen, auf denen ja die Krümmungsmittelpunkte liegen, bilden nach S. 274 keine abwickelbare Fläche.[1]

Die Tafel IX enthält einige Formeln aus diesem Paragraphen.

§ 9. **Die rectificierende Fläche einer Curve.**

Eine Schar von ∞^1 Ebenen umhüllt nach Satz 15, S. 293, eine Curve und diejenige abwickelbare Fläche, deren Gratlinie die Curve ist. Als die Schar von ∞^1 Ebenen wollen wir jetzt die Ebenen der Tangenten und Binormalen einer Curve c wählen.

Die Ebene der Tangente und Binormale eines Punktes (x, y, z) der gegebenen Curve c heisst aus einem Grunde, der nachher erkennbar werden wird, die rectificierende Ebene des Punktes (x, y, z). Nach Satz 18, S. 297, ist sie Normalebene der Filarevolventen von c. Die von den rectificierenden Ebenen eingehüllte Curve hat die Schnittlinien unendlich benachbarter rectificierender Ebenen zu Tangenten. Diese Schnittlinien sind nach dem Ebengesagten die Krümmungsaxen der Filarevolventen von c. Also:

Satz 30: Die von den rectificierenden Ebenen einer Curve eingehüllte Fläche ist die Polarfläche der Filarevolventen der Curve.

Oder auch:

Satz 31: Die von den rectificierenden Ebenen einer Curve eingehüllte Curve ist der Ort der Schmiegungskugelmitten der Filarevolventen der Curve.

[1] Jacobi, „Zur Theorie der Curven", Crelles Journal Bd. 14 (1835).

Hieraus folgt sofort, dass die Tangente der Curve, die von den rectificierenden Ebenen der Curve c eingehüllt wird, die in den Formeln (11), S. 297, bestimmten Richtungscosinus hat. Dies erkennt man auch nach Satz 14, S. 292, direct, denn die rectificierende Ebene des Punktes (x, y, z) der Curve c hat, da sie auf der Hauptnormalen $(l:m:n)$ von c senkrecht steht, in den laufenden Coordinaten $\bar{x}$, $\bar{y}$, $\bar{z}$ die Gleichung:

$$(1) \qquad l(\bar{x}-x)+m(\bar{y}-y)+n(\bar{z}-z)=0,$$

die, nach der Bogenlänge s von c differenziert, wegen II (A) und III (C) ergiebt:

$$(2) \qquad \mathsf{S}\left(\frac{\alpha}{r}+\frac{\lambda}{\varrho}\right)(\bar{x}-x)=0.$$

Die Gleichungen (1) und (2) bestimmen zusammen die Schnittlinie der rectificierenden Ebene des Punktes (x, y, z) und eines unendlich benachbarten Punktes der Curve c. Beide Gleichungen werden befriedigt durch

$$(3) \qquad \bar{x}=x+(\lambda\varrho-\alpha r)t, \quad \bar{y}=y+(\mu\varrho-\beta r)t, \quad \bar{z}=z+(\nu\varrho-\gamma r)t,$$

und zwar für jeden Wert von t. Daher stellen die Gleichungen (3) die Schnittgerade dar mittels eines Parameters t. Die Richtungscosinus dieser Geraden haben daher wirklich die unter (11), S. 297, angegebenen Werte.

Nochmalige Differentiation von (2) nach s giebt wegen III (C):

$$(4) \qquad \mathsf{S}\left(\frac{l}{r^2}+\frac{l}{\varrho^2}-\frac{\alpha r'}{r^2}-\frac{\lambda\varrho'}{\varrho^2}\right)(\bar{x}-x)-\mathsf{S}\left(\frac{\alpha}{r}+\frac{\lambda}{\varrho}\right)\alpha=0.$$

Der Schnittpunkt dreier unendlich benachbarter rectificierender Ebenen von c erfüllt nun alle drei Gleichungen (1), (2) und (4). Die letzte vereinfacht sich wegen (1) und II (A) so:

$$(5) \qquad \mathsf{S}\left(\frac{\alpha r'}{r^2}+\frac{\lambda\varrho}{\varrho^2}\right)(\bar{x}-x)+\frac{1}{r}=0.$$

Die beiden Gleichungen (1) und (2) werden in allgemeinster Weise durch die Werte (3) von $\bar{x}$, $\bar{y}$, $\bar{z}$ erfüllt. Diese Werte erfüllen auch (5), wenn t so gewählt wird, dass — wie aus II (A) folgt —

$$t\left(\frac{\varrho'}{\varrho}-\frac{r'}{r}\right)+\frac{1}{r}=0$$

oder:

$$t=-\frac{\varrho}{\varrho' r-r'\varrho}$$

ist. Setzen wir diesen Wert in (3) ein, so folgt, dass:

$$
(6)\qquad
\begin{cases}
\bar{x} = x - \dfrac{\varrho}{\varrho' r - r' \varrho}(\lambda \varrho - \alpha r), \\[2ex]
\bar{y} = y - \dfrac{\varrho}{\varrho' r - r' \varrho}(\mu \varrho - \beta r), \\[2ex]
\bar{z} = z - \dfrac{\varrho}{\varrho' r - r' \varrho}(\nu \varrho - \gamma r)
\end{cases}
$$

die Coordinaten der Schnittpunkte $(\bar{x}, \bar{y}, \bar{z})$ je dreier unendlich benachbarter rectificierender Ebenen, d. h. die Gleichungen der Gratlinie $\bar{c}$ der von den rectificierenden Ebenen eingehüllten Fläche sind.

Wir wollen jetzt die auf die Gratlinie bezüglichen Elemente berechnen, die wir wieder mit überstrichenen Buchstaben bezeichnen. Dabei empfiehlt es sich, wie in V (*C*):

$$
(7)\qquad \sin \omega = \frac{r}{\sqrt{r^2 + \varrho^2}}, \qquad \cos \omega = \frac{\varrho}{\sqrt{r^2 + \varrho^2}}
$$

zu setzen. Dann ist nach (6):

$$
(8)\qquad \bar{x} = x + \frac{\lambda - \alpha \operatorname{tg} \omega}{\dfrac{d \operatorname{tg} \omega}{d s}}.
$$

Hieraus folgt durch Differentiation nach s wegen III (*C*):

$$
(9)\qquad \frac{d \bar{x}}{d s} = -(\alpha \operatorname{tg} \omega - \lambda) \frac{d}{d s} \frac{1}{\dfrac{d \operatorname{tg} \omega}{d s}},
$$

also nach II (*A*):

$$
\left(\frac{d \bar{s}}{d s}\right)^2 = \mathbf{S} \left(\frac{d \bar{x}}{d s}\right)^2 = \frac{1}{\cos^2 \omega} \left(\frac{d}{d s} \frac{1}{\dfrac{d \operatorname{tg} \omega}{d s}}\right)^2.
$$

Unter ε wollen wir nun im Fall reeller Curven die Zahl ± 1 verstehen, für die der Ausdruck:

$$
(10)\qquad \frac{d \bar{s}}{d s} = \frac{\varepsilon}{\cos \omega} \cdot \frac{d}{d s} \frac{1}{\dfrac{d \operatorname{tg} \omega}{d s}}
$$

positiv ist, sodass der Sinn der Curven c und $\bar{c}$ übereinstimmt. Jetzt ist nach (9), (10) und III (*B*):

$$
(11)\qquad \bar{\alpha} = \frac{d \bar{x}}{d s} : \frac{d \bar{s}}{d s} = -\varepsilon (\alpha \sin \omega - \lambda \cos \omega).
$$

Differenzieren wir diese Formel nach s, so giebt III (*C*) wegen (7):

$$
(12)\qquad \frac{\bar{l}}{\bar{r}} \cdot \frac{d \bar{s}}{d s} = -\varepsilon \omega' (\alpha \cos \omega + \lambda \sin \omega).
$$

Mit Rücksicht auf (10) folgt hieraus:

$$\frac{1}{\bar{r}^2} = \mathbf{S}\left(\frac{\bar{l}}{\bar{r}} \cdot \frac{d\bar{s}}{ds}\right)^2 : \left(\frac{d\bar{s}}{ds}\right)^2 = \frac{\omega'^2 \cos^2\omega}{\left[\frac{d}{ds} \frac{1}{\frac{d\,\mathrm{tg}\,\omega}{ds}}\right]^2}.$$

Da wir den Krümmungsradius nach S. 179 stets positiv wählen, so setzen wir:

$$\bar{r} = \frac{\varepsilon\varepsilon'}{\omega' \cos\omega} \cdot \frac{d}{ds} \frac{1}{\frac{d\,\mathrm{tg}\,\omega}{ds}},$$

indem wir unter ε' die Zahl ± 1 verstehen, je nachdem $\omega' \gtrless 0$ ist. Wir können hierfür auch schreiben:

(13) $$\bar{r} = \frac{\varepsilon\varepsilon'}{\frac{d\sin\omega}{ds}} \cdot \frac{d}{ds} \frac{1}{\frac{d\,\mathrm{tg}\,\omega}{ds}}.$$

Wegen (10) und (13) liefert jetzt (12):

(14) $$\bar{l} = -\varepsilon\varepsilon'(\alpha\cos\omega + \lambda\sin\omega).$$

Die Richtungscosinus $\bar{\beta}$, $\bar{\gamma}$ und $\bar{m}$, $\bar{n}$ ergeben sich aus (11) und (14) durch cyklische Vertauschung. Nunmehr folgt nach II (C):

$$\bar{\lambda} = \bar{\beta}\bar{n} - \bar{\gamma}\bar{m} = \varepsilon'(\beta\nu - \gamma\mu)$$

oder:

(15) $$\bar{\lambda} = -\varepsilon' l.$$

Wenn wir diese Formel nach s differenzieren, so ergiebt die Anwendung von III (C), (10) und (14):

$$\frac{d\bar{\lambda}}{d\bar{s}} \cdot \frac{d\bar{s}}{ds} = \frac{\bar{l}}{\bar{\varrho}} \cdot \frac{\varepsilon}{\cos\omega} \cdot \frac{d}{ds} \frac{1}{\frac{d\,\mathrm{tg}\,\omega}{ds}} = \varepsilon'\left(\frac{\alpha}{r} + \frac{\lambda}{\varrho}\right).$$

Da aber der Wert (14) von $\bar{l}$ nach (7) gleich

$$-\varepsilon\varepsilon' r\cos\omega\left(\frac{\alpha}{r} + \frac{\lambda}{\varrho}\right)$$

ist, so bleibt übrig:

(16) $$\bar{\varrho} = -r \cdot \frac{d}{ds} \frac{1}{\frac{d\,\mathrm{tg}\,\omega}{ds}}.$$

Man sieht, dass dieser Wert, wie es sein muss, von unseren willkürlichen Vorzeichenbestimmungen unabhängig ist.

Hiermit sind die Elemente der Gratlinie $\bar{c}$ sämtlich berechnet.

Wenn wir die von den rectificierenden Ebenen umhüllte Tangentenfläche von $\bar{c}$ in eine $\mathfrak{x}\mathfrak{y}$-Ebene abwickeln, so geht die auf dieser Fläche gelegene ursprüngliche Curve c nach (8), S. 264, in eine solche ebene Curve $\mathfrak{c}$ über, deren Gleichungen sind:

$$\mathfrak{x} = \int\left(\cos\int\frac{d\bar{s}}{\bar{r}}\right)d\bar{s} + \tau\cos\int\frac{d\bar{s}}{\bar{r}}\,,\qquad \mathfrak{y} = \int\left(\sin\int\frac{d\bar{s}}{\bar{r}}\right)d\bar{s} + \tau\sin\int\frac{d\bar{s}}{\bar{r}}\,.$$

Dabei bedeutet τ die Strecke vom Punkte $(\bar{x}, \bar{y}, \bar{z})$ von $\bar{c}$ bis zum Punkte (x, y, z) von c, sodass:

$$x = \bar{x} + \tau\bar{\alpha}\,,\qquad y = \bar{y} + \tau\bar{\beta}\,,\qquad z = \bar{z} + \tau\bar{\gamma}$$

ist. Hieraus folgt nach (8) und (11), dass

$$\tau = -\varepsilon\frac{\cos\omega}{\omega'}$$

ist. Nun aber kann nach (10) und (13)

$$\int\frac{d\bar{s}}{\bar{r}} = \varepsilon'\int\omega'\,ds = \varepsilon'\omega$$

gesetzt werden. Ferner ist jetzt nach (10):

$$\int\left(\cos\int\frac{d\bar{s}}{\bar{r}}\right)d\bar{s} = \int\cos\omega\,d\bar{s} + \text{Const.} =$$

$$= \varepsilon\frac{1}{\frac{d\,\mathrm{tg}\,\omega}{ds}} + \text{Const.} = \frac{\varepsilon\cos^2\omega}{\omega'} + \text{Const.}$$

Also ist $\mathfrak{x}$ wegen des vorhin gefundenen Wertes von τ gleich Constans. Die abgewickelte Curve $\mathfrak{c}$ ist mithin eine Gerade. Also folgt nach S. 270:

Satz 32: Auf der Fläche, die von den Ebenen der Tangenten und Binormalen einer Curve umhüllt wird, ist die Curve selbst eine geodätische Linie.

Weil die Curve c bei der Abwickelung geradlinig, d. h. rectificiert wird, so heisst die Fläche die rectificierende Fläche der Curve c. Jetzt leuchtet auch die schon oben eingeführte Bezeichnung: rectificierende Ebene für die Ebene der Tangente und Binormale ein.[1]

Die Formeln dieses Paragraphen, die übrigens in der Tafel X zusammengestellt sind, werden unbrauchbar, wenn $\omega =$ Const., d. h. nach (7), wenn $r:\varrho =$ Const. ist. In diesem Fall liegt nach Satz 28, S. 224, eine Schraubenlinie c vor. Für die Schraubenlinie aber ist ihr Cylinder die rectificierende Fläche, sodass der Satz 32 auch hier gilt. Die Gratlinie ist allerdings in einen unendlich fernen Punkt ausgeartet.

[1] Von Lancret rühren die Namen und der Satz 32 her (siehe Anm. S. 159).

§ 10. Curven mit denselben Hauptnormalen.

Zwei verschiedene Curven können offenbar nur einzelne, nicht alle Tangenten gemein haben. Ebenso nicht alle Binormalen. Denn sonst wäre für beide die sphärische Indicatrix der Binormalen (siehe S. 241) dieselbe. Nach VI (E) würde daraus folgen, dass beide Curven parallele Hauptnormalen haben müssten. Sie hätten deshalb dieselben Normalebenen und wären folglich nach S. 304 Parallelcurven. Wären (x, y, z) und $(\bar{x}, \bar{y}, \bar{z})$ einander entsprechende Punkte beider Curven, so müssten $\bar{x} - x$, $\bar{y} - y$, $\bar{z} - z$ den Richtungscosinus der gemeinsamen Binormalen proportional sein. Dies kann nach VIII (A) nicht der Fall sein, wenn nicht die Torsion $\frac{1}{\varrho} = 0$, also die Curven eben wären. Dass aber zwei nicht congruente ebene Parallelcurven verschiedene Binormalen haben, ist klar.

Dagegen führt die Betrachtung der Curven, die gemeinsame Hauptnormalen haben,[1] zu interessanten Ergebnissen:

Es liege eine Curve (x, y, z) mit der Bogenlänge s vor. Für die Elemente dieser Curve wenden wir die gebräuchlichen Bezeichnungen α, β, γ; l, m, n; λ, μ, ν; r, ϱ an. Nun soll eine zweite Curve $(\bar{x}, \bar{y}, \bar{z})$ dieselben Hauptnormalen haben. Dann muss sein:

$$(1) \qquad \bar{x} = x + u\,l, \qquad \bar{y} = y + u\,m, \qquad \bar{z} = z + u\,n,$$

wobei u eine noch unbekannte Function von s ist. Die auf die Curve $(\bar{x}, \bar{y}, \bar{z})$ bezüglichen Elemente sollen mit überstrichenen Buchstaben bezeichnet werden. Die Bogenlänge $\bar{s}$ der neuen Curve ist eine noch unbekannte Function der Bogenlänge s. Wir differenzieren die Gleichungen (1) nach s und erhalten nach III (C):

$$(2) \qquad \bar{\alpha}\frac{d\bar{s}}{ds} = \alpha - u\left(\frac{\alpha}{r} + \frac{\lambda}{\varrho}\right) + u'\,l$$

und zwei analoge Formeln. Multiplicieren wir die Formeln der Reihe nach mit α, β, γ, dann mit l, m, n, endlich mit λ, μ, ν und addieren sie jedesmal, so kommt nach II (A):

$$(3) \qquad \begin{cases} \mathbf{S}\,\alpha\,\bar{\alpha}\dfrac{d\bar{s}}{ds} = 1 - \dfrac{u}{r}, \\[2ex] \mathbf{S}\,l\,\bar{\alpha}\dfrac{d\bar{s}}{ds} = u'\,l, \\[2ex] \mathbf{S}\,\lambda\,\bar{\alpha}\dfrac{d\bar{s}}{ds} = -\dfrac{u}{\varrho}. \end{cases}$$

---

[1] Bertrand, „Mémoire sur la théorie des courbes à double courbure," prés. à l'Ac. 1850 (Comptes rendus T. XXXI), Journal de Mathém. (1. série), T. XV.

Da $l = \bar{l}$, $m = \bar{m}$, $n = \bar{n}$ sein soll, so ist $\mathbf{S}\, l\bar{\alpha} = \mathbf{S}\, \bar{l}\bar{\alpha} = 0$ nach II (A), sodass die zweite Formel ergiebt: $u' = 0$ oder:

$$u = A\,(= \text{Const.}).$$

Die beiden Curven schneiden daher auf ihren gemeinsamen Hauptnormalen eine constante Strecke A ab.

Differenzieren wir die dritte Formel (3) nochmals nach s, so kommt zunächst nach III (C):

$$\frac{1}{\varrho}\,\mathbf{S}\, l\bar{\alpha}\,\frac{d\bar{s}}{ds} + \frac{1}{\bar{r}}\,\mathbf{S}\,\lambda\bar{l}\left(\frac{d\bar{s}}{ds}\right)^2 + \mathbf{S}\,\lambda\bar{\alpha}\,\frac{d^2\bar{s}}{ds^2} = \frac{A\varrho'}{\varrho^2}.$$

Nun aber ist $\mathbf{S}\, l\bar{\alpha} = 0$ und auch $\mathbf{S}\,\lambda\bar{l} = \mathbf{S}\,\lambda l = 0$ nach II (A), sodass wegen des aus der dritten Formel (3) zu ziehenden Wertes von $\mathbf{S}\,\lambda\bar{\alpha}$ folgt:

$$\frac{d\log\frac{d\bar{s}}{ds}}{ds} = -\frac{\varrho'}{\varrho}$$

oder:

(4) $$\frac{d\bar{s}}{ds} = \frac{a}{\varrho} \qquad (a = \text{Const.}).$$

Da die Beziehung zwischen beiden Curven eine völlig reciproke ist, so folgt ebenso:

$$\frac{ds}{d\bar{s}} = \frac{\bar{a}}{\bar{\varrho}} \qquad (\bar{a} = \text{Const.}),$$

d. h. das Product der Torsionen beider Curven ist constant.

Die erste und dritte Formel (3) lauten infolge von (4) so:

(5) $$\mathbf{S}\,\alpha\bar{\alpha} = \frac{\varrho}{a}\left(1 - \frac{A}{r}\right), \qquad \mathbf{S}\,\lambda\bar{\alpha} = -\frac{A}{a}.$$

Die letzte sagt aus: Die Binormalen der einen Curve bilden mit den entsprechenden Tangenten der anderen einen constanten Winkel.

Wenn wir die zweite Formel (5) nochmals differenzieren, so ergiebt sich nunmehr eine Identität. Dagegen giebt die Differentiation der ersten:

$$\frac{1}{r}\,\mathbf{S}\, l\bar{\alpha} + \frac{1}{\bar{r}}\,\mathbf{S}\,\alpha\bar{l}\,\frac{d\bar{s}}{ds} = \frac{1}{a}\,\frac{d}{ds}\left(\varrho - A\frac{\varrho}{r}\right)$$

oder, da die linke Seite gleich Null ist:

(6) $$\varrho - A\,\frac{\varrho}{r} = B\,(=\text{Const.}).$$

Diese Gleichung können wir auch so schreiben:

$$\frac{A}{r} + \frac{B}{\varrho} = 1. \tag{7}$$

Mit anderen Worten: Bei jeder der beiden Curven besteht eine lineare Relation mit constanten Coefficienten zwischen Krümmung und Torsion. Zugleich lehrt die erste Formel (5), da ihre rechte Seite constant ist: Entsprechende Tangenten beider Curven bilden einen constanten Winkel mit einander, was auch schon aus dem Früheren folgt.[1]

Wir werden nun umgekehrt zeigen: Wenn bei einer gegebenen Curve (x, y, z) zwischen Krümmung und Torsion eine lineare Relation (7) mit constanten Coefficienten besteht, so hat die Curve:

$$\bar{x} = x + Al, \quad \bar{y} = y + Am, \quad \bar{z} = z + An \tag{8}$$

dieselben Hauptnormalen. Es kommt darauf an, unter der Voraussetzung (7) zu erkennen, dass $\bar{l} = l$, $\bar{m} = m$, $\bar{n} = n$ ist. Nun folgt aus (8) durch Differentiation wie oben (2), wobei $u = A$ ist, also mit Rücksicht auf (7):

$$\bar{\alpha}\frac{d\bar{s}}{ds} = \frac{1}{\varrho}(B\alpha - A\lambda).$$

Ebenso ergeben sich zwei analoge Relationen. Die Summe der Quadrate von allen dreien giebt nach II (*A*):

$$\frac{d\bar{s}}{ds} = \frac{\sqrt{A^2 + B^2}}{\varrho}, \tag{9}$$

sodass kommt:

$$\bar{\alpha} = \frac{B\alpha - A\lambda}{\sqrt{A^2 + B^2}}. \tag{10}$$

Differenzieren wir diese Formel nochmals, so folgt wegen (9) nach III (*C*):

$$\frac{\sqrt{A^2 + B^2}}{\varrho}\,\frac{\bar{l}}{\bar{r}} = \frac{\frac{B}{r} - \frac{A}{\varrho}}{\sqrt{A^2 + B^2}}\,l. \tag{11}$$

Hieraus sieht man, dass $\bar{l}$, $\bar{m}$, $\bar{n}$ proportional l, m, n sind, sodass also thatsächlich die Richtungen der Hauptnormalen einander parallel sind. Da der Punkt $(\bar{x}, \bar{y}, \bar{z})$ nach (8) auf der Hauptnormale von (x, y, z) liegt, hat also die Curve (8) dieselben Hauptnormalen wie die Curve (x, y, z).

---

[1] Diese Thatsache wies zuerst Bonnet nach. Siehe: „Mémoire sur la théorie générale des surfaces," Journal de l'Ecole polyt., XXXII. cah. (1848).

Nach (7) ist der Abschnitt A, den die Curven auf den gemeinsamen Hauptnormalen bestimmen, vollständig, auch dem Vorzeichen nach, bestimmt, sobald nur eine lineare Relation mit constanten Coefficienten zwischen Krümmung und Torsion besteht

Wenn dagegen zwei solche vorhanden sind, so ist Krümmung und Torsion constant; nach Satz 29, S. 226, liegt dann eine gemeine Schraubenlinie, im besonderen eine gewisse imaginäre Curve dritter Ordnung vor.

Stillschweigend wurde oben $\frac{1}{\varrho} \neq 0$ vorausgesetzt. Ist die Torsion gleich Null, so ist die Curve (x, y, z) nach Satz 13, S. 185, eben. Dann hat offenbar jede Parallelcurve in ihrer Ebene dieselben Hauptnormalen. Dieser Fall ist also trivial, ordnet sich übrigens der Form (7), nämlich für $B = \infty$, unter.

Zu den Curven, die einer Relation von der Form (7) genügen, gehören auch die Curven constanter Krümmung. Wir sahen in Satz 26, S. 309, dass bei ihnen der Ort der Krümmungsmittelpunkte mit dem der Mittelpunkte der Schmiegungskugeln zusammenfällt. Da in diesem Falle (7) zu $\frac{A}{r} = 1$ oder $r = A$ wird, so ist dann die Curve der Krümmungsmittelpunkte die zugeordnete Curve mit denselben Hauptnormalen.

Auch bei den Curven constanter Torsion besteht eine Relation von der Form (7). Aber dabei ist $A = 0$, d. h. dann fällt die zugeordnete Curve mit denselben Hauptnormalen mit der ursprünglichen Curve zusammen.

Satz 33: Zwei Curven können nur dann gemeinsame Hauptnormalen haben, wenn bei jeder von ihnen eine lineare Relation mit constanten Coefficienten zwischen Krümmung und Torsion besteht.

Wir wollen jetzt die Elemente der Curve $(\bar{x}, \bar{y}, \bar{z})$ berechnen. Wir wählen — im Fall reeller Curven — den Sinn auf beiden Curven entsprechend, d. h. wir geben der $\sqrt{A^2 + B^2}$ wegen (9) dasselbe Vorzeichen wie der Torsion ϱ. Aus (11) und den beiden analogen Formeln folgt durch Quadrieren und Addieren:

$$\bar{r}^2 = \frac{(A^2 + B^2)^2}{\varrho^2 \left(\frac{B}{r} - \frac{A}{\varrho} \right)^2}.$$

Da wir $\bar{r}$ bei reellen Curven positiv annehmen, so sei unter ε die Zahl ± 1 verstanden, für die:

$$(12) \qquad \bar{r} = \varepsilon \frac{A^2 + B^2}{\varrho\left(\frac{B}{r} - \frac{A}{\varrho}\right)} = \varepsilon \frac{(A^2 + B^2) r}{B\varrho - Ar}$$

positiv ist, d. h. ε soll dasselbe Vorzeichen wie $B\varrho - Ar$ haben. Nun giebt (11):

$$(13) \qquad \bar{l} = \varepsilon l, \quad \bar{m} = \varepsilon m, \quad \bar{n} = \varepsilon n.$$

Nach II (*C*) folgt aus (13) und (10):

$$(14) \qquad \bar{\lambda} = \frac{\varepsilon(A\alpha + B\lambda)}{\sqrt{A^2 + B^2}}.$$

Differenzieren wir diese Formel nach s, so kommt nach III (*C*) wegen (9):

$$\frac{\bar{l}}{\bar{\varrho}} = \frac{\varepsilon\varrho}{A^2 + B^2}\left(\frac{A}{r} + \frac{B}{\varrho}\right) l$$

oder nach (13) und (7):

$$(15) \qquad \bar{\varrho} = \frac{A^2 + B^2}{\varrho}.$$

Wir sahen auch schon auf S. 323, dass $\varrho\bar{\varrho}$ constant ist. Aus (12) und (15) folgt nun, dass wegen (7) auch:

$$(16) \qquad \frac{-\varepsilon A}{\bar{r}} + \frac{B}{\bar{\varrho}} = 1$$

ist. Die Vergleichung von (4) und (9) lehrt ferner, dass

$$a = \sqrt{A^2 + B^2}$$

ist, sodass die erste Formel (5) für den constanten Winkel ω entsprechender Tangenten beider Curven wegen (7) giebt:

$$(17) \qquad \cos\omega = \mathbf{S}\,\alpha\bar{\alpha} = \frac{B}{\sqrt{A^2 + B^2}}.$$

Die Hauptergebnisse fassen wir so zusammen:

Satz 34: Diejenigen Curven, bei denen zwischen Krümmung und Torsion eine lineare Relation mit constanten Coefficienten besteht, lassen sich paarweis einander zuordnen, sodass jedes Paar gemeinsame Hauptnormalen hat. Ist

$$\frac{A}{r} + \frac{B}{\varrho} = 1$$

die Relation zwischen Krümmung $\frac{1}{r}$ und Torsion $\frac{1}{\varrho}$ der einen Curve, so ist

$$\frac{\pm A}{\bar{r}} + \frac{B}{\bar{\varrho}} = 1$$

die Relation zwischen Krümmung $\frac{1}{\bar{r}}$ und Torsion $\frac{1}{\bar{\varrho}}$ der anderen Curve, und zwar gilt bei reellen Curven das obere oder untere Zeichen, je nachdem $Ar - B\varrho$ positiv oder negativ ist. Der Abschnitt, den beide Curven auf ihren gemeinsamen Hauptnormalen abschneiden, ist constant und zwar gleich A. Entsprechende Tangenten beider Curven bilden einen constanten Winkel mit einander, dessen Tangente gleich $A:B$ ist.

§ 11. Das Doppelverhältnis.

Die Minimalcurven mussten wir bei allen denjenigen Betrachtungen, bei denen die Bogenlänge eine Rolle spielte, beständig ausschliessen (siehe S. 164). Sie verlangen daher eine besondere Besprechung. Dabei bedürfen wir aber einiger Begriffe aus der sogenannten projectiven Geometrie.[1] Da diese Begriffe auch später, in der Flächentheorie, hier und da gebraucht werden, wollen wir den gegenwärtigen Paragraphen nur zu ihrer Erläuterung benutzen. In § 12 kommen wir alsdann zu den Minimalgeraden, in § 13 zu den Minimalcurven.

Schon gelegentlich (auf S. 214 und S. 217) wurde das Doppelverhältnis von vier Grössen a, b, c, d erwähnt. Wir definieren als dies Doppelverhältnis $(a\,b\,c\,d)$ den Ausdruck:

$$(1) \qquad (a\,b\,c\,d) = \frac{c-a}{c-b} : \frac{d-a}{d-b}\,.$$

Es seien u und v zwei Veränderliche, zwischen denen eine sowohl in u als auch in v lineare Relation, also eine sogenannte bilineare Relation mit constanten Coefficienten α, β, γ, δ besteht:

[1] Die projective Geometrie beschäftigt sich mit denjenigen Eigenschaften der Figuren, die bei beliebigen Parallel- oder Centralprojectionen ungeändert bleiben. Ihr erster Begründer ist Poncelet in seinem „Traité des propriétés projectives des figures“, 1822. Möbius führte in seinem Werke „Der barycentrische Calcul“, Leipzig 1827, den Begriff des Doppelverhältnisses, allerdings mit dem umständlicheren Namen: Doppelschnittsverhältnis, ein. Ferner sind hier noch besonders Steiner, Plücker und von Staudt als Mitbegründer der projectiven Geometrie zu erwähnen.

$$\gamma u v - \alpha u + \delta v - \beta = 0, \tag{2}$$

anders ausgedrückt: v sei eine linear gebrochene Function von u

$$v = \frac{\alpha u + \beta}{\gamma u + \delta}. \tag{3}$$

Geben wir der Veränderlichen u irgend vier Werte u_1, u_2, u_3, u_4, so nimmt die Veränderliche v entsprechend vier Werte v_1, v_2, v_3, v_4 an, und zwar ist dann:

$$v_3 - v_1 = \frac{\alpha u_3 + \beta}{\gamma u_3 + \delta} - \frac{\alpha u_1 + \beta}{\gamma u_1 + \delta}$$

oder:

$$v_3 - v_1 = \frac{\alpha\delta - \beta\gamma}{(\gamma u_1 + \delta)(\gamma u_3 + \delta)} \cdot (u_3 - u_1),$$

und ähnliche Werte ergeben sich für $v_3 - v_2$, $v_4 - v_1$ und $v_4 - v_2$. Wenn wir nun nach (1) das Doppelverhältnis

$$(v_1 v_2 v_3 v_4) = \frac{v_3 - v_1}{v_3 - v_2} : \frac{v_4 - v_1}{v_4 - v_2}$$

bilden und hierin die berechneten Werte der Differenzen eintragen, so kommt sofort:

$$(v_1 v_2 v_3 v_4) = \frac{u_3 - u_1}{u_3 - u_2} : \frac{u_4 - u_1}{u_4 - u_2} = (u_1 u_2 u_3 u_4).$$

Es gilt daher der

Satz 35: Besteht zwischen zwei Veränderlichen u und v eine bilineare Relation:

$$\gamma u v - \alpha u + \delta v - \beta = 0,$$

mit anderen Worten: ist v eine linear gebrochene Function von u:

$$v = \frac{\alpha u + \beta}{\gamma u + \delta},$$

so haben irgend vier bestimmte Werte u_1, u_2, u_3, u_4 von u dasselbe Doppelverhältnis wie die zugehörigen vier Werte v_1, v_2, v_3, v_4 von v:

$$(u_1 u_2 u_3 u_4) = (v_1 v_2 v_3 v_4).$$

Man spricht ferner vom Doppelverhältnis von vier Punkten einer Geraden g (siehe Fig. 64). Legen wir der Geraden und demgemäss auch den Strecken zwischen ihren Punkten A, B . . . einen bestimmten Fortschreitungssinn bei, sodass alle diese Strecken AB u. s. w., mit der Masseinheit gemessen, bestimmte Masszahlen

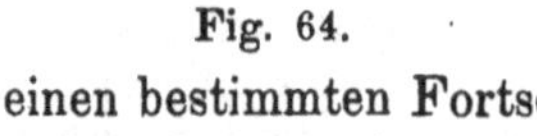

Fig. 64.

haben, so wird das Doppelverhältnis von vier Punkten A, B, C, D der Geraden durch die Formel

(4) $$(ABCD) = \frac{AC}{BC} : \frac{AD}{BD}$$

definiert. Aendern wir den Sinn der Geraden in den entgegengesetzten um, so ändern alle Strecken ihr Vorzeichen, sodass der Wert des Doppelverhältnisses ungeändert bleibt. Das Doppelverhältnis ist also von dem Fortschreitungssinn der Geraden unabhängig.

Noch mehr: Teilt man die vier Punkte in zwei Paare und vertauscht man alsdann gleichzeitig jedes Paar in sich, so bleibt das Doppelverhältnis ebenfalls ungeändert. Z. B., wenn man jedes der Paare A, D und B, C in sich vertauscht, also A mit D und zugleich B mit C vertauscht, kommt:

$$(DCBA) = \frac{DB}{CB} : \frac{DA}{CA} = \frac{-BD}{-BC} : \frac{-AD}{-AC} = (ABCD).$$

Diese Operation: Teilung in Paare und Vertauschung lässt sich auf drei Arten vornehmen. Insgesamt aber kann man die Punkte A, B, C, D auf vierundzwanzig Arten in eine Reihe bringen. Von den zugehörigen vierundzwanzig Doppelverhältnissen sind deshalb je vier einander gleich, sodass nur 24 : 4 oder also sechs verschiedene Werte vorhanden sind. Zwischen diesen bestehen einfache Beziehungen. Wird nämlich

(5) $$(ABCD) = \Delta$$

gesetzt, so ist

(6) $$(ACBD) = 1 - \Delta, \quad (BACD) = \frac{1}{\Delta},$$

wie man sofort nachweisen kann, wenn man beachtet, dass z. B. $AC = AB + BC$ u. s. w. ist. Vertauschen des zweiten Punktes mit dem dritten giebt also die Ergänzung des Doppelverhältnisses zu Eins, Vertauschen des ersten Punktes mit dem zweiten dagegen den reciproken Wert des Doppelverhältnisses. Wenden wir das erste Verfahren auf $(BACD)$ und das zweite auf $(ACBD)$ an, so kommt:

$$(BCAD) = 1 - (BACD), \quad (CABD) = \frac{1}{(ACBD)}$$

oder nach (6):

(7) $$(BCAD) = \frac{\Delta - 1}{\Delta}, \quad (CABD) = \frac{1}{1 - \Delta}.$$

Wenn wir das zweite Verfahren auf $(B\,C\,A\,D)$ anwenden, so kommt noch:

$$(C\,B\,A\,D) = \frac{1}{(B\,C\,A\,D)},$$

daher nach (7):

$$(8) \qquad (C\,B\,A\,D) = \frac{\varDelta}{\varDelta - 1}.$$

In den Formeln (5), (6), (7), (8) liegen jetzt sechs verschiedene Werte der vierundzwanzig Doppelverhältnisse vor. Somit folgt:

Satz 36: Aus vier Punkten A, B, C, D einer Geraden kann man vierundzwanzig Doppelverhältnisse bilden, von denen aber je vier einander gleich sind, sodass sie insgesamt nur sechs verschiedene Werte haben. Wird irgend einer der sechs Werte mit $\varDelta$ bezeichnet, so sind

$$\varDelta, \quad 1 - \varDelta, \quad \frac{1}{\varDelta}, \quad \frac{\varDelta - 1}{\varDelta}, \quad \frac{1}{1 - \varDelta}, \quad \frac{\varDelta}{\varDelta - 1}$$

die sechs verschiedenen Werte.

Insbesondere kann es nun eintreten, dass die vier Punkte A, B, C, D der Geraden eine specielle Lagerung haben, sodass unter diesen sechs Werten einander gleiche vorkommen. Um alle Möglichkeiten zu übersehen, brauchen wir nur $\varDelta$ je einem der fünf anderen Werte gleich zu setzen. Z. B. $\varDelta = 1 - \varDelta$ giebt den Fall $\varDelta = \frac{1}{2}$ und $\varDelta = \infty$. So kommen die folgenden Zahlenwerte für $\varDelta$:

$$-1, \quad 0, \quad \frac{1}{2}, \quad 1, \quad 2, \quad \infty, \quad \frac{1 + 3i}{2}, \quad \frac{1 - 3i}{2}.$$

Ist $\varDelta = 0$ oder $\varDelta = 1$ oder $\varDelta = \infty$, so fallen zwei der vier Punkte A, B, C, D zusammen, wie man sofort sieht.

Ist $\varDelta = (1 + 3i) : 2$ oder $\varDelta = (1 - 3i) : 2$ so haben alle sechs im Satze genannten Ausdrücke eben diese beiden Werte. Dann also haben die vierundzwanzig Doppelverhältnisse nur zwei verschiedene Werte. Dieser Fall kann nur bei imaginären Punkten auftreten, weshalb wir hierauf nicht näher eingehen. Man nennt diese besonderen Doppelverhältnisse äquianharmonisch.

Ist $\varDelta = -1$ oder $\varDelta = \frac{1}{2}$ oder $\varDelta = 2$, so erkennt man jedesmal, dass sich alle sechs im Satze genannten Ausdrücke auf die drei Zahlen -1, $\frac{1}{2}$, 2 reducieren. Es liegt hier also der Fall vor, dass alle vierundzwanzig Doppelverhältnisse nur drei von einander verschiedene Werte haben; und indem wir den Fall $\varDelta = -1$ oder

$$(A\,B\,C\,D) = -1$$

allein betrachten, umfassen wir zugleich auch die beiden anderen Fälle $\varDelta = \frac{1}{2}$ und $\varDelta = 2$. Hier können wir infolge der Definition (4) schreiben:

$$\frac{AC}{BC} = -\frac{AD}{BD}. \tag{9}$$

Die Strecke AB wird daher von C und D innerlich und äusserlich (oder äusserlich und innerlich) in demselben Verhältnis geteilt, wie es in Fig. 65 durch eine bekannte Construction angedeutet ist. Man muss nämlich bedenken, dass das rechts stehende Minuszeichen zum Ausdruck bringt, dass, wenn der eine der Punkte C und D zwischen A und B liegt, alsdann der andere ausserhalb AB liegen muss. Man sagt in diesem Falle bekanntlich: Das Punktepaar A, B wird von dem Punktepaar C, D harmonisch geteilt oder getrennt. Da wir die Formel (9) auch so schreiben können:

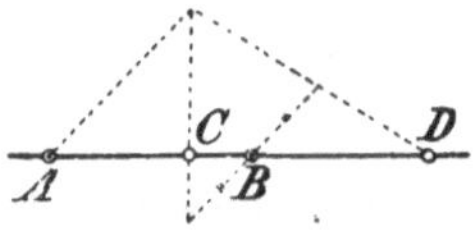

Fig. 65.

$$\frac{CA}{DA} = -\frac{CB}{DB},$$

so wird auch das Paar C, D von dem Paar A, B harmonisch geteilt oder getrennt.

Das Doppelverhältnis $(ABCD) = -1$ heisst wegen dieser geometrischen Eigenschaft harmonisch.

Satz 37: Die vierundzwanzig Doppelverhältnisse von vier solchen Punkten einer Geraden, von denen keine zusammenfallen, haben nur dann gerade drei von einander verschiedene Zahlenwerte — und zwar die Werte -1, $\frac{1}{2}$ und 1 —, wenn von den vier Punkten zwei die Strecke der beiden anderen innerlich und äusserlich in demselben Verhältnis teilen.

Das Doppelverhältnis von vier Punkten einer Geraden kann leicht als Doppelverhältnis von vier Grössen dargestellt werden. Wählen wir nämlich auf der Geraden einen Punkt O als Anfangspunkt, und sind a, b, c, d die Abscissen der vier Punkte auf der Geraden, so ist $AC = c - a$ u. s. w., also

$$(ABCD) = \frac{c-a}{c-b} : \frac{d-a}{d-b},$$

daher nach (1):

$$(ABCD) = (abcd).$$

Satz 38: Das Doppelverhältnis von vier Punkten einer Geraden ist gleich dem Doppelverhältnis der auf der Geraden von irgend einem Punkte aus gemessenen Abscissen der vier Punkte.

Das Doppelverhältnis $(a\,b\,c\,d)$ ist hiernach auch harmonisch zu nennen, wenn

$$\frac{c-a}{c-b} : \frac{d-a}{d-b} = -1$$

ist, und man sagt dann, dass das Grössenpaar a, b und das Grössenpaar c, d einander harmonisch teilen oder trennen (siehe S. 217).

Die Gerade g der vier Punkte A, B, C, D liege jetzt irgendwie im Raume. Es seien x_1, x_2, x_3, x_4 die x-Coordinaten der vier Punkte. Projicieren wir die vier Punkte senkrecht auf die x-Axe, so haben die Projectionen A', B', C', D' die Abscissen x_1, x_2, x_3, x_4. Ferner ist das Verhältnis aus einer beliebigen Strecke der Geraden, z. B. $A\,B$, und aus ihrer Projection auf die x-Axe, also hier $A'\,B'$, für alle Strecken das gleiche. Da im Doppelverhältnis $(A\,B\,C\,D)$ nur die Verhältnisse der Strecken auftreten, so folgt also:

$$(A\,B\,C\,D) = (A'\,B'\,C'\,D')$$

oder nach Satz 38:

$$(A\,B\,C\,D) = (x_1\,x_2\,x_3\,x_4)\,.$$

Demnach:

Satz 39: Das Doppelverhältnis von vier Punkten einer Geraden im Raume ist gleich dem Doppelverhältnis aus den vier x-Coordinaten oder y-Coordinaten oder z-Coordinaten der Punkte.

Sind:

$$(10)\qquad x = a + \alpha t, \qquad y = b + \beta t, \qquad z = c + \gamma t$$

die Gleichungen der Geraden g, ausgedrückt durch einen Parameter t, und sind t_1, t_2, t_3, t_4 die zu den vier Punkten gehörigen Werte des Parameters, so ist:

$$x_i = a + \alpha t_i \qquad (i = 1, 2, 3, 4),$$

d. h. nach Satz 35:

$$(x_1\,x_2\,x_3\,x_4) = (t_1\,t_2\,t_3\,t_4)\,.$$

Daher:

Satz 40: Vier Punkte einer Geraden:

$$x = a + \alpha t, \qquad y = b + \beta t, \qquad z = c + \gamma t$$

haben dasselbe Doppelverhältnis wie die zugehörigen vier Werte des Parameters t.

Es sei ferner M irgend ein Punkt im Raume mit den Coordinaten $\mathfrak{a}$, $\mathfrak{b}$, $\mathfrak{c}$. Die Gerade, die M mit einem beliebigen Punkte (t) der Geraden (10) verbindet, hat die Gleichungen:

$$\mathfrak{x} = \mathfrak{a} + (a - \mathfrak{a} + \alpha t)\tau, \quad \mathfrak{y} = \mathfrak{b} + (b - \mathfrak{b} + \beta t)\tau, \quad \mathfrak{z} = \mathfrak{c} + (c - \mathfrak{c} + \gamma t)\tau,$$

ausgedrückt mittels des Parameters τ. Denn zunächst sind dies die Gleichungen einer Geraden, da τ linear auftritt. Ausserdem giebt $\tau = 0$ den Punkt M und $\tau = 1$ den Punkt (x, y, z) oder (10). Diese Gerade nun schneidet die $\mathfrak{x}\mathfrak{y}$-Ebene in einem Punkte, für den $\mathfrak{z} = 0$, also

$$\tau = \frac{-\mathfrak{c}}{c - \mathfrak{c} + \gamma t},$$

daher

$$\mathfrak{x} = \mathfrak{a} - \mathfrak{c} \cdot \frac{a - \mathfrak{a} + \alpha t}{c - \mathfrak{c} + \gamma t} \tag{11}$$

ist. Wenn wir so M mit den vier Punkten A, B, C, D oder (t_1), (t_2), (t_3), (t_4) der Geraden (10) verbinden und die Schnittpunkte $\mathfrak{A}$, $\mathfrak{B}$, $\mathfrak{C}$, $\mathfrak{D}$ von MA, MB, MC, MD mit der $\mathfrak{x}\mathfrak{y}$-Ebene feststellen, d. h. wenn wir A, B, C, D vom Punkte M aus auf die $\mathfrak{x}\mathfrak{y}$-Ebene projicieren wie in Fig. 66, so haben $\mathfrak{A}$, $\mathfrak{B}$, $\mathfrak{C}$, $\mathfrak{D}$ die $\mathfrak{x}$-Coordinaten $\mathfrak{x}_1$, $\mathfrak{x}_2$, $\mathfrak{x}_3$, $\mathfrak{x}_4$, die aus (11) hervorgehen, wenn darin für t die vier Werte t_1, t_2, t_3, t_4 gesetzt werden. Da aber der Wert (11) von $\mathfrak{x}$ eine linear gebrochene Function von t ist, so folgt aus Satz 35:

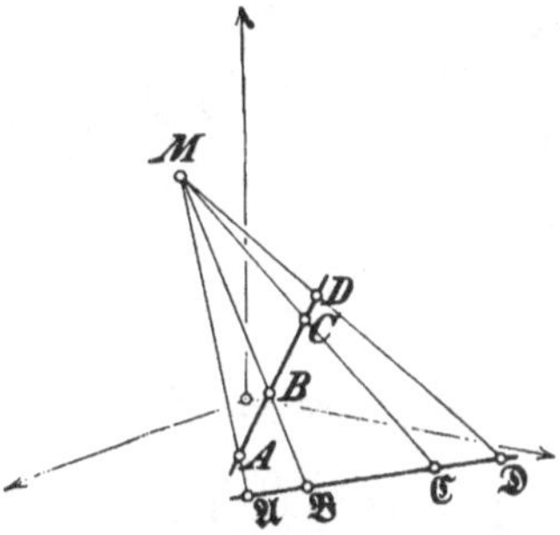

Fig. 66.

$$(\mathfrak{x}_1\, \mathfrak{x}_2\, \mathfrak{x}_3\, \mathfrak{x}_4) = (t_1\, t_2\, t_3\, t_4)$$

oder nach Satz 39 und Satz 40:

$$(\mathfrak{A}\,\mathfrak{B}\,\mathfrak{C}\,\mathfrak{D}) = (A\,B\,C\,D).$$

In Worten:[1]

Satz 41: Projiciert man vier Punkte einer Geraden von irgend einem Punkte aus auf irgend eine Ebene, so haben die Projectionen der vier Punkte dasselbe Doppelverhältnis wie die vier Punkte selbst.

Dasselbe lässt sich so aussprechen:

Satz 42: Vier von einem Punkte ausgehende Geraden, die in einer Ebene liegen, werden von irgend einer Ebene

[1] Dieser grundlegende Satz stammt aus dem Altertum. Er findet sich bei Pappus in seinen „Collectiones mathematicae", VII.

in solchen vier Punkten geschnitten, deren Doppelverhältnis von der Lage der schneidenden Ebene ganz unabhängig ist.

Dies für alle schneidenden Ebenen constante Doppelverhältnis ist also den vier Geraden allein eigentümlich und heisst daher das Doppelverhältnis der vier von einem Punkte ausgehenden und in einer Ebene liegenden Geraden.

Nun folgt weiter:

Satz 43: Das Doppelverhältnis der Punkte, in denen vier Ebenen mit einer gemeinsamen Geraden von irgend einer Geraden getroffen werden, ist für alle schneidenden Geraden dasselbe.

Man beweist dies zuerst für zwei solche schneidende Geraden, die einander treffen, durch die also eine gemeinsame Ebene geht, wie in Fig. 67, denn auf die vier Schnittgeraden dieser gemeinsamen Ebene mit den vier gegebenen Ebenen kann man den Satz 41 oder 42 anwenden. Darauf wird der Satz für zwei zu einander windschiefe Geraden nachgewiesen, indem man eine Gerade einschaltet, die beide Geraden trifft.

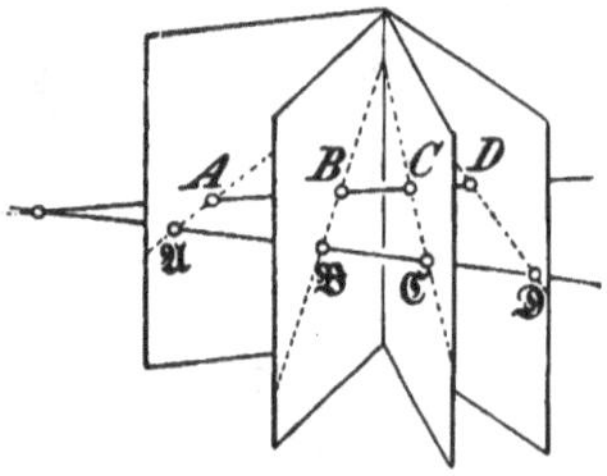

Fig. 67.

Nach dem letzten Satze dürfen wir das Doppelverhältnis der vier Punkte, in denen eine beliebige Gerade jene vier Ebenen schneidet, schlechtweg das Doppelverhältnis der vier Ebenen mit einer gemeinsamen Geraden nennen.

Man nennt den Inbegriff aller Punkte einer Geraden häufig eine Punktreihe, den Inbegriff aller Geraden, die durch einen Punkt gehen und dabei in einer Ebene liegen, ein Strahlenbüschel, endlich den Inbegriff aller Ebenen durch eine Gerade ein Ebenenbüschel. Mit Benutzung dieser Bezeichungen lassen sich die letzten Sätze so zusammenfassen:

Satz 44: Liegen von den drei Gebilden: Punktreihe, Strahlenbüschel und Ebenenbüschel zwei vor und zwar so, dass jedes Element des einen (Punkt, Gerade oder Ebene) durch ein Element des anderen geht oder ein Element des anderen enthält, so haben vier Elemente des einen dasselbe Doppelverhältnis wie die zugehörigen Elemente des anderen.

Man sagt dann auch, dass sich die beiden Gebilde in perspectiver Lage zu einander befinden, sodass der Satz kürzer so ausgesprochen werden kann:

Satz 45: Sind zwei der drei Gebilde: Punktreihe, Strahlenbüschel und Ebenenbüschel in perspectiver Lage zu einander, so haben vier Elemente des einen dasselbe Doppelverhältnis wie die entsprechenden Elemente des anderen.

Es sei angemerkt, dass sich insbesondere der Begriff des harmonischen Doppelverhältnisses sinngemäss auf vier Strahlen eines Strahlenbüschels oder vier Ebenen eines Ebenenbüschels übertragen lässt: Z. B. vier Ebenen mit einer gemeinsamen Geraden bilden zwei harmonisch getrennte Paare, wenn eine Gerade sie in vier harmonisch gelegenen Punkten trifft. Alsdann wird jede beliebige Gerade sie ebenfalls in vier harmonisch gelegenen Punkten schneiden.

Von den in diesem Paragraphen entwickelten Dingen machen wir zum Teil im nächsten Paragraphen, zum Teil aber erst im zweiten Bande Gebrauch.

§ 12. **Die Minimalgeraden.**

Die Gerade:

$$x = a + At, \quad y = b + Bt, \quad z = c + Ct \tag{1}$$

durch den Punkt (a, b, c) und mit dem Parameter t ist nach S. 142 eine Minimalgerade, wenn

$$A^2 + B^2 + C^2 = 0 \tag{2}$$

ist. Es ist dies eine Bedingung für die drei Grössen A, B, C. Da wir den in (1) auftretenden Parameter durch eine Function eines anderen Parameters ersetzen dürfen — nach S. 159 —, also insbesondere durch ein Vielfaches eines Parameters, so kommen für die Bestimmung der Geraden (1) ausser a, b, c nur die Verhältnisse von A, B, C in Betracht. Nach (2) bleibt nur eines von ihnen willkürlich. Durch den Punkt (a, b, c) gehen folglich ∞^1 Minimalgeraden. Um ihren Ort zu bestimmen, setzen wir die aus (1) folgenden Werte

$$A = \frac{x-a}{t}, \quad B = \frac{y-b}{t}, \quad C = \frac{z-c}{t}$$

in (2) ein, wodurch die von t freie Gleichung hervorgeht:

(3) $$(x-a)^2+(y-b)^2+(z-c)^2=0.$$

Diese Gleichung stellt in den laufenden Coordinaten x, y, z eine Fläche zweiten Grades dar, die den Punkt (a, b, c) enthält. Man kann sie als die Gleichung einer Kugel vom Radius Null, einer sogenannten Nullkugel, auffassen, die ausser dem eventuell reell angenommenen Punkte (a, b, c) keinen reellen Punkt enthält. Man kann sich diese imaginäre Fläche wenigstens in gewissem Masse plausibel machen, wenn man bedenkt, dass jede Fläche zweiten Grades überhaupt unendlich viele Geraden enthält, die allerdings nur beim einschaligen Hyperboloid, beim hyperbolischen Paraboloid, beim reellen Kegel und beim reellen Cylinder reell sind. Hier sind nun die Geraden imaginär, die Fläche enthält ja die ∞^1 vom Punkte (a, b, c) ausgehenden Minimalgeraden. Man kann die Fläche auch als einen imaginären Kegel zweiten Grades mit der Spitze (a, b, c) bezeichnen.

Verschieben wir den ganzen Raum, bis der Punkt (a, b, c) der Anfangspunkt wird, so werden $x-a$, $y-b$, $z-c$ die neuen Coordinaten, sodass statt (3) insbesondere die Gleichung

(4) $$x^2+y^2+z^2=0$$

der Nullkugel des Anfangspunktes hervorgeht. Daher dürfen wir sagen: Der Kegel, der von den Minimalgeraden eines beliebigen Punktes gebildet wird, geht durch Schiebung aus dem Kegel für den Anfangspunkt hervor. Alle diese Kegel sind also mit einander congruent und gleich gestellt.

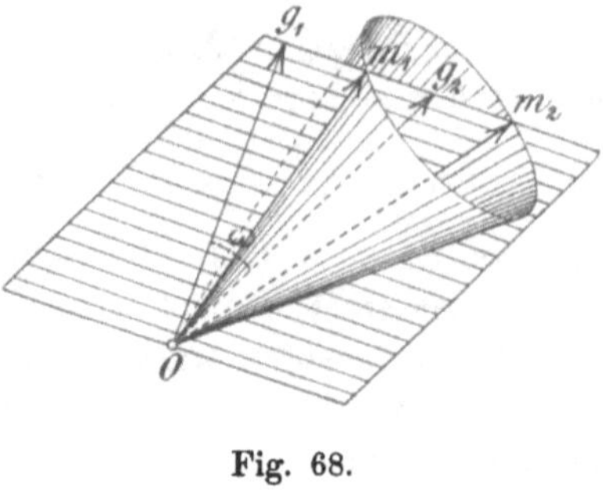

Fig. 68.

Es seien α_1, β_1, γ_1 und α_2, β_2, γ_2 die Richtungscosinus zweier Geraden im Raume. Den Winkel ω, den die Geraden mit einander bilden und für den

$$\cos\omega=\alpha_1\alpha_2+\beta_1\beta_2+\gamma_1\gamma_2$$

ist, construieren wir, indem wir zu den Geraden die Parallelen g_1 und g_2 durch den Anfangspunkt O legen. Die Ebene von g_1 und g_2 (siehe die schematische Fig. 68) schneidet den Kegel (4) in zwei Minimalgeraden m_1 und m_2. Wir wollen das Doppelverhältnis $(g_1 g_2 m_1 m_2)$ der vier Strahlen g_1, g_2, m_1, m_2 (siehe S. 334) bestimmen. Es ist nach Satz 41,

S. 333, gleich dem der vier Punkte G_1, G_2, M_1, M_2, in denen eine Gerade h die vier Geraden g_1, g_2, m_1, m_2 trifft. Als diese Gerade h wählen wir die Gerade durch diejenigen Punkte auf g_1 und g_2, die von O den Abstand Eins haben und deren Coordinaten also die Richtungscosinus α_1, β_1, γ_1 bez. α_2, β_2, γ_2 sind. Die laufenden Coordinaten der Geraden h lassen sich mittels eines Parameters t so darstellen:

$$(5)\qquad x = t\alpha_1 + (1-t)\alpha_2, \quad y = t\beta_1 + (1-t)\beta_2, \quad z = t\gamma_1 + (1-t)\gamma_2,$$

denn diese Werte sind in t linear und geben für $t = 1$ den Punkt $(\alpha_1, \beta_1, \gamma_1)$ und für $t = 0$ den Punkt $(\alpha_2, \beta_2, \gamma_2)$. Die Gerade (5) oder h trifft in ihren Schnittpunkten mit der Nullkugel (4) die Minimalgeraden m_1 und m_2 in denjenigen Punkten (t), für die nach (5) und (4):

$$\mathbf{S}\,[t\alpha_1 + (1-t)\alpha_2]^2 = 0$$

ist. Da $\mathbf{S}\,\alpha_1{}^2 = 1$, $\mathbf{S}\,\alpha_1\alpha_2 = \cos\omega$, $\mathbf{S}\,\alpha_2{}^2 = 1$ ist, so kommt hierfür:

$$t^2 + 2t(1-t)\cos\omega + (1-t)^2 = 0$$

oder:

$$(6)\qquad t^2 - t + \frac{1}{2(1-\cos\omega)} = 0.$$

Es mögen t_1 und t_2 die beiden Wurzeln dieser quadratischen Gleichung für t sein. Nun ist das Doppelverhältnis $(g_1\,g_2\,m_1\,m_2)$ oder $(G_1\,G_2\,M_1\,M_2)$ nach Satz 40, S. 332, gleich dem der vier Parameterwerte t, die, in (5) eingesetzt, die Punkte G_1, G_2, M_1, M_2 liefern. Diese Werte sind aber:

$$1,\quad 0,\quad t_1,\quad t_2.$$

Daher ist:

$$(g_1\,g_2\,m_1\,m_2) = (1, 0, t_1, t_2),$$

d. h. nach (1), S. 327:

$$(g_1\,g_2\,m_1\,m_2) = \frac{t_1 - 1}{t_1} : \frac{t_2 - 1}{t_2} = \frac{1 - \frac{1}{t_1}}{1 - \frac{1}{t_2}}.$$

Nach (6) aber ist für $\frac{1}{t_1}$ und $\frac{1}{t_2}$:

$$\frac{1}{t^2} - 2(1-\cos\omega)\frac{1}{t} + 2(1-\cos\omega) = 0$$

oder:

$$\frac{1}{t_1} = 1 - \cos\omega + i\sin\omega, \quad \frac{1}{t_2} = 1 - \cos\omega - i\sin\omega$$

und somit:

$$(g_1\, g_2\, m_1\, m_2) = \frac{\cos\omega - i \sin\omega}{\cos\omega + i \sin\omega} = \frac{1 - i \operatorname{tg}\omega}{1 + i \operatorname{tg}\omega}.$$

Hiermit haben wir gefunden:

Satz 46: Sind g_1 und g_2 zwei Geraden durch einen Punkt O und sind m_1 und m_2 diejenigen beiden Minimalgeraden durch O, die mit g_1 und g_2 in einer Ebene liegen, so drückt sich das Doppelverhältnis aller vier Geraden mittels des Winkels ω von g_1 und g_2 so aus:

$$(g_1\, g_2\, m_1\, m_2) = \frac{1 - i \operatorname{tg}\omega}{1 + i \operatorname{tg}\omega}.$$

Wird das Doppelverhältnis mit $\varDelta$ bezeichnet, so folgt hieraus:

$$\operatorname{tg}\omega = i\frac{\varDelta - 1}{\varDelta + 1}. \tag{7}$$

Vermöge dieser Formel also lässt sich die Tangente des Winkels zweier Geraden durch ein Doppelverhältnis ausdrücken.[1]

Wenn insbesondere die beiden Geraden g_1 und g_2 auf einander senkrecht stehen, so ist $\operatorname{tg}\omega = \infty$, also jenes Doppelverhältnis gleich -1. Ist umgekehrt $\varDelta = -1$, so folgt aus (7), dass $\operatorname{tg}\omega = \infty$ ist. Daher kommt mit Rücksicht auf S. 331:

Satz 47: Zwei Geraden g_1 und g_2 durch einen Punkt stehen dann und nur dann auf einander senkrecht, wenn sie von denjenigen beiden Minimalgeraden, die durch ihren gemeinsamen Punkt gehen und in ihrer gemeinsamen Ebene liegen, harmonisch getrennt werden.

In der Geometrie der Flächen zweiten Grades lernt man den Begriff der Polarebene kennen: Liegt eine Fläche zweiten Grades und ein Punkt P vor, so berühren die von P ausgehenden Tangenten die Fläche in den Punkten einer ebenen Curve, also eines Kegelschnittes, dessen Ebene die Polarebene des Punktes P heisst. Ist die Fläche insbesondere ein Kegel zweiten Grades, so geht die Polarebene von P stets durch die Kegelspitze. Ziehen wir eine Gerade g durch die Kegelspitze, so haben alle Punkte von g dieselbe Polarebene.

Suchen wir jetzt die Polarebene der Geraden g_1 durch O mit den Richtungscosinus α_1, β_1, γ_1 hinsichtlich des Kegels (4).

---

[1] Diese projective Deutung des Winkelbegriffs fand Laguerre, „Note sur la théorie des foyers", Nouv. Annales T. XII (1853).

Die Polarebene eines beliebigen Punktes $(\mathfrak{x}, \mathfrak{y}, \mathfrak{z})$ hinsichtlich des Kegels (4) hat nach den Regeln der analytischen Geometrie der Flächen zweiten Grades die Gleichung

$$\mathfrak{x} x + \mathfrak{y} y + \mathfrak{z} z = 0$$

in den laufenden Coordinaten x, y, z. Daher hat der Punkt $(\alpha_1, \beta_1, \gamma_1)$ von g_1 die Polarebene:

$$\alpha_1 x + \beta_1 y + \gamma_1 z = 0 .$$

Dies aber ist die Ebene durch O, die auf der Richtung $(\alpha_1 : \beta_1 : \gamma_1)$ senkrecht steht. Mithin:

Satz 48: Eine Ebene steht auf einer Geraden senkrecht, wenn sie die Polarebene der Punkte der Geraden hinsichtlich desjenigen Kegels von Minimalgeraden ist, dessen Spitze der gemeinsame Punkt von Gerade und Ebene ist.

Und weiter:

Satz 49: Zwei einander schneidende Geraden stehen auf einander senkrecht, wenn die eine in der Polarebene der Punkte der anderen hinsichtlich des Kegels der Minimalgeraden durch den gemeinsamen Punkt liegt.

Oben sahen wir, dass alle Nullkugeln

$$(x - a)^2 + (y - b)^2 + (z - c)^2 = 0,$$

aufgefasst als Kegel mit den Spitzen (a, b, c), einander congruent und gleichgestellt sind. Liegen zwei solche Kegel vor, so ist also jede Mantellinie des einen einer Mantellinie des anderen parallel. Man sagt hierfür auch: Jede Mantellinie des einen schneidet eine Mantellinie des anderen im Unendlichfernen. Alle diese Kegel oder Nullkugeln haben also das Unendlichferne gemein. Stellen wir uns, wie man dies in der projectiven Geometrie zu thun pflegt, für den Augenblick vor, das Unendlichferne des Raumes bilde eine Ebene, so schneidet diese Ebene alle Nullkugeln, da diese das Unendlichferne gemein haben, in ein und demselben imaginären Kreis, dem sogenannten Kugelkreis. Es ist dann leicht zu sehen, dass überhaupt alle Kugeln des Raumes die unendlich ferne Ebene in ebendiesem Kreise treffen. Die Minimalgeraden erscheinen bei dieser Auffassung als diejenigen Geraden, die den Kugelkreis treffen.

Doch gehen wir auf diese Erörterungen hier nicht näher ein. Unser Zweck ist hier nur der, dem Leser die Auffassungen anzudeuten, mit denen man in der projectiven Geometrie operiert.

§ 13. Die Minimalcurven.

Eine Curve

(1) $$x = \varphi(t), \quad y = \chi(t), \quad z = \psi(t)$$

ist nach S. 164 eine Minimalcurve,[1] wenn für jeden Wert von t:

(2) $$x'^2 + y'^2 + z'^2 = \varphi'^2 + \chi'^2 + \psi'^2 = 0$$

ist.

Die Gleichung (2) ist eine Bedingung für die Functionen φ, χ, ψ oder x, y, z von t. Wir können sie so schreiben:

$$x'^2 + y'^2 = -z'^2$$

oder:

$$(x' + iy')(x' - iy') = -z'^2.$$

Führen wir eine unbekannte Function λ von t ein, indem wir

$$-\frac{x' + iy'}{z'} = \lambda(t)$$

setzen, so kommt also:

$$\frac{x' - iy'}{z'} = \frac{1}{\lambda(t)}.$$

Aus den beiden letzten Gleichungen folgt:

$$x' = \frac{1}{2}\left(\frac{1}{\lambda} - \lambda\right)z', \quad y' = \frac{i}{2}\left(\frac{1}{\lambda} + \lambda\right)z'.$$

Bedeuten λ und z irgend welche Functionen von t, und setzen wir diese Gleichungen an, so folgt aus ihnen rückwärts durch

[1] Thatsächlich hat MONGE schon 1795 (siehe die Anm. auf S. 159) die endlichen Gleichungen der Minimalcurven, mit Integralzeichen behaftet, aufgestellt. LEGENDRE, ENNEPER und WEIERSTRASS brachten sie alsdann auf die in Satz 51, S. 343, angegebene einfache und von Integralen befreite Form. Aber bei allen Diesen treten die Minimalcurven nicht als solche, vielmehr die Formeln für die Minimalcurven nur als ein analytisches Hülfsmittel auf. Erst LIE führte den Namen: Minimalcurven ein und operierte mit diesen Curven geometrisch. Siehe seine Arbeit: „Beiträge zur Theorie der Minimalflächen, I," Math. Annalen, XIV. Bd., 1879, der die Abhandlung: „Synthetisch-analytische Untersuchungen über Minimalflächen, I", Archiv for Math. og Naturv., Bd. II. 1877, vorherging. Hierauf kommen wir im zweiten Bande zurück.

Quadrieren und Addieren die Bedingung (2) für Minimalcurven. Also sind, wenn wir $z = \mu(t)$ annehmen:

$$(3)\quad x = \frac{1}{2}\int\left(\frac{1}{\lambda} - \lambda\right)\mu' \, dt, \quad y = \frac{i}{2}\int\left(\frac{1}{\lambda} + \lambda\right)\mu' \, dt, \quad z = \mu(t)$$

die allgemeinen Gleichungen einer Minimalcurve. Dabei bedeuten λ und μ zwei beliebige Functionen des Parameters t.

Um die Gleichungen auf eine elegantere Form zu bringen, machen wir davon Gebrauch, dass wir nach S. 159 irgend eine Function von t als neuen Parameter τ einführen können. Wir setzen nämlich:

$$(4)\quad \tau = \lambda(t).$$

Vermöge dieser Gleichung ist t eine gewisse Function von τ. Diese haben wir überall in (3) für t einzusetzen. Ausserdem ist nach (4):

$$dt = \frac{d\tau}{\lambda'(t)}$$

in die Integrale einzuführen. Thun wir zuerst nur dies, so kommt:

$$x = \frac{1}{2}\int(1 - \lambda^2)\frac{\mu'}{\lambda\lambda'}\, d\tau, \quad y = \frac{i}{2}\int(1 + \lambda^2)\frac{\mu'}{\lambda\lambda'}\, d\tau, \quad z = \mu(t).$$

Hierin bedeutet nun t die durch (4) bestimmte Function von τ. Deshalb ist auch

$$\frac{\mu'}{\lambda\lambda'}$$

als Function von τ aufzufassen. Bezeichnen wir sie mit $F(\tau)$, so kommt, da λ nach (4) durch τ zu ersetzen ist:

$$x = \frac{1}{2}\int(1 - \tau^2)F(\tau)\, d\tau, \quad y = \frac{i}{2}\int(1 + \tau^2)F(\tau)\, d\tau$$

und

$$z = \mu = \int \mu' \, dt = \int \frac{\mu' \, d\tau}{\lambda'} = \int \lambda F(\tau)\, d\tau = \int \tau F(\tau)\, d\tau.$$

Jetzt sind x, y, z mittels einer Function $F(\tau)$ als Functionen des Parameters τ dargestellt. Wie auch die Function $F(\tau)$ gewählt sein mag, stets ist, wie man sofort sieht:

$$\left(\frac{dx}{d\tau}\right)^2 + \left(\frac{dy}{d\tau}\right)^2 + \left(\frac{dz}{d\tau}\right)^2 = 0.$$

Die Function $F(\tau)$ ist also hiernach ganz beliebig wählbar. Allerdings würde die Annahme $F = 0$ keine Curve, sondern nur Punkte (x, y, z) liefern.

Die Einführung der Grösse $\lambda(t)$ als neuen Parameters τ ist nur dann erlaubt, wenn λ nicht constant ist. Ist $\lambda = \text{Const.}$, so ist nach (3) auch $x' : z' = \text{Const.}$ und $y' : z' = \text{Const.}$ Dann liegt folglich eine Minimalgerade vor. Umgekehrt: bei jeder Parameterdarstellung einer Minimalgeraden ist $x' : z' = \text{Const.}$ und $y' : z' = \text{Const.}$, daher stellen die Gleichungen (3) auch nur dann eine Minimalgerade dar, wenn $\lambda = \text{Const.}$ ist.

Es hat sich mithin ergeben:

Satz 50: Alle nicht geradlinigen Minimalcurven lassen sich mittels eines Parameters τ so darstellen:

$$x = \frac{1}{2}\int (1 - \tau^2) F(\tau)\, d\tau, \quad y = \frac{i}{2}\int (1 + \tau^2) F(\tau)\, d\tau, \quad z = \int \tau F(\tau) d\tau.$$

Dabei bedeutet $F(\tau)$ irgend eine von Null verschiedene Function des Parameters τ.

Wir können diese Formeln von den Integralzeichen befreien, indem wir die Methode der teilweisen Integration nach der Formel

$$\int u\, v'\, d\tau = u\, v - \int u' v\, d\tau$$

anwenden. Wenn wir nämlich jedesmal den ersten Factor unter dem Integralzeichen als u, den zweiten als v' auffassen, so kommt hiernach:

$$x = \frac{1}{2}(1 - \tau^2)\int F(\tau)\, d\tau + \int \tau \left(\int F(\tau)\, d\tau\right) d\tau,$$

$$y = \frac{i}{2}(1 + \tau^2)\int F(\tau)\, d\tau - i\int \tau \left(\int F(\tau)\, d\tau\right) d\tau,$$

$$z = \tau\int F(\tau)\, d\tau - \int\int F(\tau)\, d\tau^2.$$

Nach derselben Methode ist aber:

$$\int \tau \left(\int F(\tau)\, d\tau\right) d\tau = \tau \int\int F(\tau)\, d\tau^2 - \int\int\int F(\tau) d\tau^3.$$

Wird nun

$$\int\int\int F(\tau)\, d\tau^3 = f(\tau) \tag{5}$$

gesetzt, so kommt folglich:

$$(6)\quad \begin{cases} x = \frac{1}{2}(1-\tau^2)f'''(\tau) + \tau f''(\tau) - f'(\tau), \\ y = \frac{i}{2}(1+\tau^2)f''(\tau) - i\tau f'(\tau) + if(\tau), \\ z = \qquad \tau f''(\tau) - \ f'(\tau). \end{cases}$$

Jetzt ist $f(\tau)$ an die Stelle von $F(\tau)$ als willkürliche Function getreten. Da oben der Fall $F = 0$ auszuschliessen war und $F = f'''(\tau)$ nach (5) ist, so haben wir anzunehmen, dass $f'''(\tau) \neq 0$ sei. Die Annahme:

$$f(\tau) = \text{Const.}\,\tau^2 + \text{Const.}\,\tau + \text{Const.}$$

liefert also keine Minimalcurven, sondern nur Punkte. Daher:

Satz 51: Alle nicht geradlinigen Minimalcurven lassen sich mittels eines Parameters τ so darstellen:

$$x = \frac{1}{2}(1-\tau^2)f''(\tau) + \tau f'(\tau) - f(\tau),$$

$$y = \frac{i}{2}(1+\tau^2)f''(\tau) - i\tau f'(\tau) + if(\tau),$$

$$z = \qquad \tau f''(\tau) - f'(\tau).$$

Dabei bedeutet $f(\tau)$ irgend eine solche Function von τ, deren dritter Differentialquotient nicht gleich Null ist.

Nach Satz 6, S. 169, können wir die Gleichungen der Tangente dieser Minimalcurve (6) in ihrem Punkte (τ) aufstellen. Zwar leiteten wir damals die Tangente unter der Voraussetzung ab, dass die Curve eine von Null verschiedene Bogenlänge habe. Aber auf S. 172 wurde die Tangente als Grenzlage einer Sehne unabhängig von der Bogenlänge definiert, wodurch sich wieder die Formeln jenes Satzes 6 ergaben. Danach sind nun

$$(7)\quad \begin{cases} \mathfrak{x} = x + \frac{1}{2}(1-\tau^2)f'''(\tau)\,\sigma, \\ \mathfrak{y} = y + \frac{i}{2}(1+\tau^2)f'''(\tau)\,\sigma, \\ \mathfrak{z} = z + \qquad \tau\, f'''(\tau)\,\sigma \end{cases}$$

die Gleichungen der Tangente, ausgedrückt mittels des Parameters σ. Natürlich ist diese Tangente eine Minimalgerade, da $x'^2 + y'^2 + z'^2 = 0$ ist. Nach S. 173 hat die Schmiegungsebene der Minimalcurve (6) in ihrem Punkte (τ) in den laufenden Coordinaten $\mathfrak{x}$, $\mathfrak{y}$, $\mathfrak{z}$ die Gleichung:

$$\begin{vmatrix} \mathfrak{x}-x & \frac{1}{2}(1-\tau^2)f''' & -\tau f''' + \frac{1}{2}(1-\tau^2)f^{\mathrm{IV}} \\ \mathfrak{y}-y & \frac{i}{2}(1+\tau^2)f''' & i\tau f''' + \frac{i}{2}(1+\tau^2)f^{\mathrm{IV}} \\ \mathfrak{z}-z & \tau f''' & f''' + \tau f^{\mathrm{IV}} \end{vmatrix} = 0.$$

In der letzten Reihe sind die zweiten Summanden den Gliedern der mittleren Reihe proportional. Sie können also gestrichen werden. Alsdann sondert sich noch der Factor f''' zweimal ab. Daher bleibt:

$$\begin{vmatrix} \mathfrak{x}-x & 1-\tau^2 & -\tau \\ \mathfrak{y}-y & i(1+\tau^2) & i\tau \\ \mathfrak{z}-z & 2\tau & 1 \end{vmatrix} = 0$$

oder:

(8) $$(1-\tau^2)(\mathfrak{x}-x) + i(1+\tau^2)(\mathfrak{y}-y) + 2\tau(\mathfrak{z}-z) = 0 .$$

Da die Tangenten der Minimalcurve Minimalgeraden sind und da zwei unendlich benachbarte Tangenten einander schneiden, so folgt, dass ihre Ebene, d. h. also die Schmiegungsebene der betrachteten Stelle der Minimalcurve zwei unendlich benachbarte Mantellinien desjenigen Kegels von Minimalgeraden enthält, der die betrachtete Stelle zur Spitze hat. Um dies auch analytisch darzuthun, betrachten wir verschiedene Minimalcurven durch denselben festgedachten Punkt (x, y, z) und ihre Schmiegungsebenen an dieser Stelle. Die verschiedenen Schmiegungsebenen hängen nach (8) nur von dem Parameter τ ab. Sie bilden also eine Schar von ∞^1 Ebenen durch den Punkt (x, y, z) und umhüllen folglich einen Kegel. Nach Satz 14, S. 292, erhalten wir diesen Kegel, indem wir zu der Gleichung (8) diejenige Gleichung hinzufügen, die aus ihr durch Differentiation nach τ hervorgeht, also die Gleichung:

$$\tau(\mathfrak{x}-x) - i\tau(\mathfrak{y}-y) - (\mathfrak{z}-z) = 0$$

und alsdann τ aus beiden Gleichungen eliminieren. Dadurch geht in der That die Gleichung (siehe (3), S. 336):

$$(\mathfrak{x}-x)^2 + (\mathfrak{y}-y)^2 + (\mathfrak{z}-z)^2 = 0$$

der Nullkugel des Punktes (x, y, z) hervor.

Aus der definierenden Eigenschaft der Minimalcurven:

$$dx^2 + dy^2 + dz^2 = 0$$

folgt sofort, dass die Minimalcurven als Schraubenlinien aufgefasst werden können. Es ist nämlich hiernach:

$$\frac{dz}{\sqrt{dx^2+dy^2}} = \pm i .$$

Construieren wir nun den Cylinder aller derjenigen Parallelen zur z-Axe, die von der Curve getroffen werden, so wird er die xy-Ebene in einer Curve schneiden. Bei der Ausbreitung des Cylinders in die Ebene geht diese Curve in eine Gerade g über, während die Mantellinien die zu dieser Geraden g senkrechten Geraden werden. Die Formel lehrt, dass die Minimalcurve dabei in eine Curve übergeht, deren Tangenten mit der Geraden g Winkel α bilden, für die stets:

$$\operatorname{tg} \alpha = \pm i$$

ist. Eine solche Curve aber ist eine Gerade, die bezogen auf das rechtwinklige Axenkreuz ($\mathfrak{x}\,\mathfrak{y}$) der Geraden g und einer abgewickelten Mantellinie eine Gleichung von der Form:

$$\mathfrak{x} \pm i\mathfrak{y} = \text{Const.}$$

hat und daher nach S. 6 eine Minimalgerade ist. Nach der auf S. 284 gegebenen allgemeinen Definition der Schraubenlinien ist deshalb die ursprüngliche Minimalcurve eine Schraubenlinie auf dem betrachteten Cylinder. Da ferner die Minimalcurve bei Einführung eines neuen Axenkreuzes eine Minimalcurve bleibt, so gilt der Beweis auch für Cylinder, die nicht gerade der z-Axe parallel sind:

Satz 52: Jede Minimalcurve ist Schraubenlinie auf allen Cylindern, auf denen die Curve verläuft.

Streng genommen müsste dies allerdings noch für solche Cylinder bewiesen werden, deren Mantellinien selbst Minimalgeraden sind, denn solche Cylinder lassen sich nicht durch eine Bewegung parallel zur z-Axe machen. Der Beweis wird für diesen Fall ähnlich geführt wie in § 4 für die Curven (1) auf S. 284, sodass wir darauf verzichten.

Blicken wir jetzt auf das Beispiel der Böschungsfläche auf S. 294 zurück, in dem die Curve c eine Schraubenlinie war, und wählen wir diese Schraubenlinie als Minimalcurve, so folgt sofort:

Satz 53: Die Tangentenfläche einer Minimalcurve schneidet eine beliebige Ebene stets in einer Curve, die eine Evolute der Projection der Minimalcurve auf dieselbe Ebene ist.

Da aber der Beweis dafür damals geometrisch geführt wurde, so fügen wir hier den analytischen Beweis dieses Satzes hinzu:

Wollen wir den Schnitt der Tangentenfläche unserer Minimalcurve (6) mit der xy-Ebene betrachten, so müssen wir in den

Gleichungen (7) der Tangente des Punktes (x, y, z) oder (τ) der Minimalcurve die Coordinate $\mathfrak{z}$ zu Null machen, d. h. den Parameter

$$\sigma = -\frac{z}{\tau f'''(\tau)}$$

setzen. Jene Tangente trifft daher die Ebene $\mathfrak{z} = 0$ in dem Punkte mit der rechtwinkligen Coordinaten:

$$(9) \qquad \mathfrak{x} = x - \frac{1}{2}\left(\frac{1}{\tau} - \tau\right)z, \quad \mathfrak{y} = y - \frac{i}{2}\left(\frac{1}{\tau} + \tau\right)z.$$

Dabei sind x, y, z die Functionen (6) von τ, also auch $\mathfrak{x}$ und $\mathfrak{y}$ Functionen von τ. Durchläuft τ alle Werte, so stellen die Gleichungen (9) die Schnittcurve der Tangentenfläche mit der Ebene $\mathfrak{z} = 0$ dar, ausgedrückt in den laufenden Coordinaten $\mathfrak{x}$ und $\mathfrak{y}$ und mittels des Parameters τ. Deutet der Strich die vollständige Differentiation nach τ an, so kommt aus (9) immer mit Rücksicht auf die Werte (6) von x, y, z:

$$\mathfrak{x}' = \frac{1}{2}\left(\frac{1}{\tau^2} + 1\right)z, \qquad \mathfrak{y}' = \frac{i}{2}\left(\frac{1}{\tau^2} - 1\right)z;$$

$$\mathfrak{x}'' = \frac{\tau}{2}\left(\frac{1}{\tau^2} + 1\right)f''' - \frac{z}{\tau^3}, \quad \mathfrak{y}'' = \frac{i\tau}{2}\left(\frac{1}{\tau^2} - 1\right)f''' - \frac{iz}{\tau^3}.$$

Nach Satz 17, S. 29, lassen sich mittels dieser Formeln sofort die Coordinaten des Krümmungsmittelpunktes des Punktes (τ) der Curve (9) berechnen, und dabei findet man einfach x und y, d. h. der Krümmungsmittelpunkt ist der Fusspunkt $(x, y, 0)$ des Lotes, das man vom Punkte (x, y, z) der Minimalcurve (6) auf die Ebene $z = 0$ fällen kann. Hiermit ist Satz 53 bewiesen. —

Die in § 12 des 2. Abschnittes gegebene Theorie der Differentialinvarianten einer Curve hinsichtlich aller Bewegungen des Raumes gilt, wie wir wissen (siehe S. 201), nicht für die Minimalcurven. Für diese wäre die Theorie vielmehr gesondert zu entwickeln, worauf wir jedoch verzichten wollen.[1]

---

[1] Man findet diese Theorie in Kap. 22, § 4 des Werkes: Lie, „Vorlesungen über continuierliche Gruppen mit geometrischen und anderen Anwendungen“, bearb. von Scheffers, Leipzig 1893.

Anhang.

Tafel I.

Aenderung des Coordinatensystems.

(Siehe 2. Abschn. § 2.)

	x	y	z
$\bar{x}$	α_1	β_1	γ_1
$\bar{y}$	α_2	β_2	γ_2
$\bar{z}$	α_3	β_3	γ_3.

$$(A)\quad \begin{cases} x = \alpha_1 \bar{x} + \alpha_2 \bar{y} + \alpha_3 \bar{z} + a, \\ y = \beta_1 \bar{x} + \beta_2 \bar{y} + \beta_3 \bar{z} + b, \\ z = \gamma_1 \bar{x} + \gamma_2 \bar{y} + \gamma_3 \bar{z} + c. \end{cases}$$

$$(B)\quad \begin{cases} \bar{x} = \alpha_1 (x - a) + \beta_1 (y - b) + \gamma_1 (z - c), \\ \bar{y} = \alpha_2 (x - a) + \beta_2 (y - b) + \gamma_2 (z - c), \\ \bar{z} = \alpha_3 (x - a) + \beta_3 (y - b) + \gamma_3 (z - c). \end{cases}$$

$$(C)\quad \begin{cases} \alpha_1^2 + \beta_1^2 + \gamma_1^2 = 1, & \alpha_2 \alpha_3 + \beta_2 \beta_3 + \gamma_2 \gamma_3 = 0, \\ \alpha_2^2 + \beta_2^2 + \gamma_2^2 = 1, & \alpha_3 \alpha_1 + \beta_3 \beta_1 + \gamma_3 \gamma_1 = 0, \\ \alpha_3^2 + \beta_3^2 + \gamma_3^2 = 1; & \alpha_1 \alpha_2 + \beta_1 \beta_2 + \gamma_1 \gamma_2 = 0. \end{cases}$$

$$(D)\quad \begin{cases} \alpha_1^2 + \alpha_2^2 + \alpha_3^2 = 1, & \beta_1 \gamma_1 + \beta_2 \gamma_2 + \beta_3 \gamma_3 = 0, \\ \beta_1^2 + \beta_2^2 + \beta_3^2 = 1, & \gamma_1 \alpha_1 + \gamma_2 \alpha_2 + \gamma_3 \alpha_3 = 0, \\ \gamma_1^2 + \gamma_2^2 + \gamma_3^2 = 1; & \alpha_1 \beta_1 + \alpha_2 \beta_2 + \alpha_3 \beta_3 = 0. \end{cases}$$

$$(E)\quad \begin{cases} \alpha_1 = \beta_2 \gamma_3 - \beta_3 \gamma_2, & \beta_1 = \gamma_2 \alpha_3 - \gamma_3 \alpha_2, & \gamma_1 = \alpha_2 \beta_3 - \alpha_3 \beta_2; \\ \alpha_2 = \beta_3 \gamma_1 - \beta_1 \gamma_3, & \beta_2 = \gamma_3 \alpha_1 - \gamma_1 \alpha_3, & \gamma_2 = \alpha_3 \beta_1 - \alpha_1 \beta_3; \\ \alpha_3 = \beta_1 \gamma_2 - \beta_2 \gamma_1, & \beta_3 = \gamma_1 \alpha_2 - \gamma_2 \alpha_1, & \gamma_3 = \alpha_1 \beta_2 - \alpha_2 \beta_1. \end{cases}$$

$$(F)\quad \begin{vmatrix} \alpha_1 & \beta_1 & \gamma_1 \\ \alpha_2 & \beta_2 & \gamma_2 \\ \alpha_3 & \beta_3 & \gamma_3 \end{vmatrix} = 1.$$

Tafel II.

Beziehungen zwischen den Richtungscosinus des begleitenden Dreikants einer Curve.

(Siehe 2. Abschn. § 7.)

	x	y	z
Tangente	α	β	γ
Hauptnorm.	l	m	n
Binormale	λ	μ	ν.

$$(A)\quad \begin{cases} \alpha^2+\beta^2+\gamma^2=1, & l\lambda+m\mu+n\nu=0, \\ l^2+m^2+n^2=1, & \lambda\alpha+\mu\beta+\nu\gamma=0, \\ \lambda^2+\mu^2+\nu^2=1; & \alpha l+\beta m+\gamma n=0. \end{cases}$$

$$(B)\quad \begin{cases} \alpha^2+l^2+\lambda^2=1, & \beta\gamma+mn+\mu\nu=0, \\ \beta^2+m^2+\mu^2=1, & \gamma\alpha+nl+\nu\lambda=0, \\ \gamma^2+n^2+\nu^2=1; & \alpha\beta+lm+\lambda\mu=0. \end{cases}$$

$$(C)\quad \begin{cases} \alpha=m\nu-n\mu, & \beta=n\lambda-l\nu, & \gamma=l\mu-m\lambda; \\ l=\mu\gamma-\nu\beta, & m=\nu\alpha-\lambda\gamma, & n=\lambda\beta-\mu\alpha; \\ \lambda=\beta n-\gamma m, & \mu=\gamma l-\alpha n, & \nu=\alpha m-\beta l. \end{cases}$$

$$(D)\quad \begin{vmatrix} \alpha & \beta & \gamma \\ l & m & n \\ \lambda & \mu & \nu \end{vmatrix} = 1.$$

Tafel III.

Richtungscosinus des begleitenden Dreikants einer Curve und ihre Ableitungen nach der Bogenlänge.

(Siehe 2. Abschn. § 8.)

$$(A)\quad x'^2+y'^2+z'^2=1, \qquad x'x''+y'y''+z'z''=0.$$

$$(B)\quad \begin{cases} \alpha=x', & l=rx'', & \lambda=r(y'z''-z'y''), \\ \beta=y', & m=ry'', & \mu=r(z'x''-x'z''), \\ \gamma=z'; & n=rz''; & \nu=r(x'y''-y'x''). \end{cases}$$

$$(C)\qquad \left\{\begin{array}{lll} \alpha' = \dfrac{l}{r}, & l' = -\dfrac{\alpha}{r} - \dfrac{\lambda}{\varrho}, & \lambda' = \dfrac{l}{\varrho}, \\[2ex] \beta' = \dfrac{m}{r}, & m' = -\dfrac{\beta}{r} - \dfrac{\mu}{\varrho}, & \mu' = \dfrac{m}{\varrho}, \\[2ex] \gamma' = \dfrac{n}{r}; & n' = -\dfrac{\gamma}{r} - \dfrac{\nu}{\varrho}; & \nu' = \dfrac{n}{\varrho}. \end{array}\right.$$

$$(D)\qquad \frac{1}{r} = \frac{d\,T}{d\,s} = \sqrt{x''^2 + y''^2 + z''^2}.$$

(Positiv bei reellen Curven.)

$$(E)\qquad \frac{1}{\varrho} = \frac{d\,B}{d\,s} = -\frac{1}{x''^2 + y''^2 + z''^2}\begin{vmatrix} x' & x'' & x''' \\ y' & y'' & y''' \\ z' & z'' & z''' \end{vmatrix}.$$

$$(F)\qquad \left\{\begin{array}{l} \left(\dfrac{d\,T}{d\,s}\right)^2 = \alpha'^2 + \beta'^2 + \gamma'^2 = \dfrac{1}{r^2}, \\[2ex] \qquad\qquad l'^2 + m'^2 + n'^2 = \dfrac{1}{r^2} + \dfrac{1}{\varrho^2}, \\[2ex] \left(\dfrac{d\,B}{d\,s}\right)^2 = \lambda'^2 + \mu'^2 + \nu'^2 = \dfrac{1}{\varrho^2}. \end{array}\right.$$

$$(G)\qquad \left\{\begin{array}{l} x''' = -\dfrac{1}{r^2}\alpha - \dfrac{r'}{r^2}\,l - \dfrac{1}{r\,\varrho}\lambda, \\[2ex] y''' = -\dfrac{1}{r^2}\beta - \dfrac{r'}{r^2}\,m - \dfrac{1}{r\,\varrho}\mu, \\[2ex] z''' = -\dfrac{1}{r^2}\gamma - \dfrac{r'}{r^2}\,n - \dfrac{1}{r\,\varrho}\nu. \end{array}\right.$$

$$(H)\qquad \left\{\begin{array}{l} x''' = -\dfrac{1}{r^2}x' - \dfrac{r'}{r}x'' - \dfrac{1}{\varrho}(y'\,z'' - z'\,y''), \\[2ex] y''' = -\dfrac{1}{r^2}y' - \dfrac{r'}{r}y'' - \dfrac{1}{\varrho}(z'\,x'' - x'\,z''), \\[2ex] z''' = -\dfrac{1}{r^2}z' - \dfrac{r'}{r}z'' - \dfrac{1}{\varrho}(x'\,y'' - y'\,x''). \end{array}\right.$$

Tafel IV.

Bestimmung einer Curve aus der sphärischen Indicatrix ihrer Tangenten.

(Siehe 2. Abschn. § 18.)

Die überstrichenen Buchstaben beziehen sich auf die Indicatrix. Der Accent deutet die Differentiation nach der Bogenlänge $\bar{s} = T$ der Indicatrix an.

Gegeben sind $\bar{x}$, $\bar{y}$, $\bar{z}$ als Funktionen von $\bar{s}$, sodass

$$(A) \qquad \bar{x}^2 + \bar{y}^2 + \bar{z}^2 = 1, \quad \bar{x}'^2 + \bar{y}'^2 + \bar{z}'^2 = 1$$

ist. r ist eine beliebige Function von $\bar{s}$.

$$(B) \qquad ds = r\,d\bar{s}.$$

$$(C) \qquad x = \int r\bar{x}\,d\bar{s}, \quad y = \int r\bar{y}\,d\bar{s}, \quad z = \int r\bar{z}\,d\bar{s}.$$

$$(D) \qquad \alpha = \bar{x}, \quad \beta = \bar{y}, \quad \gamma = \bar{z}.$$

$$(E) \qquad l = \bar{\alpha}, \quad m = \bar{\beta}, \quad n = \bar{\gamma}.$$

$$(F) \qquad \lambda = \bar{\gamma}\bar{y} - \bar{\beta}\bar{z}, \quad \mu = \bar{\alpha}\bar{z} - \bar{\gamma}\bar{x}, \quad \nu = \bar{\beta}\bar{x} - \bar{\alpha}\bar{y}.$$

$$(G) \qquad \frac{r}{\varrho} = -\frac{\bar{\lambda}\bar{x} + \bar{\mu}\bar{y} + \bar{\nu}\bar{z}}{\bar{r}}.$$

Tafel V.

Bestimmung einer Curve aus der sphärischen Indicatrix ihrer Hauptnormalen.

(Siehe 2. Abschn. § 18.)

Die überstrichenen Buchstaben beziehen sich auf die Indicatrix. Der Accent deutet die Differentiation nach der Bogenlänge $\bar{s} = H$ der Indicatrix an.

Gegeben sind $\bar{x}$, $\bar{y}$, $\bar{z}$ als Functionen von $\bar{s}$, sodass

$$(A) \qquad \bar{x}^2 + \bar{y}^2 + \bar{z}^2 = 1, \quad \bar{x}'^2 + \bar{y}'^2 + \bar{z}'^2 = 1$$

ist. r ist eine beliebige Function von $\bar{s}$.

$$(B) \qquad ds = \frac{r\varrho}{\sqrt{r^2 + \varrho^2}}\,d\bar{s}.$$

$$(C)\quad \begin{cases} \omega = -\int \frac{\bar{\lambda}\bar{x} + \bar{\mu}\bar{y} + \bar{\nu}\bar{z}}{\bar{r}} d\bar{s}, \\ \sin\omega = \frac{r}{\sqrt{r^2+\varrho^2}}, \qquad \cos\omega = \frac{\varrho}{\sqrt{r^2+\varrho^2}}. \end{cases}$$

$$(D)\quad \begin{cases} x = \int r\cos\omega\{-\bar{\alpha}\cos\omega + (\bar{\beta}\bar{z} - \bar{\gamma}\bar{y})\sin\omega\} d\bar{s}, \\ y = \int r\cos\omega\{-\bar{\beta}\cos\omega + (\bar{\gamma}\bar{x} - \bar{\alpha}\bar{z})\sin\omega\} d\bar{s}, \\ z = \int r\cos\omega\{-\bar{\gamma}\cos\omega + (\bar{\alpha}\bar{y} - \bar{\beta}\bar{x})\sin\omega\} d\bar{s}. \end{cases}$$

$$(E)\quad \begin{cases} \alpha = -\bar{\alpha}\cos\omega + (\bar{\beta}\bar{z} - \bar{\gamma}\bar{y})\sin\omega, \\ \beta = -\bar{\beta}\cos\omega + (\bar{\gamma}\bar{x} - \bar{\alpha}\bar{z})\sin\omega, \\ \gamma = -\bar{\gamma}\cos\omega + (\bar{\alpha}\bar{y} - \bar{\beta}\bar{x})\sin\omega. \end{cases}$$

$$(F)\quad l = \bar{x}, \qquad m = \bar{y}, \qquad n = \bar{z}.$$

$$(G)\quad \begin{cases} \lambda = -\bar{\alpha}\sin\omega - (\bar{\beta}\bar{z} - \bar{\gamma}\bar{y})\cos\omega, \\ \mu = -\bar{\beta}\sin\omega - (\bar{\gamma}\bar{x} - \bar{\alpha}\bar{z})\cos\omega, \\ \nu = -\bar{\gamma}\sin\omega - (\bar{\alpha}\bar{y} - \bar{\beta}\bar{x})\cos\omega. \end{cases}$$

$$(H)\quad \frac{r}{\varrho} = -\operatorname{tg}\int \frac{\bar{\lambda}\bar{x} + \bar{\mu}\bar{y} + \bar{\nu}\bar{z}}{\bar{r}} d\bar{s}.$$

Tafel VI.

Bestimmung einer Curve aus der sphärischen Indicatrix ihrer Binormalen.

(Siehe 2. Abschn. § 18.)

Die überstrichenen Buchstaben beziehen sich auf die Indicatrix. Der Accent deutet die Differentiation nach der Bogenlänge $\bar{s} = B$ der Indicatrix an.

Gegeben sind $\bar{x}$, $\bar{y}$, $\bar{z}$ als Functionen von $\bar{s}$, sodass

$$(A)\quad \bar{x}^2 + \bar{y}^2 + \bar{z}^2 = 1, \qquad \bar{x}'^2 + \bar{y}'^2 + \bar{z}'^2 = 1$$

ist. ϱ ist eine beliebige Function von $\bar{s}$.

$$(B)\quad ds = \varrho\, d\bar{s}.$$

$$(C)\quad \begin{gathered} x = \int \varrho(\bar{\beta}\bar{z} - \bar{\gamma}\bar{y}) d\bar{s}, \qquad y = \int \varrho(\bar{\gamma}\bar{x} - \bar{\alpha}\bar{z}) d\bar{s}, \\ z = \int \varrho(\bar{\alpha}\bar{y} - \bar{\beta}\bar{x}) d\bar{s}. \end{gathered}$$

(D) $\alpha = \bar\beta\bar z - \bar\gamma\bar y, \quad \beta = \bar\gamma\bar x - \bar\alpha\bar z, \quad \gamma = \bar\alpha\bar y - \bar\beta\bar x.$

(E) $l = \bar\alpha, \quad m = \bar\beta, \quad n = \bar\gamma.$

(F) $\lambda = \bar x, \quad \mu = \bar y, \quad \nu = \bar z.$

(G) $$\frac{\varrho}{r} = \frac{\bar\lambda\bar x + \bar\mu\bar y + \bar\nu\bar z}{\bar r}.$$

Tafel VII.

Elemente der Filarevolventen einer Curve.

(Siehe 3. Abschn. § 6.)

Die nicht überstrichenen Buchstaben beziehen sich auf die gegebene Filarevolute, die überstrichenen auf die gesuchten Filarevolventen. a ist eine willkürliche Constante.

(A) $\bar x = x + \alpha(a - s), \quad \bar y = y + \beta(b - s), \quad \bar z = z + \gamma(c - s).$

(B) $$d\bar s = \varepsilon\frac{s - a}{r}\, d s,$$

wo $\varepsilon = \pm 1$ ist und zwar bei reellen Curven, je nachdem:

(C) $$\frac{s - a}{r} \gtrless 1.$$

(D) $\bar\alpha = -\varepsilon l, \quad \bar\beta = -\varepsilon m, \quad \bar\gamma = -\varepsilon n.$

(E) $$\bar l = \varepsilon\varepsilon'\frac{\alpha\varrho + \lambda r}{\sqrt{r^2 + \varrho^2}}, \quad \bar m = \varepsilon\varepsilon'\frac{\beta\varrho + \mu r}{\sqrt{r^2 + \varrho^2}}, \quad \bar n = \varepsilon\varepsilon'\frac{\gamma\varrho + \nu r}{\sqrt{r^2 + \varrho^2}},$$

wo $\varepsilon' = \pm 1$ ist und zwar bei reellen Curven, je nachdem:

(F) $$\varrho \gtrless 0.$$

Die Quadratwurzel $\sqrt{r^2 + \varrho^2}$ soll bei reellen Curven positiv sein.

(G) $$\bar\lambda = \varepsilon'\frac{\lambda\varrho - \alpha r}{\sqrt{r^2 + \varrho^2}}, \quad \bar\mu = \varepsilon'\frac{\mu\varrho - \beta r}{\sqrt{r^2 + \varrho^2}}, \quad \bar\nu = \varepsilon'\frac{\nu\varrho - \gamma r}{\sqrt{r^2 + \varrho^2}}.$$

(H) $$\frac{1}{\bar r} = \varepsilon\varepsilon'\frac{\sqrt{r^2 + \varrho^2}}{\varrho(s - a)}.$$

(I) $$\frac{1}{\bar\varrho} = \frac{r(\varrho' r - r'\varrho)}{(r^2 + \varrho^2)(s - a)}.$$

Hier deutet der Accent die Differentiation nach der Bogenlänge s der Filarevolute an.

Tafel VIII.

Elemente der Parallelcurven einer Curve.

(Siehe 3. Abschn. § 7.)

Die nicht überstrichenen Buchstaben beziehen sich auf eine gegebene Curve, die überstrichenen auf ihre gesuchten Parallelcurven. $\mathfrak{a}$ und $\mathfrak{b}$ sind willkürliche Constanten.

$$(A)\quad \begin{cases} \bar{x} = x + (\mathfrak{a}\, l + \mathfrak{b}\, \lambda) \cos \int\limits_0^s \frac{ds}{\varrho} - (\mathfrak{b}\, l - \mathfrak{a}\, \lambda) \sin \int\limits_0^s \frac{ds}{\varrho}, \\ \bar{y} = y + (\mathfrak{a}\, m + \mathfrak{b}\, \mu) \cos \int\limits_0^s \frac{ds}{\varrho} - (\mathfrak{b}\, m - \mathfrak{a}\, \mu) \sin \int\limits_0^s \frac{ds}{\varrho}, \\ \bar{z} = z + (\mathfrak{a}\, n + \mathfrak{b}\, \nu) \cos \int\limits_0^s \frac{ds}{\varrho} - (\mathfrak{b}\, n - \mathfrak{a}\, \nu) \sin \int\limits_0^s \frac{ds}{\varrho}. \end{cases}$$

$$(B)\quad d\bar{s} = \varepsilon \left[1 - \frac{\mathfrak{a}}{r} \cos \int\limits_0^s \frac{ds}{\varrho} + \frac{\mathfrak{b}}{r} \sin \int\limits_0^s \frac{ds}{\varrho} \right] ds,$$

wo $\varepsilon = \pm 1$ ist und zwar bei reellen Curven, je nachdem:

$$(C)\quad p = 1 - \frac{\mathfrak{a}}{r} \cos \int\limits_0^s \frac{ds}{\varrho} + \frac{\mathfrak{b}}{r} \sin \int\limits_0^s \frac{ds}{\varrho} \gtrless 0.$$

$$(D)\quad \bar{\alpha} = \varepsilon \alpha, \quad \bar{\beta} = \varepsilon \beta, \quad \bar{\gamma} = \varepsilon \gamma.$$

$$(E)\quad \bar{l} = \varepsilon l, \quad \bar{m} = \varepsilon m, \quad \bar{n} = \varepsilon n.$$

$$(F)\quad \bar{\lambda} = \lambda, \quad \bar{\mu} = \mu, \quad \bar{\nu} = \nu.$$

$$(G)\quad \frac{1}{\bar{r}} = \frac{\varepsilon}{r p}.$$

$$(H)\quad \frac{1}{\bar{\varrho}} = \frac{1}{\varrho p}.$$

Tafel IX.

Elemente der Gratlinie der Polarfläche einer Curve.

(Siehe 3. Abschn. § 8.)

Die nicht überstrichenen Buchstaben beziehen sich auf eine gegebene Curve, die überstrichenen auf die gesuchte Gratlinie ihrer Polarfläche. Der Accent deutet die Differentiation nach der Bogenlänge s der gegebenen Curve an.

$$(A) \quad \bar{x} = x + rl - \varrho r' \lambda, \quad \bar{y} = y + rm - \varrho r' \mu, \quad \bar{z} = z + rn - \varrho r' \nu.$$

$$(B) \quad d\bar{s} = \varepsilon\left(\frac{r}{\varrho} + r'\varrho' + r''\varrho\right) ds,$$

wo $\varepsilon = \pm 1$ ist und zwar bei reellen Curven, je nachdem:

$$(C) \quad p = \frac{r}{\varrho} + r'\varrho' + r''\varrho \gtreqless 0.$$

$$(D) \quad \bar{\alpha} = -\varepsilon\lambda, \quad \bar{\beta} = -\varepsilon\mu, \quad \bar{\gamma} = -\varepsilon\nu.$$

$$(E) \quad \bar{l} = -\varepsilon\varepsilon' l, \quad \bar{m} = -\varepsilon\varepsilon' m, \quad \bar{n} = -\varepsilon\varepsilon' n,$$

wo $\varepsilon' = \pm 1$ ist und zwar bei reellen Curven, je nachdem $\varrho \gtreqless 0$ ist.

$$(F) \quad \bar{\lambda} = -\varepsilon'\alpha, \quad \bar{\mu} = -\varepsilon'\beta, \quad \bar{\nu} = -\varepsilon'\gamma.$$

$$(G) \quad \frac{1}{\bar{r}} = \frac{\varepsilon\varepsilon'}{\varrho p}.$$

$$(H) \quad \frac{1}{\bar{\varrho}} = \frac{1}{rp}.$$

Tafel X.

Elemente der Gratlinie der rectificierenden Fläche einer Curve.

(Siehe 3. Abschn. § 9.)

Die nicht überstrichenen Buchstaben beziehen sich auf eine gegebene Curve, die überstrichenen auf die gesuchte Gratlinie ihrer rectificierenden Fläche. Der Accent deutet die Differentiation nach der Bogenlänge s der gegebenen Curve an.

$$(A)\begin{cases} \bar{x} = x - \dfrac{\varrho}{\varrho' r - r'\varrho}(\lambda\varrho - \alpha r), \\[2ex] \bar{y} = y - \dfrac{\varrho}{\varrho' r - r'\varrho}(\mu\varrho - \beta r), \\[2ex] \bar{z} = z - \dfrac{\varrho}{\varrho' r - r'\varrho}(\nu\varrho - \gamma r). \end{cases} \qquad (B)\begin{cases} \bar{x} = x + \dfrac{\lambda - \alpha \operatorname{tg}\omega}{\dfrac{d \operatorname{tg}\omega}{d s}}, \\[2ex] \bar{y} = y + \dfrac{\mu - \beta \operatorname{tg}\omega}{\dfrac{d \operatorname{tg}\omega}{d s}}, \\[2ex] \bar{z} = z + \dfrac{\nu - \gamma \operatorname{tg}\omega}{\dfrac{d \operatorname{tg}\omega}{d s}}. \end{cases}$$

Dabei ist:

$$(C) \qquad \sin\omega = \frac{r}{\sqrt{r^2 + \varrho^2}}, \qquad \cos\omega = \frac{\varrho}{\sqrt{r^2 + \varrho^2}}, \qquad \operatorname{tg}\omega = \frac{r}{\varrho}.$$

$$(D) \qquad d\bar{s} = \frac{\varepsilon}{\cos\omega} \cdot \frac{d}{d s} \frac{1}{\dfrac{d \operatorname{tg}\omega}{d s}} d s,$$

wo $\varepsilon = \pm 1$ und zwar bei reellen Curven so zu wählen ist, dass $d\bar{s} : d s$ positiv wird.

$$(E) \qquad \begin{cases} \bar{\alpha} = -\varepsilon(\alpha\sin\omega - \lambda\cos\omega), \\ \bar{\beta} = -\varepsilon(\beta\sin\omega - \mu\cos\omega), \\ \bar{\gamma} = -\varepsilon(\gamma\sin\omega - \nu\cos\omega). \end{cases}$$

$$(F) \qquad \begin{cases} \bar{l} = -\varepsilon\varepsilon'(\alpha\cos\omega + \lambda\sin\omega), \\ \bar{m} = -\varepsilon\varepsilon'(\beta\cos\omega + \mu\sin\omega), \\ \bar{n} = -\varepsilon\varepsilon'(\gamma\cos\omega + \nu\sin\omega), \end{cases}$$

wo $\varepsilon' = \pm 1$ ist und zwar bei reellen Curven, je nachdem $\omega' \gtreqless 0$ ist.

$$(G) \qquad \bar{\lambda} = -\varepsilon' l, \qquad \bar{\mu} = -\varepsilon' m, \qquad \bar{\nu} = -\varepsilon' n.$$

$$(H) \qquad \bar{r} = \frac{\varepsilon\varepsilon'}{\dfrac{d\sin\omega}{d s}} \cdot \frac{d}{d s} \frac{1}{\dfrac{d \operatorname{tg}\omega}{d s}}.$$

$$(J) \qquad \bar{\varrho} = -r \cdot \frac{d}{d s} \frac{1}{\dfrac{d \operatorname{tg}\omega}{d s}}.$$

Sachregister.

Berichtigungen.

Seite 34, Zeile 9 von oben lies: Zeichnen statt: Zeichen.
" 40, Zeile 8 von unten lies: Formeln statt: Formel.
" 55, Zeile 2 von oben sind die Worte zu streichen: ihre Mittelpunkte und.
" 56, Fig. 11 lies: $\mathfrak{x}_1$, $\mathfrak{x}_2$, $\mathfrak{x}_3$ statt: $\mathfrak{r}_1$, $\mathfrak{r}_2$, $\mathfrak{r}_3$.
" 83, Zeile 11 von unten ist das Komma zu streichen.
" 90, Zeile 9 von oben lies: Differentialgleichung (3) statt: Differentialgleichungen (1).
" 96, Fig. 26 lies: $\mathfrak{x}$ statt: $\mathfrak{r}$.
" 110, Zeile 1 von unten lies zuletzt: + statt: =.
" 111, Zeile 10 von oben lies: a und b statt: a^2 und b^2.
" 125, Zeile 9 von oben lies: Diagonalcurven statt: Diagonalcurve.
" 160, Zeile 16 von unten lies: hin statt: hier.
" 189, Zeile 9 von unten schalte nach: Krümmung ein: oder Torsionsradius.
" 214, letzte Zeile der Anmerkung lies: abhängigen statt: unabhängigen.

FSC
www.fsc.org
MIX
Papier | Fördert
gute Waldnutzung
FSC® C083411

Kolibri 360 GmbH
Ferdinand-Jühlke-Straße 7
99095 Erfurt, Deutschland
produktsicherheit@kolibri360.de